普通高等教育"十一五"国家级规划教材

应用概率统计

(高层次类)

(第三版)

宋占杰　　胡　飞

孙晓晨　　关　静　编

U0200552

科 学 出 版 社

北 京

内 容 简 介

本书共分两部分. 第一部分是概率论, 讲述随机数学的理论基础, 主要包括随机事件及其概率, 随机变量的数字特征, 以及取极限情况下的变化趋势, 即大数定律与中心极限定理; 第二部分是数理统计, 包括参数估计、假设检验、方差分析与回归分析, 它是应用随机模型解决实际问题的有力工具.

本书内容丰富, 说理透彻, 包含大量实际问题的实例, 对于揭示理论和概念的本质, 作用深远. 同时, 为使学生掌握书中的内容, 作者还在每章后面编排了许多习题.

本书可供高等院校理工科大学生用作教材, 也可供准备读研的高层次学生及科技工作者阅读参考.

图书在版编目(CIP)数据

应用概率统计: 高层次类 / 宋占杰等编. —3 版. —北京: 科学出版社, 2017.1

普通高等教育 "十一五" 国家级规划教材

ISBN 978-7-03-051099-0

I. ①应… II. ①宋… III. ①概率统计–高等学校–教材 IV. ①O211

中国版本图书馆 CIP 数据核字 (2016) 第 294904 号

责任编辑: 王 静 / 责任校对: 彭 涛
责任印制: 张 伟 / 封面设计: 陈 敬

科学出版社 出版

北京东黄城根北街 16 号
邮政编码: 100717
http://www.sciencep.com

北京虎彩文化传播有限公司 印刷
科学出版社发行 各地新华书店经销
*

2004 年 4 月第 一 版 开本: 720 × 1000 1/16
2010 年 4 月第 二 版 印张: 19 1/2
2017 年 1 月第 三 版 字数: 393 000
2022 年 4 月第八次印刷

定价: 69.00 元
(如有印装质量问题, 我社负责调换)

第三版前言

在客观世界, 随机现象远多于确定性现象, 因此加强随机数学的训练在提高大学生能力和素质方面占重要地位. 本书的初稿是为这一目的设计和编写的, 历次修订, 都始终体现这一目的.

天津大学几代概率统计任课教师几十年来经验的积累和集体智慧的结晶是本书不断完善的重要源泉. 首先应该感谢的是马逢时教授, 马教授凝聚天津大学历年教学成果, 1988 年组织概率统计任课教师编写了本书的第一稿. 正式出版后立刻得到国内同行的认可并被多所兄弟院校选定为教材, 成为 20 世纪八十年代末、九十年代初代表性概率统计教材之一. 随着 21 世纪初硕/博士研究生的扩招, 为加强和充实工科大学概率统计课程, 由刘嘉焜教授和王家生副教授等教师在原版基础上进行大幅度修订, 重新编写适应天津大学高层次班的本科概率统计教材, 主要是针对求是学部、电信学院和自动化学院等对概率统计要求较高, 将来准备进一步深造的本科生. 该高层次教材连续成为全国为数不多的 "十五" 和 "十一五" 国家级规划教材. 本次的修订工作, 依然保持原版的主体风格, 概率部分由宋占杰和孙晓晨执笔, 统计部分由胡飞和关静执笔.

在体系构建方面, 本书参考了多所国际一流大学关于随机数学的教学理念, 在完整包含教育部最新制定的 "工科类本科数学基础课程教学基本要求" 的同时, 也进行了大胆改革尝试. 比如, 引入了概率母函数、特征函数以及信息论中熵等重要概念, 并作为特殊随机变量函数的期望来处理, 借此强化说明数学期望的意义和重要性并启发学生的创新思维; 在中心矩应用方面, 增加了偏度和散度的概念. 这些修改主要考虑了这些概念在工程中有重要应用. 同时, 考虑到大学本科概率课程学时有限, 删掉了涉及随机过程的三章内容. 而将随机过程部分内容扩展成《随机过程基础》一书, 作为硕士公共课教材. 同时, 出版了本书的配套学习指导书, 包含全部习题解析. 配套书由马利霞, 张硕编写, 宋占杰教授修改审定.

本书将 "概率" 与 "统计" 中涉及的基本术语都标注了英文, 以便于学生进一步学习时查阅英文资料, 最终目标是完善一套世界一流大学概率统计课程教材, 为工科院校跻身世界一流大学服务. 本书的修订, 得到了天津大学教务处和数学系领导及相关工作人员的热忱帮助, 得到了天津大学 2015 年度校级精品教材建设项目的支持, 兄弟院校的同行也十分关注本书的再版, 在此一并致以衷心的感谢.

由于编者水平有限, 疏漏和不当之处恳请同行与读者指正.

联系邮箱：zhanjiesong@tju.edu.cn.

编　者

2016 年 8 月于天津

第一版前言

本书是根据教育部《关于"十五"期间普通高等教育教材建设与改革的意见》的精神,结合天津大学近年来教学经验,在天津市"工科应用概率统计课程内容和体系改革"及天津大学"面向 21 世纪教育振兴行动计划"重点项目的支持下完成的.

本书是为非数学专业的大学生编写的,也可供科学工作者、工程技术人员、企业管理人员参考. 全书共分四部分. 概率论(第一章至第四章)是随机数学的理论基础;数理统计部分(第五章至第九章)介绍了参数估计、假设检验、方差分析和回归分析等常用的统计方法;随机过程(第十章至第十二章)是应用随机模型解决实际问题的有力工具,我们选择基本的内容,讲述了如泊松过程、马尔可夫链和平稳过程等有重要应用的模型;最后,简单介绍了 MATLAB 统计软件包,这部分内容对数据的统计分析和随机模型的建立与求解通过实例给出了详细说明. 这里要特别指出,计算机科学的发展和功能强大的数学软件极大地拓展了随机数学的应用范围,没有计算机软件的帮助很多随机数学方法的应用是很难实现的. 数理统计与随机过程这两部分内容是相对独立的,在教学中可根据专业需要选用.

在编写时,我们在保证命题证明严谨性的同时,特别强调数学概念的直观背景和实际应用. 对抽象的数学概念给出其实际的工程背景,对复杂的数学符号和公式用直观的语言进行描述. 希望能提高学生利用数学的方法去分析和解决实际问题的能力. 本书配备了大量的例题与习题,其中很多是实际中的问题. 概率论的习题在某种意义上不同于微积分中的习题,可以说很多习题求解都是一个建立随机模型的过程. 读懂这些例题对理解随机数学概念,学习构造随机模型的方法是有益的;独立地完成这些习题是学好这门课,掌握建立随机模型方法的重要环节.

本书的编写得到了科学出版社的大力支持,王公恕教授提供了很多素材,仔细阅读了书稿. 史道济教授也提出了对书稿的改进意见. 丁春蕾,柳湘月提出了一些建议并打印了全部书稿,他们的帮助使本书得以顺利出版. 由于作者水平所限,疏漏和错误在所难免,欢迎读者指正.

作 者

2003 年 9 月于天津

目 录

第三版前言

第一版前言

第 1 章　事件及其概率 ·· 1

　　§1.1　随机事件 ·· 1

　　§1.2　频率与概率 ··· 4

　　§1.3　古典概型和几何概型 ································· 7

　　§1.4　条件概率 ·· 13

　　§1.5　事件的独立性 ·· 19

　　习题 1 ··· 23

第 2 章　随机变量及其分布 ····································· 28

　　§2.1　随机变量的概念 ····································· 28

　　§2.2　离散型随机变量 ····································· 29

　　§2.3　连续型随机变量 ····································· 38

　　§2.4　随机向量及其分布 ································· 47

　　§2.5　边缘分布 ·· 52

　　§2.6　条件分布和随机变量的独立性 ·················· 57

　　§2.7　随机变量函数的分布 ······························ 64

　　习题 2 ··· 77

第 3 章　随机变量的数字特征 ·································· 88

　　§3.1　数学期望 ·· 88

　　§3.2　方差 ·· 99

　　§3.3　随机变量函数的期望及应用 ···················· 104

　　§3.4　协方差与相关系数 ·································· 108

　　习题 3 ·· 117

第 4 章　大数定律与中心极限定理 ·························· 123

　　§4.1　大数定律 ··· 123

　　§4.2　中心极限定理 ······································· 127

　　习题 4 ·· 132

第 5 章　数理统计的基本概念 ································· 135

　　§5.1　总体与样本 ·· 136

§5.2　统计量及其分布 ································· 138
习题 5 ·· 152
第 6 章　参数估计 ································ 156
§6.1　点估计 ······································· 156
§6.2　点估计量优劣的评价标准 ················· 163
§6.3　区间估计 ····································· 169
习题 6 ·· 179
第 7 章　假设检验 ································ 184
§7.1　假设检验的基本概念 ····················· 184
§7.2　正态总体参数的假设检验 ················· 188
§7.3　非参数假设检验 ··························· 206
习题 7 ·· 217
第 8 章　方差分析 ································ 222
§8.1　单因素试验的方差分析 ··················· 222
§8.2　双因素试验的方差分析 ··················· 232
习题 8 ·· 243
第 9 章　回归分析 ································ 246
§9.1　一元线性回归 ······························ 246
§9.2　一元非线性回归 ··························· 261
§9.3　多元线性回归 ······························ 266
习题 9 ·· 272
习题答案 ··· 273
参考文献 ··· 286
附表 ·· 287

第1章 事件及其概率

§1.1 随 机 事 件

自然界中有许多现象在一定条件下一定会出现. 例如："在无外力作用条件下, 做匀速直线运动的物体必然继续做匀速直线运动""在标准大气压下, 水加热到 100 ℃时必定沸腾""同性的电荷互相排斥"等, 都是一定会出现的. 而上述现象的反面, 即"在无外力作用下, 做匀速直线运动的物体不再继续做匀速直线运动""在标准大气压下水加热到 100 ℃时不沸腾""同性的电荷相互吸引"等, 是必然不会出现的. 在一定条件下必然出现的结果称作**必然事件**(certain event). 在一定条件下必然不出现的结果称作**不可能事件**(impossible event), 必然事件的反面是不可能事件. 这类在一定条件下必然出现或必然不出现的现象都称为**确定性现象**(deterministic phenomenon).

与确定性现象相对的是**偶然性现象**(occasional phenomenon). 这类现象在一定条件下可能出现, 也可能不出现. 例如掷一枚硬币时可能出现正面向上, 也可能出现反面向上, 事先显然不能确定哪一面向上, 也就是说"正面向上"可能出现也可能不出现. 这类现象也称为**随机现象**(random phenomenon). 研究掷一枚硬币的例子我们可以得出下面的基本概念.

我们掷一枚硬币, 观察出现正面还是出现反面为一个**随机试验**(random experiment), 简称**试验**(trial), 记作 E. 随机试验有如下特点: 试验在相同条件下可重复进行; 试验的结果不止一个, 但知道试验所有可能的结果; 一次试验进行之前不能确定哪一个结果出现.

随机试验的一个可能的结果记作 ω, 称为**样本点**(sample point)(或称为**基本事件**), 随机试验的所有可能的结果 ω 的全体称为**样本空间**(sample space) (或称为**基本事件空间**), 记作 Ω, 亦即 $\Omega = \{\omega\}$. 我们先举出下面的一些例子.

例 1.1.1 E:"掷一枚骰子观察所出现的点数"; 可能出现的结果为 $1, 2, 3, 4, 5, 6$; $\Omega = \{1, 2, 3, 4, 5, 6\}$.

例 1.1.2 E:"两名候选人甲、乙竞选学生会主席, 记票结果为甲所得到的选票数"; 在这一问题中选举人只能选甲乙二人中之一, 共有 n 张有效选票, 那么可能出现的结果是 $0, 1, \cdots, n$; $\Omega = \{0, 1, \cdots, n\}$.

例 1.1.3 E:"观察某景点一天中到达的游客数"; 可能的结果是 $0, 1, 2, \cdots$;

$\Omega = \{0, 1, 2, \cdots\}$.

例 1.1.4　E："观察一只灯泡的使用寿命"；可能出现的结果可以是任一非负实数 x；$\Omega = [0, \infty)$.

例 1.1.5　E："向平面上某有界区域 Ω 投掷炸弹而观察炸弹的落点位置"；可能的结果 $\omega(a, b)$ 表示落点的坐标为 (a, b)；如果简记 $\omega(a, b)$ 为 (a, b)，那么样本空间 Ω 就是有界的平面区域 Ω.

由上述例子可以看出，样本空间中样本点的数目可以是有穷多个，如例 1.1.1，例 1.1.2；也可以是可数多个 (能和自然数建立一一对应的无穷集合的元素数目称为**可数无穷**(countable infinite) 多个)，如例 1.1.3；也可以是不可数无穷多个，如例 1.1.4，例 1.1.5.

我们是通过随机试验考察随机现象的. 称样本空间 Ω 的子集为一个**随机事件**(random event)，简称**事件**，常用大写英文字母 $A, B, C, \cdots$, 或 $A_1, A_2, \cdots$, 来表示随机事件. 例如掷骰子时，"出现奇数点"是一个随机事件，可记为 $A = \{1, 3, 5\}$. 在例 1.1.2 中，事件 B："甲得选票数不超过 3 张"是由 4 个样本点组成，即得到 $0, 1, 2$ 或 3 张选票，记 $B = \{0, 1, 2, 3\}$. 例 1.1.4 中，事件 C："灯泡寿命不超过 1000 小时"，可记为 $C = [0, 1000]$. 不难看出，随机事件都是样本空间 Ω 的子集. 通常我们把必然事件和不可能事件也当作随机事件处理，分别记为 Ω 和 $\varnothing$. 通过试验研究随机事件时我们只关心随机事件是否出现. 当且仅当随机事件 A 所包含的某一样本点出现时称为 A 出现. 例如，选举记票结果甲得 2 张选票，就称事件 B 出现. 观察某灯泡寿命结果为 900 小时就称事件 C 出现，等等.

1.1.1　事件的运算

由于随机事件定义为样本空间的某个子集，因此事件之间的关系与运算和集合论中集合之间的关系与运算是一致的.

若事件 A 出现必导致事件 B 出现，就称 B **包含**(contain)A，或称 A 是 B 的**特款**，记作 $B \supset A$ 或 $A \subset B$. 若 $A \subset B$ 且 $B \subset A$，就称 A 与 B **相等**(equivalent)，记作 $A = B$. 例如在例 1.1.1 中，$A = $"掷骰子出现奇数点"$= \{1, 3, 5\}$，$B = $"出现点数不大于 5"$= \{1, 2, 3, 4, 5\}$，那么 $A \subset B$.

"二事件 A, B 中至少有一个出现"也是一个事件，称之为 A, B 的**和** (union)，记作 $A \cup B$. 事件 $A \cup B$ 也可称为事件"或 A 出现，或 B 出现". 事件的和可以推广到有限多个甚至可数多个事件的情形：事件"$A_1, A_2, \cdots, A_n$ 中至少有一个出现"称为 $A_1, A_2, \cdots, A_n$ 的和，记为 $A_1 \cup A_2 \cup \cdots \cup A_n = \bigcup_{i=1}^{n} A_i$；类似地，$A_1 \cup A_2 \cup \cdots = \bigcup_{i=1}^{\infty} A_i$ 表示"$A_1, A_2, \cdots$ 中至少有一个出现".

"二事件 A, B 同时出现"也是一个事件，称之为 A, B 的**交**(intersection)，记作 $A \cap B$，或 AB. 类似地，"$A_1, A_2, \cdots, A_n$ 同时出现"称为 $A_1, A_2, \cdots, A_n$ 的交，记

作 $A_1 \cap A_2 \cap \cdots \cap A_n = \bigcap_{i=1}^{n} A_i$; "$A_1, A_2, \cdots$ 同时出现" 称为 $A_1, A_2, \cdots$ 的交, 记作 $A_1 \cap A_2 \cap \cdots = \bigcap_{i=1}^{\infty} A_i$. 例如 $A =$ "掷骰子出奇数点" $= \{1, 3, 5\}$, $B =$ "出现的点数是 3 的倍数" $= \{3, 6\}$, 那么 $A \cap B = \{3\}$.

定义事件 "A 出现而 B 不出现" 为 A 与 B 的差, 记作 $A - B$. 例如 $A =$ "掷骰子出偶数点" $= \{2, 4, 6\}$, $B =$ "点数不大于 4" $= \{1, 2, 3, 4\}$, 那么 $A - B = \{6\}$.

如果两事件 A, B 不能同时发生, 即 $AB = \varnothing$, 就称 A, B 是**互不相容** (mutually exclusive) 的, 也可称为是**互斥**(exclusive) 的. 例如, $A =$ "掷骰子出偶数点", $B =$ "出奇数点", 那么 $A \cap B = \varnothing$, A 和 B 是互不相容的.

如果事件 A, B 同时满足 $A \cup B = \Omega$ 和 $AB = \varnothing$, 就称事件 A 与 B **互逆** (mutually inverse), 也称 A, B 互为**对立事件**(complementary events). 这就是说在每次试验中事件 A, B 必有一个出现, 但不能同时出现. A 的对立事件记为 $\overline{A}$, 于是 $B = \overline{A} = \Omega - A$. Ω 与 $\varnothing$ 互为对立事件.

从以上论述可以看出事件与事件的运算和集合论中的集合与集合的运算是一致的. 例如, 用随机事件的语言, 事件 A 是 B 的特款, $A \subset B$ 指的是 A 出现必导致 B 出现; 设样本点 $\omega \in A$, 当 ω 出现时 A 出现, 同时由条件则导致 B 一定出现, 故此 $\omega \in B$, 这证明集合 $A \subset B$. 反之, 用集合论的语言, 设集 A 含于集 B, 即 $A \subset B$; 当事件 A 出现时, 必有 A 中某样本点 ω 出现, 由于集合 $A \subset B$, 这说明 $\omega \in B$, 即事件 B 必然出现, 这说明事件 A 是 B 的特款. 因此 "事件 B 包含事件 A" 与 "集合 B 包含集合 A" 是一致的. 读者可以证明其他概念的一致性. 比如 "事件 A 是事件 B 的对立事件" 与 "集合 A 是集合 B(关于全空间 Ω) 的余集" 是一致的. 事件间的关系与集合间的关系的一致可以用图形来表示, 读者可自己做出事件概念中 $A \subset B$, $A \cup B$, AB, $A - B$, $\overline{A}$ 和 A 与 B 互不相容的图表示.

事件运算与集合运算同样有下面的运算律. 关于事件和有 $A \cup B = B \cup A$(交换律); $A \cup (B \cup C) = (A \cup B) \cup C$(结合律); $A \cup A = A$(幂等律); $A \cup \Omega = \Omega$; $A \cup \varnothing = A$. 关于事件的交有 $AB = BA$(交换律); $A(BC) = (AB)C$(结合律); $AA = A$(幂等律); $A\overline{A} = \varnothing$; $A\Omega = A$; $A\varnothing = \varnothing$. 关于事件和与交的混合运算有 $A \cap (B \cup C) = (A \cap B) \cup (A \cap C)$(分配律); $A \cup (B \cap C) = (A \cup B) \cap (A \cup C)$ (分配律); $\overline{A \cup B} = \overline{A} \cap \overline{B}$, $\overline{A \cap B} = \overline{A} \cup \overline{B}$(对偶律). 上面这些运算律中的运算可以推广到有穷多个或可数无穷多个的情形.

在本门课程的学习中要学会把具体的事件用数学表达式表示出来, 也要学会把抽象的数学公式用具体的直观的语言描述出来. 我们看下面的例子.

例 1.1.6 设 A, B, C 是某随机试验中的事件, 那么

事件 "A 与 B 出现但 C 不出现" 可表示为 $AB\overline{C}$;

事件 "三事件 A, B, C 中至少有一个出现" 可表示为 $A \cup B \cup C$;

事件"三事件 A, B, C 中恰好有一个事件出现"可表示为

$$A\overline{B}\,\overline{C} \cup \overline{A}B\overline{C} \cup \overline{A}\,\overline{B}C.$$

例 1.1.7　$A_1, A_2, \cdots, A_n$ 是随机事件, 对偶律 $\overline{\bigcup_{i=1}^{n} A_i} = \bigcap_{i=1}^{n} \overline{A}_i$ 表示 $A_1,$ $A_2, \cdots, A_n$ 中至少有一个出现的对立事件是 $A_1, A_2, \cdots, A_n$ 都不出现; $\overline{\bigcap_{i=1}^{n} A_i} =$ $\bigcup_{i=1}^{n} \overline{A}_i$ 表示 $A_1, A_2, \cdots, A_n$ 都出现的对立事件是 $A_1, A_2, \cdots, A_n$ 中至少有一个不出现.

§1.2　频率与概率

当我们多次做某一随机试验时, 常常会发现不同的事件出现的可能性是不一样的. 例如, "掷骰子出奇数点"的可能性就大于"掷骰子出幺点"的可能性. 既然各事件出现的可能性不同, 我们就设想用一个数字 $P(A)$ 表示事件 A 出现的可能性, $P(A)$ 就是事件 A 的**概率**(probability). 但如何从数量上规定 $P(A)$ 呢? 我们先从与概率密切相关而又容易了解的频率概念出发, 以便得出概率的定义.

1.2.1　频率

E 为任一随机试验, A 为 E 中的一个事件. 在 n 次重复的试验中 A 出现的次数 (频数) 记为 $f_n(A)$, 称比值

$$F_n(A) = \frac{f_n(A)}{n}$$

为事件 A 在 n 次试验中出现的**频率**(frequency). 例如掷 1000 次硬币中得到 517 次正面, 那么"掷硬币出现正面"这一事件 A 的频率为 0.517, 频数为 517.

一般地, 如 A 出现的可能性越大, 频率 $F_n(A)$ 也越大; 反之, 如 $F_n(A)$ 越大, 可以设想 A 出现的可能性也越大. 因此, 频率与概率间有密切的关系. 实际上, 我们后面将给出: 在相当广泛的条件下, 当 $n \to \infty$ 时, 在一定意义下 $F_n(A)$ 趋于 A 的概率 $P(A)$. 因此, 当试验次数 n 充分大时可以取频率作为概率的近似值. 在很多实际问题中, 事件的概率就是用频率值近似代替的.

由于频率概念比较简单, 容易掌握, 我们可以根据频率的性质去推想概率的性质. 根据频率的定义, 读者容易推出频率有如下性质:

(i) 对任意事件 $A, 1 \geqslant F_n(A) \geqslant 0$;

(ii) $F_n(\Omega) = 1$;

(iii) 如果 k 个事件 $A_1, A_2, \cdots, A_k$ 互不相容, 即 $A_i A_j = \varnothing, i \neq j$, 则有

$$F_n\left(\bigcup_{i=1}^{k} A_i\right) = \sum_{i=1}^{k} F_n(A_i),$$

其中 n 为任意正整数.

1.2.2 概率的定义与性质

根据上面频率的性质我们给出关于事件 A 出现的可能性的度量 —— 概率 $P(A)$ 的定义.

定义 1.2.1 设随机试验 E 的样本空间为 Ω, A 是其中的任意一个事件, 与 A 对应的一个实数 $P(A)$ 如果

(i) $P(A) \geqslant 0$; $\hfill (1.2.1)$

(ii) $P(\Omega) = 1$; $\hfill (1.2.2)$

(iii) 若 $A_1, A_2, \cdots$ 互不相容, 即 $A_i A_j = \varnothing$, $i \neq j$, $i, j = 1, 2, \cdots$, 则有

$$P\left(\bigcup_{i=1}^{\infty} A_i\right) = \sum_{i=1}^{\infty} P(A_i) \qquad (1.2.3)$$

成立, 就称 $P(A)$ 为事件 A 的**概率**.

这一定义是 Kolmogorov 在 1933 年给出的. 在他之前, 主观概率学派的代表 Keynes(1921) 和客观概率学派的代表 von Mises(1928) 也给出了定义概率的方法.Keynes 把诸如 "明天要下雨" "木星上有生命" 这些不能重复试验的命题看作是事件, 而把人们的经验对这些事件的可信程度当作其概率. 这种定义方法与随机试验并无直接关系, 通常称为**主观概率**(subjective probability). von Mises 定义一个事件的概率为该事件出现的频率的极限:

$$P(A) = \lim_{n \to \infty} F_n(A) = \lim_{n \to \infty} \frac{f_n(A)}{n} .$$

但按照严格的公理化数学的要求必须把这一极限存在作为公理, 这使得问题复杂化了. 此外, 这一定义使概率依赖于不断的试验, 不符合事件概率的客观性. 实际上事件的概率是客观存在的, 与长度、面积、体积一样. 我们定义物体的长度时不是去度量它才会有长度, 不管你是否去度量它, 也不管你怎样去度量它, 物体的长度是客观存在的. 正是这样一些原因,von Mises 的客观概率定义也未被人们广泛接受.

Kolmogorov 把事件的概率当作是与 "长度" "面积" 一样的一种度量, 着眼于规定事件及其概率的最基本的关系与性质, 并由此给出概率的定义. 定义中 (1.2.3) 式称为**可数可加性**(countable additivity), 这是作为度量的最本质的特征.

由概率的定义可推出概率的一些其他有用性质.

定理 1.2.1 设 P 为概率, 则

(i) $P(\varnothing) = 0$;

(ii) 若 $A_1, A_2, \cdots, A_n$ 互不相容, 即 $A_i A_j = \varnothing, i \neq j, i, j = 1, 2, \cdots, n$, 则有 (可

加性)

$$P\left(\bigcup_{i=1}^{n} A_i\right) = \sum_{i=1}^{n} P(A_i);\tag{1.2.4}$$

(iii) 对任意二事件 A, B 有

$$P(A \cup B) = P(A) + P(B) - P(AB).\tag{1.2.5}$$

证　(i) 因 $\varnothing = \varnothing \cup \varnothing \cup \cdots$，由 (1.2.3) 式有

$$P(\varnothing) = P(\varnothing) + P(\varnothing) + \cdots.$$

再由 (1.2.1) 式，可推出 $P(\varnothing) = 0$.

(ii)　　$P\left(\bigcup_{i=1}^{n} A_i\right) = P(A_1 \cup A_2 \cup \cdots \cup A_n \cup \varnothing \cup \varnothing \cup \cdots),$

由 (1.2.3) 式及 $P(\varnothing) = 0$ 可推出

$$P\left(\bigcup_{i=1}^{n} A_i\right) = \sum_{i=1}^{n} P(A_i).$$

(iii) 因 $A \cup B = A \cup (B\overline{A}), A \cap (B\overline{A}) = \varnothing$，故

$$P(A \cup B) = P(A) + P(B\overline{A}),\tag{1.2.6}$$

但 $B = (AB) \cup (B\overline{A}), (AB) \cap (B\overline{A}) = \varnothing$，故

$$P(B) = P(AB) + P(B\overline{A}),\tag{1.2.7}$$

由 (1.2.6) 式，(1.2.7) 式可推出 (1.2.5) 式成立.　　□

推论 1.2.1　(i) 对任意 m 个事件 $A_1, A_2, \cdots, A_n$，有

$$P\left(\bigcup_{i=1}^{n} A_i\right) \leqslant \sum_{i=1}^{n} P(A_i);\tag{1.2.8}$$

(ii) 如二事件 $A \supset B$，则

$$P(A - B) = P(A) - P(B), \quad P(A) \geqslant P(B);\tag{1.2.9}$$

(iii) 对任意事件 A，有

$$P(\overline{A}) = 1 - P(A).\tag{1.2.10}$$

证 (i) 当 $n = 2$ 时, 由式 (1.2.5) 及 $P(AB) \geqslant 0$ 即知式 (1.2.8) 成立. 对一般的 n 可由数学归纳法证明.

(ii) 由 $A \supset B$, 知 $A = B \cup (A - B), B \cap (A - B) = \varnothing$, 故由式 (1.2.4) 知 $P(A) = P(B) + P(A - B)$, 即 (1.2.9) 式前半得证. 再由前式及 $P(A - B) \geqslant 0$ 得证 (1.2.9) 的后式.

(iii) 因 $\Omega = A \cup \overline{A}, A \cap \overline{A} = \varnothing$, 由 (1.2.4) 式可知

$$1 = P(\Omega) = P(A) + P(\overline{A}),$$

即证得 (1.2.10) 式. □

(1.2.5) 式可以推广到多个事件的情形. 这就是推论 1.2.2.

推论 1.2.2 (一般加法公式) 对任意 n 个事件 $A_1, A_2, \cdots, A_n$, 有

$$P\left(\bigcup_{i=1}^{n} A_i\right) = \sum_{i=1}^{n} P(A_i) - \sum_{1 \leqslant i < j \leqslant n} P(A_i A_j) + \sum_{1 \leqslant i < j < k \leqslant n} P(A_i A_j A_k)$$
$$- \cdots + (-1)^{n-1} P(A_1 A_2 \cdots A_n). \tag{1.2.11}$$

证 $n = 2$ 时即 (1.2.5) 式. 一般情况可用数学归纳法证明. □

由概率定义推出的上述概率的性质在概率计算中起重要作用, 下面先介绍两种常见的概型, 即古典概型和几何概型.

§1.3 古典概型和几何概型

1.3.1 古典概型

在例 1.1.1 中, 随机试验 E 是掷一枚骰子观察出现的点数. 由于骰子是均匀的, 每一个点数出现的概率都是相等的. 在实际问题中, 有很多这类的随机试验.

如果随机试验 E 的样本空间 Ω 中只有有限多个样本点 $\omega_1, \omega_2, \cdots, \omega_n$, 而且每个样本点出现的概率都是相同的, 就称 E 是**古典型随机试验**(classical random experiment), 简称**古典概型**(classical probability).

对古典概型 $\Omega = \{\omega_1, \omega_2 \cdots, \omega_n\}$, 共有 n 个样本点. 由于 $P(\Omega) = 1$, 每个样本点出现的概率都相同, 故 $P(\{\omega_i\}) = \dfrac{1}{n}, i = 1, 2, \cdots, n$. 事件 A 由 $k(\leqslant n)$ 个样本点组成, 那么

$$P(A) = \frac{k}{n} = \frac{A \text{中包含的样本点数}}{\Omega \text{中样本点数}}. \tag{1.3.1}$$

这就是古典概型中事件概率的计算公式. 读者可验证古典概型的概率定义 (1.3.1) 式满足 (1.2.1)~(1.2.4) 式.

古典概型在很多实际问题中有广泛的应用. 由于涉及有限集的组合计数问题, 很多习题富有挑战性. 只要掌握解题的正确步骤和排列组合的一般方法, 读者就会容易地掌握解题的技巧.

1.3.2 组合计数的基本方法

数数 (shǔ shù) 是组合学中的重要内容, 常用的基本原理有乘法原理和加法原理, 由此可推出一系列排列组合公式.

乘法原理 (multiplication principe) 做一件事情要经过 k 个步骤才能完成, 做第一步有 m_1 种方式, 做第二步有 m_2 种方式, $\cdots$, 做第 k 步有 m_k 种方式, 那么完成这件事总共有 $m_1 m_2 \cdots m_k$ 种方式.

加法原理 (addition principe) 做一件事可以用 k 种不同的方法去完成, 第一种方法中又有 m_1 种方式, 第二种方法中有 m_2 种方式, $\cdots$, 第 k 种方法中有 m_k 种方式, 那么完成这件事总共有 $m_1 + m_2 + \cdots + m_k$ 种方式. 注意, 这里不同种方法中的方式不能有相重合的.

(i) **排列** 从 n 个不同的元中任意取 $r(\leqslant n)$ 个元排成一列称为**排列**. 由乘法原理, 共有 $n(n-1)\cdots(n-r+1)$ 种不同的排列, 记为 P_n^r. 当 $r=n$ 时称为**全排列**(permutation), 全排列数为 $n!$.

(ii) **组合** 从 n 个不同的元中任意取 $r(\leqslant n)$ 个元并为一组 (不考虑顺序) 称为一个**组合**(combination), 组合总数记为 $\binom{n}{r} = \dfrac{\mathrm{P}_n^r}{r!} = \dfrac{n!}{r!(n-r)!}$, 规定 $0!=1$, $\binom{n}{0}=1$; 也可以说成 n 个不同元分为 2 组, 第 1 组 r 个, 第 2 组 $n-r$ 个, 则共有 $\binom{n}{r}$ 种分法. $\binom{n}{r}$ 也可记为 C_n^r. 可以推广为 n 个不同元分成 k 组, 第 1 组 r_1 个, 第 2 组 r_2 个, $\cdots$, 第 k 组 r_k 个, $r_1 + r_2 + \cdots + r_k = n$, 则共有 $\dfrac{n!}{r_1! r_2! \cdots r_k!}$ 种分法.

1.3.3 古典概型的例

例 1.3.1 一批同种型号的精密电阻中有 M 个一级品, N 个二级品, 现从这批产品中任意抽取 k 个, 求取出这 k 个产品中恰有 m 个二级品的概率.

解 这里的随机试验 E 是从 $M+N$ 个电阻中任取 k 个, 每组 k 个电阻是一个样本点 (不计次序), 所以 Ω 中共有 C_{M+N}^k 个不同的样本点, 而事件 A: "k 个中恰有 m 个二级品" 相当于 "从 N 个二级品中取出 m 个而从 M 个一级品中取出 $k-m$ 个", 故共含有 $\mathrm{C}_N^m \mathrm{C}_M^{k-m}$ 个样本点, 所以

$$P(A) = \frac{\mathrm{C}_N^m \mathrm{C}_M^{k-m}}{\mathrm{C}_{M+N}^k}.$$

例 1.3.2 袋中有 a 个白球、b 个黑球, 除颜色不同外, 这些球无区别. 现依次从袋中取球, 每次取一个, 取后不放回, 试求第 $k (\leqslant a+b)$ 次取得白球的概率.

解 1 随机试验为把这 $a+b$ 个球排成一列, 由于除颜色不同外球无区别, 此随机试验所有不同的样本点为在 $a+b$ 个位置中选取 a 个位置放白球, 剩下 b 个位置放黑球, 于是样本空间 Ω 中共有 C_{a+b}^a 个不同的样本点. 而事件 A_k:"第 k 次取得白球" 指第 k 个位置放白球, 其余 $a+b-1$ 个位置中任意取 $a-1$ 个位置放白球, 其余位置放黑球的所有放法, 故 A_k 中共有 C_{a+b-1}^{a-1} 个不同的样本点, 故所求概率为

$$P(A_k) = \frac{\mathrm{C}_{a+b-1}^{a-1}}{\mathrm{C}_{a+b}^a} = \frac{a}{a+b}.$$

解 2 我们用另一种模型解同一个问题. 随机试验是把 $a+b$ 个球排成一列, 但所有的球都看作是不同的. 在这个试验中, 样本空间 Ω 的样本点数应为 $(a+b)!$. 事件 A_k:"第 k 次取得白球" 指的是第 k 个位置放 a 个白球中的任意一个, 有 a 种放法. 再将其余 $a+b-1$ 个球在剩下的 $a+b-1$ 个位置上全排列, 故共有 $(a+b-1)!$ 种放法. 由乘法原理, A_k 中包含的样本点数应为 $a(a+b-1)!$, 故所求的概率为

$$P(A_k) = \frac{a(a+b-1)!}{(a+b)!} = \frac{a}{a+b}.$$

解 3 随机试验改为从袋中依次取出 k 个球排成一列, 所有的球都看作是有区别的, 此时的样本空间 Ω 中共含有 $(a+b)(a+b-1)\cdots(a+b-k+1)$ 个样本点, 而事件 A_k 中样本点的个数可如下分析: 最后一个, 即第 k 个位置可以取 a 个白球中的任意一个, 其余 $k-1$ 个位置可从 $a+b-1$ 个球中取 $k-1$ 个作排列, 故共有 $a(a+b-1)(a+b-2)\cdots[a+b-1-(k-1)+1] = a(a+b-1)(a+b-2)\cdots(a+b-k+1)$ 个样本点, 所以所求概率为

$$P(A_k) = \frac{a(a+b-1)(a+b-2)\cdots(a+b-k+1)}{(a+b)(a+b-1)\cdots(a+b-k+1)} = \frac{a}{a+b}.$$

解 4 随机试验是从袋中把球依次抽取排成一列后观察第 k 个位置的球的编号, 所有球都看作有区别, 即都编上号码了, 这时样本空间共含有 $a+b$ 个样本点, 事件 A_k 中含的样本点应当是白球的那些编号中的一个, 即有 a 个样本点, 于是

$$P(A_k) = \frac{a}{a+b}.$$

由此例的几个解法可以看出, 在解决同一个实际问题时可以选择不同的模型, 先考虑随机试验 E 及 E 的所有可能的样本点构成的 Ω, 而计算所求事件 A 中含

的样本点数时要在同一个 E, Ω 中考虑, 读者在解题过程中要按照上面的步骤进行, 通过练习可以很好地掌握古典概型问题的解法.

本例的答案与 k 无关.这说明在抽球时, 不管是第几次去抽, 抽得白球的概率都是 $\frac{a}{a+b}$, 所以日常生活中抓阄的方法是公平的.

例 1.3.3　例 1.3.1 中的抽取改为依次抽取 k 个电阻, 现分别利用 (i) 有放回抽样和 (ii) 不放回抽样, 问恰好有 m 个一级品的概率各是多少?

解　(i) 有放回抽样即一次抽取一个, 取后放回再抽取下一个. 这里随机试验把 $M+N$ 个电阻进行编号, 即看作是有区别的, 每次抽取都有 $M+N$ 种可能, 连续抽取 k 次, 故 Ω 共有 $(M+N)^k$ 个样本点.$A=$ "抽得 k 个电阻中恰有 m 个一级品", 将抽取的 k 个电阻排成一排, 先选 m 个位置共有 C_k^m 种方式, 每种方式中 m 个位置放一级品, 由于是有放回的, 每个位置的一级品都有 M 种可能, 共有 M^m 种方式; 剩下 $k-m$ 个位置放二级品, 共有 N^{k-m} 种方式, 由乘法原理共有 $C_k^m M^m N^{k-m}$ 个样本点, 故

$$P(A) = \frac{C_k^m M^m N^{k-m}}{(M+N)^k}, \quad m=0,1,\cdots,k.$$

(ii) 不放回抽样即一次抽取一个, 取后不放回. 显然, 这与例 1.3.1 是一样的, 这里用与那里不同的模型来解. 设随机试验是从 $M+N$ 个电阻中抽取 k 个排成一列, 但电阻是有区别的, 即都编上号了. 故 Ω 中共含有 P_{M+N}^k 个样本点, 而事件 A 是抽取的 k 个电阻中有 m 个一级品, 即 k 个位置选出 m 个位置, 有 C_k^m 种选法, 下一步从 M 个一级品中取出 m 个排在上面选出的位置上, 共有 P_M^m 种方式, 最后从 N 个二级品中取出 $k-m$ 个排在上面剩下的 $k-m$ 个位置上, 有 P_N^{k-m} 种, 故 A 中含有样本点总数为 $C_k^m P_M^m P_N^{k-m}$, 所以

$$P(A) = \frac{C_k^m P_M^m P_N^{k-m}}{P_{M+N}^k},$$

可以计算这与例 1.3.1 是一致的.

例 1.3.4 (传统型彩票)　传统型 "10 选 6+1" 方案是先从 $0\sim9$ 号球中摇出 6 个基本号码, 每组摇出一个, 然后从 $0\sim4$ 号球中摇出一个特别号码, 构成中奖号码. 投注者选出 6 个基本号码和一个特别号码, 构成一注, 基本号码和特别号码都正确 (即选 7 中 6+1) 获一等奖; 只有基本号码正确 (选 7 中 6) 获二等奖; 基本号码中有 5 位完全相同 (即除首位, 或除末位不同外全相同) 获三等奖 (选 7 中 5), 若已得高级别奖就不再得低级别奖. 试求获得一等奖、二等奖和三等奖的概率各是多少?

解　随机试验是从 $0\sim9$ 中选出一个 6 位数, 再从 $0\sim4$ 中选出一个数, 故 Ω 中共有 $10^6 \cdot 5$ 个样本点.

获一等奖的概率为 $P_1 = 1/(5 \cdot 10^6)$.

获二等奖的事件中, 6 个基本号码一致有一种可能, 特别号码除去中一等奖的那个数外有 4 种可能, 共有 $1 \cdot 4$ 个样本点, 故 $P_2 = 4/(5 \cdot 10^6)$.

获三等奖时, 基本号码中第一位取中奖号码之外的数有 9 种可能, 最后一位取中奖号码之外的数也有 9 种可能, 这两种情形, 特别号码有 5 种可能, 由加法原理, 所求概率为 $P_3 = 2 \cdot 9 \cdot 5/(5 \cdot 10^6) = 2 \cdot 9/10^6$.

例 1.3.5 从 $0, 1, \cdots, 9$ 共 10 个数字中任取一个 (每个数字都以 $1/10$ 的概率取出), 取后还原, 依次取出 5 个数字, 试求:

(i) A_1: 5 个数字全不相同;

(ii) A_2: 全是奇数;

(iii) A_3: 1 恰好出现两次;

(iv) A_4: 1 至少出现两次

的概率.

解 (i) 随机试验为有放回地取 5 次, 每次有 10 个可能, 故 Ω 中共有 10^5 个样本点, A_1 中的样本点数显然为 P_{10}^5, 故 $P(A_1) = \mathrm{P}_{10}^5/10^5 = 0.3024$.

(ii) A_2 中共有 5^5 个样本点, 故 $P(A_2) = 5^5/10^5 = 1/32$.

(iii) 计算 A_3 中的样本点数. 1 出现两次可以是 5 次中的任意两次, 共有 C_5^2 种选法, 其他 3 次中每次只能从其余 9 个数字中任意选取, 共有 9^3 种选法, 由乘法原理 A_3 中共有 $\mathrm{C}_5^2 \cdot 9^3$ 个样本点, 故 $P(A_3) = \mathrm{C}_5^2 \cdot 9^3/10^5 = 9^3/10^4$.

(iv) 由 (iii) 分析可知 1 恰好出现 $k(\leqslant 5)$ 次的概率为 $\mathrm{C}_5^k \cdot 9^{5-k}/10^5$. 1 至少出现两次, 即 4 个互不相容的事件 "1 恰好出现 k 次" $(k = 2, 3, 4, 5)$ 的并, 由可加性知

$$P(A_4) = \sum_{k=2}^{5} \mathrm{C}_5^k \cdot \frac{9^{5-k}}{10^5} .$$

1.3.4 几何概型

几何概型是例 1.1.5 的一般化. 向某一可度量的区域 Ω 投掷一质点 M, 如果 M 在 Ω 中均匀分布, 就称这一随机试验是**几何型试验**(geometric random experiment), 简称为**几何概型**(geometric probability model). 所谓 "M 在 Ω 中均匀分布" 的具体含义是 "点 M 必落入 Ω 中, 而且落在可度量区域 $A(\subset \Omega)$ 中的可能性大小与 A 的度量成正比, 而与 A 的位置及形状无关". 这时 Ω 中每一个点 ω 是一个样本点: "M 落于 ω 上". 所以样本空间 Ω 含有无穷多个样本点, 不能用古典概型的计算公式 (1.3.1).

几何概型中事件 A 发生的概率与 A 的度量成正比, 故

$$P(A) = k \cdot L(A) ,$$

这里 $L(A)$ 表示 A 的度量, 一维空间中是长度, 二维空间中是面积, 三维时是体积. 再由 $P(\Omega) = k \cdot L(\Omega) = 1$, 知 $k = 1/L(\Omega)$, 于是有

$$P(A) = \frac{L(A)}{L(\Omega)} . \tag{1.3.2}$$

读者可以验证几何型概率定义 (1.3.2) 式也满足 (1.2.1)∼ (1.2.3) 式.

例 1.3.6   在时间间隔 $[0, T]$ 内任一时刻都有信号等可能地进入收音机. 现有两个信号, 如果这两个信号到达的时间间隔不大于 τ, 则收音机受到干扰. 试求收音机受到干扰的概率.

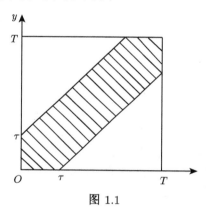

图 1.1

解   设 x 和 y 为信号进入收音机的时刻, $x \in [0,\ T]$, $y \in [0,\ T]$. 这样的 (x, y) 构成边长为 T 的正方形

$$\Omega = \{(x, y) : 0 \leqslant x \leqslant T,\ 0 \leqslant y \leqslant T\} .$$

这就是随机试验的样本空间. 所求事件 A 为区域 $\{(x, y) : |x - y| \leqslant \tau\}$. 区域 A 位于直线 $x - y = \tau$ 及 $x - y = -\tau$ 之间, 其面积 (图 1.1 中阴影部分) 为

$$L(A) = T^2 - (T - \tau)^2 .$$

所以所求事件 A 的概率为

$$P(A) = \frac{L(A)}{L(\Omega)} = \frac{T^2 - (T - \tau)^2}{T^2} = 1 - \left(1 - \frac{\tau}{T}\right)^2 .$$

例 1.3.7 (蒲丰问题)   平面上画有等距离为 $a(a > 0)$ 的一些平行线, 向平面任意投掷一长为 $l(l < a)$ 的针, 试求针与一平行线相交的概率 p.

解   以 M 表示落下后针的中点, x 表示 M 与最近的一平行线的距离, φ 表示针与此平行线的交角, 如图 1.2 所示, 易见

$$0 \leqslant x \leqslant \frac{a}{2}, \quad 0 \leqslant \varphi \leqslant \pi .$$

这二式决定了 φx 平面上一矩形区域 Ω; 其次, 为使针与一平行线 (此线必是与 M 最近的平行线) 相交, 充分必要条件是

$$x \leqslant \frac{l}{2} \sin \varphi ,$$

此不等式确定了 Ω 中一子集 G. 于是我们的问题化为: 向 Ω 中均匀分布地掷点而求点落于 G 中的概率. 由 (1.3.2) 式, 所求概率为

$$p = \frac{\int_0^\pi \frac{l}{2} \sin \varphi \mathrm{d}\varphi}{\frac{a}{2}\pi} = \frac{2l}{\pi a}.$$

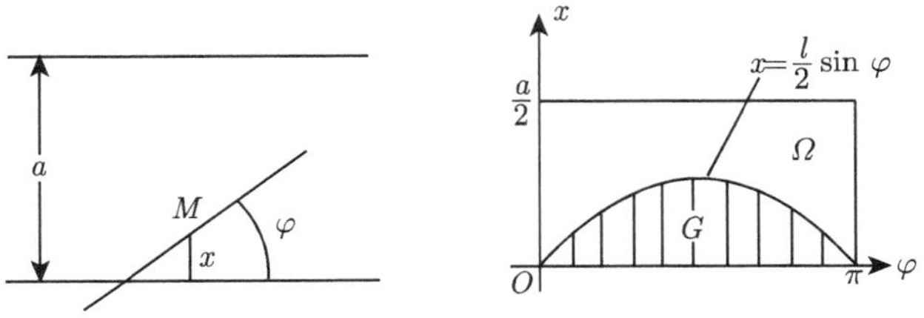

图 1.2

注意所求概率 p 只依赖于比值 l/a, 故当 l, a 成比例地变化时, p 的值不变, 这与直观是符合的. 由于 p 的表达式中除去 l 和 a 是可测量的剩下还有 π, 故若用频率近似代替 p, 此式提供了一个求 π 的值的方法. 此试验有很多人做过, 如 1850 年 Wolf 掷针 5000 次求得 π 值为 3.1596; 1901 年 Lazzerini 掷 3408 次得 π 值为 3.1415929. 后者掷的次数少反而得到好的结果, 原因是他在合适的次数上停止了试验. 但如事先不知道 π 的真值时, 应在何时停止试验? 这就是所谓 "最优停止问题", 是一类有重要应用的理论问题, 已有很多研究成果.

§1.4 条 件 概 率

1.4.1 条件概率的定义

在很多实际问题种, 常常会遇到在 "事件 B 发生" 的条件下求事件 A 发生的概率问题, 这样的概率称为**条件概率**(conditional probability), 记为 $P(A|B)$. 相对于条件概率, 有时也称 $P(A)$ 为无条件概率.

由于补充了信息 "事件 B 发生", 所以 $P(A|B)$ 一般与 $P(A)$ 并不相等.

例如, 甲乙两台机床生产同一种零件共 100 个, 质量情况如表 1.1 所示.

表 1.1

	正品	次品	合计
甲	35	5	40
乙	50	10	60
合计	85	15	100

现从这 100 个零件中任取一个进行检验,则事件 A:"取出的零件是甲机床生产的"的概率 $P(A) = \dfrac{40}{100}$,事件 B:"取出的零件是正品"的概率 $P(B) = \dfrac{85}{100}$,而事件 AB 表示"取出的零件是甲生产的正品",显然 $P(AB) = \dfrac{35}{100}$.

现在我们考虑当事件 B 发生的条件下,事件 A 发生的概率是多少?事件 B 的发生为问题补充了新的信息:取出的零件肯定是正品,所以原先的样本空间 Ω 中的 100 个样本点中应去掉"次品"的 15 个,缩小为新的样本空间 $\Omega_B = B$(只含有 85 个样本点) 了.这时所求事件 A:"取出零件是甲生产的"所含的样本点在 $B = \Omega_B$ 中所占的比率为 $\dfrac{35}{85}$,即 $P(A|B) = \dfrac{35}{85}$. 这与无条件概率 $P(A) = \dfrac{40}{100}$ 是不同的. 如上分析可知

$$P(A|B) = \frac{35}{85} = \frac{35/100}{85/100} = \frac{P(AB)}{P(B)}.$$

这一结果不仅对上例中古典概型是对的, 而且它有一般性, 从而引导出一般的定义.

定义 1.4.1　设 A, B 是两个事件. 且 $P(B) > 0$, 则在 B 发生的条件下, 事件 A 发生的**条件概率** $P(A|B)$ 为

$$P(A|B) = \frac{P(AB)}{P(B)}. \tag{1.4.1}$$

条件概率也是概率. 记 $P_B(A) = P(A|B) = \dfrac{P(AB)}{P(B)}$, 则

(i) $P_B(A) \geqslant 0$;

(ii) $P_B(\Omega) = P(\Omega|B) = \dfrac{P(\Omega B)}{P(B)} = 1$;

(iii) 若 $A_1, A_2, \cdots$ 互不相容, 即 $A_i A_j = \varnothing$, $i \neq j$, $i, j = 1, 2, \cdots$,

$$P_B\left(\bigcup_{i=1}^{\infty} A_i\right) = P\left(\bigcup_{i=1}^{\infty} A_i \Big| B\right) = \frac{P\left(\left(\bigcup\limits_{i=1}^{\infty} A_i\right)B\right)}{P(B)} \tag{1}$$

$$= \frac{\sum\limits_{i=1}^{\infty} P(A_i B)}{P(B)} = \sum_{i=1}^{\infty} P(A_i|B). \tag{2}$$

可见条件概率也是一种概率, 故前面对概率所证明的结果都适用于条件概率.

1.4.2　乘法公式

设 A, B 是两个事件, $P(A) > 0$, $P(B) > 0$, 则由条件概率定义 (1.4.1) 式可知

$$P(AB) = P(A)P(B|A) = P(B)P(A|B),$$

推广到多个事件情形就得到概率的乘法公式.

定理 1.4.1 (乘法公式)　　设 $A_1, A_2, \cdots, A_n$ 是 n 个事件, 满足 $P(A_1 A_2 \cdots A_{n-1}) > 0$, 则有

$$P(A_1 A_2 \cdots A_n) = P(A_1) P(A_2|A_1) P(A_3|A_1 A_2) \cdots P(A_n|A_1 A_2 \cdots A_{n-1}). \quad (1.4.2)$$

证　　由 $P(A_1) \geqslant P(A_1 A_2) \geqslant \cdots \geqslant P(A_1 A_2 \cdots A_{n-1}) > 0$, 知 (1.4.2) 式右边的条件概率都有意义. 因此条件概率定义 (1.4.2) 式右方等于

$$P(A_1) \cdot \frac{P(A_1 A_2)}{P(A_1)} \cdot \frac{P(A_1 A_2 A_3)}{P(A_1 A_2)} \cdot \cdots \cdot \frac{P(A_1 A_2 \cdots A_n)}{P(A_1 A_2 \cdots A_{n-1})} = P(A_1 A_2 \cdots A_n). \quad \square$$

(1.4.2) 式称为**乘法公式**(formula of multiplication), 它的直观意义: $A_1, A_2, \cdots, A_n$ 同时出现的概率, 等于先出现 A_1, 在 A_1 出现的条件下出现 A_2, 在 A_1 和 A_2 出现的条件下出现 A_3, $\cdots$, 各自的概率的乘积.

例 1.4.1　　验收一批合格率为 95% 的产品 100 件, 如果对其进行抽样检查时任意抽取的 5 件产品至少有 1 件不合格, 就说整批产品不合格. 试问该批产品不合格的概率多大?

解　　由题意 100 件产品中不合格品为 5 件, 我们用 $A_i(i = 1, 2, 3, 4, 5)$ 来分别标记这 5 件不合格品, A 表示该批产品不合格, 则 $A = \bigcup_{i=1}^{5} A_i$. 直接求 A 的概率要用 (1.2.11) 式的一般加法公式, 我们这里先求 A 的对立事件 $\overline{A} = \bigcap_{i=1}^{5} \overline{A}_i$ 的概率. 由 (1.4.2) 式, 有

$$P(\overline{A}) = P\left(\bigcap_{i=1}^{5} \overline{A}_i\right) \quad (3)$$

$$= P(\overline{A}_1) P(\overline{A}_2|\overline{A}_1) P(\overline{A}_3|\overline{A}_1 \overline{A}_2) P(\overline{A}_4|\overline{A}_1 \overline{A}_2 \overline{A}_3) P(\overline{A}_5|\overline{A}_1 \overline{A}_2 \overline{A}_3 \overline{A}_4). \quad (4)$$

$P(\overline{A}_1) = 1 - P(A_1) = 95/100$, 为求 $P(\overline{A}_2|\overline{A}_1)$, 因 $\overline{A}_1$ 发生即第一次抽得合格品的条件下, 第二次抽取时还剩下 99 件产品, 其中有 94 件合格品, 故 $P(\overline{A}_2|\overline{A}_1) = 94/99$. 容易知道 $P(\overline{A}_3|\overline{A}_1 \overline{A}_2) = 93/98, P(\overline{A}_4|\overline{A}_1 \overline{A}_2 \overline{A}_3) = 92/97, P(\overline{A}_5|\overline{A}_1 \overline{A}_2 \overline{A}_3 \overline{A}_4) = 91/96$, 所以

$$P(\overline{A}) = \frac{95}{100} \cdot \frac{94}{99} \cdot \frac{93}{98} \cdot \frac{92}{97} \cdot \frac{91}{96} \approx 0.77.$$

所以 $P(A) = 1 - P(\overline{A}) = 0.23$.

1.4.3　全概率公式

在计算较复杂的事件 A 的概率时, 如果有另外一族事件 $H_1, H_2, \cdots$, 而事件 A 发生总伴随某一 H_i 同时发生, $P(A|H_i)$ 又比较好求, 这时用全概率公式 (total probability formula) 可使问题简单.

定理 1.4.2 (全概率公式)　设 A, H_1, $H_2 \cdots$, H_n 是同一样本空间中的事件, 满足

(i) $P(H_i) > 0$, $i = 1, 2, \cdots, n$;

(ii) $H_i H_j = \varnothing$, $i \neq j$, 且 $\bigcup_{i=1}^n H_i = \Omega$,

则有

$$P(A) = \sum_{i=1}^n P(H_i)P(A|H_i). \tag{1.4.3}$$

证　因 $\bigcup_{i=1}^n H_i = \Omega$, 所以有

$$A = A\left(\bigcup_{i=1}^n H_i\right) = \bigcup_{i=1}^n AH_i, \tag{1.4.4}$$

由 $H_i H_j = \varnothing$, 知 $(AH_i) \cap (AH_j) = \varnothing$, $i \neq j$. 利用概率的可加性和乘法公式, 可得

$$P(A) = \sum_{i=1}^n P(AH_i) = \sum_{i=1}^n P(H_i)P(A|H_i). \tag{1.4.5}$$

$\square$

定理 1.4.2 中满足 (i) 和 (ii) 的一组事件 $H_1, H_2, \cdots, H_n$ 称为样本空间 Ω 的一个**分割**(division)(或称为一个**完备事件组**(exhaustive events)).

全概率公式的直观意义是如果事件 A 的发生总伴随着某一 H_i 同时发生 (即 (1.4.4) 式成立), 那么事件 A 的概率等于 H_1 发生的概率乘以在 H_1 发生条件下 A 发生的概率, 加上 H_2 发生的概率乘以在 H_2 发生条件下 A 发生的概率, 加上 $\cdots$. 这样常常可以减少求概率 $P(A)$ 的复杂性.

例 1.4.2　某厂一、二、三车间生产同类产品, 已知三个车间生产的产品分别占总量的 50%, 25%, 25%, 又知一、二、三车间产品的次品率分别为 1%, 2%, 4%. 现从该厂产品中任取一件, 问取出的是次品的概率多大?

解　设 $H_i = $"取出的产品是由 i 车间生产的", $i = 1, 2, 3$. H_1, H_2, H_3 互不相容, 而且取出一件产品一定是这三个车间之一生产的, 即 $\bigcup_{i=1}^3 H_i = \Omega$. H_1, H_2, H_3 是 Ω 的一个分割. 由题意, $P(H_1) = 0.5, P(H_2) = 0.25, P(H_3) = 0.25$, 令 $A = $"取出的产品是次品", 则

$$P(A|H_1) = 0.01, \quad P(A|H_2) = 0.02, \quad P(A|H_3) = 0.04.$$

由全概率公式 (1.4.5), 可得

$$P(A) = 0.5 \times 0.01 + 0.25 \times 0.02 + 0.25 \times 0.04 = 0.02.$$

例 1.4.3　在数字通信中发报机分别以 0.7 和 0.3 的概率发送信号 0 和 1. 由于系统受到各种干扰, 当发出信号 0 时, 接收机不一定能收到 0, 而是以 0.8 和 0.2

的概率收到 0 和 1; 同样地, 当发报机发出信号 1 时, 接收机以 0.9 和 0.1 的概率收到信号 1 和 0. 试求接收机收到 0 的概率是多大?

解 设 H_0 表示 "发出信号 0", H_1 表示 "发出信号 1", A 表示 "接收到信号 0". 由条件知 $P(A|H_0) = 0.8, P(A|H_1) = 0.1, P(H_0) = 0.7, P(H_1) = 0.3$, 故由全概率公式 (1.4.5) 可得

$$P(A) = P(H_0) \cdot P(A|H_0) + P(H_1) \cdot P(A|H_1)$$
$$= 0.7 \times 0.8 + 0.3 \times 0.1 = 0.59.$$

1.4.4 贝叶斯公式

定理 1.4.3 设 $A, H_1, H_2, \cdots, H_n$ 是同一样本空间中的事件, 满足

(i) $P(H_i) > 0$, $i = 1, 2, \cdots, n$;

(ii) $H_1, H_2, \cdots, H_n$ 是样本空间 Ω 的一个分割, 即 $\bigcup_{i=1}^{n} H_i = \Omega$, 且

$$H_i H_j = \varnothing, \quad i \neq j;$$

(iii) $P(A) > 0$, 则有

$$P(H_i|A) = \frac{P(H_i)P(A|H_i)}{\sum_{j=1}^{n} P(H_j)P(A|H_j)}. \tag{1.4.6}$$

证 由条件概率定义

$$P(H_i|A) = \frac{P(H_i A)}{P(A)},$$

分子应用乘法公式, 分母应用全概率公式就得到 (1.4.6) 式. □

(1.4.6) 式称为**贝叶斯公式**(Bayes formula), 也称为**逆概率公式**(inverse probability formula). 这一公式在实际问题中有多方面的应用.

在实际问题中常把 $H_1, H_2, \cdots, H_n$ 看作是导致某试验结果的 "原因". $P(H_1)$, $P(H_2), \cdots$ 表示各种原因发生的可能性的大小, 称之为先验概率, 一般是以往经验的总结. 在事件 A 发生之前就已经知道了, 现在事件 A 发生了, 这一补充信息有助于探讨事件发生的 "原因". 条件概率 $P(H_i|A)$ 称为后验概率, 它表示了 A 出现之后, 对各种 "原因" 发生可能性的新认识. $P(H_1|A), P(H_2|A), \cdots$ 中最大的一个, 比如是 $P(H_i|A)$, 即导致 A 发生的 "原因" H_i 的可能性最大. 这有助于我们对事件发生 "原因" 的判断.

例 1.4.4 续例 1.4.2. 如已知取出的一个产品是次品, 问这个产品产自各个车间的概率是多少?

解　沿用例 1.4.2 的记号, 由贝叶斯公式, 有

$$P(H_1|A) = \frac{P(H_1)P(A|H_1)}{P(A)} = \frac{0.5 \times 0.01}{0.02} = 0.25,$$

$$P(H_2|A) = \frac{0.25 \times 0.02}{0.02} = 0.25,$$

$$P(H_3|A) = \frac{0.25 \times 0.04}{0.02} = 0.5,$$

这一结果说明已知取出的是次品, 要求导致 A 出现的 "原因", 即出自哪个车间时, 后验概率 $P(H_i|A)$ 的计算表明 $P(H_3|A) = 0.5$ 最大, 即这个次品出自第 3 车间的概率要比出自第 1, 2 个车间的概率大一倍.

例 1.4.5　续例 1.4.3. 上面已经求出 "收到信号 0" 即事件 A 出现的概率是 0.59. 现在要问, 已知 A 发生, 即已知收到信号 0, 求发报机确实发出 0 的概率是多少?

解　记号同前, 先验概率是 $P(H_0) = 0.7, P(H_1) = 0.3$. 现在已知收到信号 0, 即补充了信息, 那么由贝叶斯公式知

$$P(H_0|A) = \frac{P(H_0)P(A|H_0)}{P(A)} = \frac{0.7 \times 0.8}{0.59} = 0.949,$$

即确实发出 0 的概率为 0.949.

例 1.4.6　医院用某种检验法诊断肝癌, 确定患有肝癌的患者用此法检验时出现 "+" 的概率为 0.95, 未患肝癌的健康人用此法检验时出现 "−" 的概率为 0.9, 已知该地区肝癌的患病率为 0.0004, 试问一个人被此法诊断为患有肝癌 (即出现 "+") 时, 此人的确患有肝癌的概率.

解　设 H 表示 "被检验者患有肝癌", A 表示 "判断被检验者患有肝癌" (即检验为 "+"). 由条件知 $P(H) = 0.0004, P(A|H) = 0.95, P(\overline{A}|\overline{H}) = 0.9$. 由贝叶斯公式, 一个人被此法诊断为患有肝癌条件下, 他确实患有肝癌的概率为

$$\begin{aligned} P(H|A) &= \frac{P(H)P(A|H)}{P(H)P(A|H) + P(\overline{H})P(A|\overline{H})} \\ &= \frac{0.0004 \times 0.95}{0.0004 \times 0.95 + 0.9996 \times 0.1} \\ &= 0.0038. \end{aligned}$$

这一结果表明, 尽管这种检验方法相当可靠, 准确率可以高达 90% 以上, 但由于先验概率 $P(H)$ 非常小, 即使用此法检验结果为 "+", 他确实患有肝癌的概率仅为 0.0038, 这个概率是很小的. 在实际生活中出现类似的情况很多, 掌握科学判断的方法是很有益的.

由以上讨论可以看出贝叶斯公式在统计学中有重要的作用, 事实上根据这一公式的思想已经发展成一整套统计推断方法, 即所谓 "贝叶斯统计". 这一方法在计算机诊断, 模式识别等很多方面都有应用. 特别地, 在生命信息科学方面, 在基因组成、蛋白质结构的研究中贝叶斯方法已成为一个有力的工具.

§1.5 事件的独立性

1.5.1 两事件的独立性

样本空间中的两个事件 $A, B, P(B) > 0$, 则 $P(A|B)$ 有定义. 一般地, $P(A|B) \neq P(A)$ 说明事件 B 的发生改变了事件 A 发生的概率, 若 $P(A|B) = P(A)$ 即 B 的发生不影响 A 的发生, 此时有 $P(AB) = P(B)P(A|B) = P(A)P(B)$. 这样我们就得到了两事件 A, B 相互独立的定义.

定义 1.5.1 对事件 A, B, 若

$$P(AB) = P(A)P(B) \tag{1.5.1}$$

就称事件 A, B 是**相互独立**(mutually independence) 的.

由上述定义可知必然事件及不可能事件与任何事件都相互独立, 相互独立的定义中 (1.5.1) 式允许 $P(A) = 0$ 或 $P(B) = 0$.

若 A, B 相互独立, $P(B) > 0$, 那么容易推出 $P(A|B) = P(A)$.

定理 1.5.1 若事件 A, B 相互独立, 则三对事件 $(A, \overline{B}), (\overline{A}, B), (\overline{A}, \overline{B})$ 分别也是相互独立的.

证 由于 $A\overline{B} = A - AB$, 且 $AB \subset A$, 故

$$P(A\overline{B}) = P(A) - P(AB),$$

因 A, B 相互独立, 有 $P(AB) = P(A) \cdot P(B)$, 从而

$$P(A\overline{B}) = P(A) - P(AB) = P(A) - P(A)P(B)$$
$$= P(A)(1 - P(B)) = P(A)P(\overline{B}),$$

即 A 与 $\overline{B}$ 相互独立. 由 A, B 的对称性可得 $\overline{A}$ 与 B 也相互独立. 把证得的结果应用于 $(A, \overline{B})$ 可见 $(\overline{A}, \overline{B})$ 相互独立. $\qquad\square$

1.5.2 多个事件的独立性

定义 1.5.2 对事件 A, B, C, 若

$$P(AB) = P(A)P(B);$$

$$P(BC) = P(B)P(C); \tag{1.5.2}$$

$$P(AC) = P(A)P(C);$$

$$P(ABC) = P(A)P(B)P(C)$$

都成立, 就称事件 A, B, C 是**相互独立**的.

　　由定义 1.5.2 可知, 若 A, B, C 相互独立, 则 A, B, C 两两独立, 但是由 A, B, C 两两相互独立是不能得出 A, B, C 相互独立的, 既由定义中前 3 个等式是不能推出第 4 个等式成立的.

　　例 1.5.1　袋中有 1 个红球、1 个白球、1 个黑球和 1 个染有红、白、黑 3 色的球. 现从袋中任取 1 个球, 记

$$A = \text{``取出的球染有红色''}$$

$$B = \text{``取出的球染有白色''}$$

$$C = \text{``取出的球染有黑色''}$$

由于染有同一色的球有两个, 故 $P(A) = P(B) = P(C) = 1/2$. 而同时染有两种色的球只有一个, 故 $P(AB) = P(BC) = P(AC) = 1/4$. 所以有

$$P(AB) = P(A)P(B),$$

$$P(BC) = P(B)P(C),$$

$$P(AC) = P(A)P(C),$$

即 A, B, C 两两独立. 但同时染有 3 色的球只有一个, 即 $P(ABC) = 1/4$, 显然

$$P(ABC) \neq P(A)P(B)P(C).$$

这说明 A, B, C 两两独立, 但 A, B, C 不是相互独立的, 即定义 1.5.2 中前 3 式是推不出第 4 式的.

　　顺便指出, 由第 4 个等式也推不出前 3 个式子成立, 读者可举一反例证明这一点.

　　定义 1.5.3 (n 个事件的独立性)　对 n 个事件 $A_1, A_2, \cdots, A_n$, 若对任意的 $k = 2, 3, \cdots, n$ 和任意 $1 \leqslant i_1 < i_2 < \cdots < i_k \leqslant n$, 都有

$$P(A_{i_1} A_{i_2} \cdots A_{i_k}) = P(A_{i_1})P(A_{i_2}) \cdots P(A_{i_k}) \tag{1.5.3}$$

成立, 就称 $A_1, A_2, \cdots, A_n$ 是**相互独立**的.

注意, (1.5.3) 式共表示 $2^n - n - 1$ 个等式, 实际上 $k = 2$ 时有 C_n^2 个等式, $k = 3$ 时有 C_n^3 个等式, $\cdots$, $k = n$ 时有 C_n^n 个等式, 故总共有

$$\sum_{k=2}^{n} C_n^k = (1+1)^n - C_n^1 - C_n^0 = 2^n - n - 1$$

个等式.

对于 n 个相互独立的事件, 作为定理 1.5.1 的推广有下面的定理.

定理 1.5.2 若事件 $A_1, A_2, \cdots, A_n$ 相互独立, 则将其中任意 $k(1 \leqslant k \leqslant n)$ 个事件换成其对立事件, 所得到的 n 个事件仍然相互独立.

证明这里就略去了.

例 1.5.2 设每支步枪击中飞机的概率为 0.004. 求 300 支步枪同时向飞机射击一次, 击中飞机的概率.

解 从题意可理解为各支步枪的射击是相互独立的, 即各支枪击中飞机的事件是相互独立的. 记 A_i 为 "第 i 支步枪击中飞机", A 为 "飞机被击中", 至少有一支枪击中飞机就说飞机被击中了, 故 $A = \bigcup_{i=1}^{300} A_i$. 由题设 $P(A_i) = 0.004, P(\overline{A_i}) = 0.996, i = 1, 2, \cdots, 300$. 所以

$$\begin{aligned}
P(A) &= P\left(\bigcup_{i=1}^{300} A_i\right) = 1 - P\left(\bigcap_{i=1}^{300} \overline{A_i}\right) \\
&= 1 - P(\overline{A_1}\,\overline{A_2}\cdots\overline{A_{300}}) \\
&= 1 - 0.996^{300} \approx 0.7.
\end{aligned}$$

注意此题如果直接计算 $P\left(\bigcup_{i=1}^n A_i\right)$ 要用到一般加法公式 (1.2.11), 这里求其对立事件的概率就把事件的和转成其对立事件的交了, 再利用诸 $\overline{A_i}$ 相互独立, 容易得到最后的结果. 这一方法经常会用到.

假设 300 支步枪同时射击飞机. 如可以把一次射击看成一次随机试验, 这就相当于 300 次随机试验, 但它们是相互独立的. 独立事件常常伴随独立随机试验而出现, 下面给出独立随机试验列的一个定义.

定义 1.5.4 (独立随机试验列) 设 $\{E_i, i = 1, 2, \cdots\}$ 是一列随机试验, E_k 的样本空间为 Ω_k, A_k 是 E_k 中的任一事件, 如果 A_k 的出现不依赖于其他各次试验 $E_i(i \neq k)$ 的试验结果, 就称 $\{E_i\}$ 是独立随机试验列.

例 1.5.3 设一次射击击中目标的概率是 p, 要接连不断地射击, 假设各次射击是独立地进行, 试求 A_k: "第 k 次射击击中目标", B_k: "前 k 次射击中至少有一次击中目标".

解 因射击独立地进行, 第 k 次射击不依赖于其他次射击的结果, 所以 $P(A_k) =$

p; B_k 只依赖前 k 次射击, $B_k = \bigcup_{i=1}^{k} A_i$. 由独立性

$$P(B_k) = P\left(\bigcup_{i=1}^{k} A_i\right) = 1 - P\left(\bigcap_{i=1}^{k} \overline{A_i}\right) = 1 - (1-p)^k.$$

一个元件能正常工作的概率称之为**元件的可靠性**(component reliability)，若干个元件组成一个系统, 整个系统正常工作的概率称为**系统的可靠性**(system reliability). 关于元件和系统的可靠性的研究在现代科学技术发展中已形成了一门独立的学科: 可靠性理论. 由元件构成一个系统时, 连接方式不同可靠性也会有所不同, 下面的例子说明了这一点.

例 1.5.4 (系统的可靠性)   设每个元件的可靠性均为 $r(0 < r < 1)$, 若每个元件是否正常工作是相互独立的, 试比较下面的两种联接方式下系统的可靠性.

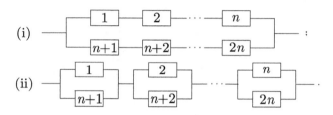

解   (i) 由两条串联系统并联而成, 每条串联系统当且仅当该通路上所有元件都正常工作时才能正常工作, 设 A_i 表示 "第 i 个元件正常工作", $i = 1, 2, \cdots, 2n$, 故单一串联通路的可靠性为

$$P(A_1 A_2 \cdots A_n) = P(A_1)P(A_2)\cdots P(A_n) = r^n.$$

由于两条串联通路并联后只要有某一条通路正常工作整个系统就正常工作, 故系统正常工作的概率为

$$
\begin{aligned}
&P\left((A_1 A_2 \cdots A_n) \cup (A_{n+1} A_{n+2} \cdots A_{2n})\right) \\
=&P(A_1 A_2 \cdots A_n) + P(A_{n+1} A_{n+2} \cdots A_{2n}) - P(A_1 A_2 \cdots A_{2n}) \\
=&r^n + r^n - r^{2n} \\
=&r^n(2 - r^n).
\end{aligned}
$$

(ii) 系统是由 n 个并联系统串联而成的, 每个并联系统的可靠性为

$$P(A_1 \cup A_{n+1}) = P(A_1) + P(A_{n+1}) - P(A_1 A_{n+1}) = 2r - r^2.$$

它们再串联起来的可靠性为

$$(2r - r^2)^n = r^n(2 - r)^n.$$

当 $n \geqslant 2$ 时易证 $r^n(2-r)^n > r^n(2-r^n)$, 故 $n \geqslant 2$ 时第 (ii) 个系统的可靠性大于第 (i) 个系统的可靠性.

例 1.5.5 某仪器上有 3 个灯泡, 工作状况相互独立, 烧坏第 $1, 2, 3$ 个灯泡的概率分别为 $0.1, 0.2, 0.3$. 整台仪器当恰好烧坏 1 个灯泡时发生故障的概率为 0.25, 恰好烧坏 2 个灯泡时为 0.6, 恰好烧坏 3 个灯泡时为 0.9, 3 个灯泡都完好时仪器发生故障的概率为 0.1, 求仪器发生故障的概率.

解 设 H_i 为 "恰好有 i 个灯泡被烧坏", $i = 0, 1, 2, 3$. A_i 为 "第 i 个灯泡烧坏", $i = 1, 2, 3$. 由独立性有

$$P(H_0) = P(\overline{A_1}\,\overline{A_2}\,\overline{A_3}) = 0.9 \times 0.8 \times 0.7 = 0.504,$$
$$\begin{aligned} P(H_1) &= P(A_1\overline{A_2}\,\overline{A_3}) + P(\overline{A_1}A_2\overline{A_3}) + P(\overline{A_1}\,\overline{A_2}A_3) \\ &= 0.1 \times 0.8 \times 0.7 + 0.9 \times 0.2 \times 0.7 + 0.9 \times 0.8 \times 0.3 \\ &= 0.398, \end{aligned}$$
$$\begin{aligned} P(H_2) &= P(A_1A_2\overline{A_3}) + P(\overline{A_1}A_2A_3) + P(A_1\overline{A_2}A_3) \\ &= 0.1 \times 0.2 \times 0.7 + 0.9 \times 0.2 \times 0.3 + 0.1 \times 0.8 \times 0.3 \\ &= 0.092, \end{aligned}$$
$$P(H_3) = P(A_1A_2A_3) = 0.1 \times 0.2 \times 0.3 = 0.006.$$

设 A 为 "仪器发生故障", 由条件知 $P(A|H_0) = 0.1, P(A|H_1) = 0.25, P(A|H_2) = 0.6, P(A|H_3) = 0.9$, 由全概率公式有

$$\begin{aligned} P(A) &= P(H_0)P(A|H_0) + P(H_1)P(A|H_1) + P(H_2)P(A|H_2) \\ &\quad + P(H_3)P(A|H_3) \\ &= 0.504 \times 0.1 + 0.398 \times 0.25 + 0.092 \times 0.6 + 0.006 \times 0.9 \\ &= 0.2105. \end{aligned}$$

习　题　1

1. 将下列事件用事件 A, B, C 表示出来.

(i) 3 个事件中至少有 1 个发生;

(ii) 3 个事件中只有 A 发生;

(iii) 3 个事件中恰好有 2 个发生;

(iv) 3 个事件中至少有 2 个发生;

(v) 3 个事件中至少有 1 个不发生;

(vi) 3 个事件中不多于 1 个发生.

2. 在掷骰子的试验中, A 表示 "点数不大于 4", B 表示 "出偶数点", C 表示 "出奇数点", 写出下列事件中的样本点: $A \cup B$; AB; $B - A$; BC; $\overline{B \cup C}$; $(A \cup B)C$.

3. 已知 $P(A) = P(B) = P(C) = \frac{1}{4}, P(AB) = P(CB) = 0, P(AC) = \frac{1}{8}$, 求 A, B, C 中至少有一个出现的概率.

4. 袋中装有标号为 $1, 2, \cdots, 10$ 的 10 个相同的球, 从中任取 3 个球, 试求

(i) 3 个球中最小的标号为 5 的概率;

(ii) 3 个球中最大的标号为 5 的概率.

5. 在 1500 个产品中有 1200 个一级品,300 个二级品. 任意抽取 100 个, 求其中

(i) 恰有 20 个二级品的概率;

(ii) 至少有 2 个二级品的概率.

6. 一部五卷文集按任意次序放到书架上, 试求下列事件的概率:

(i) 第 1 卷和第 5 卷出现在两边;

(ii) 第 1 卷或第 5 卷出现在两边;

(iii) 第 1 卷及第 5 卷都不出现在旁边;

(iv) 自左向右或自右向左的卷号恰好是 $1, 2, 3, 4, 5$.

7. 某城市有 N 辆汽车, 车号为 1 到 N. 某人把遇到的 n 辆车的号码抄下 (可能重复抄到某车号), 试求下列事件的概率:

(i) 抄到的 n 个号码全不同;

(ii) 抄到的 n 个号码不含 1 和 N;

(iii) 抄到的最大车号不大于 $K (1 \leqslant K \leqslant N)$;

(iv) 抄到的最大车号恰好为 $K (1 \leqslant K \leqslant N)$.

8. 5 双不同的手套中任取 4 只, 试问其中至少有 2 只配成一双的概率多大?

9. (i) 500 人中至少有 1 人的生日是元旦的概率多大? (一年按 365 天计算)

(ii) 5 个人中至少有两个人的生日在同一个月的概率多大?

10. 某彩票共发出编号为 0000 到 9999 的一万张, 其中有 5 张是一等奖, 一个人共买了 10 张, 试问他得一等奖 (即至少 1 个) 的概率多大?

11. 盒中有 4 只次品晶体管,6 只正品晶体管, 随机地逐个取出测试, 直到 4 只次品晶体管都找到为止. 试求第 4 只次品晶体管在: (i) 第 5 次测试发现的概率; (ii) 第 10 次测试时发现的概率.

12. 从一副扑克牌 (共 52 张) 中一张一张的取牌, 求第 r 次取牌时首次取得 A 的概率和第二次取得 A 的概率.

13. 15 个新生平均分配到 3 个班, 这批新生中有 3 名一级运动员, 试求下列事件的概率:

(i) 每个班都有一名一级运动员;

(ii) 3 名一级运动员分到一个班.

14. 10 个人中有一对夫妇, 他们随意地坐在一张圆桌周围, 试求这对夫妇正好坐在相邻位置的概率多大?

15. 袋中有标号 0 至 9 的 10 张卡片, 从袋中依次取出 4 张, 若每次取后不放回, 试问这 4 个数能构成一个 4 位偶数的概率是多少?

16. 两人约定于中午 12 点至 13 点在某地会面, 假设每人在这段时间内每个时刻到达都是等可能的, 且事先约定先到者等 20 分钟就可离去. 试求两人能会面的概率.

17. 两艘轮船在同一个码头装卸货物, 它们在一昼夜的时间内任一时刻到达码头都是等可能的. 第一艘轮船停留时间为 1 小时, 第 2 艘轮船停留时间为 2 小时, 试求一艘轮船到达时要在码头外等待另一艘装完货离开码头的概率.

18. 在区间 $(0, 1)$ 内随机地取出两个数, 试求其积不大于 $\frac{2}{9}$、其和不大于 1 的概率.

19. 设 A, B 相互独立, $P(A \cup B) = 0.6, P(B) = 0.4$, 求 $P(A)$.

20. 设 A, B 相互独立, 若 A 和 B 都不出现的概率为 $\frac{1}{9}$, 而且 A 出现 B 不出现与 B 出现 A 不出现的概率相等, 试求 A 的概率.

21. 设两两独立的三事件 A, B, C 满足条件 $ABC = \varnothing, P(A) = P(B) = P(C) < \frac{1}{2}$, 且已知 $P(A \cup B \cup C) = \frac{9}{16}$, 求 $P(A)$.

22. 设 $P(A) > 0, P(B) > 0$, 证明: A 与 B 相互独立和 A 与 B 互不相容不能同时成立.

23. 证明:

(i) 若 $P(A|B) > P(A)$, 则 $P(B|A) > P(B)$;

(ii) 若 $P(A|B) = P(A|\overline{B})$, 则事件 A 与 B 相互独立.

用直观的语言描述这两个命题.

24. 甲袋中装有 n 个白球、m 个黑球; 乙袋中装有 N 个白球、M 个黑球. 现从甲袋中任取一个球放入乙袋, 再从乙袋中任取一个球, 求从乙袋中取出的球是白球的概率.

25. 两条小河被工厂废水污染, 第一条河被污染的概率为 $\frac{2}{5}$, 第二条河被污染的概率是 $\frac{3}{4}$. 已知每一天中至少有一条河被污染的概率为 $\frac{4}{5}$, 求第一条河被污染的条件下第二条河也被污染的概率和第二条河被污染的条件下第一条河也被污染的概率.

26. 施工所需水泥取自两个公司. 甲公司每天供 600 袋, 其中 3% 不符合质量标准; 乙公司每天供货 400 袋, 其中 1% 不符合质量标准. 随机地选出一袋进行检验, 它不符合质量标准的概率多大? 又问如果它不符合标准, 问它取自甲公司的概率多大?

27. 要验收一批乐器, 共 100 件. 从中随机地取 3 件独立地进行测试,3 件中任意一件经测试认为音色不纯, 这批乐器就被拒绝接受. 已知一个音色不纯的乐器经测试查出的概率为 0.95, 而一件音色纯的乐器经测试被误认为不纯的概率为 0.01. 现在知道这批乐器中有 4 件是音色不纯的, 问这批乐器被拒收的概率多大?

28. 无线电通信中, 由于随机干扰, 当发出信号为 "•" 时收到信号为 "•" "不清" "–" 的概率分别为 0.7, 0.2, 0.1; 当发出信号为 "–" 时收到信号为 "–" "不清" "•" 的概率分别为 0.9, 0.1, 0. 如果整个发报过程中 "•" "–" 出现的概率分别为 0.6 和 0.4, 试推测收到信号 "不清" 时, 最可能的原发信号是什么?

29. 获得某职业技能证书需在依次进行的 4 次考试中至少通过 3 次.某人第一次考试通过的概率为 p, 按照他前一次考试通过或不通过, 下一次考试通过的概率为 p 或 $\frac{p}{2}$. 试问他获得证书的概率多大?

30. 罐子里有 b 个黑球与 r 个红球, 每次抽取一个球, 然后放回, 并增加 c 个与所取出的球同颜色的球放入罐中. 如果设 c 为正整数, 求:

(i) 依次抽出黑、黑、红球的概率;

(ii) 第二次第三次抽得红球的条件下, 第一次抽得红球的概率.

31. 甲、乙、丙三人独立的向一飞机射击, 设甲、乙、丙的命中率分别为 0.4, 0.5, 0.7, 又设恰有 1 人、2 人、3 人击中飞机后飞机坠毁的概率分别为 0.2, 0.6, 1, 现三人向飞机各射击一次, 求飞机坠毁的概率.

32. 下图中电路由 5 个元件组成, 它们工作状况是相互独立的, 元件的可靠性都是 p, 求系统的可靠性.

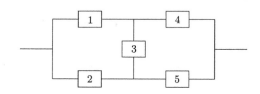

33. 袋中有 20 个球, 其中 7 个是红的, 5 个是黄的, 4 个是黄、蓝两色的, 1 个是红、黄、蓝三色的, 其余 3 个是无色的. A, B, C 分别表示从袋中任意摸出 1 球有红色、有黄色、有蓝色的事件, 证明 $P(ABC) = P(A)P(B)P(C)$ 但 A, B, C 两两不独立.

34. 填空题

(i) 袋中有 50 个乒乓球, 其中 20 个是黄球, 30 个是白球. 今有两个人依次随机地从袋中各取一球, 取后不放回, 则第二个人取得黄球的概率是＿＿＿＿＿＿.

(ii) 已知事件 A, B 满足条件 $P(AB) = P(\overline{A}\,\overline{B})$, 且 $P(A) = p(0 < p < 1)$, 则

$$P(B) = \underline{\qquad\qquad}.$$

(iii) 设事件 A, B 的概率分别为 $\frac{1}{3}$ 和 $\frac{1}{2}$, 且 $\overline{A} \supset \overline{B}$, 则 $P(\overline{A}B) = \underline{\qquad\qquad}$.

(iv) 从数字 $1, 2, \cdots, 9$ 中 (可重复地) 任取 n 个数字, 每次取一个, 则所取的 n 个数字的乘积能被 10 整除的概率为＿＿＿＿＿＿.

(v) 甲、乙两人独立地对同一目标射击一次, 其命中率分别为 0.6 和 0.5. 现已知目标被命中, 则它是甲射中的概率为＿＿＿＿＿＿.

(vi) 设 A, B 是两个随机事件, $0 < P(B) < 1$, 且 $AB = \overline{A}\,\overline{B}$, 则

$$P(A|\overline{B}) + P(\overline{A}|B) = \underline{\qquad\qquad}.$$

35. 选择题

(i) 设 A, B 为随机事件, $P(AB) = 0$, 则下列命题中正确的是 (　　).

(A) A 和 B 互不相容　　　　　　　　(B) AB 是不可能事件

(C) AB 未必是不可能事件　　　　　　(D) $P(A) = 0$ 或 $P(B) = 0$

(ii) 设随机事件 A, B, C 两两互不相容, 且 $P(A) = 0.2, P(B) = 0.3$, 则 $P[(A \cup B) - C] =$ (　　).

(A) 0.5   (B) 0.1   (C) 0.44   (D) 0.3

(iii) 设当事件 A 与 B 同时发生时, 事件 C 必发生, 则下列各式中正确的是 (   ).

(A) $P(C) \leqslant P(A) + P(B) - 1$ (B) $P(C) \geqslant P(A) + P(B) - 1$

(C) $P(C) = P(AB)$ (D) $P(C) = P(A \cup B)$

(iv) 设 A, B 为任意两个事件, 且 $A \subset B, P(B) > 0$, 则下列各式中必然成立的是 (   ).

(A) $P(A) < P(A|B)$ (B) $P(A) \leqslant P(A|B)$

(C) $P(A) > P(A|B)$ (D) $P(A) \geqslant P(A|B)$

(v) 设 $0 < P(A) < 1, 0 < P(B) < 1, P(A|B) + P(\overline{A}|\overline{B}) = 1$, 则下列各式中正确的是 (   ).

(A) 事件 A 与 B 互不相容   (B) 事件 A 与 B 互相对立

(C) 事件 A 与 B 不相互独立   (D) 事件 A 与 B 相互独立

第 2 章　随机变量及其分布

§2.1　随机变量的概念

由第 1 章我们知道一个随机现象可以用样本空间 Ω 来描述. 但在实际问题中人们不仅关心一次试验中出现的样本点 ω, 往往更关心的是试验结果 ω 对应的一个实数 $X(\omega)$. 例如同时掷两个骰子, 记它们的点数之和为 X, 在试验之前不知道 X 的值, 试验之后就可以确定 X 的值, 若 $\omega = \{3,1\}$, 则 $X(\omega)=4$. 这就是说 $X(\omega)$ 作为 ω 的函数, 也是随机的. 这个 $\Omega \mapsto \mathbf{R}$ 的函数 $X(\omega)$ 就是**随机变量**(random variable).

例 2.1.1　随机试验 E: 连续掷两枚骰子, 样本空间 $\Omega=\{(1,1),(1,2),\cdots,(6,6)\}$, 以 X 表示 "两枚骰子点数之和", X 是定义于 Ω 上的随机变量:

ω	(1,1)	(1,2)	$\cdots$	(6,6)
$X(\omega)$	2	3	$\cdots$	12

$X(\omega)$ 可取 $2,3,\cdots,12$ 共 11 个不同的值.

例 2.1.2　随机试验 E: 接连不断地进行射击, 直到首次命中目标为止, $\Omega = \{1,01,001,\cdots\}$, 其中 1 表示 "命中目标", 0 表示 "未命中". 比如 $\omega = \{001\}$ 表示 "第一、二次未命中而第三次命中". 以 X 表示 "首次命中目标的次数", 则 X 是定义于 Ω 上的随机变量:

ω	1	01	001	$\cdots$
$X(\omega)$	1	2	3	$\cdots$

$X(\omega)$ 可取任意正整数值, 即可取可数个不同的数值.

例 2.1.3　从一批显像管中任意抽取一只 ω, 以 $X(\omega)$ 表示 "此显像管的寿命".$X(\omega)$ 是随机变量, 取值范围是 $[0,\infty)$. $\{X = 500\}$ 表示 "显像管寿命为 500 小时", $\{X \leqslant 1000\}$ 表示 "显像管寿命不超过 1000 小时".

一般地, 对于随机变量 $X(\omega)$ 我们不仅关心它取什么数值, 还关心它取某些数为值的可能性的大小, 也就是说它以多大的概率取某些数为值. 比如常常希望知道样本点 ω 构成的集合 $\{\omega : X(\omega) \leqslant x\}$ 的概率, 其中 x 为任一实数.$\{\omega : X(\omega) \leqslant x\}$ 可简记为 $\{X(\omega) \leqslant x\}$ 或 $\{X \leqslant x\}$. 但这就要求 $\{\omega : X(\omega) \leqslant x\}$ 必须是事件, 而这一点并不是对任意的 $X(\omega)$ 都成立的. 这就得到下面正式的定义.

定义 2.1.1　设 $X(\omega)$ 是定义在样本空间 $\Omega = \{\omega\}$ 上的单值实函数, 若对任

一实数 x, $\{\omega : X(\omega) \leqslant x\}$ 是一随机事件, 就称 $X(\omega)$ 为随机变量.

随机变量概念的产生是概率论发展中的重大事件, 它使研究 "事件" 的概率扩大为研究随机变量.

随机变量 X 是用 X 的**分布函数**(distribution function) 来刻画的. 如 X 是随机变量, 对任意实数 x, $\{X(\omega) \leqslant x\}$ 都是事件, 所以 $P\{X(\omega) \leqslant x\}$ 是有意义的. 我们称 $F_X(x) = P\{X(\omega) \leqslant x\}$ 为随机变量 X 的**分布函数**. $F_X(x)$ 表示随机变量 X 取值不超过 x 的概率. 利用 $F_X(x)$ 还可以表示许多关于 X 取值的事件的概率, 如 $P\{X(\omega) > x\}, P\{b < X(\omega) \leqslant a\}$ 等. 我们不加证明地给出下面的定理.

定理 2.1.1　分布函数 $F_X(x), x \in (-\infty, \infty)$, 有下列性质:

(i) 单调不减: 若 $b > a$, 则 $F_X(b) \geqslant F_X(a)$;　　　　　　　　　　(2.1.1)

(ii) 右连续: $\lim\limits_{x \to a+0} F_X(x) = F_X(a)$;　　　　　　　　　　　　(2.1.2)

(iii) 记 $F_X(-\infty) = \lim\limits_{x \to -\infty} F_X(x)$, $F_X(+\infty) = \lim\limits_{x \to +\infty} F_X(x)$, 则

$$F_X(-\infty) = 0, \quad F_X(+\infty) = 1. \tag{2.1.3}$$

可用分布函数 $F_X(x)$ 表达一些重要事件的概率:

$$P\{a < X(\omega) \leqslant b\} = F_X(b) - F_X(a); \tag{2.1.4}$$

$$P\{X(\omega) > b\} = 1 - F_X(b); \tag{2.1.5}$$

$$P\{X(\omega) < b\} = F_X(b-0); \tag{2.1.6}$$

$$P\{X(\omega) = b\} = F_X(b) - F_X(b-0). \tag{2.1.7}$$

根据随机变量取值的情况, 我们把只能取有穷多个或可数多个数值的随机变量称为离散型随机变量, 如例 2.1.1 和例 2.1.2; 例 2.1.3 中的随机变量称为连续型随机变量.

§2.2　离散型随机变量

2.2.1　离散型随机变量的分布律

设离散型随机变量 X 所有可能取的值为 $x_k, k = 1, 2, \cdots, X$ 取各个可能值的概率, 即事件 $\{X = x_k\}$ 的概率

$$P\{X = x_k\} = p_k, \quad k = 1, 2, \cdots, \tag{2.2.1}$$

称为 X 的**分布律**(distribution law)(或**分布列**).

根据概率的性质, 易知 $p_k, k = 1, 2, \cdots$ 满足以下两条性质:

(i) $p_k \geqslant 0$, $k = 1, 2, \cdots$;   (2.2.2)

(ii) $\sum\limits_{k=1}^{\infty} p_k = 1$.   (2.2.3)

X 的分布律也可表示成

X	x_1	x_2	$\cdots$	x_k	$\cdots$
P_X	p_1	p_2	$\cdots$	p_k	$\cdots$

离散型随机变量 X 的分布函数为

$$F_X(x) = \sum_{i:\,x_i \leqslant x} P\{X = x_i\} = \sum_{i:\,x_i \leqslant x} p_i , \quad x \in (-\infty, \infty),   \quad (2.2.4)$$

其中求和是对一切满足 $x_i \leqslant x$ 的 i 进行 (如果这样的 i 不存在, 就令 $F_X(x) = 0$).
离散型随机变量的分布律和分布函数, 可用图 2.1 表示.

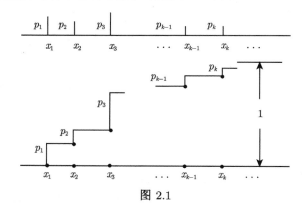

图 2.1

例 2.2.1   汽车需通过 4 个有红绿信号灯的路口才能到达目的地. 设汽车在
每个路口通过 (遇到绿灯) 的概率都是 0.6, 停止前进 (遇到红灯) 的概率为 0.4. 各
路口红、绿灯的情况相互独立. 求

(i) 汽车首次停止前进 (即遇到红灯或到达目的地) 时, 已通过的路口数的分布
律, 并作出分布函数 $F_X(x)$ 的图形;

(ii) 汽车首次停止前进时已通过的路口不超过 2 个的概率.

解   (i) 记首次停止前进时已通过的路口数为 X, X 是一个随机变量. A_k 表示
"汽车在第 k 个路口遇到绿灯" ,$k = 1, 2, 3, 4$. 易知

$$P\{X = 0\} = P(\overline{A}_1) = 0.4 ;$$
$$P\{X = 1\} = P(A_1 \overline{A}_2) = P(A_1)P(\overline{A}_2) = 0.6 \times 0.4 ;$$

$$P\{X = 2\} = P(A_1 A_2 \overline{A}_3) = 0.6^2 \times 0.4 ;$$

$$P\{X = 3\} = P(A_1 A_2 A_3 \overline{A}_4) = 0.6^3 \times 0.4;$$

$$P\{X = 4\} = P(A_1 A_2 A_3 A_4) = 0.6^4.$$

即 X 的分布律为

$$P(X = k) = \begin{cases} 0.6^k \times 0.4, & k = 0, 1, 2, 3, \\ 0.6^4, & k = 4. \end{cases}$$

分布律也可表示为

X	0	1	2	3	4
P_X	0.4	0.24	0.144	0.0864	0.1296

其分布函数如图 2.2 所示.

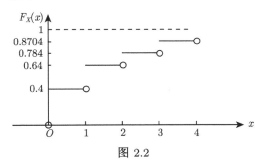

图 2.2

(ii) 即求 $P\{X \leqslant 2\}$.

$$P\{X \leqslant 2\} = P\{X = 0\} + P\{X = 1\} + P\{X = 2\}$$
$$= 0.4 + 0.24 + 0.144 = 0.784.$$

例 2.2.2　续例 2.1.2, 求首次命中目标的次数 X 的分布律.

解　为求 $P\{X = k\}$, 注意 $\{X = k\}$ 表示 "前 $k-1$ 次都未击中而第 k 次击中", 设 A 表示 "击中", $\{X = k\}$ 表示事件

$$\underbrace{\overline{A}\,\overline{A}\cdots\overline{A}}_{k-1} A,$$

所以

$$P\{X = k\} = P(\underbrace{\overline{A}\,\overline{A}\cdots\overline{A}}_{k-1} A) = (1-p)^{k-1}p, \quad k = 1, 2, \cdots. \tag{2.2.5}$$

这就是所求的分布律. 也可以表示为

X	1	2	$\cdots$	k	$\cdots$
P_X	p	$(1-p)p$	$\cdots$	$(1-p)^{k-1}p$	$\cdots$

形如 (2.2.5) 的分布因其表达式为几何级数的一般项而称为**几何分布**(geometrical distribution).

可以证明, 任给一列数 $\{p_1, p_2, \cdots\}$ 只要它满足 (2.2.2),(2.2.3) 式, 它就一定是某个离散型随机变量的分布律. 概率论的任务就是从满足这一条件的 $\{p_n, n \geqslant 1\}$ 中找出一些在理论或实际问题中有用的分布来. 下面就介绍常见的离散型随机变量.

2.2.2　伯努利概型与二项分布

试验 E 的结果只有两个, 即 A 和 $\overline{A}$. 令 $p = P(A)$, $q = 1 - p = P(\overline{A})$, $0 < p < 1$, $p + q = 1$. 这样的试验就称为伯努利试验. 一个试验如果我们只关心某一事件 A 出现还是不出现, 都可以看作是伯努利试验. 如抽取一件产品时只关心是"正品"还是"次品", 掷硬币时只关心出现"正面"还是"反面", 等等. 虽然这个试验的结果并不是数量, 但我们可以把它数量化, 定义随机变量

$$X = \begin{cases} 1, & \text{当 } A \text{ 出现}, \\ 0, & \text{当 } A \text{ 不出现}. \end{cases}$$

这样 X 就是一个只取 0,1 两个数值的随机变量了, 其分布律为

X	0	1
P_X	q	p

其中 $0 < p < 1$, $p + q = 1$. 这种分布律称为**两点分布**(two point distribution) 或称为**0-1 分布**.

把一伯努利试验独立地重复进行 n 次的试验称为n **重伯努利试验**, 也称伯努利概型(Bernoulli model). 令 A_i 表示"第 i 次试验中 A 出现", 则 $A_1, A_2, \cdots, A_n$ 相互独立, 我们常常关心 n 重伯努利试验中 A 出现 k 次 $(k = 0, 1, 2, \cdots, n)$ 的概率. 为此有下面的定理.

定理 2.2.1　设每次试验中 A 出现的概率均为 $p\,(0 < p < 1)$, 则 n 重伯努利试验中 A 恰好出现 k 次的概率为

$$P_n(k) = \mathrm{C}_n^k p^k (1-p)^{n-k}, \quad k = 0, 1, \cdots, n. \tag{2.2.6}$$

证　记 B_k 为"n 次试验中 A 恰好出现 k 次", 那么 B_k 应是 n 次试验中有某 k 次 A 出现而其余 $n - k$ 次 $\overline{A}$ 出现的所有可能事件之和, 即

$$B_k = A_1 A_2 \cdots A_k \overline{A_{k+1}} \cdots \overline{A_n} \cup \cdots \cup \overline{A_1} \, \overline{A_2} \cdots \overline{A_{n-k}} A_{n-k+1} \cdots A_n,$$

由于 n 次试验有 k 次 A 出现共有 C_n^k 种不同的事件, 上面和式中共有 C_n^k 项, 且两两互不相容, 由试验的独立性每一项的概率都是 $p^k(1-p)^{n-k}$, 由概率的有限可加性, 可得

$$P_n(k) = P(B_k) = C_n^k p^k (1-p)^{n-k}, \quad k = 0, 1, \cdots, n. \qquad \square$$

称 (2.2.6) 式的分布为参数为 n, p 的**二项分布**(binomial distribution), 并记为 $B(n, p)$. 用 X 表示 n 重伯努利试验中 A 出现的次数, 则 X 服从参数为 n, p 的二项分布, 记为 $X \sim B(n, p)$. 易知

$$P(X = k) = C_n^k p^k (1-p)^{n-k} \geqslant 0, \quad k = 0, 1, \cdots, n,$$

而且

$$\sum_{k=0}^{n} P(X = k) = \sum_{k=0}^{n} C_n^k p^k (1-p)^{n-k} = [p + (1-p)]^n = 1.$$

由于 (2.2.6) 式右端 $C_n^k p^k (1-p)^{n-k}$ 是二项展开式 $(p + (1-p))^n$ 的一般项, 故取名二项分布. 易知当 $n = 1$ 时, $B(1, p)$ 就成为两点分布.

例 2.2.3 设每次射击命中目标的概率为 0.001, 共射击 5000 次, 若 X 表示命中的次数, 试求

(i) 随机变量 X 的分布律;

(ii) 至少有两次命中目标的概率.

解 (i) 每次射击有两个可能结果 A:"命中目标", $\overline{A}$:"未命中目标", $P(A) = 0.001$, 各次射击相互独立, 5000 次射击可以看作是 5000 重伯努利试验. 所以 X 的分布律为 $B(5000, 0.001)$:

$$P\{X = k\} = C_{5000}^k 0.001^k \times (1 - 0.001)^{5000-k}, \quad k = 0, 1, \cdots, 5000.$$

(ii) $\qquad P\{\text{至少两次命中目标}\}$

$$= \sum_{k=2}^{5000} C_{5000}^k 0.001^k \times 0.999^{5000-k}$$

$$= 1 - C_{5000}^0 0.001^0 \times 0.999^{5000} - C_{5000}^1 0.001 \times 0.999^{4999}$$

$$\approx 0.96.$$

例 2.2.4 建设防洪堤坝时要考虑河流的年最大洪水位. 设在任何一年中最大洪水位超过某一规定的设计水位 H 的概率为 0.1, 问在今后 5 年中有一次洪水位超过 H 的概率多大? 至多有一次洪水位超过 H 的概率有多大?

解 事件 A 表示 "最大洪水位超过 H", $P(A) = 0.1$. 问题成为 $n = 5$ 重伯努利试验. A 出现的次数 X 服从 $B(5, 0.1)$ 分布, 所以所求概率为

$$P\{X = 1\} = C_5^1 (0.1)^1 (0.9)^4 = 0.328.$$

至多有一次洪水位超过 H 的概率为

$$
\begin{aligned}
P\{X \leqslant 1\} &= P\{X=0\} + P\{X=1\} \\
&= C_5^0 (0.1)^0 (0.9)^5 + C_5^1 (0.1)^1 (0.9)^4 \\
&= 0.918 .
\end{aligned}
$$

例 2.2.5　连续不断地掷一枚均匀的硬币, 问至少掷多少次才能使正面至少出现一次的概率不小于 0.99?

解　A 表示 "正面向上", $P(A) = \dfrac{1}{2}$. n 重伯努利试验中 A 出现的次数 X 服从 $B(n, 0.5)$ 分布, 所以至少出现一次的概率为

$$
P\{X \geqslant 1\} = 1 - P\{X=0\} = 1 - C_n^0 (0.5)^0 (0.5)^n = 1 - \frac{1}{2^n}.
$$

依题意有 $1 - \dfrac{1}{2^n} \geqslant 0.99$, 解之得 $n \geqslant 7$.

二项分布是应用广泛的一类重要分布. 例如, 在港口建设中要了解 n 年中年最大波高超过 H 米的次数; 在机器维修问题中要了解 n 台机床需要修理的机床数; 在昆虫群体问题中要了解 n 个虫卵中能孵化成虫的个数; 在高层建筑防火安全通道的设计中要了解 n 层楼中发生火灾的楼层数等, 它们都是服从二项分布的. 读者可以自己举出实际中更多的应用.

2.2.3　泊松分布

设 $\lambda > 0$ 为常数, 若

$$
P\{X=k\} = \frac{\lambda^k \mathrm{e}^{-\lambda}}{k!}, \quad k = 0, 1, 2, \cdots, \tag{2.2.7}
$$

就称随机变量 X 服从参数为 λ 的**泊松分布**(Poisson distribution), 记为 $X \sim P(\lambda)$. 易知 $P\{X=k\} \geqslant 0$, $k = 0, 1, \cdots$, 且有

$$
\sum_{k=0}^{\infty} P\{X=k\} = \sum_{k=0}^{\infty} \frac{\lambda^k \mathrm{e}^{-\lambda}}{k!} = \mathrm{e}^{-\lambda} \sum_{k=0}^{\infty} \frac{\lambda^k}{k!} = 1 .
$$

在实际问题中很多随机变量是服从泊松分布的. 它常常用来描述 "稀有事件" 的数目. 比如, 一批布匹上疵点的个数; 某商店一天中到达的顾客数; 某网站在一段时间内被访问的用户数; 某页书上印刷错误的字数; 田野里田鼠洞的个数; 某地区 5 级以上地震出现的次数等, 都服从泊松分布. 泊松分布也是一种常见的离散型概率分布.

为计算泊松分布的数值, 书后附有泊松分布表可供查用.

例 2.2.6 某地区一年沙尘暴出现的次数 X 服从参数 $\lambda = 3$ 的泊松分布. 试求

(i) 一年中发生 5 次沙尘暴的概率;

(ii) 一年中最多发生 5 次沙尘暴的概率.

解 (i) 由题意 $P\{X=k\} = \dfrac{3^k \mathrm{e}^{-3}}{k!}$, $k = 0, 1, \cdots$, 得

$$P\{X=5\} = \frac{3^5 \mathrm{e}^{-3}}{5!} \approx 0.1008.$$

下面利用泊松分布表计算. 由于泊松分布表给出的是 $P\{X \geqslant x\}$ 的值, 故

$$P\{X=5\} = P\{X \geqslant 5\} - P\{X \geqslant 6\}$$
$$\overset{\text{查表}}{=} 0.1847 - 0.0839 = 0.1008.$$

(ii) $$P\{X \leqslant 5\} = 1 - P\{X \geqslant 6\} = 1 - 0.0839 = 0.9161.$$

例 2.2.7 在公路交叉点处要设计一条左转弯停车道 (图 2.3), 设左转的车辆数 X 服从 $\lambda = 1.6$ 的泊松分布, 左转弯信号灯的循环时间为 1 分钟. 设计左转弯停车道的长度能在 92% 的时间内满足要求, 问左转弯车道的长度应是多少? (设每辆车停车需要 6 米的长度.)

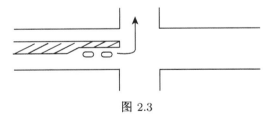

图 2.3

解 由题意, 设在左转信号灯 1 分钟的时间内, 不超过 k 辆的概率至少是 0.92, 那么设计停车道的长度就应当是 $6k$ 米. 因此

$$P\{X \leqslant k\} = \sum_{x=0}^{k} \frac{1.6^x \mathrm{e}^{1.6}}{x!} \geqslant 0.92,$$

或者

$$1 - P\{X \geqslant k+1\} \geqslant 0.92,$$
$$P\{X \geqslant k+1\} \leqslant 0.08.$$

查表知, $\lambda = 1.6$ 时,

$$P\{X \geqslant 4\} = 0.0788, \quad P\{X \geqslant 3\} = 0.2166,$$

所以取 $k = 3$, 即左转停车道应为 18 米.

泊松分布不仅有广泛的应用, 还是二项分布的极限. 由于二项分布中当 n 很大时计算十分麻烦, 且二项分布当 n 大而 p 小时的极限分布是泊松分布, 而泊松分布有现成的数值表可查, 这样我们就可以用泊松分布作为二项分布的近似, 来求出二项分布的值.

定理 2.2.2 (泊松定理)　设 $p_n = \dfrac{\lambda}{n}, \lambda > 0$ 是常数, 则对任一非负整数 k, 有

$$\lim_{n \to \infty} C_n^k p_n^k (1 - p_n)^{n-k} = \frac{\lambda^k e^{-\lambda}}{k!}.$$

证　$C_n^k p_n^k (1 - p_n)^{n-k}$

$$= \frac{n(n-1)\cdots(n-k+1)}{k!} \left(\frac{\lambda}{n}\right)^k \left(1 - \frac{\lambda}{n}\right)^{n-k}$$

$$= \frac{\lambda^k}{k!} \left[1 \left(1 - \frac{1}{n}\right)\left(1 - \frac{2}{n}\right)\cdots\left(1 - \frac{k-1}{n}\right)\right] \left(1 - \frac{\lambda}{n}\right)^n \left(1 - \frac{\lambda}{n}\right)^{-k}.$$

上式中第 2 个因式和第 4 个因式对固定的 k, 当 $n \to \infty$ 时都趋于 1, 而第 3 个因式趋于 $e^{-\lambda}$, 所以

$$\lim_{n \to \infty} C_n^k p_n^k (1 - p_n)^{n-k} = \frac{\lambda^k}{k!} e^{-\lambda}. \qquad \square$$

泊松定理和我们的直观是一致的, 因为 n 很大时, p 很小, 即试验次数很多, 但每次试验事件 A 出现的概率又相当小, 这正是泊松分布刻画 "稀有事件" 发生次数的含义. 当 n 很大且 p 很小时, 把 p 看作定理中的 p_n, $\lambda = np$, 于是有近似公式

$$C_n^k p^k (1-p)^{n-k} \approx \frac{\lambda^k e^{-\lambda}}{k!}. \tag{2.2.8}$$

一般当 $n \geqslant 10$, $p \leqslant 0.1$ 时就可用泊松分布近似代替二项分布, 通过查泊松分布表来计算二项分布的数值.

例 2.2.8　利用泊松分布计算例 2.2.3 中的 (ii).

解　那里的 X 服从 $B(5000, 0.001)$ 分布, n 大, p 小, $\lambda = np = 5$, 由定理 2.2.2, 有

$$P\{X \geqslant 2\} = \sum_{k=2}^{5000} C_{5000}^k (0.001)^k (0.999)^{5000-k}$$

$$\approx \sum_{k=2}^{5000} \frac{5^k e^{-5}}{k!} \xlongequal{\text{查表}} 0.95957.$$

例 2.2.9　某车间有同类机床 300 台, 各台机床工作相互独立, 发生故障的概率都是 0.01. 设一台机床的故障由 1 名维修工修理, 问至少需配备多少个维修工, 才能保证当设备发生故障时能及时得到修理的概率不小于 0.995?

解 设需要配备 r 个维修工. 把 300 台机床视为 $n = 300$ 重伯努利试验, 发生故障的概率 $p = 0.01$, 发生故障的机床数 X 服从 $B(300, 0.01)$ 分布. 能够及时维修即发生故障的机床数 X 不超过维修工数 r, 问题变为求 r, 使得

$$P\{X \leqslant r\} \geqslant 0.995 \, .$$

利用 (2.2.8) 式, $\lambda = np = 300 \times 0.01 = 3$,

$$\begin{aligned} P\{X \leqslant r\} &= \sum_{k=0}^{r} \mathrm{C}_{300}^{k}(0.01)^{k}(0.99)^{300-k} \\ &\approx \sum_{k=0}^{r} \frac{3^{k}\mathrm{e}^{-3}}{k!} \\ &= 1 - \sum_{k=r+1}^{\infty} \frac{3^{k}\mathrm{e}^{-3}}{k!} \geqslant 0.995 \end{aligned}$$

或者

$$\sum_{k=r+1}^{\infty} \frac{3^{k}\mathrm{e}^{-3}}{k!} \leqslant 0.005 \, .$$

查表知 $r = 8$ 时, $\displaystyle\sum_{k=9}^{\infty} \frac{3^{k}\mathrm{e}^{-3}}{k!} = 0.003803$, 而 $r = 7$ 时, $\displaystyle\sum_{k=8}^{\infty} \frac{3^{k}\mathrm{e}^{-3}}{k!} = 0.011905$, 所以应取 $r = 8$.

2.2.4 其他的离散型分布

设一批产品共 N 件, 其中 M 件是次品, 从中任取 n 件 $(n \leqslant N)$, 则此 n 件产品中的次品数 X 是一个离散型随机变量, X 可能取的值是 $0, 1, \cdots, \min\{n, M\}$. 其分布律为

$$P\{X = k\} = \frac{\mathrm{C}_{M}^{k}\mathrm{C}_{N-M}^{n-k}}{\mathrm{C}_{N}^{n}}, \quad k = 0, 1, \cdots, \min\{n, M\} \, , \tag{2.2.9}$$

称 X 服从**参数为 N, M, n 的超几何分布**(hypergeometric distribution). 由于 (2.2.9) 式右端是超几何级数的一般项系数, 故得名.

超几何分布在产品的抽样检验中有用, 是质量管理中经常使用的一种分布.

(2.2.5) 式给出的分布是**几何分布**, 这也是有用的离散型分布. 不断地进行伯努利试验, 观察事件 A 出现还是不出现, 事件 A 首次出现的次数 X 服从**几何分布**:

$$P\{X = k\} = q^{k-1}p \, , \quad k = 1, 2, \cdots \, , \tag{2.2.10}$$

其中 $P(A) = p$, $0 < p < 1$, $p + q = 1$.

X 也可以看成是等待 A 首次出现的"时间", 有时也称 X 服从的分布是等待时间分布.

例 2.2.10　电视发射塔按承受 10 级大风的风速设计. 若每年出现 10 级以上大风的概率为 0.02, 试求:

(i) 电视塔建成后的第 5 年首次出现 10 级以上大风的概率;

(ii) 5 年内至少出现一次 10 级以上大风的概率.

解　(i) X 表示首次出现 10 级以上大风的时间 (单位: 年), 则 X 服从几何分布, 即

$$P\{X = k\} = (0.98)^{k-1}(0.02), \quad k = 1, 2, \cdots,$$

所求概率为 $P\{X = 5\} = (0.98)^4(0.02) = 0.018$.

(ii) 所求概率为 $P\{X \leqslant 5\} = \sum_{k=1}^{5} (0.98)^{k-1}(0.02) = 0.096$.

几何分布可以进一步推广, 在一系列伯努利试验中 T_r 表示直到事件 A 第 r 次出现为止的试验次数, 则

$$P\{T_r = k\} = C_{k-1}^{r-1} p^r q^{k-r}, \quad k = r, r+1, \cdots \tag{2.2.11}$$

称 T_r 为**负二项分布**(negative binomial distribution), 也称为**帕斯卡分布**(Pascal distribution). 当 $r = 1$ 时, 负二项分布化为几何分布. T_r 可以看作是等待 A 第 r 次出现的"等待时间".

要证明 (2.2.11) 式, 只要注意到如果第 r 次事件 A 出现恰好是第 k 次试验时实现的, 那么在前 $k-1$ 次试验中 A 必然出现 $r-1$ 次 (由二项分布其概率为 $C_{k-1}^{r-1} p^{r-1} q^{k-r}$), 第 k 次 A 出现 (其概率为 p), 这就是 (2.2.11) 式.

例 2.2.11　续例 2.2.10. 试问发射塔建成后第 5 年出现第 2 次 10 级以上大风的概率.

解　由 (2.2.11) 式知所求概率为

$$P\{T_2 = 5\} = C_{5-1}^{2-1}(0.02)^2(0.98)^3 = 0.0015.$$

§2.3　连续型随机变量

2.3.1　概率密度函数

如果对随机变量 X 的分布函数 $F(x)$, 存在非负函数 $f(x)$, 使得对任意实数 x 有

$$F(x) = \int_{-\infty}^{x} f(t)\mathrm{d}t, \tag{2.3.1}$$

就称 X 为**连续型随机变量**(continuous random variable), 称 $F(x)$ 为**连续型分布函数**(continuous distribution function).

由 (2.3.1) 式知, 若 $f(x)$ 在点 x 处连续, 则有

$$f(x) = F'(x) = \lim_{\Delta x \to 0} \frac{F(x + \Delta x) - F(x)}{\Delta x}. \tag{2.3.2}$$

当 $\Delta x > 0$ 时, $F(x + \Delta x) - F(x) = P\{x < X \leqslant x + \Delta x\}$, 回忆微积分中质量线密度的概念,

$$\frac{P\{x < X \leqslant x + \Delta x\}}{\Delta x} = \frac{F(x + \Delta x) - F(x)}{\Delta x}$$

表示随机变量落在长为 Δx 的区间 $(x, x + \Delta x]$ 上的平均概率密度, 当 $\Delta x \to 0$ 时其极限 $f(x)$ 表示 X 取值 x 的概率密度. 所以上面定义中的非负函数 $f(x)$ 称为 X 的**概率密度函数**(probability density function), 简称为 X 的**概率密度** (probability density) 或**分布密度**(distribution density).

概率密度 $f(x)$ 有以下性质:

(i) $f(x) \geqslant 0$;

(ii) $\displaystyle\int_{-\infty}^{\infty} f(x)\mathrm{d}x = 1$.

事实上, 由 (2.3.1) 式, $F(\infty) = \displaystyle\int_{-\infty}^{\infty} f(x)\mathrm{d}x$, 由于 $F(\infty) = 1$, 故 (ii) 成立. 反之, 任一函数 $f(x)$ 只要满足上面 (i),(ii) 两条性质, 那么 $f(x)$ 一定是某个连续型随机变量的概率密度函数.

由 (2.3.1) 式知连续型随机变量 X 的分布函数 $F(x)$ 是连续函数, 所以由 (2.1.7) 式知, 对任意实数 a, 有

$$P\{X = a\} = F(a) - F(a - 0) = 0.$$

因此 X 取值于 a, b 为端点的区间内的概率不必区分是否包括端点, 即

$$P\{a < X < b\} = P\{a \leqslant X < b\} = P\{a \leqslant X \leqslant b\}$$
$$= P\{a < X \leqslant b\} = \int_a^b f(x)\mathrm{d}x. \tag{2.3.3}$$

读者不难看出, 连续型随机变量的概率密度函数 $f(x)$ 与离散型随机变量的分布律是一致的. 离散型随机变量 $p_k = P\{X = x_k\} \geqslant 0$, $k = 1, 2, \cdots$;而连续型随机变量 $f(x) \geqslant 0$, $x \in (-\infty, \infty)$. 前者 $\sum P\{X = x_k\} = 1$; 后者 $\int f(x)\mathrm{d}x = 1$. 把 $f(x)\mathrm{d}x$ 看成是 X 在 x 附近取值的概率 "微元", 积分 $\int$ 是求和, 二者就一致了.

我们还可以给随机变量的分布律和概率密度一个直观的解释. 在全直线 $(-\infty, \infty)$ 上用任意一种方式将质量为 1 的物质 (如 1 克面粉) 散布在整条直线上, 如散布在有穷多个或可数多个点上, 就是离散型的: x_k 处有 $p_k = P\{X = x_k\}$ 克面粉, $\sum p_k = 1$; 而连续型的就是 $f(x)$, $\int_{-\infty}^{\infty} f(x)\mathrm{d}x = 1$.任一种散布方式就对应着一个随机变量的分布函数, 这也正是分布函数命名的根据.

例 2.3.1　显像管的寿命 X(单位: 千小时) 具有概率密度

$$f(x) = \begin{cases} k\,\mathrm{e}^{-3x}, & x > 0, \\ 0, & x \leqslant 0. \end{cases}$$

(i) 确定常数 k;

(ii) 求寿命小于 1 千小时的概率.

解　(i) 利用 $\int_{-\infty}^{\infty} f(x)\mathrm{d}x = 1$, 即

$$\int_0^{\infty} k\mathrm{e}^{-3x}\mathrm{d}x = 1,$$

求解得 $k = 3$;

(ii) 由 (i) 知 X 的概率密度为

$$f(x) = \begin{cases} 3\,\mathrm{e}^{-3x}, & x > 0, \\ 0, & x \leqslant 0. \end{cases}$$

故所求概率为

$$P\{X < 1\} = \int_{-\infty}^{1} f(x)\,\mathrm{d}x = \int_0^1 3\mathrm{e}^{-3x}\,\mathrm{d}x = 1 - \mathrm{e}^{-3} = 0.9502.$$

例 2.3.2　设连续型随机变量 X 的概率密度为

$$f(x) = \begin{cases} k\cos x, & |x| \leqslant \dfrac{\pi}{2}, \\ 0, & |x| > \dfrac{\pi}{2}. \end{cases}$$

(i) 求常数 k 的值;

(ii) 求 X 的分布函数.

解　(i) 由 $\int_{-\infty}^{\infty} f(x)\,\mathrm{d}x = \int_{-\frac{\pi}{2}}^{\frac{\pi}{2}} k\cos x\,\mathrm{d}x = 1$, 知 $k = \dfrac{1}{2}$;

(ii) $f(x)$ 的图形如图 2.4. 当 $x < -\dfrac{\pi}{2}$ 时,

$$F(x) = \int_{-\infty}^{x} f(t)\,\mathrm{d}t = 0;$$

当 $-\dfrac{\pi}{2} \leqslant x < \dfrac{\pi}{2}$ 时,

$$F(x) = \int_{-\infty}^{x} f(t)\,\mathrm{d}t = \int_{-\frac{\pi}{2}}^{x} \frac{1}{2}\cos t\,\mathrm{d}t = \frac{1}{2} + \frac{1}{2}\sin x;$$

当 $x \geqslant \dfrac{\pi}{2}$ 时,

$$F(x) = \int_{-\infty}^{x} f(t)\,\mathrm{d}t = 1.$$

$F(x)$ 的图形如图 2.5 所示.

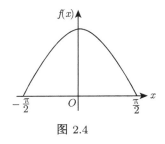

图 2.4

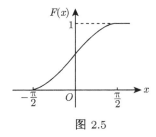

图 2.5

2.3.2　常见的连续型随机变量

1. 均匀分布

如果 X 的概率密度为

$$f(x) = \begin{cases} \dfrac{1}{b-a}, & a \leqslant x \leqslant b, \\ 0, & \text{其他}, \end{cases} \tag{2.3.4}$$

就称 X 在 $[a,b]$ 上服从**均匀分布**(uniform distribution), 或称 X 是 $[a,b]$ 上的均匀分布随机变量.

由 (2.3.1) 式知 X 的分布函数为

$$F(x) = \begin{cases} 0, & x < a, \\ \dfrac{x-a}{b-a}, & a \leqslant x < b, \\ 1, & x \geqslant b. \end{cases} \tag{2.3.5}$$

$f(x)$ 和 $F(x)$ 的图形如图 2.6 和图 2.7 所示.

设 X 在 $[a,b]$ 上服从均匀分布, $[c,d]$ 是 $[a,b]$ 内任一子区间, 则

$$P\{c \leqslant X \leqslant d\} = \int_{c}^{d} f(x)\,\mathrm{d}x = \int_{c}^{d} \frac{1}{b-a}\,\mathrm{d}x = \frac{d-c}{b-a}.$$

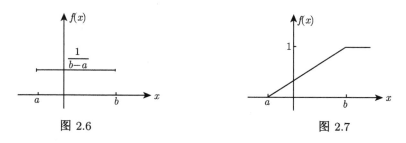

图 2.6　　　　　　　　　　　　　　　　　　图 2.7

这说明 X 落在子区间 $[c,d]$ 的概率只依赖于区间的长度, 而与子区间的位置无关. 这与前面几何型概率是一样的. 实际问题中经常会遇到均匀分布随机变量, 例如, 用刻度标至毫米的尺测量一批桌面的长度时, 只读出最接近的毫米数, 由此产生的误差 X(读数与真实长度的差) 是一个随机变量, 它服从 $(-0.5, 0.5)$ 上的均匀分布 (单位: 毫米). 注意由 (2.3.3) 式知, 均匀分布随机变量在区间端点可以取值也可以不取值, 与计算结果无关.

例 2.3.3　某公共汽车站从上午 6 时起, 每 15 分钟来一辆, 即 6:00, 6:15, 6:30,6:45 等时刻有汽车到此站. 如某乘客到达此站的时间是 6:00 到 6:30 之间的均匀分布随机变量, 试求该乘客等待时间少于 5 分钟的概率.

解　设乘客于 6 时 X 分到达此站, X 在 $[0,30]$ 上服从均匀分布. 所以概率密度为

$$f(x) = \begin{cases} \dfrac{1}{30}, & 0 \leqslant x \leqslant 30, \\ 0, & \text{其他}. \end{cases}$$

为使等候时间少于 5 分钟, 必须且只须在 6:10 到 6:15 之间或在 6:25 到 6:30 之间到达车站. 因此所求概率为

$$P\{10 < x < 15\} + P\{25 < x < 30\} = \int_{10}^{15} \frac{1}{30}\,\mathrm{d}x + \int_{25}^{30} \frac{1}{30}\,\mathrm{d}x = \frac{1}{3}.$$

2. 指数分布

设随机变量 X 的概率密度为

$$f(x) = \begin{cases} \lambda \mathrm{e}^{-\lambda x}, & x \geqslant 0, \\ 0, & x < 0, \end{cases} \tag{2.3.6}$$

其中 $\lambda > 0$ 为常数, 就称 X 服从参数为 λ 的**指数分布**(exponential distribution).X 的分布函数为

$$F(x) = \begin{cases} 1 - \mathrm{e}^{-\lambda x}, & x \geqslant 0, \\ 0, & x < 0. \end{cases} \tag{2.3.7}$$

$f(x)$ 和 $F(x)$ 的图形由读者自行作出.

指数分布在实际应用中经常碰到, 在排队论及可靠性理论中指数分布常用来表示机器的维修时间、寻呼台收到寻呼服务到达的时间间隔、元器件的使用寿命及生物体的寿命等. 指数分布是具有 "无记忆" 性的唯一的连续型概率分布. 下面以元件寿命为例说明 "无记忆" 的数学描述是什么. "无记忆" 性是说对任意 $s > 0, t > 0$, 有

$$P\{X > s + t | X > s\} = P\{X > t\}. \tag{2.3.8}$$

为证明 (2.3.8), 注意到左端的值为

$$\frac{P\{X > s + t, X > s\}}{P\{X > s\}} = \frac{P\{X > s + t\}}{P\{X > s\}} = \frac{1 - F(s + t)}{1 - F(s)}$$

$$= \frac{\mathrm{e}^{-\lambda(s+t)}}{\mathrm{e}^{-\lambda s}} = \mathrm{e}^{-\lambda t} = P\{X > t\}.$$

上式第一个等号是因为 $\{X > s + t\} \subset \{X > s\}$. (2.3.8) 式的直观解释是元件已使用了 s 小时的条件下又使用了 t 小时的条件概率与元件寿命大于 t 的概率一样, 换言之, 元件使用了 s 小时以后的剩余寿命的概率分布与原来寿命的概率分布一样, 此即 "无记忆" 性. 虽然严格地讲, 用指数分布描述元件寿命是不准确的, 但用这一分布近似地刻画实际问题中的寿命分布可以得到满意的结果, 为进一步精确地定量分析提供了有利的工具.

顺便指出, 离散性随机变量中唯一具有 "无记忆" 性的分布是几何分布, 读者可自己验证.

3. 正态分布

设随机变量 X 的概率密度为

$$f(x) = \frac{1}{\sqrt{2\pi}\,\sigma} \mathrm{e}^{-\frac{(x-\mu)^2}{2\sigma^2}}, \quad -\infty < x < \infty, \tag{2.3.9}$$

其中 $\mu, \sigma > 0$ 为常数, 就称 X 服从参数为 μ, σ^2 的**正态分布**(normal distribution), 记为 $X \sim N(\mu, \sigma^2)$, 也称 X 是正态变量.

由 (2.3.9) 式显然 $f(x) > 0, -\infty < x < \infty$, 且 $\displaystyle\int_{-\infty}^{\infty} f(x)\,\mathrm{d}x = 1$. 事实上令 $u = \dfrac{x - \mu}{\sigma}$,

$$\frac{1}{\sqrt{2\pi}\sigma} \int_{-\infty}^{\infty} \mathrm{e}^{-\frac{(x-\mu)^2}{2\sigma^2}}\,\mathrm{d}x = \frac{1}{\sqrt{2\pi}} \int_{-\infty}^{\infty} \mathrm{e}^{-\frac{u^2}{2}}\,\mathrm{d}u.$$

由

$$\int_{-\infty}^{\infty} \mathrm{e}^{-\frac{u^2}{2}}\,\mathrm{d}u \cdot \int_{-\infty}^{\infty} \mathrm{e}^{-\frac{v^2}{2}}\,\mathrm{d}v$$

$$= \int_{-\infty}^{\infty} \int_{-\infty}^{\infty} \mathrm{e}^{-\frac{u^2+v^2}{2}}\,\mathrm{d}u\,\mathrm{d}v \quad \left(\begin{array}{l} \diamondsuit\ u = r\cos\theta \\ v = r\sin\theta \end{array}\right)$$

$$= \int_0^{2\pi} \mathrm{d}\theta \int_0^\infty \mathrm{e}^{-\frac{r^2}{2}} r \, \mathrm{d}r = 2\pi$$

知 $\displaystyle\int_{-\infty}^{\infty} \mathrm{e}^{-\frac{u^2}{2}} \, \mathrm{d}u = \sqrt{2\pi}$, 从而 $\displaystyle\int_{-\infty}^{\infty} f(x)\mathrm{d}x = 1$.

　　由于正态分布最初是由高斯研究误差理论时发现的, 也称正态分布为高斯分布. 正态概率密度 $f(x)$ 的图形如图 2.8 所示.

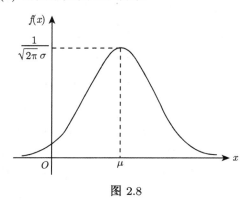

图 2.8

容易看出 $y = f(x)$ 以 $x = \mu$ 为对称轴. 当 $x = \mu$ 时, $f(x)$ 达到最大值 $f(\mu) = \dfrac{1}{\sqrt{2\pi}\sigma}$, 当 $|x|$ 无限增大时 $f(x)$ 很快趋于零.

　　$f(x)$ 中有两个参数 μ 和 σ. 固定 σ 时, $f(x)$ 的图形随 μ 的改变沿着 x 轴平行移动 (图 2.9) . 固定 μ 时, 极大值随 σ 的增大而减小, $f(x)$ 图形的形状由尖陡变为低平 (图 2.10), 即 X 取值由集中变为分散.

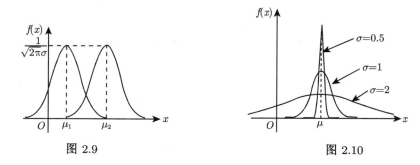

图 2.9　　　　　　　　　　　　　　　　　图 2.10

正态分布的分布函数为

$$F(x) = \frac{1}{\sqrt{2\pi}\sigma} \int_{-\infty}^x \mathrm{e}^{-\frac{(u-\mu)^2}{2\sigma^2}} \, \mathrm{d}u. \tag{2.3.10}$$

$F(x)$ 不是初等函数, 当 $x = \mu$ 时,

$$F(\mu) = \frac{1}{\sqrt{2\pi}\sigma} \int_{-\infty}^{\mu} e^{-\frac{(x-\mu)^2}{2\sigma^2}} \, dx = \frac{1}{2}.$$

$F(x)$ 的图形如图 2.11 所示.

$\mu = 0, \sigma = 1$ 的正态分布 $N(0,1)$ 称为标准正态分布, 其概率密度记为

$$\varphi(x) = \frac{1}{\sqrt{2\pi}} e^{-\frac{x^2}{2}}, \quad -\infty < x < \infty, \tag{2.3.11}$$

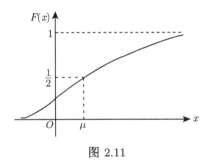

图 2.11

其分布函数记为

$$\Phi(x) = \frac{1}{\sqrt{2\pi}} \int_{-\infty}^{x} e^{-\frac{u^2}{2}} \, du, \quad -\infty < x < \infty, \tag{2.3.12}$$

$\Phi(x)$ 的值已编制成表, 称为标准正态分布函数表. 该表只有 x 为正值的数值, x 为负值的概率可利用 $\Phi(x)$ 下面的性质求出: 对任意实数 x, 有

$$\Phi(-x) = 1 - \Phi(x). \tag{2.3.13}$$

事实上, 由 (2.3.12) 式, 有

$$\begin{aligned}
\Phi(-x) &= \frac{1}{\sqrt{2\pi}} \int_{-\infty}^{-x} e^{-\frac{u^2}{2}} \, du \quad (\diamondsuit\, u = -t) \\
&= \frac{1}{\sqrt{2\pi}} \int_{x}^{\infty} e^{-\frac{t^2}{2}} \, dt \quad \left(\text{因} \frac{1}{\sqrt{2\pi}} \int_{-\infty}^{\infty} e^{-\frac{t^2}{2}} \, dt = 1 \right) \\
&= 1 - \frac{1}{\sqrt{2\pi}} \int_{-\infty}^{x} e^{-\frac{t^2}{2}} \, dt \\
&= 1 - \Phi(x).
\end{aligned}$$

若 $X \sim N(\mu, \sigma^2)$, 则 X 的分布函数 $F(x)$ 可通过积分的变量代换用标准正态分布函数 $\Phi(x)$ 表示, 然后查表求出 $F(x)$ 的值. 实际上,

$$F(x) = \frac{1}{\sqrt{2\pi}\sigma} \int_{-\infty}^{x} \mathrm{e}^{-\frac{(t-\mu)^2}{2\sigma^2}} \mathrm{d}t \quad \left(\diamondsuit u = \frac{t-\mu}{\sigma} \right)$$

$$= \frac{1}{\sqrt{2\pi}} \int_{-\infty}^{\frac{x-\mu}{\sigma}} \mathrm{e}^{-\frac{u^2}{2}} \mathrm{d}u$$

$$= \Phi \left(\frac{x-\mu}{\sigma} \right). \tag{2.3.14}$$

所以

$$P\{a < X \leqslant b\} = F(b) - F(a)$$

$$= \Phi \left(\frac{b-\mu}{\sigma} \right) - \Phi \left(\frac{a-\mu}{\sigma} \right). \tag{2.3.15}$$

例 2.3.4　设 $X \sim N(1.5, 4)$, 求 $P\{X > 2\}$, $P\{|X| \leqslant 3\}$.

解　因为 $\mu = 1.5$, $\sigma = 2$, 所以

$$P\{X > 2\} = 1 - P\{X \leqslant 2\}$$

$$= 1 - F(2) = 1 - \Phi \left(\frac{2-1.5}{2} \right)$$

$$= 1 - \Phi(0.25) = 1 - 0.5987 = 0.4013.$$

$$P\{|X| \leqslant 3\} = P\{-3 \leqslant X \leqslant 3\}$$

$$= F(3) - F(-3)$$

$$= \Phi \left(\frac{3-1.5}{2} \right) - \Phi \left(\frac{-3-1.5}{2} \right)$$

$$= \Phi(0.75) - \Phi(-2.25)$$

$$= \Phi(0.75) - \left[1 - \Phi(2.25) \right]$$

$$= 0.7734 - (1 - 0.9878) = 0.7612.$$

例 2.3.5　公共汽车车门的高度是按成年男子与车门顶碰头的概率不大于 1% 的要求设计的. 若成年男子的身高 X(单位: cm) 服从 $N(170, 6^2)$ 分布, 问车门高度应确定为多少?

解　设车门高度为 h, 由题意有

$$P\{X \geqslant h\} \leqslant 0.01,$$

或 $P\{X < h\} \geqslant 0.99$. 由于 $X \sim N(170, 6^2)$, 故

$$P\{X < h\} = F_X(h) = \Phi \left(\frac{h-170}{6} \right) \geqslant 0.99,$$

查表知

$$\Phi(2.33) = 0.9901 > 0.99,$$

所以 $\dfrac{h-170}{6} = 2.33$, 解得 $h = 184 \mathrm{cm}$.

§2.4 随机向量及其分布

在实际问题中, 一个随机试验的结果 ω 对应的不仅是一个随机变量 $X(\omega)$, 常常要考虑多个随机变量. 例如, 考察某地区儿童的健康情况要同时考虑身高 X、体重 Y、肺活量 Z, 等等; 研究城市经济发展状况时要考虑工农业生产总值 X_1、外贸进出口总值 X_2、能源消耗总量 X_3、居民平均消费水平 X_4、每百名职工中中级以上职称职工人数 X_5、人口总数 X_6, 等等.

设 $X_1, X_2, \cdots, X_n$ 是同一样本空间中的随机变量, 就称

$$X = (X_1, X_2, \cdots, X_n)$$

为一个**n维随机变量**(n-dimensional random variable), 或称为**n维随机向量** (n-dimensional random vector) .

随机向量 $(X_1, \cdots, X_n)$ 可以看成 n 维空间 $\mathbf{R}^n$ 中的随机点, 对应于样本点 ω, 随机向量 $X(\omega) = (X_1(\omega), \cdots, X_n(\omega))$ 是 $\mathbf{R}^n$ 中的一个点. 随着试验结果 ω 的不同, $X(\omega)$ 在 $\mathbf{R}^n$ 中随机地变化, 我们要研究随机向量落在 $\mathbf{R}^n$ 中各个区域的概率, 即要研究随机向量的分布.

定义 2.4.1 设 $X = (X_1, X_2, \cdots, X_n)$ 是 n 维随机向量, 对任意 $x_i \in \mathbf{R}, i = 1, 2, \cdots, n$,

$$F(x_1, x_2, \cdots, x_n) = P\{X_1 \leqslant x_1, X_2 \leqslant x_2, \cdots, X_n \leqslant x_n\} \tag{2.4.1}$$

称为 n 维随机向量 X 的**联合分布函数**(joint probability distribution function), 也可简称为 X 的**分布函数**.

为简单起见下面只讨论二维随机变量, 所得的概念和结论读者可自行推广到 n 维情形.

设 (X, Y) 是二维随机变量, 对任意实数 x, y, 其分布函数为 $F(x, y) = P\{X \leqslant x, Y \leqslant y\}$. 关于 $F(x, y)$ 它有如下性质.

定理 2.4.1 (i) $F(x, y)$ 当其中一个变量固定时, 是另一个变量的单调不减函数, 且是右连续的;

(ii) 对任意实数 x, y, $0 \leqslant F(x, y) \leqslant 1$;

$$F(-\infty, y) = \lim_{x \to -\infty} F(x, y) = 0;$$
$$F(x, -\infty) = \lim_{y \to -\infty} F(x, y) = 0;$$
$$F(+\infty, +\infty) = \lim_{\substack{x \to +\infty \\ y \to +\infty}} F(x, y) = 1;$$

(iii) 对任意 $x_1 < x_2, y_1 < y_2$ 都有

$$F(x_2, y_2) - F(x_1, y_2) - F(x_2, y_1) + F(x_1, y_1) \geqslant 0. \tag{2.4.2}$$

证 (i),(ii) 的证明从略, 下面只证 (iii). 注意到

$$P\{x_1 < X \leqslant x_2, y_1 < Y \leqslant y_2\}$$
$$=P\{\{x_1 < X \leqslant x_2\} \cap \{y_1 < Y \leqslant y_2\}\}$$
$$=P\{\{x_1 < X \leqslant x_2\} \cap [\{Y \leqslant y_2\} - \{Y \leqslant y_1\}]\}$$
$$=P\{\{x_1 < X \leqslant x_2\} \cap \{Y \leqslant y_2\}\} - P\{\{x_1 < X \leqslant x_2\} \cap \{Y \leqslant y_1\}\}$$
$$=\big[P\{X \leqslant x_2, Y \leqslant y_2\} - P\{X \leqslant x_1, Y \leqslant y_2\}\big]$$
$$\quad - \big[P\{X \leqslant x_2, Y \leqslant y_1\} - P\{X \leqslant x_1, Y \leqslant y_1\}\big]$$
$$=F(x_2, y_2) - F(x_1, y_2) - \big[F(x_2, y_1) - F(x_1, y_1)\big]$$

恰好是 (2.4.2) 式的左端. 由概率的非负性,(iii) 得证.   □

上面的证明可以从图 2.12, 图 2.13 很容易得出.

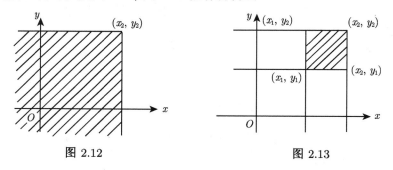

图 2.12   图 2.13

$F(x_2, y_2)$ 表示二维随机变量 (X, Y) 落在图 2.12 阴影部分的概率, 即 $F(x_2, y_2)$ $= P\{X \leqslant x_2, Y \leqslant y_2\}$; 而由图 2.13 可看出 (X, Y) 落在矩形 $\{x_1 < X \leqslant x_2, y_1 < Y \leqslant y_2\}$ 的概率用分布函数 $F(x, y)$ 表示为

$$P\{x_1 < X \leqslant x_2, y_1 < Y \leqslant y_2\}$$
$$= F(x_2, y_2) - F(x_1, y_2) - F(x_2, y_1) + F(x_1, y_1).$$

还要指出定理 2.4.1 中的 (iii) 不能由 (i) 和 (ii) 推出, 换言之,(iii) 中的性质是二维随机向量分布函数特有的, 一维随机变量分布函数不具有的性质.

例 2.4.1 定义二元函数

$$F(x, y) = \begin{cases} 1, & x + y \geqslant 0, \\ 0, & x + y < 0. \end{cases}$$

容易证明定理 2.4.1 中 (i),(ii) 均满足, 但

$$F(1,1) - F(-1,1) - F(1,-1) + F(-1,-1) = 1 - 1 - 1 + 0 = -1,$$

即 (iii) 不满足.

二维随机变量也分为离散型和连续型两种.

定义 2.4.2 如果二维随机变量 (X,Y) 所有可能的取值只有有穷多个或可数多个, 就称 (X,Y) 为**离散型二维随机变量**(bivariate discrete random variable).

设 (X,Y) 所有可能取值为 (x_i,y_j), $i,j = 1,2,\cdots$, 称

$$P\{(X,Y) = (x_i,y_j)\} = P\{X = x_i, Y = y_j\} = p_{ij} \tag{2.4.3}$$

为 (X,Y) 的**联合分布律**(joint probability distribution law), 或简称为 (X,Y) 的**分布律**. (2.4.3) 式也可表示为表格

$$
\begin{array}{c|cccc}
\diagdown^{\textstyle Y}_{\textstyle X} & y_1 & y_2 & \cdots \\
\hline
x_1 & p_{11} & p_{12} & \cdots \\
x_2 & p_{21} & p_{22} & \cdots \\
\vdots & \vdots & \vdots &
\end{array}
\tag{2.4.4}
$$

显然有 $p_{ij} \geqslant 0$, $i,j = 1,2,\cdots$, 且 $\displaystyle\sum_{i=1}^{\infty}\sum_{j=1}^{\infty} p_{ij} = 1$. 这时 (X,Y) 的分布函数为

$$F(x,y) = \sum_{x_i \leqslant x}\sum_{y_j \leqslant y} P\{X = x_i, Y = y_i\} = \sum_{x_i \leqslant x}\sum_{y_j \leqslant y} p_{ij}.$$

例 2.4.2 盒中有标号 1,2,2 的三张卡片, 从中不放回地任意取出两张, X 表示第一次取出的卡片号码, Y 表示第二次取出的号码. 求 (X,Y) 的分布律.

解 (X,Y) 可能取的值为 $(1,2)$, $(2,1)$, $(2,2)$, 设 A_i 表示 "第一次取得号码为 i", B_i 表示 "第二次取得号码为 i", $i = 1,2$. 于是

$$P\{X = 1, Y = 2\} = P\{A_1 B_2\} = P(A_1)P(B_2|A_1) = \frac{1}{3},$$

$$P\{X = 2, Y = 1\} = P(A_2 B_1) = P(A_2)P(B_1|A_2) = \frac{2}{3}\cdot\frac{1}{2} = \frac{1}{3},$$

$$P\{X = 2, Y = 2\} = P(A_2 B_2) = P(A_2)P(B_2|A_2) = \frac{2}{3}\cdot\frac{1}{2} = \frac{1}{3}.$$

故 (X,Y) 的分布律为

X Y	1	2
1	0	$\frac{1}{3}$
2	$\frac{1}{3}$	$\frac{1}{3}$

定义 2.4.3 如果对二维随机变量 (X, Y) 的分布函数 $F(x, y)$ 存在非负函数 $f(x, y)$, 使得对任意实数 x, y, 有

$$F(x, y) = \int_{-\infty}^{x} \int_{-\infty}^{y} f(u, v)\, \mathrm{d}u\mathrm{d}v, \tag{2.4.5}$$

就称 (X, Y) 为**连续型二维随机变量**(bivariate continuous random variable), $f(x, y)$ 称为 (X, Y) 的**联合概率密度**(joint probability density function), 简称概率密度. 显然有

$$f(x, y) \geqslant 0, \quad x, y \in (-\infty, \infty),$$

$$\int_{-\infty}^{\infty} \int_{-\infty}^{\infty} f(x, y)\, \mathrm{d}y\mathrm{d}x = F(+\infty, \infty) = 1.$$

由 (2.4.5) 式, 若 $f(x, y)$ 在 (x, y) 处连续, $F(x, y)$ 在 (x, y) 处有连续的二阶偏导数, 则有

$$\frac{\partial^2 F(x, y)}{\partial x \partial y} = f(x, y). \tag{2.4.6}$$

对平面上任一区域 D, 有

$$P\{(X, Y) \in D\} = \iint_{D} f(x, y)\, \mathrm{d}x\mathrm{d}y, \tag{2.4.7}$$

即 (X, Y) 在区域 D 中取值的概率等于 $f(x, y)$ 在 D 上的二重积分.

特别指出, 和一维情形同样, 非负函数 $f(x, y)$, 只要满足

$$\int_{-\infty}^{\infty} \int_{-\infty}^{\infty} f(x, y)\mathrm{d}x\mathrm{d}y = 1,$$

就一定是某一个二维随机变量的分布密度. 概率论的任务就是找出一些特殊的 $f(x, y)$ 来, 它们所刻画的随机向量有一定的理论意义或重要的实际应用.

平面区域 G 上的均匀分布就是一类重要的分布.

设 G 是平面上面积为 S 的有界区域, 若 (X, Y) 的联合概率密度为

$$f(x, y) = \begin{cases} \dfrac{1}{S}, & (x, y) \in G, \\ 0, & \text{其他}. \end{cases} \tag{2.4.8}$$

就称二维随机变量 (X, Y) 在 G 上服从**二维均匀分布**(bivariate uniform distribution).

例 2.4.3 设 (X, Y) 在区域 $G: 0 \leqslant x \leqslant 10, 0 \leqslant y \leqslant 10$ 上服从均匀分布, 试求 $P\{X + Y \leqslant 15\}$.

解 G 的面积为 100, 所以 (X, Y) 的概率密度为

$$f(x, y) = \begin{cases} \dfrac{1}{100}, & 0 \leqslant x \leqslant 10, \ 0 \leqslant y \leqslant 10, \\ 0, & \text{其他}. \end{cases}$$

由 (2.4.7) 式知所求概率

$$P\{X + Y \leqslant 15\} = \iint_{x+y \leqslant 15} f(x, y) \, \mathrm{d}x \, \mathrm{d}y.$$

为此先化为累次积分,

$$\text{原式} = \int_{-\infty}^{\infty} \mathrm{d}x \int_{-\infty}^{15-x} f(x, y) \, \mathrm{d}y = \int_0^{10} \mathrm{d}x \int_0^{15-x} f(x, y) \, \mathrm{d}y,$$

因为当 $0 \leqslant x \leqslant 5$ 时, $15 - x \geqslant 10$, 故此时内层积分区域为 $0 \leqslant y \leqslant 10$; 而当 $5 < x \leqslant 10$ 时, $15 - x \leqslant 10$, 故此时内层积分区域为 $0 \leqslant y \leqslant 15 - x$. 所以

$$\text{上式} = \int_0^5 \mathrm{d}x \int_0^{10} \frac{1}{100} \, \mathrm{d}y + \int_5^{10} \mathrm{d}x \int_0^{15-x} \frac{1}{100} \, \mathrm{d}y = \frac{7}{8}.$$

上面的解法不用图形只用不等式表示积分区域, 读者应仔细了解每一步的道理, 掌握重积分化为累次积分的过程.

也可借助于图形, 如图 2.14 所示.

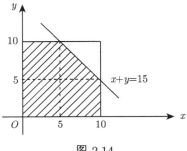

图 2.14

被积函数 $f(x, y)$ 在阴影部分取值为 $\dfrac{1}{100}$, 其他部分 $f(x, y) = 0$, 也可容易地把重积分化为累次积分.

还可以利用几何型概率的计算方法, (X,Y) 落在阴影部分的概率为阴影部分面积与整个正方形面积之比, 即

$$\frac{100 - 25/2}{100} = \frac{7}{8}.$$

例 2.4.4　设 (X,Y) 有联合概率密度

$$f(x,y) = \begin{cases} 2\mathrm{e}^{-x}\mathrm{e}^{-2y}, & 0 < x < \infty,\ 0 < y < \infty, \\ 0, & \text{其他}. \end{cases}$$

求: (i) $P\{X > 1, Y < 1\}$; (ii) $P\{X < Y\}$.

解　(i) $P\{X > 1, Y < 1\} = \displaystyle\int_0^1 \mathrm{d}y \int_1^\infty 2\mathrm{e}^{-x}\mathrm{e}^{-2y}\,\mathrm{d}x = \mathrm{e}^{-1}(1 - \mathrm{e}^{-2})$.

$$
\begin{aligned}
\text{(ii)}\quad P\{X < Y\} &= \iint_{x<y} f(x,y)\,\mathrm{d}x\,\mathrm{d}y \\
&= \int_0^\infty \mathrm{d}y \int_0^y 2\mathrm{e}^{-x}\mathrm{e}^{-2y}\,\mathrm{d}x \\
&= \int_0^\infty 2\mathrm{e}^{-2y}(1 - \mathrm{e}^{-y})\,\mathrm{d}y = \frac{1}{3}.
\end{aligned}
$$

§2.5　边 缘 分 布

二维随机变量 (X,Y) 中, X, Y 各自也都是随机变量, 所以它们也分别有自己的分布函数 $F_X(x), F_Y(y)$, 相对于 (X,Y) 的联合分布函数, 称 $F_X(x), F_Y(y)$ 为二维随机变量 (X,Y) 的**边缘分布函数**(marginal probability distribution function) (或称**边际分布函数**).

由联合分布函数可以确定边缘分布函数 $F_X(x)$ 和 $F_Y(y)$. 事实上,

$$F_X(x) = P\{X \leqslant x\} = P\{X \leqslant x, Y < \infty\}$$

$$= F(x, \infty) = \lim_{y \to \infty} F(x, y). \tag{2.5.1}$$

同理可知

$$F_Y(y) = F(\infty, y) = \lim_{x \to \infty} F(x, y). \tag{2.5.2}$$

如果 (X,Y) 是离散型二维随机变量, 则可由 (X,Y) 的联合分布律确定 X, Y 的**边缘分布律**(marginal probability distribution law). 事实上

$$P\{X = x_i\} = P\left\{ X = x_i, \bigcup_{j=1}^{\infty} \{Y = y_j\} \right\}$$

$$= P \left\{ \bigcup_{j=1}^{\infty} \left[\{X = x_i\} \cap \{Y = y_j\} \right] \right\}$$

$$= \sum_{j=1}^{\infty} P\{X = x_i, Y = y_j\}$$

$$= \sum_{j=1}^{\infty} p_{ij} = p_{i\cdot}, \quad i = 1, 2, \cdots. \tag{2.5.3}$$

同理

$$P\{Y = y_j\} = \sum_{i=1}^{\infty} p_{ij} = p_{\cdot j}, \quad j = 1, 2, \cdots. \tag{2.5.4}$$

如果 (X, Y) 是连续型二维随机变量, 则可由 (X, Y) 的联合概率密度确定 X, Y 各自的**边缘概率密度** (marginal probability density function) $f_X(x)$, $f_Y(y)$. 事实上, 由

$$F_X(x) = F(x, \infty) = \int_{-\infty}^{x} \left[\int_{-\infty}^{\infty} f(x, y) \, dy \right] dx,$$

对照 $F_X(x) = \int_{-\infty}^{x} f_X(x) \, dx$, 可知

$$f_X(x) = \int_{-\infty}^{\infty} f(x, y) \, dy. \tag{2.5.5}$$

同理,

$$f_Y(y) = \int_{-\infty}^{\infty} f(x, y) \, dx. \tag{2.5.6}$$

例 2.5.1 袋中有 5 个球, 其中 3 个球上标有数字 0, 两个球上标有数字 1, 每次从袋中任意抽取一球, 抽取两次, 设 X 是第一次抽得球上的数字, Y 是第二次抽得球上的数字. 求:

(i) 有放回抽样;

(ii) 无放回抽样情形下 (X, Y) 的联合分布律, 以及边缘分布律.

解 (i) (X, Y) 的所有可能值 $(0,0)$, $(0,1)$, $(1,0)$, $(1,1)$. 由于有放回, 所以

$$P\{X = 0, Y = 0\} = P\{X = 0\} \cdot P\{Y = 0\} = \frac{3}{5} \cdot \frac{3}{5}.$$

类似地可得其他的值, (X, Y) 的分布律为

X \ Y	0	1
0	$\frac{3}{5} \cdot \frac{3}{5}$	$\frac{3}{5} \cdot \frac{2}{5}$
1	$\frac{2}{5} \cdot \frac{3}{5}$	$\frac{2}{5} \cdot \frac{2}{5}$

由此得

X \ Y	0	1	$p_i.$(行和)
0	$\dfrac{3}{5} \cdot \dfrac{3}{5}$	$\dfrac{3}{5} \cdot \dfrac{2}{5}$	$\dfrac{3}{5}$
1	$\dfrac{2}{5} \cdot \dfrac{3}{5}$	$\dfrac{2}{5} \cdot \dfrac{2}{5}$	$\dfrac{2}{5}$
(列和)$p._j$	$\dfrac{3}{5}$	$\dfrac{2}{5}$	

从而得 X, Y 的边缘分布律为

X	0	1
$p_i.$	$\dfrac{3}{5}$	$\dfrac{2}{5}$

Y	0	1
$p._j$	$\dfrac{3}{5}$	$\dfrac{2}{5}$

(ii) 由于是无放回抽样, 所以

$$P\{X=0, Y=0\} = P\{X=0\} \cdot P\{Y=0|X=0\} = \frac{3}{5} \cdot \frac{2}{4}.$$

类似可得其余的值. 因此得 (X, Y) 的分布律为

X \ Y	0	1
0	$\dfrac{3}{5} \cdot \dfrac{2}{4}$	$\dfrac{3}{5} \cdot \dfrac{2}{4}$
1	$\dfrac{2}{5} \cdot \dfrac{3}{4}$	$\dfrac{2}{5} \cdot \dfrac{1}{4}$

由此得

X \ Y	0	1	$p_i.$(行和)
0	$\dfrac{3}{5} \cdot \dfrac{2}{4}$	$\dfrac{3}{5} \cdot \dfrac{2}{4}$	$\dfrac{3}{5}$
1	$\dfrac{2}{5} \cdot \dfrac{3}{4}$	$\dfrac{2}{5} \cdot \dfrac{1}{4}$	$\dfrac{2}{5}$
(列和)$p._j$	$\dfrac{3}{5}$	$\dfrac{2}{5}$	

从而得 X, Y 的边缘分布律为

X	0	1
$p_i.$	$\dfrac{3}{5}$	$\dfrac{2}{5}$

Y	0	1
$p._j$	$\dfrac{3}{5}$	$\dfrac{2}{5}$

从本例还可看出, 在 (i),(ii) 两种情形下所求的边缘分布律是相同的, 但联合分布律却不同. 这说明边缘分布律不能确定联合分布律. 这是因为联合分布律不仅包含 X, Y 各自的分布律, 还包含有 X 与 Y 之间的关系.

例 2.5.2 设二维连续型随机变量的概率密度为

$$f(x, y) = \begin{cases} 8xy, & 0 < x < 1, \ 0 < y < x, \\ 0, & \text{其他}. \end{cases}$$

求边缘概率密度 $f_X(x), f_Y(y)$.

解 由公式 (2.5.5), 有

$$f_X(x) = \int_{-\infty}^{\infty} f(x, y) \,\mathrm{d}y,$$

被积函数中 y 是积分变量, 而 x 是参变量, 当 $0 < x < 1$ 时, 只有 $0 < y < x$ 时 $f(x, y) = 8xy$, 所以当 $0 < x < 1$ 时,

$$f_X(x) = \int_0^x 8xy \,\mathrm{d}y = 4x^3,$$

当 $x \notin (0, 1)$ 时, $f(x, y) = 0$, 故 $f_X(x) = 0$. 所以

$$f_X(x) = \begin{cases} 4x^3, & 0 < x < 1, \\ 0, & \text{其他}. \end{cases}$$

类似地,

$$f_Y(y) = \int_{-\infty}^{\infty} f(x, y) \,\mathrm{d}x$$

中被积函数对固定的 $0 < y < 1$, 只有当 $y < x < 1$ 时 $f(x, y) = 8xy$, 所以, 当 $0 < y < 1$ 时

$$f_Y(y) = \int_y^1 8xy \,\mathrm{d}x = 4y(1 - y^2),$$

当 $y \notin (0, 1)$ 时, 因 $f(x, y) = 0$, 上式为 0, 故

$$f_Y(y) = \begin{cases} 4y(1 - y^2), & 0 < y < 1, \\ 0, & \text{其他}. \end{cases}$$

一维正态变量推广到二维或多维时就得到二维或多维正态向量, 这是最重要的多维连续型随机向量.

连续型二维随机变量 (X, Y) 有概率密度函数

$$f(x, y) = \frac{1}{2\pi\sigma_1\sigma_2\sqrt{1-\rho^2}} \exp\left\{-\frac{1}{2(1-\rho^2)}\left[\frac{(x-\mu_1)^2}{\sigma_1} - \frac{2\rho(x-\mu_1)(y-\mu_2)}{\sigma_1\sigma_2}\right.\right.$$
$$\left.\left. + \frac{(y-\mu_2)^2}{\sigma^2}\right]\right\}, \quad -\infty < x, y < \infty, \tag{2.5.7}$$

其中 $\sigma_1 > 0, \sigma_2 > 0, |\rho| < 1, \mu_1, \mu_2$ 是参数, 就称 (X, Y) 服从**二维正态分布**(bivariate normal distribution).

令 $\mu = (\mu_1, \mu_2), B = \begin{pmatrix} \sigma_1^2 & \rho\sigma_1\sigma_2 \\ \rho\sigma_1\sigma_2 & \sigma_2^2 \end{pmatrix}, u = (x, y)$, (2.5.7) 式可以表示为

$$f(u) = \frac{1}{2\pi|B|^{\frac{1}{2}}} \exp\left\{-\frac{1}{2}(u - \mu)B^{-1}(u - \mu)^{\mathrm{T}}\right\}, \quad u \in \mathbf{R}^2, \tag{2.5.8}$$

其中 $|B|$ 表示 B 的行列式, B^{-1} 表示 B 的逆矩阵, C^{T} 表示矩阵 C 的转置.

这时 (X, Y) 服从二维正态分布, 可记为 $(X, Y) \sim N(\mu, B)$. 由 (2.5.8) 式可以很容易得到 n 维正态分布的定义.

已给 n 阶正定对称矩阵 $B = (b_{jk})$, 向量 $\mu = (\mu_1, \mu_2, \cdots, \mu_n)$, 记 $x = (x_1, x_2, \cdots, x_n)$, 若 $X = (X_1, X_2, \cdots, X_n)$ 有概率密度函数

$$f(x) = \frac{1}{(2\pi)^{\frac{n}{2}}|B|^{\frac{1}{2}}} \exp\left\{-\frac{1}{2}(x - \mu)B^{-1}(x - \mu)^{\mathrm{T}}\right\}, \tag{2.5.9}$$

就称 X 服从 n 维正态分布, 记为 $X \sim N(\mu, B)$.

例 2.5.3　二维随机变量 (X, Y) 的概率密度如 (2.5.7) 式所示, 试求边缘概率密度 $f_X(x)$ 和 $f_Y(y)$.

解　先对 e 的指数中的二次型配方:

$$\left(\frac{x - \mu_1}{\sigma_1}\right)^2 - \frac{2\rho(x - \mu_1)(y - \mu_2)}{\sigma_1\sigma_2} + \left(\frac{y - \mu_2}{\sigma_2}\right)^2$$

$$= \left(\frac{x - \mu_1}{\sigma_1}\right)^2 + \left(\frac{y - \mu_2}{\sigma_2} - \rho\frac{x - \mu_1}{\sigma_1}\right)^2 - \rho^2\left(\frac{x - \mu_1}{\sigma_1}\right)^2$$

$$= (1 - \rho^2)\left(\frac{x - \mu_1}{\sigma_1}\right)^2 + \left(\frac{y - \mu_2}{\sigma_2} - \rho\frac{x - \mu_1}{\sigma_1}\right)^2.$$

所以

$$f_X(x) = \int_{-\infty}^{\infty} f(x, y)\,\mathrm{d}y$$

$$= \frac{1}{2\pi\sigma_1\sigma_2\sqrt{1 - \rho^2}} \exp\left\{-\frac{(x - \mu_1)^2}{2\sigma_1^2}\right\}$$

$$\times \int_{-\infty}^{\infty} \exp\left\{-\frac{1}{2(1 - \rho^2)}\left[\frac{y - \mu_2}{\sigma_2} - \rho\frac{x - \mu_1}{\sigma_1}\right]^2\right\}\mathrm{d}y,$$

作变量替换令

$$t = \frac{1}{\sqrt{1 - \rho^2}}\left(\frac{y - \mu_2}{\sigma_2} - \rho\frac{x - \mu_1}{\sigma_1}\right), \quad \mathrm{d}t = \frac{1}{\sigma_2\sqrt{1 - \rho^2}}\mathrm{d}y,$$

于是

$$f_X(x) = \frac{1}{2\pi\sigma_1} \exp\left\{-\frac{(x-\mu_1)^2}{2\sigma_1^2}\right\} \int_{-\infty}^{\infty} \exp\left\{-\frac{t^2}{2}\right\} \mathrm{d}t$$
$$= \frac{1}{\sqrt{2\pi}\sigma_1} \exp\left\{\frac{-(x-\mu_1)^2}{2\sigma_1^2}\right\},$$

即 $X \sim N(\mu_1, \sigma_1^2)$, 由 x, y 的对称性可知

$$f_Y(y) = \frac{1}{\sqrt{2\pi}\sigma_2} \exp\left\{-\frac{(y-\mu_2)^2}{2\sigma_2^2}\right\},$$

即 $Y \sim N(\mu_2, \sigma_2^2)$.

上例说明二维正态分布的边缘分布仍是正态分布. 此例还说明联合密度可确定边缘密度, 但反之不然. 因为 (2.5.7) 式中二维正态概率密度中有参数 ρ, ρ 可取 $(-1, 1)$ 中任一实数, ρ 不同, 联合密度也不同, 但它们的边缘密度确是相同的 (不含 ρ). 也就是由边缘密度是不能确定联合分布概率密度的. 实际上 ρ 反映了 X, Y 之间的关系. 我们将在下面说明.

例 2.5.4 设 X 服从 $N(0,1)$ 分布, 随机变量 Z 与 X 独立, $P\{Z = 0\} = P\{Z = 1\} = \frac{1}{2}$. 定义

$$Y = \begin{cases} X, & Z = 0, \\ -X, & Z = 1. \end{cases}$$

证明 Y 服从 $N(0,1)$ 分布, 但 (X, Y) 不是二维正态向量.

解 由于 $N(0,1)$ 分布是对称的, 故 $P\{X \leqslant x\} = P\{-X \leqslant x\}$, 所以

$$\begin{aligned} P\{Y \leqslant x\} &= P\{Y \leqslant x, Z = 0\} + P\{Y \leqslant x, Z = 1\} \\ &= P\{X \leqslant x, Z = 0\} + P\{-X \leqslant x, Z = 1\} \\ &= P\{X \leqslant x\}, \end{aligned}$$

这说明 Y 也服从 $N(0,1)$ 分布, 但由

$$X + Y = \begin{cases} 2X, & Z = 0, \\ 0, & Z = 1, \end{cases}$$

可知 $P\{X + Y = 0\} = P\{Z = 1\} = \frac{1}{2} \neq 0$, 即 $X + Y$ 非正态, 故 (X, Y) 不是二维正态向量.

§2.6 条件分布和随机变量的独立性

设 (X, Y) 是离散型二维随机变量, 其联合分布律为

$$P\{X = x_i, Y = y_j\} = p_{ij}, \quad i, j = 1, 2, \cdots,$$

其边缘分布律为

$$P\{X = x_i\} = \sum_{j=1}^{\infty} p_{ij} = p_{i\cdot}, \quad i = 1, 2, \cdots,$$

$$P\{Y = y_j\} = \sum_{i=1}^{\infty} p_{ij} = p_{\cdot j}, \quad j = 1, 2, \cdots.$$

定义 2.6.1　对固定的 y_j, 若 $P\{Y = y_j\} > 0$, 则称

$$P\{X = x_i | Y = y_j\} = \frac{P\{X = x_i, Y = y_j\}}{P\{Y = y_j\}} = \frac{p_{ij}}{p_{\cdot j}}, \quad i = 1, 2, \cdots \tag{2.6.1}$$

为在 $Y = y_j$ 条件下, X 的**条件分布律**(conditional probability distribution law).

同样地, 对固定的 x_i, 若 $P\{X = x_i\} > 0$, 则称

$$P\{Y = y_j | X = x_i\} = \frac{P\{X = x_i, Y = y_j\}}{P\{X = x_i\}} = \frac{p_{ij}}{p_{i\cdot}}, \quad j = 1, 2, \cdots \tag{2.6.2}$$

为在 $X = x_i$ 条件下, Y 的**条件分布律**.

例 2.6.1　袋中有 5 只球, 编号为 1,2,3,4,5, 从袋中同时取出 3 只球, 以 X 表示 3 只球中的最大号码, Y 表示取出的 3 只球中的最小号码. 试求在 $Y = 1$ 的条件下, X 的条件分布律.

解　先求出 (X, Y) 的联合分布律和边缘分布律如下:

Y＼X	3	4	5	$p_{\cdot j}$
1	$\frac{1}{10}$	$\frac{2}{10}$	$\frac{3}{10}$	$\frac{6}{10}$
2	0	$\frac{1}{10}$	$\frac{2}{10}$	$\frac{3}{10}$
3	0	0	$\frac{1}{10}$	$\frac{1}{10}$
$p_{i\cdot}$	$\frac{1}{10}$	$\frac{3}{10}$	$\frac{6}{10}$	

由 (2.6.1) 式, 有

$$P\{X = x_i | Y = 1\} = \frac{P\{X = x_i, Y = 1\}}{P\{Y = 1\}} = \frac{p_{i1}}{p_{\cdot 1}},$$

X 只能取 3, 4, 5, 则

$$P\{X = 3 | Y = 1\} = \frac{P\{X = 3, Y = 1\}}{P\{Y = 1\}} = \frac{1/10}{6/10} = \frac{1}{6},$$

$$P\{X = 4 | Y = 1\} = \frac{P\{X = 4, Y = 1\}}{P\{Y = 1\}} = \frac{2/10}{6/10} = \frac{2}{6},$$

$$P\{X = 5|Y = 1\} = \frac{P\{X = 5, Y = 1\}}{P\{Y = 1\}} = \frac{3/10}{6/10} = \frac{3}{6}.$$

下面考虑连续型的情形. 设 (X, Y) 具有联合概率密度 $f(x, y)$. 我们先定义在 $Y = y$ 的条件下, X 的条件分布函数 $P\{X \leqslant x|Y = y\}$. 由于对连续型随机变量 $P\{Y = y\} = 0$, 故不能简单地用 $\dfrac{P\{x \leqslant x, Y = y\}}{P\{Y = y\}}$ 来定义. 但可以想到用

$$\lim_{\varepsilon \to 0} P\{X \leqslant x|y - \varepsilon < Y \leqslant y + \varepsilon\}$$

来代替 $P\{X \leqslant x|Y = y\}$.

定义 2.6.2 设对任意正数 ε, $P\{y - \varepsilon < Y \leqslant y + \varepsilon\} > 0$, 若

$$\lim_{\varepsilon \to 0} P\{X \leqslant x|y - \varepsilon < Y \leqslant y + \varepsilon\} = \lim_{\varepsilon \to 0} \frac{P\{X \leqslant x, y - \varepsilon < Y \leqslant y + \varepsilon\}}{P\{y - \varepsilon < Y \leqslant y + \varepsilon\}} \quad (2.6.3)$$

存在, 就称此极限为在 $Y = y$ 的条件下, X 的**条件分布函数**(conditional distribution function), 记为 $P\{X \leqslant x|Y = y\}$ 或 $F_X(x|Y = y)$, 或记为 $F_X(x|y)$.

设在 (x, y) 处 $F(x, y)$ 的偏导数存在, $f(x, y)$ 连续, $f_Y(y)$ 连续, $f_Y(y) > 0$, 则由 (2.6.3) 式有

$$F_X(x|y) = \lim_{\varepsilon \to 0} \frac{F(x, y + \varepsilon) - F(x, y - \varepsilon)}{F_Y(y + \varepsilon) - F_Y(y - \varepsilon)}$$

$$= \lim_{\varepsilon \to 0} \frac{[F(x, y + \varepsilon) - F(x, y - \varepsilon)]/(2\varepsilon)}{[F_Y(y + \varepsilon) - F_Y(y - \varepsilon)]/(2\varepsilon)} = \frac{\dfrac{\partial F(x, y)}{\partial y}}{\dfrac{\mathrm{d}F_Y(y)}{\mathrm{d}y}}.$$

由 $F(x, y) = \displaystyle\int_{-\infty}^{x} \int_{-\infty}^{y} f(x, y) \, \mathrm{d}x \mathrm{d}y$, 知

$$\frac{\partial F(x, y)}{\partial y} = \int_{-\infty}^{x} f(x, y) \, \mathrm{d}x,$$

所以

$$F_X(x|y) = \frac{\displaystyle\int_{-\infty}^{x} f(x, y) \, \mathrm{d}x}{f_Y(y)} = \int_{-\infty}^{x} \frac{f(x, y)}{f_Y(y)} \, \mathrm{d}x. \quad (2.6.4)$$

我们用 $f_X(x|Y = y)$ 或 $f_X(x|y)$ 表示在 $Y = y$ 的条件下, X 的条件概率密度, 即 $F_X(x|y) = \displaystyle\int_{-\infty}^{x} f_X(x|y) \, \mathrm{d}x$. 此式与 (2.6.4) 式比较可知 $f_X(x|y)$ 就是 $\dfrac{f(x, y)}{f_Y(y)}$. 由此可知, 对固定的 y, 若 $f_Y(y) > 0$, 则在 $Y = y$ 的条件下, X 的**条件概率密度**(conditional probability density function)为

$$f_X(x|y) = \frac{f(x, y)}{f_Y(y)}. \quad (2.6.5)$$

同理, 对固定的 x, 若 $f_X(x) > 0$, 则在 $X = x$ 的条件下, Y 的条件概率密度为

$$f_Y(y|x) = \frac{f(x,y)}{f_X(x)}. \tag{2.6.6}$$

在 $X = x$ 的条件下, Y 的条件分布函数为

$$F_Y(y|x) = \int_{-\infty}^{y} f_Y(y|x)\,\mathrm{d}y.$$

由 (2.6.5) 式和 (2.6.6) 式可得

$$f(x,y) = f_X(x)f_Y(y|x) = f_Y(y)f_X(x|y). \tag{2.6.7}$$

利用 (2.6.7) 式可以在已知边缘密度和条件密度的条件下得出联合概率密度.

例 2.6.2   设二维随机变量 (X,Y) 在一椭圆 $\dfrac{x^2}{a^2} + \dfrac{y^2}{b^2} \leqslant 1$ 上服从均匀分布, $a > 0, b > 0$. 试求 $f_X(x), f_Y(y)$ 及 $f_Y(y|x)$.

解 (X,Y) 的联合概率密度为

$$f(x,y) = \begin{cases} \dfrac{1}{\pi ab}, & \dfrac{x^2}{a^2} + \dfrac{y^2}{b^2} \leqslant 1, \\ 0, & \text{其他}. \end{cases}$$

当 $|x| \leqslant a$ 时, $-b\sqrt{1 - \dfrac{x^2}{a^2}} \leqslant y \leqslant b\sqrt{1 - \dfrac{x^2}{a^2}}$, 故此时

$$f_X(x) = \int_{-\infty}^{\infty} f(x,y)\,\mathrm{d}y = \int_{-b\sqrt{1-\frac{x^2}{a^2}}}^{b\sqrt{1-\frac{x^2}{a^2}}} \frac{1}{\pi ab}\,\mathrm{d}y = \frac{2}{\pi a}\sqrt{1 - \frac{x^2}{a^2}}.$$

当 $|x| > a$ 时, $f(x,y) = 0$, 从而 $f_X(x) = 0$. 所以

$$f_X(x) = \begin{cases} \dfrac{2}{\pi a}\sqrt{1 - \dfrac{x^2}{a^2}}, & |x| \leqslant a, \\ 0, & \text{其他}. \end{cases}$$

同理可得

$$f_Y(y) = \begin{cases} \dfrac{2}{\pi b}\sqrt{1 - \dfrac{y^2}{b^2}}, & |y| \leqslant b, \\ 0, & \text{其他}. \end{cases}$$

当 $|x| < a$ 时, $f_X(x) > 0$, 由 (2.6.6) 式, 有

$$f_Y(y|x) = \frac{f(x,y)}{f_X(x)} = \begin{cases} \dfrac{1}{2b\sqrt{1 - \dfrac{x^2}{a^2}}}, & -b\sqrt{1 - \dfrac{x^2}{a^2}} \leqslant y \leqslant b\sqrt{1 - \dfrac{x^2}{a^2}}, \\ 0, & \text{其他}. \end{cases}$$

这里 $f_Y(y|x)$ 对固定的 x 是区间 $\left[-b\sqrt{1-\dfrac{x^2}{a^2}},b\sqrt{1-\dfrac{x^2}{a^2}}\right]$ 上的均匀分布.

例 2.6.3 设 X 服从 $[0,2]$ 上的均匀分布, 又设在 $X=x$ 的条件下, Y 的条件分布服从 $[x,2]$ 上的均匀分布, 试求 (X,Y) 的联合概率密度.

解 由条件知

$$f_X(x)=\begin{cases}\dfrac{1}{2}, & 0<x<2,\\[2mm] 0, & \text{其他}.\end{cases}$$

$$f_Y(y|x)=\begin{cases}\dfrac{1}{2-x}, & 0<x<y<2,\\[2mm] 0, & \text{其他}.\end{cases}$$

由 (2.6.7) 式可知

$$f(x,y)=f_X(x)f_Y(y|x)=\begin{cases}\dfrac{1}{2(2-x)}, & 0<x<y<2,\\[2mm] 0, & \text{其他}.\end{cases}$$

由此还可求出关于 Y 的边缘概率密度, 读者可自行练习.

下面讨论随机变量和随机向量的独立性, 这是概率论中又一个重要概念.

定义 2.6.3 设 X 和 Y 是两个随机变量, 若对任意区间 $(a_1,b_1],(a_2,b_2]$, 事件 $\{a_1<X\leqslant b_1\}$ 与事件 $\{a_2<Y\leqslant b_2\}$ 都相互独立, 就称 X **与** Y **相互独立**(mutually independent), 简称为 X **与** Y **独立**.

定义 2.6.3 中的条件与下列各条件之一都是等价的:

(i) 对任意区间 $(a_1,b_1],(a_2,b_2]$ 都有

$$P\{a_1<X\leqslant b_1,a_2<Y\leqslant b_2\}=P\{a_1<X\leqslant b_1\}\cdot P\{a_2<Y\leqslant b_2\};$$

(ii) 对任意实数 X,Y, 都有

$$P\{X\leqslant x,Y\leqslant y\}=P\{X\leqslant x\}\cdot P\{Y\leqslant y\},$$

亦即 $F(x,y)=F_X(x)F_Y(y)$;

(iii) 如果 (X,Y) 是连续型的, 对任意实数 x,y, 都有

$$f(x,y)=f_X(x)f_Y(y).$$

如果 (X,Y) 是离散型的, 对 (X,Y) 的所有可能值 $(x_i,y_j),i,j=1,2,\cdots$, 都有

$$P\{X=x_i,Y=y_j\}=P\{X=x_i\}\cdot P\{Y=y_j\}.$$

　　由此可以得出, X 与 Y 相互独立的充要条件是它们的联合分布等于两个边缘分布的乘积.

　　以上结论很容易推广到 $n(n \geqslant 3)$ 个随机变量的情形, 就由读者自己完成了.

　　定义 2.6.4　　$X = (X_1, X_2, \cdots, X_n)$ 和 $Y = (Y_1, Y_2, \cdots, Y_m)$ 是两个随机向量. 若对任意实数 $x_1, x_2, \cdots, x_n$ 与 $y_1, y_2, \cdots, y_m$, 都有

$$F(x_1, x_2, \cdots, x_n, y_1, y_2, \cdots, y_m) = F_X(x_1, x_2, \cdots, x_n) F_Y(y_1, y_2, \cdots, y_m),$$

就称 X 与 Y 相互独立, 其中 F_X, F_Y, F 分别为 $(X_1, X_2, \cdots, X_n), (Y_1, Y_2, \cdots, Y_m),$ $(X_1, X_2, \cdots, X_n, Y_1, Y_2, \cdots, Y_m)$ 的分布函数.

　　最后给出下面的命题:

　　(i) 若 $X_1, X_2, \cdots, X_n$ 相互独立, $g_1, g_2, \cdots, g_n$ 是任意 n 个一元连续函数, 则 $g_1(x_1), g_2(x_2), \cdots, g_n(x_n)$ 也相互独立.

　　(ii) 若 $(X_1, X_2, \cdots, X_n)$ 与 $(Y_1, Y_2, \cdots, Y_m)$ 相互独立, g, h 分别为 n 元和 m 元连续函数, 则 $g(X_1, X_2, \cdots, X_n)$ 与 $h(Y_1, Y_2, \cdots, Y_m)$ 也相互独立.

　　以上结论的严格证明超出了本书的范围, 就略去了.

　　例 2.6.4　　续例 2.5.1. 在有放回情形下, 容易验证

$$P\{X = x_i, Y = y_j\} = P\{X = x_i\} P\{Y = y_j\}, \quad x_i, y_j \in \{0, 1\},$$

故 X 与 Y 是相互独立的, 但在无放回的情形下, X 与 Y 就不是相互独立的了, 因为

$$P\{X = 0, Y = 0\} = \frac{3}{5} \cdot \frac{2}{4},$$

但

$$P\{X = 0\} = \frac{3}{5}, \quad P\{Y = 0\} = \frac{3}{5},$$

即

$$P\{X = 0, Y = 0\} \neq P\{X = 0\} P\{Y = 0\},$$

这说明 X 与 Y 不是相互独立的.

　　例 2.6.5　　续例 2.5.2. 由于 $f(x, y) \neq f_X(x) f_Y(y)$, 所以 X 与 Y 不是相互独立的.

　　例 2.6.6　　已知 X 与 Y 的分布律为

X	-1	0	1
P_x	$\frac{1}{4}$	$\frac{1}{2}$	$\frac{1}{4}$

Y	0	1
P_y	$\frac{1}{2}$	$\frac{1}{2}$

而且 $P\{XY = 0\} = 1$.

(i) 求 (X, Y) 的联合分布律;

(ii) 问 X 和 Y 是否独立? 为什么?

解 (i) 由 $P\{XY = 0\} = 1$, 可知

$$P\{X = -1, Y = 1\} = P\{X = 1, Y = 1\} = 0.$$

所以,

$$\begin{aligned}
\frac{1}{4} = P\{X = -1\} &= P\{X = -1, Y = 1\} + P\{X = -1, Y = 0\} \\
&= P\{X = -1, Y = 0\},
\end{aligned}$$
$$\begin{aligned}
\frac{1}{2} = P\{Y = 1\} &= P\{Y = 1, X = \pm 1\} + P\{Y = 1, X = 0\} \\
&= P\{X = 0, Y = 1\},
\end{aligned}$$
$$\begin{aligned}
\frac{1}{4} = P\{X = 1\} &= P\{X = 1, Y = 1\} + P\{X = 1, Y = 0\} \\
&= P\{X = 1, Y = 0\}.
\end{aligned}$$

最后, 由于上面 3 个概率值相加为 1, 故 $P\{X = 0, Y = 0\} = 0$, 于是得到 (X, Y) 的联合分布律为

Y＼X	-1	0	1
0	$\frac{1}{4}$	0	$\frac{1}{4}$
1	0	$\frac{1}{2}$	0

(ii) 由于 $P\{X = -1, Y = 1\} = 0$, 但 $P\{X = -1\} \cdot P\{Y = 1\} = \frac{1}{4} \cdot \frac{1}{2} \neq 0$, 故 X 与 Y 不独立.

例 2.6.7 续例 2.5.3. (X, Y) 的概率密度为

$$\begin{aligned}
f(x, y) = \frac{1}{2\pi\sigma_1\sigma_2\sqrt{1-\rho^2}} \exp\bigg\{ &-\frac{1}{2(1-\rho^2)}\bigg[\Big(\frac{x-\mu_1}{\sigma_1}\Big)^2 - \frac{2\rho(x-\mu_1)(y-\mu_2)}{\sigma_1\sigma_2} \\
&+ \Big(\frac{y-\mu_2}{\sigma_2}\Big)^2\bigg]\bigg\}, \quad -\infty < x, y < \infty,
\end{aligned}$$

试求:

(i) X 与 Y 独立的充要条件;

(ii) $f_X(x|y)$ 和 $f_Y(y|x)$.

解 (i) 例 2.5.3 中已求出

$$f_X(x) = \frac{1}{\sqrt{2\pi}\sigma_1} \exp\bigg\{-\frac{(x-\mu_1)^2}{2\sigma_1^2}\bigg\}, \quad f_Y(y) = \frac{1}{\sqrt{2\pi}\sigma_2} \exp\bigg\{-\frac{(x-\mu_2)^2}{2\sigma_2^2}\bigg\}.$$

比较 $f_X(x)f_Y(y)$ 与 $f(x,y)$ 易知 $f(x,y) = f_X(x)f_Y(y)$ 的充要条件是 $\rho = 0$. 也就是说若 (X,Y) 服从二维正态分布, 则 X 与 Y 独立的充要条件是参数 $\rho = 0$.

(ii) 由 (2.6.6) 和 (2.6.7) 式, 经简单计算可得

$$
\begin{aligned}
f_X(x|y) = \frac{f(x,y)}{f_Y(y)} &= \frac{1}{\sqrt{2\pi}\sigma_1\sqrt{1-\rho^2}} \exp\left\{ -\frac{1}{2\sigma_1^2(1-\rho^2)} \right. \\
&\left. \times \left[x - \left(\mu_1 + \rho\frac{\sigma_1}{\sigma_2}(y-\mu_2) \right) \right]^2 \right\},
\end{aligned}
$$

$$
\begin{aligned}
f_Y(y|x) = \frac{f(x,y)}{f_X(x)} &= \frac{1}{\sqrt{2\pi}\sigma_2\sqrt{1-\rho^2}} \exp\left\{ -\frac{1}{2\sigma_2^2(1-\rho^2)} \right. \\
&\left. \times \left[y - \left(\mu_2 + \rho\frac{\sigma_2}{\sigma_1}(x-\mu_1) \right) \right]^2 \right\}.
\end{aligned}
$$

也就是说在 $Y = y$ 的条件下, X 的条件分布为正态分布

$$
N\left(\mu_1 + \rho\frac{\sigma_1}{\sigma_2}(y-\mu_2), \sigma_1^2(1-\rho^2) \right),
$$

而在 $X = x$ 的条件下, Y 的条件分布为正态分布

$$
N\left(\mu_2 + \rho\frac{\sigma_2}{\sigma_1}(x-\mu_1), \sigma_2^2(1-\rho^2) \right).
$$

§2.7   随机变量函数的分布

设 $g(x)$ 为定义在随机变量 X 的一切可能值 x 的集合上的普通函数, 所谓 X 的函数 $g(X)$ 指的是一个随机变量 Y, 当 X 取值 x 时, 它取值 $y = g(x)$, 记作 $Y = g(X)$. Y 也可称为 X 经 $g(x)$ 的变换而得的随机变量. 例如, X 是机床加工出的轴的半径, 那么此轴的横截面的面积也是随机变量, 记作 Y, 就有 $Y = \pi X^2$. 下面要解决的问题是已知 X 的分布时, 如何求 $Y = g(X)$ 的分布.

2.7.1   离散型随机变量的情形

若 X 是离散型随机变量, 则 $Y = g(X)$ 也是离散型的. 设 X 的分布律为

$$
P\{X = x_i\} = p_i, \quad i = 1, 2, \cdots,
$$

则 $Y = g(X)$ 的分布律为

$$
P\{Y = g(x_i)\} = p_i, \quad i = 1, 2, \cdots.
$$

如果 $g(x_i)$ 中有相等的, 那么 Y 取该相等的值的概率就等于那些相应的概率相加.

例 2.7.1   已知 X 的分布律为

X	0	1	2	3	4	5
$P\{X = x_i\}$	$\dfrac{1}{12}$	$\dfrac{1}{6}$	$\dfrac{1}{3}$	$\dfrac{1}{12}$	$\dfrac{2}{9}$	$\dfrac{1}{9}$

求 $Y = (X - 2)^2$ 的分布律.

解 $Y = (X - 2)^2$ 的所有可能值为 $0, 1, 4, 9$.

$$P\{Y = 0\} = P\{X = 2\} = \frac{1}{3};$$

$$P\{Y = 1\} = P\{X = 1\} + P\{X = 3\} = \frac{1}{6} + \frac{1}{12};$$

$$P\{Y = 4\} = P\{X = 0\} + P\{X = 4\} = \frac{1}{12} + \frac{2}{9};$$

$$P\{Y = 9\} = P\{X = 5\} = \frac{1}{9}.$$

写成表格形式为

Y	0	1	4	9
$P\{Y = y_i\}$	$\dfrac{1}{3}$	$\dfrac{1}{6} + \dfrac{1}{12}$	$\dfrac{1}{12} + \dfrac{2}{9}$	$\dfrac{1}{9}$

2.7.2 连续型随机变量的情形

先来看一个例.

例 2.7.2 设 X 的分布函数为 $F_X(x)$, 作变换

$$Y = aX + b \quad (a \neq 0).$$

此时 Y 的分布函数

$$F_Y(y) = P\{aX + b \leqslant y\} = P\{aX \leqslant y - b\},$$

当 $a > 0$ 时,

$$F_Y(y) = P\left\{X \leqslant \frac{y - b}{a}\right\} \equiv F_X\left(\frac{y - b}{a}\right),$$

当 $a < 0$ 时,

$$F_Y(y) = P\left\{X \geqslant \frac{y - b}{a}\right\} \equiv 1 - P\left\{X < \frac{y - b}{a}\right\} = 1 - F_X\left(\frac{y - b}{a}\right).$$

注意, 在连续型情形下,

$$P\left\{X < \frac{y - b}{a}\right\} = F_X\left(\frac{y - b}{a} - 0\right) = F_X\left(\frac{y - b}{a}\right).$$

如 $F_X(x)$ 的密度函数为 $f_X(x)$, 那么 $F_Y(y)$ 有密度函数为

$$f_Y(y) = (F_Y(y))' = \frac{1}{|a|} f_X \left(\frac{y-b}{a} \right). \tag{2.7.1}$$

例中的 Y 是 X 经 $y = g(x) = ax + b$ 变换而得的,(2.7.1) 式右端的 $\dfrac{y-b}{a}$ 恰好是 $y = ax + b$ 的反函数

$$x = \frac{y-b}{a}, \tag{2.7.2}$$

而 $\dfrac{1}{|a|}$ 正好是 (2.7.2) 式中 $\dfrac{\mathrm{d}x}{\mathrm{d}y}$ 的绝对值. 这就是下面的定理.

定理 2.7.1　设 X 有概率密度 $f(x)$, 若 $y = g(x)$ 是严格单调函数且可导, 则 $Y = g(X)$ 是一个连续型随机变量, 其概率密度为

$$\psi(y) = \begin{cases} f(h(y))|h'(y)|, & \alpha < y < \beta, \\ 0, & \text{其他.} \end{cases} \tag{2.7.3}$$

这里 $h(y)$ 是 $g(x)$ 的反函数, (α, β) 是 Y 的取值范围.

$$\alpha = \min\{g(-\infty), g(+\infty)\},$$
$$\beta = \max\{g(-\infty), g(+\infty)\}.$$

证　设 $y = g(x)$ 严格单增且可导 (图 2.15),

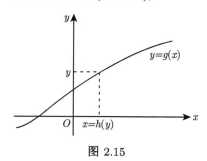

图 2.15

此时它的反函数 $h(y)$ 在 (α, β) 内也严格增且可导, $h'(y) > 0$. 对 $y \in (\alpha, \beta)$, 有

$$F_Y(y) = P\{Y \leqslant y\} = P\{g(X) \leqslant y\}$$
$$= P\{X \leqslant h(y)\} = \int_{-\infty}^{h(y)} f(x)\, \mathrm{d}x.$$

于是 Y 的概率密度为

$$\psi(y) = F_Y'(y) = \begin{cases} f(h(y))\, h'(y), & \alpha < y < \beta, \\ 0, & \text{其他.} \end{cases}$$

这就是 (2.7.3) 式.

$g(x)$ 严格递减的情形完全类似. 由读者自己完成. □

注意, 如 X 的概率密度 $f(x)$ 仅在其区间 (a,b) 内大于 0, 则只需设 $y = g(x)$ 在 (a,b) 上严格单调且可导, (α, β) 是当 X 在 (a,b) 上变化时 $Y = g(X)$ 的取值范围.

例 2.7.3 设 $X \sim N(\mu, \sigma^2)$, 求 $Y = aX + b$ 的概率密度, 其中 a, b 为常数且 $a \neq 0$.

解 这里 $g(x) = ax + b$, 其反函数为 $h(y) = \dfrac{y-b}{a}$. $|h'(y)| = \dfrac{1}{|a|}$, 由定理 2.7.1, Y 的概率密度为

$$
\begin{aligned}
\psi(y) &= \frac{1}{|a|} f_X\left(\frac{y-b}{a}\right) \\
&= \frac{1}{|a|} \frac{1}{\sqrt{2\pi}\sigma} \exp\left\{-\frac{\left(\dfrac{y-b}{a} - \mu\right)^2}{2\sigma^2}\right\} \\
&= \frac{1}{\sqrt{2\pi}\sigma|a|} \exp\left\{-\frac{(y-b-a\mu)^2}{2\sigma^2 a^2}\right\}, \quad -\infty < y < \infty,
\end{aligned}
$$

即 $Y \sim N(b + a\mu, \sigma^2 a^2)$.

此例说明, 正态随机变量经线性变换后将保持正态性不变.

例 2.7.4 设 X 的概率密度 $f(x) > 0, -\infty < x < \infty$, 求 $Y = X^2$ 的概率密度.

解 这里 $y = g(x) = x^2$ 在 $(-\infty, \infty)$ 不是单调函数, 故不满足定理 2.7.1 的条件, 我们先从定义出发求出 Y 的分布函数.

当 $y < 0$ 时,

$$F_Y(y) = P\{Y \leqslant y\} = P\{X^2 \leqslant y\} = 0.$$

当 $y \geqslant 0$ 时,

$$
\begin{aligned}
F_Y(y) &= P\{Y \leqslant y\} = P\{X^2 \leqslant y\} \\
&= P\{-\sqrt{y} \leqslant X \leqslant \sqrt{y}\} \\
&= \int_{-\sqrt{y}}^{\sqrt{y}} f(x)\, \mathrm{d}x.
\end{aligned}
$$

上式对 y 求导就得 Y 的概率密度

$$
\begin{aligned}
\psi(y) &= F_Y'(y) \\
&= \begin{cases} f(\sqrt{y})(\sqrt{y})' - f(-\sqrt{y})(-\sqrt{y})', & y > 0, \\ 0, & \text{其他}. \end{cases}
\end{aligned}
$$

$$= \begin{cases} f(\sqrt{y})\dfrac{1}{2\sqrt{y}} + f(-\sqrt{y})\dfrac{1}{2\sqrt{y}}, & y > 0, \\ 0, & \text{其他}. \end{cases}$$

此例中 $y = x^2$ 在 $(-\infty, \infty)$ 上不是单调的, 但在 $(-\infty, 0)$ 和 $(0, \infty)$ 上分别是严格单调的. 此时 $g(x)$ 有两个反函数 $\pm\sqrt{y}$, 从图 2.16 中可以看出

$$\{Y = y\} = \{X = -\sqrt{y}\} \cup \{X = \sqrt{y}\}.$$

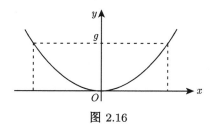

图 2.16

这时可在 $(-\infty, 0)$ 和 $(0, \infty)$ 上分别应用定理 2.7.1, 再把得到的结果加起来, 得出 Y 的概率密度来, 这就是定理 2.7.2.

定理 2.7.2 设 X 的概率密度为 $f(x)$, $f(x)$ 仅在 (a, b) 上大于 $0(a, b$ 是满足 $-\infty \leqslant a < b \leqslant \infty$ 的任意实数), 若 $y = g(x)$ 可导, 且 (a, b) 可分为两个 $g(x)$ 的严格单调区间, 在其上 $g(x)$ 的反函数分别为 $h_1(y), h_2(y)$. 在两个区间上 $g(x)$ 的值域都是 (α, β), 则 $Y = g(X)$ 的概率密度为

$$\psi(y) = \begin{cases} f(h_1(y))|h_1'(y)| + f(h_2(y))|h_2'(y)|, & \alpha < y < \beta, \\ 0, & \text{其他}. \end{cases} \qquad (2.7.4)$$

读者可以把定理 2.7.2 推广到 $g(x)$ 的反函数有 n 个的情形. 这里就不多作说明了.

例 2.7.5 设 $X \sim N(0, \sigma^2)$, 求 $Y = X^2$ 的概率密度.

解 $y = x^2$ 有两个反函数 $\pm\sqrt{y}$, 满足定理 2.7.2 的条件, 故 Y 的概率密度为

$$\psi(y) = \begin{cases} f(\sqrt{y})(\sqrt{y})' + f(-\sqrt{y})(\sqrt{y})', & y > 0, \\ 0, & y \leqslant 0. \end{cases}$$

由 $f(x) = \dfrac{1}{\sqrt{2\pi}\sigma} \exp\left\{-\dfrac{x^2}{2\sigma^2}\right\}$, 知

$$\psi(y) = \begin{cases} \dfrac{1}{\sqrt{2\pi}\sqrt{y}\sigma} \exp\left\{-\dfrac{y}{2\sigma^2}\right\}, & y > 0, \\ 0, & y \leqslant 0. \end{cases}$$

注意 $\Gamma\left(\frac{1}{2}\right)=\sqrt{\pi}$, 所以 $Y=X^2$ 服从参数为 $\frac{1}{2},\frac{1}{2\sigma^2}$ 的 Γ 分布 (见书后附表 1).

2.7.3 多维随机变量的函数的分布

例 2.7.6 已知 (X,Y) 是连续型随机变量, 其联合密度为 $f(x,y)$, 试求

(i) $X+Y$; (ii) $X-Y$; (iii) XY; (iv) $\frac{X}{Y}$ 的概率密度.

解 (i) 设 $Z=X+Y$, 则 Z 的分布函数

$$
\begin{aligned}
F_Z(z)&=P\{Z\leqslant z\}=P\{X+Y\leqslant z\}\\
&=\iint_{x+y\leqslant z} f(x,y)\,\mathrm{d}x\,\mathrm{d}y \quad (\text{图 } 2.17)\\
&=\int_{-\infty}^{\infty}\mathrm{d}x\int_{-\infty}^{z-x} f(x,y)\,\mathrm{d}y \quad (\text{令} y=u-x)\\
&=\int_{-\infty}^{\infty}\mathrm{d}x\int_{-\infty}^{z} f(x,u-x)\,\mathrm{d}u\\
&=\int_{-\infty}^{z}\left[\int_{-\infty}^{\infty} f(x,u-x)\,\mathrm{d}x\right]\mathrm{d}u,
\end{aligned}
$$

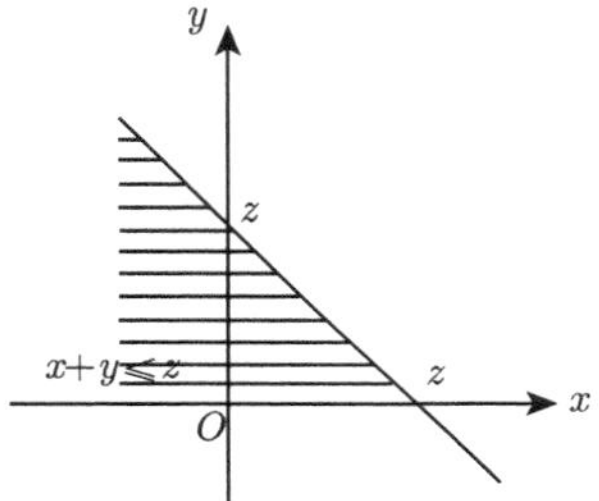

图 2.17

由于 $F_Z'(z)=f_Z(z)$, 所以

$$
f_Z(z)=\int_{-\infty}^{\infty} f(x,z-x)\,\mathrm{d}x. \tag{2.7.5}
$$

(ii) 与 (i) 类似可得

$$
f_{X-Y}(z)=\int_{-\infty}^{\infty} f(x,x-z)\,\mathrm{d}x. \tag{2.7.6}
$$

(iii) XY 的分布函数

$$
F_{XY}(z)=P\{XY\leqslant z\}=\iint_{xy\leqslant z} f(x,y)\,\mathrm{d}x\,\mathrm{d}y.
$$

由图 2.18 知, 对 $z>0, z<0$ 均有

$$
\begin{aligned}
&\iint_{xy\leqslant z} f(x,y)\,\mathrm{d}x\,\mathrm{d}y\\
=&\int_{-\infty}^{0}\left[\int_{\frac{z}{x}}^{\infty} f(x,y)\,\mathrm{d}y\right]\mathrm{d}x\\
&+\int_{0}^{\infty}\left[\int_{-\infty}^{\frac{z}{x}} f(x,y)\,\mathrm{d}y\right]\mathrm{d}x \quad (\text{令} xy=u)\\
=&\int_{-\infty}^{0}\left[\int_{z}^{-\infty} f\left(x,\frac{u}{x}\right)\frac{1}{x}\,\mathrm{d}u\right]\mathrm{d}x+\int_{0}^{\infty}\left[\int_{-\infty}^{z} f(x,\frac{u}{x})\frac{1}{x}\,\mathrm{d}u\right]\mathrm{d}x
\end{aligned}
$$

$$= \int_{-\infty}^{0} \left[\int_{-\infty}^{z} f\left(x, \frac{u}{x}\right) \frac{1}{|x|} \, \mathrm{d}u \right] \mathrm{d}x + \int_{0}^{\infty} \left[\int_{-\infty}^{z} f\left(x, \frac{u}{x}\right) \frac{1}{|x|} \, \mathrm{d}u \right] \mathrm{d}x$$

$$= \int_{-\infty}^{\infty} \left[\int_{-\infty}^{z} f\left(x, \frac{u}{x}\right) \frac{1}{|x|} \, \mathrm{d}u \right] \mathrm{d}x$$

$$= \int_{-\infty}^{z} \left[\int_{-\infty}^{\infty} f\left(x, \frac{u}{x}\right) \frac{1}{|x|} \, \mathrm{d}x \right] \mathrm{d}u.$$

上式对 z 求导即得

$$f_{XY}(z) = \int_{-\infty}^{\infty} f\left(x, \frac{z}{x}\right) \frac{1}{|x|} \, \mathrm{d}x. \tag{2.7.7}$$

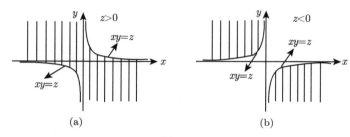

图 2.18

(iv) 与 (iii) 类似可得

$$f_{\frac{X}{Y}}(z) = \int_{-\infty}^{\infty} f(zy, y) |y| \, \mathrm{d}y. \tag{2.7.8}$$

下面特别讨论 $Z = X + Y$ 的情形. 由于 X, Y 对称,(2.7.5) 式也可写成

$$f_{X+Y}(z) = \int_{-\infty}^{\infty} f(z - y, y) \, \mathrm{d}y.$$

如果 X 与 Y 独立, 则 $f(x, y) = f_X(x) f_Y(y)$, 此时

$$f_{X+Y}(z) = \int_{-\infty}^{\infty} f_X(x) f_Y(z - x) \, \mathrm{d}x, \tag{2.7.9}$$

或者

$$f_{X+Y}(z) = \int_{-\infty}^{\infty} f_X(z - y) f_Y(y) \, \mathrm{d}y. \tag{2.7.10}$$

(2.7.9) 和 (2.7.10) 式右边的运算通常称为 f_X 与 f_Y 的卷积, 记作 $f_{X+Y} = f_X * f_Y$. 就是说, 当 X 与 Y 独立时, $Z = X + Y$ 的概率密度是 X 的概率密度 f_X 与 Y 的概率密度 f_Y 的卷积.

上面的几个公式用直观的语言读出来是很简单的, 例如 (2.7.9) 式可以读成 "$X + Y = z$ 的概率等于 $X = x$ 的概率乘以 $Y = z - x$ 的概率(即 $X = x$ 与

$Y = z - x$ 同时发生的概率) 对所有的 x 求和 $\left(\text{积分} \int \text{就是求和} S \text{拉长}\right)$."

例 2.7.7 设 X 服从 $(-1, 2)$ 上的均匀分布, Y 服从 $(0, 1)$ 上的均匀分布, X 与 Y 独立, 求 $Z = X + Y$ 的概率密度.

解 由条件知

$$f_X(x) = \begin{cases} \dfrac{1}{3}, & x \in (-1, 2), \\ 0, & \text{其他}. \end{cases} \qquad f_Y(y) = \begin{cases} 1, & y \in (0, 1), \\ 0, & \text{其他}. \end{cases}$$

由 (2.7.9) 式知 Z 的概率密度为

$$\begin{aligned} f_Z(z) &= \int_{-\infty}^{\infty} f_X(x) f_Y(z - x) \, \mathrm{d}x \quad (x \notin (-1, 2)\text{时} f_X(x) = 0) \\ &= \int_{-1}^{2} \frac{1}{3} f_Y(z - x) \, \mathrm{d}x \quad (\text{令} z - x = u) \\ &= \frac{1}{3} \int_{z-2}^{z+1} f_Y(u) \, \mathrm{d}u, \end{aligned}$$

注意积分区间是长度为 3 的含变量 z 的区间 $[z - 2, z + 1]$, 而被积函数 $f_Y(u)$ 当 $u \in (0, 1)$ 时为 1, 而 $u \notin (0, 1)$ 时为 0, 所以

当 $z + 1 < 0$ 时, $f_Y(u) = 0$, 故上式 $= \dfrac{1}{3} \int_{z-2}^{z+1} 0 \, \mathrm{d}u = 0$;

当 $0 < z + 1 < 1$ 时, $z - 2 < 0$, 故上式 $= \dfrac{1}{3} \int_{0}^{z+1} 1 \, \mathrm{d}u = \dfrac{1}{3}(z + 1)$;

当 $z + 1 > 1$ 而 $z - 2 < 0$ 时, 上式 $= \dfrac{1}{3} \int_{0}^{1} 1 \, \mathrm{d}u = \dfrac{1}{3}$;

当 $0 < z - 2 < 1$ 时, $z + 1 > 1$, 上式 $= \dfrac{1}{3} \int_{z-2}^{1} 1 \, \mathrm{d}u = \dfrac{1}{3}(3 - z)$;

当 $z - 2 > 1$ 时, $f(u) = 0$, 上式 $= \dfrac{1}{3} \int_{z-2}^{z+1} 0 \, \mathrm{d}u = 0$.

所以 Z 的概率密度为

$$f_Z(z) = \begin{cases} \dfrac{z}{3} + \dfrac{1}{3}, & -1 < z < 0, \\ \dfrac{1}{3}, & 0 < z < 2, \\ 1 - \dfrac{z}{3}, & 2 < z < 3, \\ 0, & \text{其他}. \end{cases}$$

其图形如图 2.19 所示.

读者还可用另一种方法求出 $f_Z(z) = \int_{-\infty}^{\infty} f_X(x) f_Y(z-x)\mathrm{d}x$. 注意被积函数当 $-1 < x < 2, 0 < z-x < 1$ 时为 $\frac{1}{3}$, 而上面不等式表示的区域如图 2.20 的阴影部分, 所以

$$
f_Z(z) = \begin{cases}
\int_{-1}^{z} \dfrac{1}{3}\,\mathrm{d}x, & -1 < z < 0, \\[2mm]
\int_{z-1}^{z} \dfrac{1}{3}\,\mathrm{d}x, & 0 < z < 2, \\[2mm]
\int_{z-1}^{2} \dfrac{1}{3}\,\mathrm{d}x, & 2 < z < 3, \\[2mm]
0, & \text{其他}.
\end{cases}
$$

上面第一种方法通过积分的变量替换把参数 z 转移到积分区间上去, 可以不用作图清楚地表示出参数 z 的不同的区间中 $f_Z(z)$ 的表达式; 而第二种方法, 通过作图同样解决了问题. 读者可通过用不同的思路解决问题, 提高自己解题的能力.

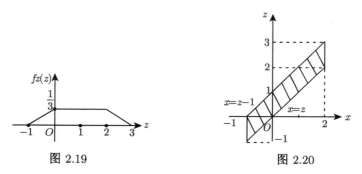

图 2.19　　　　　　　　　图 2.20

例 2.7.8　设 (X, Y) 的联合概率密度为

$$
f(x, y) = \begin{cases}
1, & 0 < x < 1,\ 0 < y < 2(1-x), \\
0, & \text{其他}.
\end{cases}
$$

求 $Z = X + Y$ 的概率密度.

解　我们可以先求出 Z 的分布函数 $F_Z(z)$, 再由 $F_Z'(z) = f_Z(z)$ 得出.

$$
F_Z(z) = P\{X + Y \leqslant z\} = \iint_{x+y \leqslant z} f(x, y)\,\mathrm{d}x\,\mathrm{d}y.
$$

由已知, (X, Y) 在图 2.21 中的阴影部分均匀分布, 对不同的 z 的值作 $x + y = z$, 可看出, 在求上面积分时, 应把 z 分为 $z < 0, 0 \leqslant z < 1, 1 \leqslant z < 2, z \geqslant 2$ 四种情形, 把上面积分化为累次积分来计算, 再求导得出 $f_Z(z)$ 来. 具体地, 读者可作为练习自己完成.

本例中通过求 $f_X(x), f_Y(y)$ 知, X, Y 不独立, 下面用 (2.7.5) 式直接求出 $f_Z(z)$. 由 (2.7.5) 式, 有

$$f_Z(z) = \int_{-\infty}^{\infty} f(x, z-x)\, \mathrm{d}x.$$

由 $f(x, y)$ 的定义, 被积函数当 $0 < x < 1, 0 < z-x < 2(1-x)$ 时为 1, 其他值都为 0, 上面不等式表示的区域为图 2.22 的阴影部分, 所以

$$f_Z(z) = \begin{cases} \displaystyle\int_0^z 1\, \mathrm{d}x = z, & 0 < z < 1, \\[2mm] \displaystyle\int_0^{2-z} 1\, \mathrm{d}x = 2-z, & 1 < z < 2, \\[2mm] 0, & \text{其他}. \end{cases}$$

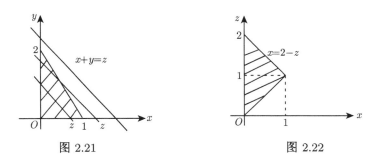

图 2.21   图 2.22

有兴趣的读者可以练习不用作图, 只根据不等式也能得出上面的结果.

例 2.7.9 设 $X \sim N(0,1), Y \sim N(0,1)$, 且 X 与 Y 独立, 求 $Z = X + Y$ 的概率密度.

解 由已知条件, 有

$$f_X(x) = \frac{1}{\sqrt{2\pi}} \exp\left\{-\frac{x^2}{2}\right\}, \quad f_Y(y) = \frac{1}{\sqrt{2\pi}} \exp\left\{-\frac{y^2}{2}\right\},$$

故

$$\begin{aligned} f_Z(z) &= \int_{-\infty}^{\infty} f_X(x) f_Y(z-x)\, \mathrm{d}x \\ &= \int_{-\infty}^{\infty} \frac{1}{\sqrt{2\pi}} \exp\left\{-\frac{x^2}{2}\right\} \cdot \frac{1}{\sqrt{2\pi}} \exp\left\{-\frac{(z-x)^2}{2}\right\} \mathrm{d}x \\ &= \int_{-\infty}^{\infty} \frac{1}{2\pi} \exp\left\{-\left(x - \frac{z}{2}\right)^2 - \frac{z^2}{4}\right\} \mathrm{d}x \quad \left(\text{令}\, x - \frac{z}{2} = \frac{u}{\sqrt{2}}\right) \\ &= \frac{1}{2\pi} \exp\left\{-\frac{z^2}{4}\right\} \int_{-\infty}^{\infty} \mathrm{e}^{-\frac{u^2}{2}}\, \frac{\mathrm{d}u}{\sqrt{2}} \end{aligned}$$

$$= \frac{1}{\sqrt{2\pi}\sqrt{2}} \exp\left\{-\frac{z^2}{2(\sqrt{2})^2}\right\},$$

即 $Z \sim N(0, (\sqrt{2})^2)$.

如果 $X \sim N(\mu_1, \sigma_1^2), Y \sim N(\mu_2, \sigma_2^2)$, 且 X 与 Y 独立, 类似地可推出 $Z = X + Y$ 服从 $N(\mu_1 + \mu_2, (\sqrt{\sigma_1^2 + \sigma_2^2})^2)$ 分布. 更一般地, 设 $X_1, X_2, \cdots, X_n$ 相互独立, $X_i \sim N(\mu_i, \sigma_i^2), i = 1, 2, \cdots, n$, Z 是 $X_1, X_2, \cdots, X_n$ 的线性组合, 即

$$Z = a_1 X_1 + a_2 X_2 + \cdots + a_n X_n + a_0, \quad a_0, a_1, \cdots, a_n$$

为常数, 则 Z 仍服从正态分布,

$$Z \sim N\left(a_0 + \sum_{j=1}^{n} a_j \mu_j, \left(\sqrt{\sum_{j=1}^{n} a_j^2 \sigma_j^2}\right)^2\right).$$

当 (X, Y) 是离散型随机向量时, 设 X 与 Y 独立, X, Y 的可能取值为 $0, 1, 2, \cdots$, $Z = X + Y$ 也只能取 $0, 1, 2, \cdots$. 其分布律为

$$\begin{aligned}
P\{Z = k\} &= P\{X + Y = k\} \\
&= P\left\{\bigcup_{i=0}^{k}\{X = i, Y = k - i\}\right\} \\
&= \sum_{i=0}^{k} P\{X = i, Y = k - i\} \\
&= \sum_{i=0}^{k} P\{X = i\}P\{Y = k - i\}, \quad k = 0, 1, 2, \cdots. \quad (2.7.11)
\end{aligned}$$

(2.7.11) 式称为离散型的卷积公式.

例 2.7.10　设 X 与 Y 分别服从参数为 λ_1, λ_2 的泊松分布, 且 X 与 Y 独立, 求 $Z = X + Y$ 的分布律.

解　由 (2.7.11) 式可知

$$\begin{aligned}
P\{Z = k\} &= \sum_{k=0}^{k} P\{X = i\}P\{Y = k - i\} \\
&= \sum_{i=0}^{k} \frac{\lambda_1^i \mathrm{e}^{-\lambda_1}}{i!} \cdot \frac{\lambda_2^{k-i} \mathrm{e}^{-\lambda_2}}{(k - i)!} \\
&= \frac{\mathrm{e}^{-(\lambda_1 + \lambda_2)}}{k!} \sum_{i=0}^{k} \frac{k!}{i!(k - i)!} \lambda_1^i \lambda_2^{k-i} \\
&= \frac{(\lambda_1 + \lambda_2)^k}{k!} \mathrm{e}^{-(\lambda_1 + \lambda_2)}, \quad k = 0, 1, \cdots.
\end{aligned}$$

此例说明, 若 $X \sim P(\lambda_1), Y \sim P(\lambda_2)$, X 与 Y 独立, 则

$$X + Y \sim P(\lambda_1 + \lambda_2).$$

设 C 为某类分布, 如服从该类分布的任意两个独立随机变量的和仍服从此类分布, 就称此类分布 C **具有可加性**(additivity). 例 2.7.9 说明正态分布具有可加性, 例 2.7.10 说明泊松分布具有可加性, 而例 2.7.7 说明均匀分布不具有可加性.

2.7.4 顺序统计量的分布及其应用

设 $X_1, X_2, \cdots, X_n$ 为 n 个相互独立的随机变量, 且有相同的分布函数 $F(x)$. X_1^* 为 $X_1, X_2, \cdots, X_n$ 中最小的, X_2^* 为 $X_1, X_2, \cdots, X_n$ 中第二小的, $\cdots$, X_j^* 为 $X_1, X_2, \cdots, X_n$ 中第 j 小的, X_n^* 为 $X_1, X_2, \cdots, X_n$ 中最大的, 则称 X_j^* 为 $X_1, X_2, \cdots, X_n$ 的第 j 个**顺序统计量**(order statistics)$(1 \leqslant j \leqslant n)$. 由此显然有

$$X_1^* \leqslant X_2^* \leqslant \cdots \leqslant X_n^*, \tag{2.7.12}$$

其中 $X_1^* = \min\{X_1, X_2, \cdots, X_n\}, X_n^* = \max\{X_1, X_2, \cdots, X_n\}$. 它们在科学和工程的实际问题中和非参数统计中都有重要的应用. 下面分别给出 X_n^*, X_1^* 及 (X_1^*, X_n^*) 的概率分布.

X_n^* 的分布函数为

$$\begin{aligned}
P\{X_n^* \leqslant x\} &= P\{\max(X_1, X_2, \cdots, X_n) \leqslant x\} \\
&= P\{X_1 \leqslant x, X_2 \leqslant x, \cdots, X_n \leqslant x\} \\
&= P\{X_1 \leqslant x\}P\{X_2 \leqslant x\} \cdots P\{X_n \leqslant x\} \\
&= (F(x))^n.
\end{aligned} \tag{2.7.13}$$

X_1^* 的分布函数为 $P\{X_1^* \leqslant x\} = 1 - P\{X_1^* > x\}$, 但

$$\begin{aligned}
P\{X_1^* > x\} &= P\{\min(X_1, X_2, \cdots, X_n) > x\} \\
&= P\{X_1 > x, X_2 > x, \cdots, X_n > x\} \\
&= P\{X_1 > x\}P\{X_2 > x\} \cdots P\{X_n > x\} \\
&= (1 - F(x))^n,
\end{aligned}$$

所以

$$P\{X_1^* \leqslant x\} = 1 - (1 - F(x))^n. \tag{2.7.14}$$

(X_1^*, X_n^*) 的分布函数记为 $G(x, y) = P\{X_1^* \leqslant x, X_n^* \leqslant y\}$, 若 $x > y$, 则

$$\begin{aligned}
G(x, y) &= P\{X_1^* \leqslant x, X_n^* \leqslant y\} \\
&= P\{X_n^* \leqslant y\} \\
&= (F(y))^n,
\end{aligned}$$

若 $x \leqslant y$, 则

$$
\begin{aligned}
G(x,y) &= P\{X_1^* \leqslant x, X_n^* \leqslant y\} \\
&= P\{X_n^* \leqslant y\} - P\{X_1^* > x, X_n^* \leqslant y\} \\
&= (F(y))^n - (F(y) - F(x))^n,
\end{aligned}
$$

故 $\{X_1^*, X_n^*\}$ 的联合概率密度为

$$
g(x,y) = \begin{cases} 0, & x > y, \\ n(n-1)(F(y) - F(x))^{n-2}f(x)f(y), & x \leqslant y, \end{cases} \tag{2.7.15}
$$

其中 $f(x) = F'(x)$.

例 2.7.11   某系统由 n 个独立的元件连接而成, 其寿命分别为 $X_1, X_2, \cdots, X_n$, 且均服从参数为 λ 的指数分布,

$$
f(x) = \begin{cases} \lambda \mathrm{e}^{-\lambda x}, & x > 0, \\ 0, & x \leqslant 0. \end{cases}
$$

试求在 (i) n 个元件串联; (ii) n 个元件并联的连接方式下系统寿命的概率密度.

解   (i) 串联情形, 这时 n 个元件中有一个失效系统就失效, 此时系统的寿命

$$
X = \min\{X_1, X_2, \cdots, X_n\}.
$$

由 (2.7.14) 式知其分布函数为

$$
F_X(x) = 1 - (1 - F(x))^n,
$$

其中 $F(x)$ 是参数为 λ 的指数分布的分布函数, 故

$$
F(x) = \begin{cases} 1 - \mathrm{e}^{-\lambda x}, & x > 0, \\ 0, & x \leqslant 0. \end{cases}
$$

所以

$$
F_X(x) = \begin{cases} 1 - \mathrm{e}^{-n\lambda x}, & x > 0, \\ 0, & x \leqslant 0, \end{cases}
$$

$$
f_X(x) = \begin{cases} n\lambda \mathrm{e}^{-n\lambda x}, & x > 0, \\ 0, & x \leqslant 0. \end{cases} \tag{2.7.16}
$$

(ii) 并联情形. 这时 n 个元件中寿命最长的那个失效系统才失效, 故系统寿命为

$$
X = \max\{X_1, X_2, \cdots, X_n\}.
$$

由 (2.7.13) 式有

$$F_X(x) = (F(x))^n,$$

所以,

$$f_X(x) = n \cdot f(x)(F(x))^{n-1} = \begin{cases} n\lambda e^{-\lambda x}(1 - e^{-\lambda})^{n-1}, & x > 0, \\ 0, & x \leqslant 0. \end{cases} \qquad (2.7.17)$$

习 题 2

1. 袋中有 10 个球, 其中两个球上标有数字 0, 三个球上标有数字 1, 四个球上标有数字 2, 一个球上标有数字 3. 从袋中任取一球, X 表示取出球上的数字, 求 X 的分布律和分布函数.

2. 随机变量 X 所有可能取的值为 $1, 2, \cdots, n$, 已知 $P\{X = k\}$ 与 k 成正比, 即 $P\{X = k\} = ak, k = 1, 2, \cdots, n$, 求常数 a 的值.

3. 袋中有 5 个球, 编号为 1,2,3,4,5. 从袋中一次取出 3 个球, 这 3 个球中的最大号码为 X, 试求 X 的分布律.

4. A, B 两校进行围棋对抗赛, 每校出三名队员, A 校队员是 A_1, A_2, A_3, B 校队员为 B_1, B_2, B_3. 根据以往多次比赛的统计对阵队员之间的胜负概率如下:

对阵队员	A 校队员胜的概率	A 校队员负的概率
A_1 对 B_1	$\dfrac{2}{3}$	$\dfrac{1}{3}$
A_2 对 B_2	$\dfrac{2}{5}$	$\dfrac{3}{5}$
A_3 对 B_3	$\dfrac{2}{5}$	$\dfrac{3}{5}$

按表中对阵方式出场, 每场胜队得 1 分, 负队得 0 分, 各场比赛相互独立. 若 A 校、B 校最后所得总分分别为 X, Y, 试求 X 和 Y 的分布律.

5. 进行重复独立试验, 设每次试验成功的概率为 $\dfrac{3}{4}$, 失败的概率为 $\dfrac{1}{4}$, 用 X 表示试验首次成功所需的试验次数, 试求 X 的分布律, 并求 X 取奇数的概率.

6. 随机变量 X 的分布律为

(i) $P\{X = k\} = a\dfrac{\lambda^k}{k!}, k = 1, 2, \cdots, \lambda$ 为正常数;

(ii) $P\{X = k\} = \dfrac{a}{N}, k = 1, 2, \cdots, N,$

试确定常数 a 的值.

7. 一个系统由 n 个相同的元件组成, 每个元件的可靠性都是 $p\,(0 < p < 1)$, 假设 n 个元件工作状态相互独立, 且其中至少有 k 个元件正常工作时系统才能正常工作, 求系统的可靠性.

8. 设随机变量 X 服从二项分布 $B(n, p)$, 求使概率 $P\{X = k\}$ 最大的 k 值 (称为二项分布的最可能值).

(提示: 根据 $\dfrac{P\{X=k\}}{P\{X=k-1\}}$ 大于 1 或小于 1, 确定 k 在什么范围使 $P\{X=k\}$ 关于 k 递增或递减.)

9. 某地块岩层上有一 10 米深土层, 石块随机分布在土层内. 建房时设计的桩群要打到岩层. 设土层可以分为 5 个独立层, 每层 2 米深. 打桩时每一 2 米层内碰到一块石头的概率为 0.1(碰到两块或更多石块的概率忽略不计).

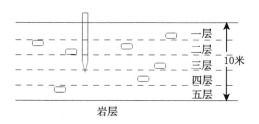

(i) 一根桩成功地打进岩层而未碰到任何石块的概率多大?

(ii) 打进岩层时一根桩最多碰到一块石块的概率多大?

(iii) 打到岩层时一根桩恰有两次碰到石块的概率多大?

(iv) 一根桩一直打到第四层才第一次碰到石块的概率有多大?

(v) 假设一座房屋的基础要求有一组 9 根这样的桩打到岩层, 各桩打入情况独立, 问打桩时不碰到石块的概率有多大?

10. 某电路需用 12 只精密电阻, 设该电阻的合格率为 0.9, 问至少要购买几只才能以 99.5% 的概率保证其中合格的电阻不少于 12 只?

11. 9 人同时向同一目标射击一次, 如每人射击击中目标的概率均为 0.3, 各人射击是相互独立的, 求有两人以上击中目标的概率和最可能击中目标的人数 (见第 8 题).

12. 某车间有 10 台同类型的机床, 每台机床开工时耗电 1 千瓦, 但由于换刀具、量尺寸等原因每台机床实际开工率仅为 0.2, 各机床工作情况相互独立. 若因电力紧张只能为该车间提供 5 千瓦电力给这 10 台机床, 试求这 10 台机床能够正常工作的概率多大.

13. 已知某种昆虫产 k 个卵的概率为 $\dfrac{\lambda^k e^{-\lambda}}{k!}$, $k=0,1,\cdots$, 而一个卵孵化成昆虫的概率为 p, 设各个卵孵化成昆虫是相互独立的, 试求一只昆虫恰有 l 只后代的概率.

14. 设 X 服从泊松分布, 已知 $P\{X=1\}=P\{X=2\}$, 求 $P\{X=4\}$.

15. 某电话交换台每分钟接到的呼叫次数服从参数为 4 的泊松分布, 求

(i) 每分钟恰有 8 次呼叫的概率;

(ii) 每分钟的呼叫次数大于 10 的概率.

16. 某商店出售某种高档商品, 根据以往经验, 每月需求量 $X \sim P(3)$, 问月初进货时要库存多少件这种商品, 才能以 99% 以上的概率满足顾客的要求.

17. 某厂生产的产品中次品率为 0.005, 任意取出 1000 件, 试求:

(i) 其中至少有 2 件次品的概率;

(ii) 其中有不超过 5 件次品的概率;

(iii) 能以 90% 以上的概率保证次品件数不超过多少件?

用泊松定理计算.

18. 离散型随机变量 X 的分布函数为

$$
F(x) = \begin{cases} 0, & x < 2, \\ \dfrac{1}{8}, & 2 \leqslant x < 4, \\ \dfrac{3}{8}, & 4 \leqslant x < 6, \\ 1, & x \geqslant 6. \end{cases}
$$

试写出 X 的分布律, 并求 $P\{X > 2\}, P\{2 < X < 6\}, P\{2 \leqslant X < 6\}$.

19. 钢缆由许多细钢丝组成, 当钢缆超负荷时一根钢丝断掉的概率为 0.05. 如果断掉 3 根钢丝就必须更换钢缆. 试求钢缆在更换之前至少能承受 5 次超负荷的概率.

(提示: 至少承受 5 次超负荷意味着第 3 根钢丝的断掉必须发生在第六次超负荷或在第六次超负荷之后. 利用式 (2.2.11).)

20. 连续型随机变量 X 的分布函数为

$$
F(x) = \begin{cases} 0, & x \leqslant -a, \\ A + B \arcsin \dfrac{x}{a}, & -a < x < a, \\ 1, & x \geqslant a, \end{cases}
$$

其中 a 为正常数, 求

(i) 常数 A 和 B;

(ii) $P\left\{-\dfrac{a}{2} < X < \dfrac{a}{2}\right\}$;

(iii) X 的概率密度.

21. 设随机变量 X 的概率密度为

$$
f(x) = \begin{cases} cx^2, & 1 \leqslant x \leqslant 2, \\ cx, & 2 < x \leqslant 3, \\ 0, & \text{其他}. \end{cases}
$$

试确定常数 c, 并求 X 的分布函数.

22. 随机变量 X 的概率密度函数为

$$
f(x) = \begin{cases} 0, & x < 0, \\ x, & 0 \leqslant x < 1, \\ \dfrac{1}{x^3}, & x \geqslant 1. \end{cases}
$$

求 X 的分布函数和 $P\left\{\dfrac{1}{2} < X < 2\right\}$.

23. 随机变量 X 的概率密度为

$$f(x) = \frac{1}{2}\mathrm{e}^{-|x|}, \quad x \in (-\infty, \infty).$$

求 X 的分布函数和 $P\{-1 < X < 1\}$.

24. 某种元件寿命 X(单位: 小时) 服从参数为 $\lambda = \dfrac{1}{300}$ 的指数分布. 现有 4 个这种元件各自独立的工作, 以 Y 表示这 4 个元件中寿命不超过 600 小时的元件个数.

(i) 写出 Y 的分布律;

(ii) 求至少有 3 个元件的寿命超过 600 小时的概率.

25. 某影院从下午 2:00 开始每半小时开演一部纪录片, 某人在 4:00 到 5:00 之间等可能到达影院. 试求他最多等待 10 分钟就能看到一部影片开演的概率.

26. (i) 设 $X \sim N(0.5, 4)$, 若 $P\{X > 0.5 - 2k\} = 0.95$, 求 k;

(ii) 设 $X \sim N(160, \sigma^2)$, 求使得 $P\{120 < X < 200\} \geqslant 0.86$ 成立最大的 σ;

(iii) 设 $X \sim N(3, 4)$, 求使得 $P\{a < X < 5\} = 0.5328$ 成立的 a.

27. 某厂生产的电阻值服从 $N(10.05, 0.06^2)$ 分布 (单位: Ω), 规定电阻值在 $10.05 \pm 0.12\Omega$ 内为合格品, 求任意取一个电阻为不合格品的概率.

28. 某元件寿命 X(单位: 千小时) 的概率密度为

$$f(x) = \begin{cases} cx\mathrm{e}^{-x^2}, & x > 0 \\ 0, & x \leqslant 0. \end{cases}$$

(i) 求常数 c 的值;

(ii) 求一个元件能正常使用 1 千小时以上的概率;

(iii) 若一个元件已经正常使用 1 千小时, 求它还能使用 1 千小时的概率.

29. 乘客在车站排队买票等待的时间 X(单位: 分钟) 服从参数为 0.2 的指数分布. 若等待时间超过 10 分钟, 他就离开. 该乘客每个月要到车站 5 次, 用 Y 表示一个月内他未买票而离开窗口的次数, 写出 Y 的分布律, 并求他一个月不少于 1 次未买票而离开的概率.

30. 设 X 是 $[-2, 5]$ 上的均匀分布随机变量, 求关于 u 的二次方程

$$4u^2 + 4Xu + X + 2 = 0$$

有实根的概率.

31. 袋中有编号为 1,2,3,4,5 的 5 只球, 从袋中同时取出 3 只球, 以 X 表示取出的 3 只球的最大号码, Y 表示取出的 3 只球中最小的号码, 求 (X, Y) 的联合分布律和 $P\{X - Y > 2\}$.

32. 设 X 的分布律为

X	1	2	3
P_X	$\dfrac{1}{3}$	$\dfrac{1}{3}$	$\dfrac{1}{3}$

而 Y 与 X 独立且分布律与 X 相同, 若 $U = \max\{X, Y\}$, $V = \min\{X, Y\}$, 试求 (U, V) 的联合分布律.

33. 设随机变量 Z 服从参数 $\lambda = 1$ 的指数分布, 定义随机变量

$$X = \left\{ \begin{array}{ll} 0, & Z \leqslant 1, \\ 1, & Z > 1, \end{array} \right. \qquad Y = \left\{ \begin{array}{ll} 0, & Z \leqslant 2, \\ 1, & Z > 2. \end{array} \right.$$

求 (X, Y) 的联合分布律.

34. 5 件同类产品装在甲、乙两个盒中, 甲盒装 2 件, 乙盒装 3 件, 每件产品是合格品的概率都是 0.4, 现随机地取出一盒, 以 X 表示取得的产品数, Y 表示取得的合格品数, 写出 (X, Y) 的联合分布律, 并写出边缘分布律.

35. 设 (X, Y) 的概率密度为

$$f(x, y) = \left\{ \begin{array}{ll} kx^2 + \dfrac{xy}{3}, & 0 \leqslant x \leqslant 1, 0 \leqslant y \leqslant 2, \\ 0, & \text{其他}. \end{array} \right.$$

求常数 k 的值及 $P\{X + Y \geqslant 1\}$.

36. 设 (X, Y) 的概率密度为

$$f(x, y) = \left\{ \begin{array}{ll} k\mathrm{e}^{-(3x+4y)}, & x > 0, \ y > 0, \\ 0, & \text{其他}. \end{array} \right.$$

(i) 求常数 k 的值; (ii) 求 (X, Y) 的联合分布函数; (iii) 求 $P\{0 < X \leqslant 1, 1 < Y < 2\}$.

37. 设 (X, Y) 的分布函数为

$$F(x, y) = \left\{ \begin{array}{ll} 1 - \mathrm{e}^{-x} - x\mathrm{e}^{-y}, & y \geqslant x > 0, \\ 1 - \mathrm{e}^{-y} - y\mathrm{e}^{-y}, & x > y > 0, \\ 0, & \text{其他}. \end{array} \right.$$

(i) 求边缘分布函数 $F_X(x), F_Y(y)$; (ii) 求 (X, Y) 的联合概率密度.

38. 设 (X, Y) 在由直线 $y = x$ 和曲线 $y = x^2 (x \geqslant 0)$ 所围区域 G 上服从均匀分布, 求 (X, Y) 的概率密度及边缘概率密度.

39. 设 (X, Y) 的概率密度为

$$f(x, y) = \left\{ \begin{array}{ll} x, & 0 \leqslant x \leqslant 2, \ \max\{0, x-1\} \leqslant y \leqslant \min\{1, x\}, \\ 0, & \text{其他}. \end{array} \right.$$

求 (X, Y) 边缘概率密度.

40. 以 X 计某医院一天出生的婴儿数, 以 Y 记其中男婴个数. 设 (X, Y) 的联合分布律为

$$P\{X = n, Y = m\} = \frac{\mathrm{e}^{-14}(7.14)^m (6.86)^{n-m}}{m!(n-m)!},$$
$$n = 0, 1, 2, \cdots, \quad m = 0, 1, \cdots, n.$$

(i) 求边缘分布律 $P\{X = n\}, n = 0, 1, \cdots$ 和 $P\{Y = m\}, m = 0, 1, \cdots$;

(ii) 求条件分布律 $P\{X = n | Y = m\}, n = m, m+1, \cdots$ 和 $P\{Y = m | X = n\}, m = 0, 1, \cdots, n$.

41. 设 (X,Y) 在圆 $x^2+y^2 \leqslant R^2$ 上服从均匀分布, 求边缘概率密度 $f_X(x), f_Y(y)$ 及条件概率密度 $f_Y(y|x)$.

42. 设 $X \sim N(0,1)$, 对任意实数 x, 在 $X=x$ 的条件下, Y 的条件分布为 $N(3+1.6x,(1.2)^2)$, 求 (X,Y) 的联合概率密度.

43. 设 (X,Y) 的联合概率密度为

$$f(x,y) = \begin{cases} \dfrac{1}{2x^2 y}, & 1 \leqslant x < \infty, \quad \dfrac{1}{x} < y < x, \\ 0, & \text{其他}. \end{cases}$$

求边缘概率密度 $f_X(x), f_Y(y)$ 及条件概率密度 $f_X(x|y), f_Y(y|x)$.

44. 设 (X,Y) 的联合分布函数为

$$F(x,y) = \begin{cases} 1 - e^{-0.5x} - e^{-0.5y} + e^{-0.5(x+y)}, & x \geqslant 0, y \geqslant 0, \\ 0, & \text{其他}. \end{cases}$$

(i) 试问 X,Y 是否独立? 证明你的结论;

(ii) 求 $P\{X>100, Y>100\}$.

45. 设 (X,Y,Z) 的概率密度为

$$f(x,y,z) = \begin{cases} \dfrac{1}{8\pi^3}(1-\sin x \sin y \sin z), & 0 \leqslant x,y,z \leqslant 2\pi, \\ 0, & \text{其他}. \end{cases}$$

证明 X,Y,Z 两两独立, 但不相互独立.

46. 设 X,Y 分别表示甲、乙两个元件的寿命 (单位: 千小时), 其概率密度分别为

$$f_X(x) = \begin{cases} e^{-x}, & x>0 \\ 0, & x \leqslant 0, \end{cases} \qquad f_Y(y) = \begin{cases} 2e^{-2y}, & y>0 \\ 0, & y \leqslant 0, \end{cases}$$

若 X 与 Y 独立, 两个元件同时开始使用, 求甲比乙先坏的概率.

47. 已知 X 与 Y 独立, X 在 $(0,0.2)$ 上服从均匀分布, Y 服从参数为 $\lambda=5$ 的指数分布.

(i) 求 (X,Y) 的联合概率密度;

(ii) 求 $P\{Y \leqslant X\}$.

48. 设 X 的分布律为

X	-2	-1	0	1	3
P_X	$\dfrac{1}{5}$	$\dfrac{1}{6}$	$\dfrac{1}{5}$	$\dfrac{1}{15}$	$\dfrac{11}{30}$

求 $Y = X^2$ 的分布律.

49. 由统计物理知分子运动速度的绝对值 X 服从麦克斯韦 (Maxwell) 分布, 其概率密度为

$$f(x) = \begin{cases} \dfrac{4x^2}{a^3\sqrt{\pi}} e^{-\frac{x^2}{a^2}}, & x>0, \\ 0, & x \leqslant 0, \end{cases}$$

其中 $a > 0$ 为常数, 求分子动能 $Y = \frac{1}{2}mX^2$ (m 为分子质量, 是常数) 的概率密度.

50. 设 $X \sim N(0,1)$. 求

(i) $Y = X^2$; (ii) $Y = \mathrm{e}^X$; (iii) $Y = \sqrt{|X|}$ 的概率密度.

51. 设 X 的概率密度为

$$f(x) = \begin{cases} \frac{3}{8}x^2, & 0 < x < 2, \\ 0, & \text{其他}. \end{cases}$$

求 $Y = (X - 1)^2$ 的概率密度.

52. 设 X 服从柯西分布

$$f(x) = \frac{1}{\pi(1 + x^2)}, \quad -\infty < x < \infty.$$

求 $Y = 1 - X^3$ 的概率密度.

53. 设随机变量 X 的分布函数 $F(x)$ 是严格单调的连续函数, 试证 $Y = F(X)$ 服从 $(0,1)$ 上的均匀分布.

54. 设 X 的概率密度为

$$f(x) = \begin{cases} \frac{2}{3\pi}, & -\frac{\pi}{2} < x < \pi, \\ 0, & \text{其他}, \end{cases}$$

求 $Y = \cos X$ 的概率密度.

55. 设 X 与 Y 独立, 其概率密度分别为

(i) $f_X(x) = \begin{cases} 1, & 0 \leqslant x \leqslant 1, \\ 0, & \text{其他}, \end{cases}$ $f_Y(y) = \begin{cases} \mathrm{e}^{-y}, & y > 0, \\ 0, & y \leqslant 0; \end{cases}$

(ii) X 与 Y 均服从 $(-1,1)$ 上的均匀分布;

(iii) $f_X(x) = \begin{cases} \mathrm{e}^{-x}, & x > 0, \\ 0, & x \leqslant 0, \end{cases}$ $f_Y(y) = \begin{cases} 2y, & 0 < y \leqslant 1, \\ 0, & \text{其他}; \end{cases}$

(iv) $f_X(x) = \begin{cases} \frac{10 - x}{50}, & 0 < x < 10, \\ 0, & \text{其他}, \end{cases}$ Y 与 X 同分布.

试求 $Z = X + Y$ 的概率密度.

56. 设 X, Y 独立, 其概率密度分别为 $f_X(x), f_Y(y)$. 证明 $Z = aX + bY$ 的概率密度为

$$f_Z(z) = \int_{-\infty}^{\infty} f_X\left(\frac{x}{a}\right) f_Y\left(\frac{z - x}{b}\right) \frac{1}{|a||b|} \,\mathrm{d}x,$$

其中 a, b 为非零常数.

57. 设 X, Y 都在 $(-1,1)$ 上服从均匀分布, 且相互独立. 求 $Z = 3X - 2Y$ 的概率密度.

58. 设 X, Y 独立, X 在 $(0,4)$ 上服从均匀分布, Y 的概率密度为

$$f_Y(y) = \begin{cases} \mathrm{e}^{-y}, & y > 0, \\ 0, & y \leqslant 0. \end{cases}$$

求 $Z = X + 2Y$ 的分布函数.

59. 设 X 的分布律为

X	0	1	3
P_X	$\dfrac{1}{6}$	$\dfrac{2}{6}$	$\dfrac{3}{6}$

随机变量 Y 与 X 的分布律相同且与 X 独立.

(i) 求 $Z = X + Y$ 的分布律;

(ii) 求 $M = \max\{X, Y\}$ 的分布律;

(iii) 求 $N = \min\{X, Y\}$ 的分布律.

60. 设 X 的概率密度为

$$f(x) = \begin{cases} \mathrm{e}^{-x}, & x > 0, \\ 0, & x \leqslant 0. \end{cases}$$

试求 $Y = \min\{X, 2\}$ 的分布函数.

61. 设随机变量 X_1, X_2, X_3 相互独立, 都服从 $B(1, p)$ 分布, 即

$$P\{X_1 = k\} = p^k (1-p)^{1-k}, \quad k = 0, 1.$$

(i) 求 $Y = X_1 + X_2$ 的分布律;

(ii) 求 $Z = X_1 + X_2 + X_3$ 的分布律.

62. 设 $X \sim B(m, p), Y \sim B(n, p), X$ 与 Y 独立, 证明 $X + Y \sim B(m + n, p)$.

63. 设 (X, Y) 在矩形 $G = \{(x, y) : 0 \leqslant x \leqslant 2, 0 \leqslant y \leqslant 1\}$ 上服从均匀分布, 试求边长为 X 和 Y 的矩形面积 S 的概率密度.

64. 设 X 与 Y 独立, X 服从 $(1,3)$ 上的均匀分布, Y 的概率密度为

$$f_Y(y) = \begin{cases} \mathrm{e}^{-(y-2)}, & y > 2, \\ 0, & y \leqslant 2. \end{cases}$$

求 $Z = \dfrac{X}{Y}$ 的概率密度.

65. 系统由 5 个元件串联而成, 5 个元件的寿命分别为 X_1, X_2, X_3, X_4, X_5, 它们相互独立, 且都服从参数 $\lambda = \dfrac{1}{2000}$ 的指数分布. 求系统寿命大于 1000 的概率.

66. 设 X, Y 独立, 且都服从几何分布, 即

$$P\{X = k\} = p\, q^k, \quad k = 0, 1, \cdots, p > 0, \quad p + q = 1.$$

(i) 试求 $Z = X + Y$ 的分布律;

(ii) 求条件分布律 $P\{X = k | Z = n\}, k = 0, 1, \cdots, n$;

(iii) 求 $M = \max\{X, Y\}$ 和 $N = \min\{X, Y\}$ 的分布律.

67. 一条信息 10 时独立地通过 3 条信道自 A 传送到 B, 设这 3 条信道传送时间的概率密度分别为 $f_1(t), f_2(t), f_3(t), t \in [0, \infty)$, 求信息最先到达 B 的时间的概率密度.

68. 系统由独立的 3 个元件组成, 起初由一个元件工作, 其余 2 个做冷贮备, 在贮备期元件不失效, 即当工作元件失效时, 贮备的元件逐个地自动替换. 若 3 个元件的寿命 X_1, X_2, X_3 均服从参数为 λ 的指数分布, 求系统寿命的概率密度.

69. 一个系统由两个元件和一个转换开关组成, 两个元件的寿命 X_1, X_2 和转换开关的寿命 Y 分别服从参数为 λ_1, λ_2, 和 μ 的指数分布. 开始时元件 1 工作, 元件 2 作冷贮备, 当部件 1 失效时, 若转换开关已失效, 则系统失效; 若转换开关未失效, 则部件 2 立即接替部件 1 的工作, 直到部件 2 失效, 系统失效. 若 X_1, X_2, Y 相互独立, 求系统寿命的分布函数.

70. 填空题

(i) 设随机变量 X 的分布函数

$$F(x) = P\{X \leqslant x\} = \begin{cases} 0, & x < -1, \\ 0.4, & -1 \leqslant x < 1, \\ 0.8, & 1 \leqslant x < 3, \\ 1, & x \geqslant 3, \end{cases}$$

则 X 的分布律为_____.

(ii) 设随机变量 X 服从正态分布 $N(\mu, \sigma^2)$, 且二次方程 $y^2 + 4y + x = 0$ 无实根的概率为 $\frac{1}{2}$, 则 $\mu = $_____.

(iii) 设随机变量 X 服从正态分布 $N(2, \sigma^2)$, 且 $P\{2 < X < 4\} = 0.3$, 则 $P\{X < 0\} = $_____.

(iv) 设 X, Y 为随机变量, 且 $P\{X \geqslant 0, Y \geqslant 0\} = \frac{3}{7}$, $P\{X \geqslant 0\} = P\{Y \geqslant 0\} = \frac{4}{7}$, 则 $P\{\max(X, Y) \geqslant 0\} = $_____.

(v) 设 D 是由曲线 $y = \frac{1}{x}$ 与直线 $y = 0, x = 1, x = e^2$ 围成的平面区域, 二维随机变量 (X, Y) 在区域 D 上服从均匀分布, 则 (X, Y) 关于 X 的边缘概率密度在 $x = 2$ 处的值为_____.

(vi) 从数 1, 2, 3, 4 中任取一个数, 记为 X, 再从 $1, 2, \cdots, X$ 中任取一个数, 记为 Y, 则 $P\{Y = 2\} = $_____.

(vii) 设随机变量 X 的概率密度函数为

$$f(x) = \begin{cases} 2x, & 0 < x < 1, \\ 0, & \text{其他}. \end{cases}$$

对 X 进行 n 次独立重复观测, G_n 表示观测值不大于 0.1 的次数, 则 $P\{G_n = 2\} = $_____.

(viii) 设随机变量 X 和 Y 的联合分布函数为

$$F(x, y) = \begin{cases} 0, & \min(x, y) < 0, \\ \min(x, y), & 0 \leqslant \min(x, y) < 1, \\ 1, & \min(x, y) \geqslant 1, \end{cases}$$

则随机变量 X 的分布函数 $F_X(x) = $_____.

71. 选择题

(i) 设 X 服从正态分布 $N(\mu, \sigma^2)$, 则随 σ 的增大, 概率 $P\{|X - \mu| < \sigma\}$ (　　).

    (A) 单调增大　　　　　　　　　　　　(B) 单调减小

    (C) 保持不变　　　　　　　　　　　　(D) 增减不定

(ii) 设 $F_1(x)$ 与 $F_2(x)$ 分别为随机变量 X_1 与 X_2 的分布函数, 为使 $F(x) = aF_1(x) - bF_2(x)$ 是某一随机变量的分布函数, 应取 (　　).

    (A) $a = \frac{3}{5}, b = -\frac{2}{5}$　　　　　　　　　　(B) $a = \frac{2}{3}, b = \frac{2}{3}$

    (C) $a = -\frac{1}{2}, b = \frac{3}{2}$　　　　　　　　　(D) $a = \frac{1}{2}, b = -\frac{3}{2}$

(iii) 设随机变量 X 的概率密度为 $\varphi(x)$, 且 $\varphi(x) = \varphi(-x)$, $F(x)$ 是 X 的分布函数, 则对任意实数 a 有 (　　).

    (A) $F(-a) = 1 - \int_0^a \varphi(x)\mathrm{d}x$　　　　　(B) $F(-a) = \frac{1}{2} - \int_0^a \varphi(x)\mathrm{d}x$

    (C) $F(-a) = F(a)$　　　　　　　　　　(D) $F(-a) = 2F(a) - 1$

(iv) 设随机变量 X 服从正态分布 $N(\mu, 4^2)$, 随机变量 Y 服从正态分布 $N(\mu, 5^2)$, 记 $p_1 = P\{X \leqslant \mu - 4\}, P\{Y \geqslant \mu + 5\}$, 则下列命题正确的是 (　　).

    (A) 对任何实数 μ, 都有 $p_1 = p_2$

    (B) 对任何实数 μ, 都有 $p_1 < p_2$

    (C) 只对 μ 的个别值, 才有 $p_1 = p_2$

    (D) 对任何实数 μ, 都有 $p_1 > p_2$

(v) 设随机变量 X 服从正态分布 $N(\mu_1, \sigma_1^2)$, Y 服从正态分布 $N(\mu_2, \sigma_2^2)$, 且 $P\{|X - \mu_1| < 1\} > P\{|Y - \mu_2| < 1\}$, 则必有 (　　).

    (A) $\sigma_1 < \sigma_2$　　　　(B) $\sigma_1 > \sigma_2$　　　　(C) $\mu_1 < \mu_2$　　　　(D) $\mu_1 > \mu_2$

(vi) 设两个相互独立的随机变量 X 和 Y 分别服从正态分布 $N(0, 1)$ 和 $N(1, 1)$, 则下列结论正确的是 (　　).

    (A) $P\{X + Y \leqslant 0\} = \frac{1}{2}$　　　　　　　　(B) $P\{X + Y \leqslant 1\} = \frac{1}{2}$

    (C) $P\{X - Y \leqslant 0\} = \frac{1}{2}$　　　　　　　　(D) $P\{X - Y \leqslant 1\} = \frac{1}{2}$

(vii) 设两个随机变量 X 与 Y 相互独立且同分布: $P\{X = -1\} = P\{Y = -1\} = \frac{1}{2}$, $P\{X = 1\} = P\{Y = 1\} = \frac{1}{2}$, 则下列各式中成立的是 (　　).

    (A) $P\{X = Y\} = \frac{1}{2}$　　　　　　　　　(B) $P\{X = Y\} = 1$

    (C) $P\{X + Y = 0\} = \frac{1}{4}$　　　　　　　(D) $P\{XY = 1\} = \frac{1}{4}$

(viii) 某人向同一目标独立重复射击, 每次射击命中目标的概率为 $p(0 < p < 1)$, 则此人第 4 次射击恰好第 2 次命中目标的概率为 (　　).

    (A) $3p(1 - p)^2$　　　　　　　　　　(B) $6p(1 - p)^2$

(C) $3p^2(1-p)^2$ (D) $6p^2(1-p)^2$

(ix) 设随机变量 (X,Y) 服从二维正态分布, 且 X 与 Y 不相关, $f_X(x), f_X(y)$ 分别表示 X, Y 的概率密度, 则在 $Y = y$ 的条件下, X 的条件概率密度 $f_{X|Y}(x|y)$ 为 ( ).

(A) $f_X(x)$ (B) $f_Y(y)$ (C) $f_X(x)f_Y(y)$ (D) $\dfrac{f_X(x)}{f_Y(y)}$

(x) 设随机变量 $X \sim N(0,1)$, Y 的概率分布为 $P\{Y=0\} = P\{Y=1\} = \frac{1}{2}$, X 与 Y 相互独立. 记 $F_Z(z)$ 为随机变量 $Z = XY$ 的分布函数, 则 $F_Z(z)$ 的间断点个数为 ( ).

(A) 0   (B) 1   (C) 2   (D) 3

(xi) 设 X_1 和 X_2 是任意两个相互独立的连续型随机变量, 它们的概率密度分别为 $f_1(x)$ 和 $f_2(x)$, 分布函数分别为 $F_1(x)$ 和 $F_2(x)$, 则下列命题正确的是 ( ).

(A) $f_1(x) + f_2(x)$ 必为某一随机变量的概率密度

(B) $F_1(x)F_2(x)$ 必为某一随机变量的分布函数

(C) $F_1(x) + F_2(x)$ 必为某一随机变量的分布函数

(D) $f_1(x)f_2(x)$ 必为某一随机变量的概率密度

第3章 随机变量的数字特征

第 2 章我们看到分布函数可以完整地刻画随机变量的概率性质, 然而在很多实际问题中常常并不需要知道随机变量 X 的一切概率特性, 而只需了解它的某一性质就够了. 比如分析一批显像管的质量时, 常常只需了解显像管的平均寿命. 也就是显像管寿命这个随机变量 X 的平均值. 这个数就是随机变量的一个数字特征, 它也可以粗略地刻画随机变量的特征. 另一方面, 有时很难精确地求出 X 的分布函数 $F(x)$, 所以不得已退而求其次, 求出 X 的某些数字特征来刻画 X.

数字特征一般由 X 的分布函数 $F(x)$ 来确定, 它是对 $F(x)$ 进行某种运算得到的. 因此我们可以引进任意多个数字特征, 只需引进对 $F(x)$ 的多种运算, 问题在于哪些数字特征才有理论的或实际的意义. 通常, 重要的是反映随机变量 X 的下列性质的数字特征.

(i) X 的集中位置 $X(\omega)$ 取值依赖于样本点 ω, 不同的试验结果 ω, $X(\omega)$ 的值可能不同, 所以我们希望知道大多数的 $X(\omega)$ 的值集中在哪里? 能够粗略地 (未必精确) 满足这一要求的是 X 的**平均值** (mean value)(也称 X 的**数学期望**(mathematical expectation)), 还有**中数**(median) 和**众数**(mode)等.

(ii) X 的集中程度. 除了要知道 X 集中位置外, 有时还要知道集中程度, X 取值是高度集中还是高度分散? 反映集中程度的数字特征有**方差**(variance)、**标准差**(standard deviation) 和**变异系数**(coefficient variation) 等.

(iii) 两个随机变量的相关程度. 随机变量 X 和 Y 之间相关程度的度量有**协方差**(covariance)、**相关系数**(correlation coefficient) 等;

还有一些数字特征如**矩**(moment) 等在理论上也有重要意义.

§3.1 数 学 期 望

某射手打靶时共打了 10 发子弹, 其中 9 发命中 8 环,1 发命中 10 环. 他平均命中的环数为

$$\frac{1}{10}(8 \times 9 + 10 \times 1) = 8 \times \frac{9}{10} + 10 \times \frac{1}{10} = 8.2 . \tag{3.1.1}$$

如果令他射击时命中的环数为随机变量 X, 可以设 X 的分布律为

$$P\{X = 8\} = \frac{9}{10}, \quad P\{X = 10\} = \frac{1}{10}.$$

X 只能取 8 和 10 两个值.显然 X 取值的平均值不能是 8 和 10 的简单算术平均 $\frac{1}{2}(8+10)=9$, 这是因为 X 取这两个值的概率不同. 由 (3.1.1) 式的启发 X 的取值的平均数应为

$$8 \cdot P\{X=8\} + 10 \cdot P\{X=10\} = 8.2 \,.$$

由此启发我们得到下面的定义.

定义 3.1.1　设离散型随机变量 X 的分布律为

$$P\{X=x_k\}=p_k, \quad k=1,2,\cdots.$$

若级数 $\displaystyle\sum_{k=1}^{\infty}|x_k|p_k < \infty$, 则称随机变量 X 的**数学期望**存在, 记为 $E(X)$ 或 EX,

$$EX = \sum_{k=1}^{\infty} x_k p_k \,. \tag{3.1.2}$$

若级数 $\displaystyle\sum_{k=1}^{\infty}|x_k|p_k$ 发散, 就说 EX 不存在.

数学期望 EX 有时也称**期望** (expectation)、**平均值**、**均值**. 定义中 $\displaystyle\sum_{k=1}^{\infty}|x_k|p_k$ 的收敛性是为保证 $\displaystyle\sum_{k=1}^{\infty}x_k p_k$ 的值不随级数项排列次序的改变而改变, 这是必需的. 因为数学期望反映客观存在的 X 的集中位置, 它自然不应随排序的变化而改变.

特例, 如 $P\{X=x_k\}=\dfrac{1}{n}, k=1,2,\cdots,n$, 即 X 取值 $x_1, x_2, \cdots, x_n$ 都是等可能的, 则 $EX = \displaystyle\sum_{k=1}^{n} x_k \cdot \frac{1}{n} = \frac{1}{n} \cdot \sum_{k=1}^{n} x_k$ 就是 $x_1, x_2, \cdots, x_n$ 的算术平均值. 所以数学期望是算术平均值的推广, 是 "加权" 平均.

数学期望相当于力学中重心的概念, 一个力学系统由直线上的 n 个质点组成, 第 i 个质点的坐标为 x_i, x_i 处质点的质量为 $p_i, i=1,2,\cdots,n$, 那么该系统的重心坐标为

$$\frac{\displaystyle\sum_{i=1}^{n} x_i p_i}{\displaystyle\sum_{i=1}^{n} p_i},$$

如果该系统总质量 $\displaystyle\sum_{j=1}^{n} p_i = 1$, 重心坐标 $\displaystyle\sum_{i=1}^{n} x_i p_i$ 就是质量集中的位置, 这就是 (3.1.2)

式的物理意义.

对连续型情况,我们考虑一条金属丝放在 x 轴上, 其线密度为 $f(x)$, 它的总质量为 $\int_{-\infty}^{\infty} f(x)\,\mathrm{d}x$, 它对原点 O 的力矩为 $\overline{x}\int_{-\infty}^{\infty} f(x)\,\mathrm{d}x$, $\overline{x}$ 表示金属丝的重心. 在 x 附近的长为 $\mathrm{d}x$ 的金属丝关于原点的力矩的"微元"为 $xf(x)\mathrm{d}x$, 所以整条金属丝关于原点 O 的力矩为 $\int_{-\infty}^{\infty} xf(x)\,\mathrm{d}x$, 故重心

$$\overline{x} = \frac{\int_{-\infty}^{\infty} xf(x)\,\mathrm{d}x}{\int_{-\infty}^{\infty} f(x)\,\mathrm{d}x},$$

若设金属丝总质量为 1, 即 $\int_{-\infty}^{\infty} f(x)\,\mathrm{d}x = 1$, 则金属丝的重心

$$\overline{x} = \int_{-\infty}^{\infty} xf(x)\,\mathrm{d}x.$$

把线密度看成是连续型随机变量的概率密度. 回忆概率密度 $f(x)$ 相当于 1 克物质散布在直线上的一种散布方式, 我们就得到了连续型随机变量 X 的数学期望的定义.

定义 3.1.2 设连续型随机变量 X 的概率密度为 $f(x)$, 若 $\int_{-\infty}^{\infty} |x|f(x)\,\mathrm{d}x < \infty$, 就称 X 的数学期望存在, 记为

$$EX = \int_{-\infty}^{\infty} xf(x)\,\mathrm{d}x, \tag{3.1.3}$$

当 $\int_{-\infty}^{\infty} |x|f(x)\,\mathrm{d}x$ 发散时, 称 X 的数学期望不存在.

(3.1.3) 式和 (3.1.2) 式一样可以用语言读成"X 的均值等于 X 取的值 x 乘以 $X = x$ 的概率 $(f(x)\mathrm{d}x)$ 再加 $\left(\int\right)$ 起来". 这就是"加权"平均.

由于数学期望是对分布律或概率密度进行运算得出来的, 有时也称为分布的期望.

例 3.1.1 从甲地到乙地乘汽车要通过 3 个交通岗, 设在各个交通岗遇到红灯的事件是相互独立的, 并且概率都是 $\frac{2}{5}$. 以 X 记途中遇到的红灯数, 求 EX.

解 X 可能的取值为 0,1,2,3, 其分布律为

X	0	1	2	3
P_x	$\dfrac{27}{125}$	$\dfrac{54}{125}$	$\dfrac{36}{125}$	$\dfrac{8}{125}$

由 (3.1.2) 式知

$$EX = 0 \cdot \frac{27}{125} + 1 \cdot \frac{54}{125} + 2 \cdot \frac{36}{125} + 3 \cdot \frac{8}{125} = \frac{6}{5}.$$

例 3.1.2 求几何分布的数学期望.

解 设 X 服从几何分布, 即在一系列伯努利试验中, 事件 A 出现的概率为 p, 等待 A 首次出现的次数 (时间)X 的分布律为

$$P\{X = k\} = p\, q^{k-1}, \quad k = 1, 2, \cdots,$$

其中 $p > 0$, $p + q = 1$. 于是

$$EX = \sum_{k=1}^{\infty} kp\, q^{k-1},$$

注意到 $\displaystyle\sum_{k=1}^{\infty} k\, q^{n-1} = \left(\sum_{k=1}^{\infty} q^k\right)'_q = \left(\frac{q}{1-q}\right)'_q = \frac{1}{(1-q)^2}$, 故

$$EX = \sum_{k=1}^{\infty} kp\, q^{k-1} = \frac{1}{p}.$$

这一结果和直观是一致的. 举个数值的例, $p = \dfrac{1}{5}$ 时, 即事件 A 出现的概率是 $\dfrac{1}{5}$, 当然可以期望 $\dfrac{1}{1/5} = 5$ 次试验 A 可以出现一次.

从第一次出现开始等待 A 下一次出现的试验次数, 或者说事件 A 相继两次出现的时间间隔, 由于伯努利试验各次试验独立, 故仍然服从同一个几何分布. 在工程统计中, 把事件 A 相继两次出现的时间间隔称为**重现期**(return period).

不同的建设项目按不同的重现期设计, 比如电视发射塔一般要按 50 年一遇的 12 级风速设计, 换言之, 该地区任何一年 12 级大风出现的概率为 $p = \dfrac{1}{50} = 0.02$. 如某工地要建一个临时的库房时, 重现期只要 3 年就足够了. 而 3 年一遇的最大风速 7 级就可以了. 按 3 年一遇的 7 级风速设计就可以大大降低库房的建筑费用, 如按 "12 年一遇" 的风速设计就会造成巨大的浪费.

例 3.1.3 港口设计一个装卸码头. 港口附近海浪在一年中超过 8 米的概率是 0.1, 若码头高出海平面 8 米, 在设计海浪的重现期内, 码头受到超过 8 米海浪作用的概率有多大? 若设当受到超过 8 米海浪作用时, 码头结构可能受到损害的概率为 0.2, 求三年内码头结构受到损害的概率有多大? (假定每一年海浪超过 8 米最多一次.)

解　设计海浪高度的重现期为 $\dfrac{1}{0.10}=10$ 年, 所以在 10 年内海浪的高度超过 8 米的概率为 $1-0.9^{10}=0.6513$.

三年中海浪超过 8 米的次数为 0, 1, 2, 3. 此外由 n 次超过而产生的损害也都是独立的. A_i 表示 i 次海浪超过 8 米, $i=0,1,2,3$. B 表示三年中无损害, 由全概率公式

$$
\begin{aligned}
P(B) &= \sum_{i=0}^{3} P(A_i)P(B|A_i) \\
&= 1 \cdot (0.9)^3 + 0.8 \cdot C_3^1(0.1 \cdot 0.9^2) + 0.8^2 C_3^2(0.1^2 \times 0.9) + 0.8^3 \times (0.1)^3 \\
&= 0.9412,
\end{aligned}
$$

即三年中码头结构受到损害的概率为 $1-0.9412=0.0588$.

例 3.1.4　求二项分布的数学期望.

解　二项分布 $p_k = C_n^k p^k q^{n-k}$, $k=0,1,2,\cdots,n$.

$$
\begin{aligned}
\sum_{k=0}^{n} k\, p_k &= \sum_{k=0}^{n} k C_n^k p^k q^{n-k} \\
&= np \sum_{k=1}^{n} C_{n-1}^{k-1} p^{k-1} q^{n-k} \\
&= np(p+q)^{n-1} \\
&= np.
\end{aligned}
$$

这个结论是和直观一致的. $n=10$, $p=0.2$ 即 10 次伯努利试验中每次试验时事件 A 出现的概率为 0.2, 可以期望 10 次中 A 共出现 $10 \times 0.2 = 2$ 次.

例 3.1.5　泊松分布 $p_k = \dfrac{\lambda^k}{k!} e^{-\lambda}$, $k=0,1,2,\cdots$.

$$
\begin{aligned}
\sum_{k=0}^{\infty} k\, p_k &= \sum_{k=1}^{\infty} k \frac{\lambda^k}{k!} e^{-\lambda} \\
&= \lambda e^{-\lambda} \sum_{k=1}^{\infty} \frac{\lambda^{k-1}}{(k-1)!} \\
&= \lambda.
\end{aligned}
$$

由此可以看出, 泊松分布的参数 λ 就是它的数学期望值.

下面再看几个连续型随机变量的数学期望的例子.

例 3.1.6　设 X 的概率密度为

$$
f(x) = \begin{cases} x, & 0 \leqslant x < 1, \\ 2-x, & 1 \leqslant x < 2, \\ 0, & \text{其他}. \end{cases}
$$

求 EX.

解　$EX = \int_{-\infty}^{\infty} x f(x)\,\mathrm{d}x = \int_0^1 x^2\,\mathrm{d}x + \int_1^2 x(2-x)\,\mathrm{d}x = 1$.

例 3.1.7　正态分布 $N(\mu, \sigma^2)$ 的期望值为

$$\int_{-\infty}^{\infty} x \frac{1}{\sqrt{2\pi}\sigma} \mathrm{e}^{-\frac{(x-\mu)^2}{2\sigma^2}}\,\mathrm{d}x \quad \left(u = \frac{x-\mu}{\sigma}\right)$$

$$= \frac{1}{\sqrt{2\pi}} \int_{-\infty}^{\infty} (\sigma u + \mu) \mathrm{e}^{-\frac{u^2}{2}}\,\mathrm{d}u = \frac{\mu}{\sqrt{2\pi}} \int_{-\infty}^{\infty} \mathrm{e}^{-\frac{u^2}{2}}\,\mathrm{d}u = \mu.$$

由此可知, $N(\mu, \sigma^2)$ 中的参数 μ 正是它的数学期望.

例 3.1.8　指数分布 $f(x) = \begin{cases} \lambda \mathrm{e}^{-\lambda x}, & x > 0, \\ 0, & x \leqslant 0 \end{cases}$　的数学期望为

$$\int_{-\infty}^{\infty} x f(x)\,\mathrm{d}x = \int_0^{\infty} \lambda x \mathrm{e}^{-\lambda x}\,\mathrm{d}x$$

$$= \int_0^{\infty} x\,\mathrm{d}(-\mathrm{e}^{-\lambda x})$$

$$= -x \mathrm{e}^{-\lambda x}\Big|_0^{\infty} + \int_0^{\infty} \mathrm{e}^{-\lambda x}\,\mathrm{d}x$$

$$= \frac{1}{\lambda}.$$

例 3.1.9　柯西分布 $f(x) = \frac{1}{\pi} \frac{1}{1+x^2}$ 的数学期望由于

$$\int_{-\infty}^{\infty} |x| \frac{1}{\pi(1+x^2)}\,\mathrm{d}x = \infty,$$

所以不存在.

关于随机变量函数的期望有下面的定义.

定义 3.1.3　设 Y 是随机变量 X 的函数, $Y = g(X)$(g 是连续函数),

(i) 当 X 是离散型随机变量时, 其分布律为 $P\{X = x_k\} = p_k, k = 1, 2, \cdots$, 则当 $\sum\limits_{k=1}^{\infty} |g(x_k)|\, p_k < \infty$ 时

$$EY = E[g(X)] = \sum_{k=1}^{\infty} g(x_k)\, p_k; \tag{3.1.4}$$

(ii) 当 X 是连续型随机变量时, 其概率密度为 $f(x)$, 则当 $\int_{-\infty}^{\infty} |g(x)| f(x)\mathrm{d}x < \infty$ 时,

$$EY = E[g(X)] = \int_{-\infty}^{\infty} g(x) f(x)\,\mathrm{d}x. \tag{3.1.5}$$

注意, 按照 (3.1.3) 式, 在求 EY 时如知 Y 的概率密度为 $f_Y(y)$ 时, 应有

$$EY = \int_{-\infty}^{\infty} y f_Y(y)\, \mathrm{d}y. \tag{3.1.6}$$

我们可以证明当 $g(x)$ 连续 (或是更广泛的一类函数) 时

$$\int_{-\infty}^{\infty} y f_Y(y)\, \mathrm{d}y = \int_{-\infty}^{\infty} g(x) f_X(x)\, \mathrm{d}x. \tag{3.1.7}$$

但这已超出了本书的范围. 我们只给出这一结果, 它对我们计算随机变量函数的期望带来很大的方便. 利用 (3.1.5) 式可以不必求 $Y = g(X)$ 的概率密度而直接从 X 的概率密度就可以求出 $Y = g(X)$ 的期望.

例 3.1.10　设 X 的分布律为

$X = x_i$	-1	0	1
$P(X = x_i) = p_i$	0.2	0.3	0.5

求 $E(X^2 + X - 1)$.

解　由 (3.1.4) 式可得

$$
\begin{aligned}
E(X^2 + X - 1) &= \sum_{i=1}^{3} (x_i^2 + x_i - 1) p_i \\
&= \big((-1)^2 + (-1) - 1\big) \times 0.2 + (0^2 + 0 - 1) \times 0.3 \\
&\quad + (1^2 + 1 - 1) \times 0.5 \\
&= 0.
\end{aligned}
$$

例 3.1.11　设 X 在 $(0,1)$ 服从均匀分布, 求 $E(\mathrm{e}^X)$.

解　X 的概率密度为

$$
f(x) = \begin{cases} 1, & 0 < x < 1, \\ 0, & \text{其他}. \end{cases}
$$

故由 (3.1.5) 式, 有

$$E(\mathrm{e}^X) = \int_{-\infty}^{\infty} \mathrm{e}^x f(x)\, \mathrm{d}x = \int_{0}^{1} \mathrm{e}^x\, \mathrm{d}x = \mathrm{e} - 1.$$

我们也可以先求出 $Y = \mathrm{e}^X$ 的概率密度, 再利用 (3.1.3) 式求 EY. 由 $y = \mathrm{e}^x$ 的反函数为 $x = \ln y$, $(\ln y)' = \dfrac{1}{y}$, 可知

$$
\psi_Y(y) = \begin{cases} \dfrac{1}{y}, & 1 < y < \mathrm{e}, \\[2mm] 0, & \text{其他}. \end{cases}
$$

由 (3.1.3) 式, 有

$$EY = E(\mathrm{e}^X) = \int_{-\infty}^{\infty} y\,\psi_Y(y)\,dy = \int_1^{\mathrm{e}} y \cdot \frac{1}{y}\,\mathrm{d}y = \mathrm{e} - 1\,.$$

一般地, 这一求法比直接利用 (3.1.5) 式要繁些. 可以把上面二结果推广到多维随机变量的情形.

定义 3.1.4 设 $g(x,y)$ 是二元连续函数, 若 (X,Y) 是连续型的, 其概率密度为 $f(x,y)$, 则

$$E\,g(X,Y) = \int_{-\infty}^{\infty}\int_{-\infty}^{\infty} g(x,y)f(x,y)\,\mathrm{d}x\,\mathrm{d}y\,, \qquad (3.1.8)$$

若 (X,Y) 是离散型的, 则

$$E\,g(X,Y) = \sum_i \sum_j g(x_i,y_j)P\{X=x_i,Y=y_j\}\,. \qquad (3.1.9)$$

由 (3.1.8) 式可知, 对连续型随机向量 (X,Y), 有

$$\begin{aligned}
E\,X &= \int_{-\infty}^{\infty}\int_{-\infty}^{\infty} x\,f(x,y)\,\mathrm{d}x\,\mathrm{d}y \\
&= \int_{-\infty}^{\infty} x \left[\int_{-\infty}^{\infty} f(x,y)\,\mathrm{d}y \right]\mathrm{d}x \\
&= \int_{-\infty}^{\infty} x\,f_X(x)\,\mathrm{d}x\,, \qquad (3.1.10)
\end{aligned}$$

同样地,

$$EY = \int_{-\infty}^{\infty}\int_{-\infty}^{\infty} y\,f(x,y)\,\mathrm{d}x\,\mathrm{d}y = \int_{-\infty}^{\infty} y\,f_Y(y)\,\mathrm{d}y\,. \qquad (3.1.11)$$

这样我们又得到了如下定义.

定义 3.1.5 随机向量 (X,Y) 的数学期望为 (EX, EY), 其中 EX, EY 由 (3.1.10) 式和 (3.1.11) 式定义.

读者可以自己写出 n 维随机变量的结果.

由上面各个定义可以看出数学期望是关于密度的积分运算 (离散情形是求和), 由于积分 (求和) 运算是线性的, 很容易得到下面的定理.

定理 3.1.1 数学期望有下列性质:

(i) 若 $a \leqslant x \leqslant b$, 则 $a \leqslant EX \leqslant b$. 特别地 $EC = C$, 这里 a,b,c 为常数;

(ii) 线性性: 对任意常数 k_i, $i=1,2,\cdots,n$ 和 b, 有

$$E\left(\sum_{i=1}^{n} k_i\,X_i + b\right) = \sum_{i=1}^{n} k_i\,EX_i + b\,. \qquad (3.1.12)$$

证　只对 $n = 2$ 连续型情形证 (ii), 其余情况读者可自己证明.

设 (X_1, X_2) 的概率密度为 $f(x_1, x_2)$, 令 $g(x_1, x_2) = k_1 x_1 + k_2 x_2 + b$, 由 (3.1.8) 式, 有

$$
\begin{aligned}
&E(k_1 X_1 + k_2 X_2 + b) \\
=\ &E\, g(X_1, X_2) \\
=\ &\int_{-\infty}^{\infty} \int_{-\infty}^{\infty} (k_1 x_1 + k_2 x_2 + b) f(x_1, x_2)\, \mathrm{d}x_1\, \mathrm{d}x_2 \\
=\ &k_1 \int_{-\infty}^{\infty} \int_{-\infty}^{\infty} x_1 f(x_1, x_2)\, \mathrm{d}x_1\, \mathrm{d}x_2 \\
&+ k_2 \int_{-\infty}^{\infty} \int_{-\infty}^{\infty} x_2 f(x_1, x_2)\, \mathrm{d}x_1\, \mathrm{d}x_2 \\
&+ b \int_{-\infty}^{\infty} \int_{-\infty}^{\infty} f(x_1, x_2)\, \mathrm{d}x_1\, \mathrm{d}x_2 \\
=\ &k_1 E\, X_1 + k_2 E\, X_2 + b,
\end{aligned}
$$

这就是 (ii).　　　　　　　　　　　　　　　　　　　　　　　　　　　　　　　□

数学期望是随机变量的一个最重要的数字特征, 在理论和实际问题中非常有用, 下面我们再看几个例.

例 3.1.12　应用数学期望提高工作效率.

某人数很多的单位为普查某种疾病有 N 个人要去验血. 对这 N 个人验血有两种方法:

(1) 每个人的血分别化验, 需要化验 N 次;

(2) 按每 k 个人一组进行分组, 把每个人的血取出一半混合在一起化验, 如果是阴性, 说明每个人的血都是阴性, 这样对这 k 个人只需一次化验就够了; 如果是阳性, 则说明这 k 个人中至少有一人的血是阳性, 此时需要对这 k 个人的血再逐个化验, 这样对这 k 个人总共要化验 $k + 1$ 次.

假定对所有的人来说验血结果是阳性的概率都是 p, 且各人化验结果是相互独立的, 试求:

(i) k 个人的血混合后呈阳性的概率;

(ii) 在方案 (2) 中为检查这 N 个人所需化验次数 X 的数学期望;

(iii) k 为何值时才能使方案 (2) 中所需化验次数的数学期望 EX 最小.

解　(i) k 个人的血混合后呈阳性的对立事件是这 k 个人每人的血都是阴性, 由于独立性, 这 k 个人中每个人都呈阴性的概率为 q^k, $q = 1 - p$, 故 k 个人的血混合后呈阳性的概率为 $1 - q^k$.

(ii) 设 k 个人一组时所需化验次数为 X_1, 则 X_1 是随机变量, 其分布律为

X_1	1	$k+1$
P_{X_1}	q^k	$1-q^k$

所以 $EX_1 = 1 \cdot q^k + (k+1)(1-q^k) = k - k\,q^k + 1$.

将 N 个人分成 $\dfrac{N}{k}$ 组, 每组 k 个人, 各组所需化验次数是与 X_1 有相同分布的随机变量, 由 (3.1.12) 式, X 为 $\dfrac{N}{k}$ 个与 X_1 同分布的随机变量的和, 所以

$$EX = \frac{N}{k}EX_1 = N\left(1 - q^k + \frac{1}{k}\right).$$

(iii) 求 k 使 $EX = N\left(1 - q^k + \dfrac{1}{k}\right)$ 最小, 可由

$$\frac{\mathrm{d}\,(EX)}{\mathrm{d}\,k} = N\left(-q^k \ln q - \frac{1}{k^2}\right) = 0,$$

或

$$k^2\,q^k \ln q + 1 = 0$$

近似解出.

对应于 $p = 0.01, 0.03, 0.05, 0.1, 0.2$, 经计算得出使 EX 最小的 k 分别为

$$k = 11, 6, 5, 4, 3.$$

当 $p = 0.05$ 时, $k = 5$ 是最好的分组方法, 例如 $N = 1000$, 按 $k = 5$ 分组, 此时在方案 (2) 下只需平均化验

$$1000\left(1 - 0.95^5 + \frac{1}{5}\right) = 426$$

次, 可以约减少 57% 的工作量.

例 3.1.13 国际市场每年对我国某种商品的需求量是随机变量 X (单位: 吨), 它服从 $[2000, 4000]$ 上的均匀分布. 已知每售出 1 吨, 可挣得外汇 3 千元, 但如售不出去而积压, 则每吨需花费库存费用及其他损失共 1 千元, 问需组织多少货源, 才能使国家收益期望最大?

解 设组织货源为 t 吨, $t \in [2000, 4000]$. 按题意收益为随机变量 Y(单位: 千元). Y 是需求量 X 的函数,

$$Y = g(X) = \begin{cases} 3X - (t - X), & X < t, \\ 3t, & X \geqslant t. \end{cases}$$

X 的概率密度为

$$f(x) = \begin{cases} \dfrac{1}{2000}, & 2000 \leqslant x \leqslant 4000, \\ 0, & \text{其他}, \end{cases}$$

由 (3.1.5) 式, 有

$$
\begin{aligned}
EY = Eg(X) &= \int_{-\infty}^{\infty} g(x) f(x)\, \mathrm{d}x \\
&= \frac{1}{2000} \left\{ \int_{2000}^{t} [3x - (t-x)]\, \mathrm{d}x + \int_{t}^{4000} 3t\, \mathrm{d}x \right\} \\
&= \frac{1}{2000} (-2t^2 + 14000t - 8000000),
\end{aligned}
$$

上式当 $t = 3500$ 时达到最大值. 也就是说组织货源 3500 吨时国家的期望收益最大.

反映随机变量取值集中位置的数字特征还有**中数**与**众数**.

定义 3.1.6   对任意随机变量 X, 同时满足

$$P\{X \leqslant x\} \geqslant \frac{1}{2}, \quad P\{X \geqslant x\} \geqslant \frac{1}{2}$$

的 x 称为 X 的**中数**, 记为 $x_{\frac{1}{2}}$.

画出 X 的分布函数 $F(x)$ 的图, 如果 $F(x)$ 连续, $x_{\frac{1}{2}}$ 是 $F(x) = \frac{1}{2}$ 的解 (图 3.1(a)). 如果 X 是离散型的, $F(x)$ 有跳跃点 (图 3.1(b)), 用平行于 y 轴的直线连起来, 得一连续曲线, 它与 $y = \frac{1}{2}$ 的交点的横坐标为 $x_{\frac{1}{2}}$; 由于交点可以不唯一, 故可以有许多个 $x_{\frac{1}{2}}$, 如 0-1 分布 $P\{X = 0\} = \frac{1}{2}$, $P\{X = 1\} = \frac{1}{2}$, 其分布函数如图 3.1(c), (0,1) 中任一点都是 $x_{\frac{1}{2}}$.

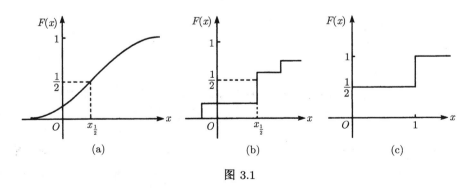

图 3.1

对连续型随机变量, 如概率密度 $f(x)$ 关于 $x = \mu$ 对称, 即 $f(\mu + x) = f(\mu - x)$, 则 $x_{\frac{1}{2}} = \mu$; 如果数学期望 m 存在, 则 $m = \mu = x_{\frac{1}{2}}$. 故正态分布 $N(\mu, \sigma^2)$ 的中数就是 μ.

如果 X 是离散型的, 称 X 的最可能值为**众数**; 如果 X 是连续型的, X 有连续的概率密度 $f(x)$, $f(x)$ 的最大值点 x 称为**众数**. 众数也可不唯一.

对 $N(\mu, \sigma^2)$, 显然众数、中数、数学期望都是 μ.

我们知道数学期望可通过 (3.1.2) 或 (3.1.3) 式计算出来, 而且有很好的运算性质, 如随机变量和的期望等于期望之和 (公式 (3.1.12)), 但并不是对一切随机变量都有定义. 而中数与众数对一切随机变量都有意义, 而且很容易求出其值, 不过不像数学期望那样有良好的运算性质. 例如, 柯西分布的概率密度为 $f(x) = \dfrac{1}{\pi} \dfrac{1}{1 + x^2}$, 分布函数为 $F(x) = \dfrac{1}{2} + \dfrac{1}{\pi} \arctan x$. 由 $F(0) = \dfrac{1}{2}$ 知中数为 0, 又因 $f(x)$ 关于原点对称、连续, 在 $x = 0$ 取最大值 $\dfrac{1}{\pi}$, 故由此也可看出 $x_{\frac{1}{2}} = 0$, 而且众数也是 0. 但柯西分布的数学期望是不存在的.

§3.2 方   差

数学期望体现了随机变量取值的集中位置, 但在许多实际问题中只知道这一点是不够的, 还应知道随机变量取值在均值附近的集中程度. 对随机变量 X, 就要考虑 X 与其数学期望 EX 的偏差 $X - EX$. 但如直接用 $X - EX$ 来刻画 X 取值的分散程度, 由于正负偏差会抵消, 故不可取. 而用 $|X - EX|$ 又会带来数学处理的困难, 因此我们采用偏差平方的均值来表示 X 的分散程度. 这就是下面的定义.

定义 3.2.1 记 X 是一个随机变量, 其数学期望 EX 存在, 若 $E[(X - EX)^2]$ 存在, 就称 $E[(X - EX)^2]$ 为 X 的方差, 记为 DX 或 $\mathrm{Var}X$, 即

$$DX = \mathrm{Var}X = E[(X - EX)^2]. \tag{3.2.1}$$

由定义知 DX 是一个非负数, 它的量纲是 X 量纲的平方. 称 DX 的算术平方根 $\sqrt{DX}$ 为 X 的**标准差**(standard deviation)**或均方差**(mean square deviation), 记为 $\sigma(X)$, 即

$$\sigma(X) = \sqrt{DX}.$$

令 $g(x) = (x - EX)^2$, 所以 (3.2.1) 式实际上是

$$DX = Eg(X) = E[(X - EX)^2],$$

我们可以根据 (3.1.4) 式和 (3.1.5) 式分别对离散型和连续型的随机变量 X 计算其方差. 此外根据定理 3.1.1, 我们有计算方差的另一公式:

$$DX = E[(X - EX)^2]$$
$$= E[X^2 - 2X \cdot EX + (EX)^2]$$
$$= E(X^2) - 2EX \cdot EX + (EX)^2$$
$$= E(X^2) - (EX)^2. \tag{3.2.2}$$

例 3.2.1   甲、乙两种牌号的手表, 它们日走时误差 (单位: 秒) 分别为 X 和 Y, 其分布律为

X	-1	0	1	Y	-2	-1	0	1	2
P_X	0.1	0.8	0.1	P_Y	0.1	0.3	0.2	0.3	0.1

求 DX, DY.

解   容易看出, $EX = 0$, $EY = 0$, 所以

$$DX = E(X^2) = (-1)^2 \cdot 0.1 + 0^2 \cdot 0.8 + 1^2 \cdot 0.1 = 0.2,$$
$$DY = E(Y^2) = (-2)^2 \cdot 0.1 + (-1)^2 \cdot 0.3 + 0^2 \cdot 0.2$$
$$+ 1^2 \cdot 0.3 + 2^2 \cdot 0.1 = 1.4.$$

这两种牌号的手表日走时误差的均值都是 0, 但方差不同. 由于 $DX < DY$, 故甲牌号手表日走时误差集中在 0 附近的程度高于乙牌号的手表, 当然甲的质量比乙的质量要好.

例 3.2.2   设 $X \sim B(n, p)$, 求 DX.

解   由例 3.1.4 知 $EX = np$,

$$E(X^2) = \sum_{k=0}^{n} k^2 C_n^k p^k q^{n-k}$$
$$= \sum_{k=1}^{n} [k(k-1) + k] \frac{n!}{k!(n-k)!} p^k q^{n-k}$$
$$= \sum_{k=1}^{n} (k-1) \frac{n(n-1)(n-2)!}{(k-1)!(n-k)!} p^2 p^{k-2} q^{(n-2)-(k-2)}$$
$$+ \sum_{k=1}^{n} \frac{n!}{(k-1)!(n-k)!} p^k q^{n-k}$$
$$= n(n-1)p^2 \sum_{k=2}^{n} \frac{(n-2)!}{(k-2)!(n-k)!} p^{k-2} q^{(n-2)-(k-2)} + EX$$
$$= n(n-1)p^2 + np,$$

所以

$$DX = E(X^2) - (EX)^2 = n(n-1)p^2 + np - n^2 p^2 = npq.$$

例 3.2.3　设 $X \sim P(\lambda)$, 求 DX.

解　由例 3.1.5 知 $EX = \lambda$,

$$
\begin{aligned}
E(X^2) &= \sum_{k=0}^{\infty} k^2 \frac{\lambda^k \mathrm{e}^{-\lambda}}{k!} \\
&= \sum_{k=1}^{\infty} [(k-1)+1] \frac{\lambda^k}{(k-1)!} \mathrm{e}^{-\lambda} \\
&= \sum_{k=2}^{\infty} \frac{\lambda^2 \lambda^{k-2}}{(k-2)!} \mathrm{e}^{-\lambda} + \sum_{k=1}^{\infty} \frac{\lambda^k}{(k-1)!} \mathrm{e}^{-\lambda} \\
&= \lambda^2 + \lambda,
\end{aligned}
$$

所以

$$
DX = (\lambda^2 + \lambda) - \lambda^2 = \lambda.
$$

例 3.2.4　设 X 服从 $[a,b]$ 上的均匀分布, 求 EX, DX.

解　X 的概率密度为

$$
f(x) = \begin{cases} \dfrac{1}{b-a}, & a < x < b, \\ 0, & \text{其他}. \end{cases}
$$

所以

$$
EX = \int_{-\infty}^{\infty} x f(x) \,\mathrm{d}x = \int_a^b x \frac{1}{b-a} \,\mathrm{d}x = \frac{a+b}{2},
$$

这说明均匀分布的均值位于区间的中点. 又

$$
\begin{aligned}
EX^2 &= \int_{-\infty}^{\infty} x^2 f(x) \,\mathrm{d}x = \int_a^b x^2 \frac{1}{b-a} \,\mathrm{d}x \\
&= \frac{b^3 - a^3}{3(b-a)} = \frac{1}{3}(b^2 + ab + a^2),
\end{aligned}
$$

于是

$$
DX = E(X^2) - (EX)^2 = \frac{1}{12}(b-a)^2.
$$

例 3.2.5　设 X 服从指数分布, 其概率密度为

$$
f(x) = \begin{cases} \lambda \mathrm{e}^{-\lambda x}, & x > 0, \\ 0, & x \leqslant 0, \end{cases}
$$

求 DX.

解　由例 3.1.8 知 $EX = \dfrac{1}{\lambda}$, 而

$$
E(X^2) = \int_{-\infty}^{\infty} x^2 f(x) \,\mathrm{d}x = \lambda \int_0^{\infty} x^2 \mathrm{e}^{-\lambda x} \,\mathrm{d}x = \frac{2}{\lambda^2},
$$

故

$$DX = E(X^2) - (EX)^2 = \frac{2}{\lambda^2} - \frac{1}{\lambda^2} = \frac{1}{\lambda^2}.$$

例 3.2.6   设 $X \sim N(\mu, \sigma^2)$, 求 DX.

解   由例 3.1.7 知 $EX = \mu$, 故

$$DX = \int_{-\infty}^{\infty} (x - \mu)^2 \frac{1}{\sqrt{2\pi}\sigma} e^{-\frac{(x-\mu)^2}{2\sigma^2}} \,\mathrm{d}x \quad \left(令 \frac{x - \mu}{\sigma} = t \right)$$

$$= \frac{\sigma^2}{\sqrt{2\pi}} \int_{-\infty}^{\infty} t^2 e^{-\frac{t^2}{2}} \,\mathrm{d}t$$

$$= \frac{\sigma^2}{\sqrt{2\pi}} \left[-t e^{-\frac{t^2}{2}} \Big|_{-\infty}^{\infty} + \int_{-\infty}^{\infty} e^{-\frac{t^2}{2}} \,\mathrm{d}t \right]$$

$$= \sigma^2.$$

由此可知 $N(\mu, \sigma^2)$ 中的两个参数 μ, σ^2 分别是其均值和方差. 回忆正态概率密度的图形, μ 为随机变量取值的集中位置, 而 σ 表示图形的形状, 正是刻画了取值的分散程度. 正态分布可由 μ, σ^2 确定.

关于方差的性质有如下定理.

定理 3.2.1   设 X 为随机变量, a, b, c 为常数, 并设提及的方差均存在.

(i) $D(c) = 0$;

(ii) $D(cX) = c^2 DX$;

(iii) $D(aX + b) = a^2 DX$;

(iv) 函数 $f(x) = E[(X - x)^2]$ 当 $x = EX$ 时取最小值, 即

$$DX \leqslant E[(X - x)^2].$$

证   只证 (iii), (iv). 因

$$\begin{aligned} D(aX + b) &= E[(aX + b) - E(aX + b)]^2 \\ &= E(aX + b - aEX - b)^2 \\ &= E[a(X - EX)]^2 \\ &= a^2 E(X - EX)^2 \\ &= a^2 DX, \end{aligned}$$

得证 (iii). 为证 (iv), 利用 (iii), 有

$$\begin{aligned} DX &= D(X - x) \\ &= E[(X - x)^2] - [E(X - x)]^2 \\ &\leqslant E[(X - x)^2]. \end{aligned}$$

当 $x = EX$ 时等号成立, 这就是 (iv). □

定理 3.2.1 的直观意义是很清楚的, 如 (i), 常数 c 取值的分散程度为 0; 而 (iii) 说明 $DX = D(X + c)$, 因随机变量 X 加上一个常数 c 其分散程度当然不变. (iv) 说明随机变量 X 与其集中位置 EX 的偏离程度当然要比与其他任意值的偏离程度都要小. 这里的偏离程度是用 "均方误差" 度量的, 所以 (iv) 说明在近似刻画一个随机变量时, EX 是使其均方误差最小的一个实数. 性质 (i) 的逆也是正确的. 这就是下面的定理.

定理 3.2.2 $DX = 0$ 的充要条件是 X 以概率 1 取常数 c, 即 $P\{X = c\} = 1$. 这里 $c = EX$, 证明就略去了.

对于随机变量 X, 若 EX, DX 存在, $DX > 0$, 常对 X 作如下的变换:

$$Y^* = X - EX, \quad Y = \frac{X - EX}{\sqrt{DX}}. \tag{3.2.3}$$

由期望和方差的性质容易得到

$$EY^* = E(X - EX) = 0,$$
$$DY^* = D(X - EX) = DX,$$
$$EY = E\left(\frac{X - EX}{\sqrt{DX}}\right) = 0,$$
$$DY = D\left(\frac{X - EX}{\sqrt{DX}}\right) = 1.$$

通常称 Y^* 为 X 的**中心化随机变量**(centralized random variable), 而称 Y 为 X 的**标准化随机变量**(standardized random variable).

反映 X 取值分散程度的另一个数字特征是**变异系数**(coefficient variation).

定义 3.2.2 设 X 的方差 DX 存在, 那么其标准差 $\sqrt{DX}$ 与 $EX(\neq 0)$ 的比值称为 X 的变异系数, 记为 δ_x, 即

$$\delta_x = \frac{\sqrt{DX}}{EX}. \tag{3.2.4}$$

用变异系数刻画随机变量的分散程度的优点可从下例看出.

一支步枪的平均射程为 500 米, 一门火炮的平均射程为 5000 米. 若它们的标准差都是 200 米时, 当然不能认为它们的离散程度是一样的. 因为对步枪来说这离散程度就太大了, 而对炮来说离散程度还是较小的. 用变异系数就可以把它们的离散程度客观地反映出来, 它们的变异系数分别为 $\frac{200}{500} = 0.4$ 和 $\frac{200}{5000} = 0.04$. 一般来说, 标准差反映的是 "绝对" 离散程度, 而变异系数反映的是 "相对" 离散程度.

前面介绍数学期望时, 和物理学中的重心比较, EX 恰好相当于力学中的一阶**矩**, 一般地我们有下面的定义.

定义 3.2.3　X 是随机变量, 并设下面的 $Eg(X) < \infty$.

(i) 令 $g(x) = x^k \, (k \geqslant 0)$, 称 $Eg(X) = E(X^k)$ 为 X 的 k 阶矩, 记为 a_k;

(ii) 令 $g(x) = |x|^k \, (k \geqslant 0)$, 称 $Eg(X) = E(|X|^k)$ 为 X 的 k 阶绝对矩;

(iii) 令 $g(x) = (x - EX)^k \, (k \geqslant 0)$, 称 $Eg(X) = E(X - EX)^k$ 为 X 的 k 阶中心矩, 记为 m_k;

(iv) 令 $g(x) = |x - EX|^k \, (k \geqslant 0)$, 称 $Eg(X) = E(|X - EX|^k)$ 为 X 的 k 阶绝对中心矩.

由此定义知 DX 是 X 的二阶中心矩, EX 是一阶矩.

对 $k = 0, 1, 2, \cdots$, 由显然的不等式

$$|X|^k \leqslant 1 + |X|^{k+1}$$

可推出

$$E(|X|^k) \leqslant E(1 + |X|^{k+1}) = 1 + E(|X|^{k+1}).$$

这说明如果高阶绝对矩存在, 则低阶绝对矩也存在.

原点矩与中心矩之间有下列关系:

$$a_k = \sum_{r=0}^{k} C_k^r m_{k-r} a_1^r, \tag{3.2.5}$$

$$m_k = \sum_{r=0}^{k} C_k^r (-a_1)^{k-r} a_r. \tag{3.2.6}$$

证明由读者自己练习, 我们指出由 (3.2.6) 有

$$m_2 = C_2^0 (-a_1)^2 a_0 + C_2^1 (-a_1)^1 a_1 + C_2^2 (-a_0)^0 a_2$$
$$= a_1^2 - 2a_1^2 + a_2 = a_2 - a_1^2.$$

这就是 $DX = E(X^2) - (EX)^2$.

随机变量的矩有重要的理论意义. 我们知道二项分布、泊松分布、正态分布可被它们的一、二阶矩所唯一确定. 这个问题的一般化是所谓的**矩问题**(moment problem): 设已给一列常数 $\{a_n\}$, 试问在什么条件下存在一个随机变量 X, 使 X 的 n 阶矩恰好是 $a_n, n = 1, 2, \cdots$? 这样的 X 如果存在的话, 又是否唯一? 这些就都超出本书的范围而略去了.

§3.3　随机变量函数的期望及应用

随机变量的数学期望在科学研究、社会经济生活各个领域都发挥着重要作用. 如果随机变量 X 的函数 $Y = g(X)$ 取为特殊函数. 求取 Y 的期望还可以得到意外效果.

3.3.1 概率母函数

定义 3.3.1 设 X 为取非负整数值的随机变量 $p_k = P\{X = k\}, k = 0, 1, 2, \cdots$. 令 $Y = t^X, -1 \leqslant t \leqslant 1$. 则称

$$G(t) = E(t^X) = \sum_{k=0}^{\infty} p_k t^k \tag{3.3.1}$$

为 X 的**概率母函数**(probability generating function), 简称**母函数**(generating function).

概率母函数与其分布律之间存在如下关系:

$$G(0) = p_0, \quad G^{(k)}(0) = k! p_k, \quad k = 0, 1, 2, \cdots. \tag{3.3.2}$$

概率母函数与其数学期望之间存在如下关系:

$$E(X) = G'(1), \quad E(X^2) = G''(1) + G'(1). \tag{3.3.3}$$

例 3.3.1 设 X 服从二项分布 $B(n, p)$. 求其母函数 $G(t)$ 及 $E(X^2) - E^2(X)$.

解 $G(t) = \sum_{k=0}^{n} \mathrm{C}_n^k p^k q^{n-k} t^k = (q + pt)^n$.

$E(X) = G'(1) = [(q + pt)^n]'|_{t=1} = np(q + pt)^{n-1}|_{t=1} = np$.

$$E(X^2) = G''(1) + G'(1) = n(n-1)p^2[(q + pt)^{n-2}]|_{t=1} + np$$
$$= n(n-1)p^2 + np = n^2 p^2 - np^2 + np.$$

3.3.2 矩母函数

定义 3.3.2 设 $Y = \mathrm{e}^{tX}$ 为随机变量 X 的函数 $t \in (t_1, t_2)$ 满足定义 3.1.3 的条件, 则称

$$M(t) = E(Y) = E(\mathrm{e}^{tX}) = \begin{cases} \sum_i p_i \mathrm{e}^{tx_i}, & \text{(离散型)} \\ \int_{-\infty}^{\infty} \mathrm{e}^{tx} f(x) \mathrm{d}x & \text{(连续型)} \end{cases} \tag{3.3.4}$$

为 X 的**矩母函数**(moment generating function).

矩母函数有如下性质:

$$M(0) = 1, \quad M^{(k)}(0) = E(X^k), \quad k = 1, 2, \cdots. \tag{3.3.5}$$

例 3.3.2 设 X 服从指数分布 $EXP(\lambda)$. 求其矩母函数 $M(t)(t < \lambda)$ 及 $E(X^2) - E^2(X)$.

解　因为

$$M(t) = E(\mathrm{e}^{tX}) = \int_0^\infty \mathrm{e}^{tx}\lambda\mathrm{e}^{-\lambda x}\mathrm{d}x = \int_0^\infty \lambda\mathrm{e}^{(t-\lambda x)}\mathrm{d}x = \frac{\lambda}{\lambda-t},$$

$$M'(t) = \frac{\lambda}{(\lambda-t)^2}, \quad M''(t) = \frac{2\lambda}{(\lambda-t)^3},$$

于是

$$M'(0) = \frac{1}{\lambda} = E(X), \quad M''(0) = \frac{2}{\lambda^2} = E(X^2),$$

故

$$E(X^2) - E^2(X) = \frac{1}{\lambda^2}.$$

3.3.3　特征函数

定义 3.3.3　设 X 为任一随机变量, 记 $Y = \mathrm{e}^{\mathrm{i}tX}$, 其中 i 为虚数单位, $-\infty < t < \infty$, 则称

$$\phi(t) = E(Y) = E(\mathrm{e}^{\mathrm{i}tX}) = \begin{cases} \sum_j P\{X = x_j\}\mathrm{e}^{\mathrm{i}tx_j}, & \text{(离散型)} \\ \int_{-\infty}^\infty \mathrm{e}^{\mathrm{i}tx}f(x)\mathrm{d}x & \text{(连续型)} \end{cases} \tag{3.3.6}$$

为 X 的**特征函数**(characteristic function).

特征函数有以下性质:

$$\phi(0) = 1, \quad \phi^{(k)}(0) = \mathrm{i}^k E(X^k), \quad k = 1, 2, \cdots.$$

例 3.3.3　设 Z 服从泊松分布 $P(\lambda)$. 求其特征函数 $\phi(t)$ 及 $E(X^2) - E^2(X)$.

解　因为 $\phi(t) = E(\mathrm{e}^{\mathrm{i}tX}) = \sum_{k=0}^\infty \mathrm{e}^{\mathrm{i}+k}\mathrm{e}^{-\lambda}\frac{\lambda}{k!} = \mathrm{e}^{-\lambda}\sum_{k=0}^\infty \frac{(\lambda\mathrm{e}^{\mathrm{i}t})^k}{k!} = \mathrm{e}^{-\lambda}\mathrm{e}^{\lambda\mathrm{e}^{\mathrm{i}t}} = \mathrm{e}^{\lambda(\mathrm{e}^{\mathrm{i}t}-1)}$,

$$\phi'(t) = \mathrm{e}^{\lambda(\mathrm{e}^{\mathrm{i}t}-1)}\lambda\mathrm{e}^{\mathrm{i}t}\mathrm{i}, \quad \phi'(0) = \mathrm{i}\lambda,$$

$$\phi''(t) = \mathrm{e}^{\lambda(\mathrm{e}^{\mathrm{i}t}-1)}(\mathrm{i}\lambda\mathrm{e}^{\mathrm{i}t})^2 + \mathrm{e}^{\lambda(\mathrm{e}^{\mathrm{i}t}-1)}\lambda\mathrm{e}^{\mathrm{i}t}\mathrm{i}^2, \quad \phi''(0) = (\mathrm{i}\lambda)^2 + \mathrm{i}^2\lambda,$$

所以

$$E(X) = \lambda, \quad E(X^2) = \lambda^2 + \lambda, \quad E(X^2) - E^2(X) = \lambda^2 + \lambda - \lambda^2 = \lambda.$$

3.3.4　熵

度量随机变量不确定性的一个重要特征值是熵, 它是信息论之父香农 (Shannon) 在 1949 年引入的概念, 是现代信息论的基础.

定义 3.3.4　设连续型随机变量 X 的概率密度函数为 $f(x)$, 记 $Y = -\ln f(X)$, 则称

$$H(X) = E(Y) = E[-\ln f(X)] = -\int_{-\infty}^{\infty} f(x) \ln f(x) \mathrm{d}x$$

为随机变量 X 的**熵**(entropy).

类似地, 记离散型随机变量 X 的概率分布律为

可以定义离散性随机变量 X 的熵为

$$H(X) = -E[\ln f(X)] = \sum_{i=1}^{n} p_i \ln \frac{1}{p_i} = -\sum_{i=1}^{n} p_i \ln p_i.$$

因此对离散型随机变量和连续型随机变量, 熵有统一表达式

$$H(X) = -E[\ln f(X)].$$

除上面介绍的 4 个定义外, 方差和矩也是特殊随机变量函数的期望. 由于方差和矩在应用中占有重要地位, 后面单独介绍.

3.3.5　中心矩的若干应用

中心矩在工程和管理中有重要应用, 除去 §3.2 节介绍的方差和变异系数应用广泛, 其三、四阶矩也有应用.

定义 3.3.5　设 Z 为随机变量. 其二、三阶中心矩存在. 称

$$\mathrm{sk}(X) = \frac{m_3}{m_2^{3/2}} = \frac{E[X - E(X)]^3}{[E(X - E(X))^2]^{3/2}}$$

为随机变量 X 的**偏度**(asymmetry coefficient), 或**偏斜系数** (coefficient of skewness).

偏度是表示随机变量概率分布偏斜方向与偏斜程度的数字特征, 它是无量纲的数值, 其大小与随机变量的具体单位无关. $\mathrm{sk}(X) > 0$, 表示 X 的概率分布向左偏斜; $\mathrm{sk}(X) < 0$, 表示 X 的概率分布向右偏斜; $\mathrm{sk}(X) = 0$, 表示 X 的概率分布为对称型, $\mathrm{sk}(X)$ 的大小表示 X 的偏斜程度大小.

2007 年轰动全国的假华南虎照片案例利用偏度很容易破解. 2011 年北京大学彭立中教授 (中国数学会原秘书长) 领导的研究小组利用自然条件下的虎照片和周正龙拍摄的假虎照片进行对比, 求出照片相邻两点灰度值的差. 分别计算出两幅照片的二、三阶中心矩和偏度. 发现周正龙所拍照片的偏度明显大于自然条件下的虎

头照片. 这是因为周正龙所拍"假虎"照片拍自年画, 对一致光源存在"反光". 而自然条件下虎头不存在一致"反光".

定义 3.3.6　设 X 为随机变量, 其四阶矩存在. 称

$$\mathrm{ck}(X) = \frac{E[X-E(X)]^4}{[E(X-E(X))^2]^2} - 3$$

为随机变量的**峭度**(kurtosis coefficient)或称**峰态系数**(coefficient of kurtosis).

峭度时表示随机变量概率分布陡峭程度的数字特征.

正态分布峭度 $\mathrm{ck}(X) = 0$, 故可用它来描述连续型随机变量的变化情况. $\mathrm{ck}(X) > 0$, 表示随机变量 X 的概率密度曲线比正态分布曲线陡峭; $\mathrm{ck}(X) < 0$, 表示随机变量 X 的概率密度曲线比正态分布曲线平坦. $|\mathrm{ck}(X)|$ 越大, 表示随机变量与正态分布差别越大.

§3.4　协方差与相关系数

对 n 维随机变量 $X = (X_1, X_2, \cdots, X_n)$, 由定义 3.1.5 知 $EX = (EX_1, EX_2, \cdots, EX_n)$. 还可定义

$$DX = (DX_1, DX_2, \cdots, DX_n).$$

DX 反映了随机变量各个分量对于各自的均值的离散程度. 但对于随机向量我们除了关心它的每一个分量的情况外, 还希望知道各个分量之间的联系, 而这是数学期望和方差描述不了的. 为此我们引进下面的量.

定义 3.4.1　若 (X,Y) 的二阶混合中心矩 $E[(X-EX)(Y-EY)]$ 存在, 就称之为 X 与 Y 的**协方差**, 记为 $\mathrm{Cov}(X,Y)$, 即

$$\mathrm{Cov}(X,Y) = E[(X-EX)(Y-EY)]. \tag{3.4.1}$$

若 (X,Y) 是连续型的, 其概率密度为 $f(x,y)$, 则

$$\mathrm{Cov}(X,Y) = \int_{-\infty}^{\infty}\int_{-\infty}^{\infty}(x-EX)(y-EY)f(x,y)\,\mathrm{d}x\,\mathrm{d}y. \tag{3.4.2}$$

若 (X,Y) 是离散型的, $P\{X=x_i, Y=y_j\} = p_{ij}$, 则

$$\mathrm{Cov}(X,Y) = \sum_i\sum_j(x_i-EX)(y_j-EY)p_{ij}. \tag{3.4.3}$$

由于

$$E[(X-EX)(Y-EY)]$$
$$=E[XY - X(EY) - Y(EX) + (EX)(EY)]$$
$$=E(XY) - (EX)(EY),$$

协方差也可用下式计算:

$$\mathrm{Cov}(X, Y) = E(XY) - (EX)(EY) \,. \tag{3.4.4}$$

对 $X = (X_1, X_2, \cdots, X_n)$, 若

$$b_{jk} = E[(X_j - EX_j)(X_k - EX_k)] \tag{3.4.5}$$

存在, n 阶矩阵

$$B = \begin{pmatrix} b_{11} & b_{12} & \cdots & b_{1n} \\ b_{21} & b_{22} & \cdots & b_{2n} \\ \vdots & \vdots & & \vdots \\ b_{n1} & b_{n2} & \cdots & b_{nn} \end{pmatrix}$$

称为 X 的**协方差矩阵**(covariance matrix). 显然 $b_{jj} = DX_j$.

协方差矩阵 B 有下面的性质:

(i) 对称性, 即 $b_{jk} = b_{kj}$, j, $k = 1, 2, \cdots, n$;

(ii) 非负定性, 即对任意实数 $t_1, t_2, \cdots, t_n$, 有

$$\sum_{j,k=1}^{n} b_{jk} t_j t_k \geqslant 0 \,.$$

实际上由 (3.4.5) 式,(i) 显然; 而设 X 的概率密度为 $f(x_1, x_2, \cdots, x_n)$, 则有

$$\sum_{j,k=1}^{n} b_{jk} t_j t_k = \sum_{j,k=1}^{n} E[(X_j - EX_j)(X_k - EX_k)] t_j t_k$$

$$= \int_{-\infty}^{\infty} \cdots \int_{-\infty}^{\infty} \left[\sum_{j=1}^{n} t_j (x_j - EX_j) \right]^2$$

$$\times f(x_1, x_2, \cdots, x_n) \,\mathrm{d}x_1 \,\mathrm{d}x_2 \cdots \mathrm{d}x_n \geqslant 0 \,.$$

这就是 (ii).

由 $\mathrm{Cov}(X, Y)$ 的定义容易证明协方差有下列性质:

(i) $\mathrm{Cov}(X, Y) = \mathrm{Cov}(Y, X)$;

(ii) $\mathrm{Cov}(aX, bY) = ab\,\mathrm{Cov}(X, Y)$;

(iii) $\mathrm{Cov}(X_1 + X_2, Y_1 + Y_2) = \mathrm{Cov}(X_1, Y_1) + \mathrm{Cov}(X_2, Y_1) + \mathrm{Cov}(X_1, Y_2)$
$$+ \mathrm{Cov}(X_2, Y_2) \,.$$

由此可知

$$D(X + Y) = E[(X + Y) - E(X + Y)]^2$$

$$= E[(X - EX) + (Y - EY)]^2$$

$$= DX + DY + 2\mathrm{Cov}(X, Y),$$

或一般地

$$D\left(\sum_{i=1}^{n} a_i X_i\right) = E\left(\sum_{i=1}^{n} a_i X_i - E\sum_{i=1}^{n} a_i X_i\right)^2$$

$$= E\left[\sum_{i=1}^{n} a_i (X_i - EX_i)\right]^2$$

$$= \sum_{i=1}^{n} a_i^2 DX_i + 2\sum_{i<j} a_i a_j \mathrm{Cov}(X_i, X_j), \tag{3.4.6}$$

其中 a_i 为常数, $i = 1, 2, \cdots, n$.

在实际中, 我们常用 "标准化" 了的协方差, 这就是下面的定义.

定义 3.4.2　如果 $\mathrm{Cov}(X, Y)$ 存在, $DX > 0, DY > 0$,数值 $\dfrac{\mathrm{Cov}(X, Y)}{\sqrt{DX}\sqrt{DY}}$ 称为 X 和 Y 的**相关系数**或**标准协方差**(standardized covariance), 记为 ρ_{XY}, 即

$$\rho_{XY} = \frac{\mathrm{Cov}(X, Y)}{\sqrt{DX}\sqrt{DY}}. \tag{3.4.7}$$

显然 ρ_{XY} 是无量纲的数. 为研究 ρ_{XY} 的性质, 先给出如下定理.

定理 3.4.1 (柯西–施瓦茨 (Cauchy-Schwartz) 不等式)　随机变量 ξ, η 满足 $E(\xi^2) < \infty, E(\eta^2) < \infty$, 则有

$$\left[E(\xi\eta)\right]^2 \leqslant E(\xi^2) \cdot E(\eta^2). \tag{3.4.8}$$

证　设 t 是一个实变量, 考虑

$$q(t) = E[(\xi + t\eta)^2] = E(\xi^2) + 2tE(\xi\eta) + t^2 E(\eta^2).$$

若 $E(\eta^2) = 0$, 则由 $q(t) \geqslant 0$ 知必有 $E(\xi\eta) = 0$. 此时 (3.4.8) 式成立. 下面设 $E(\eta^2) > 0$, 此时关于 t 的二次函数 $q(t) \geqslant 0$, 故 $q = q(t)$ 的图形在 t 轴的上方, 且与 t 轴至多有一个交点, 所以判别式 $[2E(\xi\eta)]^2 - 4E(\xi^2)E(\eta^2) \leqslant 0$, 这就是 (3.4.8) 式.□

定理 3.4.2　X, Y 的相关系数 ρ_{XY} 有如下性质:

(i) $|\rho_{XY}| \leqslant 1$;

(ii) $|\rho_{XY}| = 1$ 的充要条件是存在常数 a, b, 使

$$P\{Y = aX + b\} = 1.$$

证　(i) 令 $\eta = X - EX, \xi = Y - EY$, 由 (3.4.8) 式有

$$\rho_{XY}^2 = \frac{(E[(X - EX)(Y - EY)])^2}{E(X - EX)^2 \cdot E(Y - EY)^2} = \frac{[E(\xi\eta)]^2}{E(\xi^2)E(\eta^2)} \leqslant 1, \tag{3.4.9}$$

即 $|\rho_{XY}| \leqslant 1$. 下证 (ii).

由 (3.4.9) 式知

$$|\rho_{XY}| = 1 \Longleftrightarrow [E(\xi\eta)]^2 = E(\xi^2)E(\eta^2)\,.$$

由定理 3.4.1 的证明过程可知, 右边的等式等价于 $q(t) = 0$ 有实的重根 t_0, 即等价于, 存在重根 t_0, 使

$$E(\xi + t_0\eta)^2 = q(t_0) = 0\,. \tag{3.4.10}$$

又由于

$$E(\xi + t_0\eta) = E[(Y - EY) + t_0(X - EX)] = 0\,,$$

故 (3.4.10) 式就是 $D(\xi + t_0\eta) = 0$. 由定理 3.2.2, 有

$$D(\xi + t_0\eta) = 0 \Longleftrightarrow P\{\xi + t_0\eta = 0\} = 1$$
$$\Longleftrightarrow P\{Y = -t_0 X + (EY + t_0 EX)\} = 1\,,$$

令 $-t_0 = a, EY + t_0 EX = b$, 这就是 (ii). $\qquad\qquad\square$

注意到 t_0 是 $q(t) = 0$ 的重根, 所以

$$t_0 = -\frac{2E(\xi\eta)}{2E(\eta^2)} = -\frac{\mathrm{Cov}(X,Y)}{DX} = -\rho_{XY}\frac{\sqrt{DX}\sqrt{DY}}{DX}\,,$$

故 $a = -t_0$ 说明 a 与 ρ_{XY} 同号.

定理 3.4.2 表明, 当 $\rho_{XY} = \pm 1$ 时 X 与 Y 存在着线性关系, 此时如给定一个随机变量的值, 另一个随机变量的值便可完全确定. $|\rho_{XY}| = 1$ 是 X 与 Y 有线性关系的一个极端, 另一个极端是 $\rho_{XY} = 0$. 为此有下面的定义.

定义 3.4.3 若随机变量 X 与 Y 的相关系数 $\rho_{XY} = 0$, 我们就称 X 与 Y **不相关**(uncorrelated).

由于 $\rho_{XY} = 0$ 表示 X, Y 不相关, $|\rho_{XY}| = 1$ 表示 X 与 Y 线性相关, 所以 $|\rho_{XY}|$ 刻画了 X 与 Y 之间的线性关系的程度. 通常当 $\rho_{XY} > 0$ 时称 X 与 Y**正相关**(positive correlated), $\rho_{XY} < 0$ 时称 X 与 Y**负相关**(negative correlated).

定理 3.4.3 对随机变量 X 与 Y, 下面的事实是等价的:

(i) $\mathrm{Cov}(X,Y) = 0$;

(ii) X 与 Y 不相关;

(iii) $E(XY) = EX \cdot EY$;

(iv) $D(X + Y) = DX + DY$.

证 (i)$\Longleftrightarrow$(ii) 是显然的, 由 (3.4.4) 式

$$\mathrm{Cov}(X,Y) = E(XY) - EX \cdot EY$$

知 (i)$\Longleftrightarrow$ (iii). 又由于

$$
\begin{aligned}
D(X+Y) &= E[(X+Y)-E(X+Y)]^2 \\
&= E[(X-EX)+(Y-EY)]^2 \\
&= DX+DY+2\mathrm{Cov}(X,Y)
\end{aligned}
$$

知 (i)$\Longleftrightarrow$(iv). $\qquad\qquad\qquad\qquad\qquad\qquad\qquad\qquad\qquad\square$

我们知道独立性和不相关性都是随机变量间的联系"薄弱"的一种反映, 自然想知道这两个概念之间的关系. 为此有如下定理.

定理 3.4.4　若 X 与 Y 独立, 则 X 与 Y 不相关.

证　只对连续型随机变量给出证明.

由于 X 与 Y 独立, 故其密度函数 $f(x,y)=f_X(x)f_Y(y)$, 因此

$$
\begin{aligned}
\mathrm{Cov}(X,Y) &= \int_{-\infty}^{\infty}\int_{-\infty}^{\infty}(x-EX)(y-EY)f(x,y)\,\mathrm{d}x\,\mathrm{d}y \\
&= \int_{-\infty}^{\infty}(x-EX)f_X(x)\,\mathrm{d}x \cdot \int_{-\infty}^{\infty}(y-EY)f_Y(y)\,\mathrm{d}y \\
&= 0. \qquad\qquad\qquad\qquad\qquad\qquad\qquad\qquad\square
\end{aligned}
$$

由定理 3.4.3 及定理 3.4.4 可知, 若 X 与 Y 独立, 则 $E(XY)=EX\cdot EY$, $D(X+Y)=DX+DY$ 成立, 同样的结论可以证明这些结论对 n 个随机变量的情况也成立. 即若 $X_1,X_2,\cdots,X_n$ 是相互独立的, 则

$$
E(X_1X_2\cdots X_n)=EX_1EX_2\cdots EX_n, \tag{3.4.11}
$$

$$
D(X_1+X_2+\cdots+X_n)=DX_1+DX_2+\cdots+DX_n. \tag{3.4.12}
$$

下面的例说明, 定理 3.4.4 的逆不成立.

例 3.4.1　设 (X,Y) 在由直线 $y=1-x, y=x-1$ 及 y 轴所围成的区域内服从均匀分布.

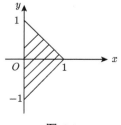

图 3.2

(i) 问 X 与 Y 是否不相关;

(ii) 问 X 与 Y 是否独立.

解　(X,Y) 的概率密度为 (图 3.2)

$$
f(x,y)=\begin{cases} 1, & 0<x<1, x-1<y<1-x, \\ 0, & \text{其他}. \end{cases}
$$

(i) $EX = \displaystyle\int_{-\infty}^{\infty}\int_{-\infty}^{\infty} x f(x,y)\,\mathrm{d}x\,\mathrm{d}y = \int_0^1 \mathrm{d}x \int_{x-1}^{1-x} x\,\mathrm{d}y = \dfrac{1}{3}$,

$\quad EY = \displaystyle\int_{-\infty}^{\infty}\int_{-\infty}^{\infty} y f(x,y)\,\mathrm{d}x\,\mathrm{d}y = \int_0^1 \mathrm{d}x \int_{x-1}^{1-x} y\,\mathrm{d}y = 0$,

$\quad E(XY) = \displaystyle\int_0^1 \mathrm{d}x \int_{x-1}^{1-x} xy\,\mathrm{d}y = 0$.

所以

$$\mathrm{Cov}(X,Y) = E(XY) - EX \cdot EY = 0,$$

即 X 与 Y 不相关.

(ii) $f_X(x) = \displaystyle\int_{-\infty}^{\infty} f(x,y)\,\mathrm{d}y = \begin{cases} 2(1-x), & 0 < x < 1, \\ 0, & \text{其他}. \end{cases}$

$\quad f_Y(y) = \displaystyle\int_{-\infty}^{\infty} f(x,y)\,\mathrm{d}x = \begin{cases} 1+y, & -1 < y \leqslant 0, \\ 1-y, & 0 < y < 1, \\ 0, & \text{其他}. \end{cases}$

因为 $f_X(x) f_Y(y) \neq f(x,y)$, 所以 X 与 Y 不独立.

例 3.4.2 设二维随机变量 (X,Y) 在区域 $G = \{(x,y) : 0 \leqslant x \leqslant 2, 0 \leqslant y \leqslant 1\}$ 上服从均匀分布. 记

$$\xi = \begin{cases} 0, & X \leqslant Y, \\ 1, & X > Y, \end{cases} \qquad \eta = \begin{cases} 0, & X \leqslant 2Y, \\ 1, & X > 2Y. \end{cases}$$

(i) 求 (ξ, η) 的联合分布;

(ii) 求 $\rho_{\xi\eta}$.

解 (i) 区域 G 如图 3.3 所示. 由题意易知

$$\begin{cases} P\{X \leqslant Y\} = \dfrac{1}{4}, \\[2mm] P\{X > 2Y\} = \dfrac{1}{2}, \\[2mm] P\{Y < X \leqslant 2Y\} = \dfrac{1}{4}. \end{cases}$$

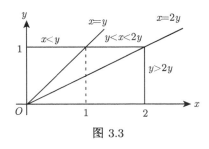

图 3.3

(ξ, η) 有 4 个可能值 $(0,0)$, $(0,1)$, $(1,0)$, $(1,1)$.

$\quad P\{\xi = 0, \eta = 0\} = P\{X \leqslant Y, X \leqslant 2Y\} = P\{X \leqslant Y\} = \dfrac{1}{4}$,

$\quad P\{\xi = 0, \eta = 1\} = P\{X \leqslant Y, X > 2Y\} = 0$,

$\quad P\{\xi = 1, \eta = 0\} = P\{X > Y, X \leqslant 2Y\} = \dfrac{1}{4}$,

$\quad P\{\xi = 1, \eta = 1\} = 1 - \dfrac{1}{4} - \dfrac{1}{4} = \dfrac{1}{2}$.

(ii) 由 (i) 可知

ξ 的分布为

$$P\{\xi = 0\} = \frac{1}{4}, \quad P\{\xi = 1\} = \frac{3}{4},$$

η 的分布为

$$P\{\eta = 0\} = \frac{1}{2}, \quad P\{\eta = 1\} = \frac{1}{2},$$

$\xi\eta$ 的分布为

$$P\{\xi\eta = 0\} = \frac{1}{2}, \quad P\{\xi\eta = 1\} = \frac{1}{2}.$$

所以

$$E\xi = \frac{3}{4}, \quad E\eta = \frac{1}{2}, \quad E\xi\eta = \frac{1}{2}, \quad D\xi = \frac{3}{16}, \quad D\eta = \frac{1}{4}.$$

$$\mathrm{Cov}(\xi, \eta) = E(\xi\eta) - E(\xi) \cdot E(\eta) = \frac{1}{8},$$

$$\rho_{\xi\eta} = \frac{\mathrm{Cov}(\xi, \eta)}{\sqrt{D\xi\, D\eta}} = \frac{1}{\sqrt{3}}.$$

例 3.4.3　设 (X, Y) 服从二维正态分布, 即概率密度为

$$f(x, y) = \frac{1}{2\pi\sigma_1\sigma_2\sqrt{1-\rho^2}} \exp\Big\{ -\frac{1}{2(1-\rho^2)}\Big[\Big(\frac{x-\mu_1}{\sigma_1}\Big)^2$$

$$-2\rho\frac{(x-\mu_1)(y-\mu_2)}{\sigma_1\sigma_2} + \Big(\frac{y-\mu_2}{\sigma_2}\Big)^2\Big]\Big\}.$$

求 ρ_{XY}.

解　前面已算出 $X \sim N(\mu_1, \sigma_1^2)$, $Y \sim N(\mu_2, \sigma_2^2)$, $EX_1 = \mu_1$, $EY = \mu_2$, $DX = \sigma_1^2$, $DY = \sigma_2^2$, 所以

$$\begin{aligned}
\mathrm{Cov}(X, Y) &= E[(X - EX)(Y - EY)] \\
&= \int_{-\infty}^{\infty}\int_{-\infty}^{\infty} (x-\mu_1)(y-\mu_2)f(x,y)\,\mathrm{d}x\,\mathrm{d}y \\
&= \frac{1}{2\pi\sigma_1\sigma_2\sqrt{1-\rho^2}} \int_{-\infty}^{\infty}(y-\mu_2)\,\mathrm{d}y \int_{-\infty}^{\infty}(x-\mu_1) \\
&\quad \times \exp\Big\{ -\frac{1}{2(1-\rho^2)}\Big[\Big(\frac{x-\mu_1}{\sigma_1} - \rho\frac{y-\mu_2}{\sigma_2}\Big)^2 \\
&\quad + \frac{(y-\mu_2)^2}{\sigma_2}(1-\rho^2)\Big]\Big\}\,\mathrm{d}x \\
&\quad \Big(\diamondsuit\, t = \frac{1}{\sqrt{1-\rho^2}}\Big(\frac{x-\mu_1}{\sigma_1} - \rho\frac{y-\mu_2}{\sigma_2}\Big)\Big) \\
&= \frac{1}{2\pi\sigma_2}\int_{-\infty}^{\infty}(y-\mu_2)\exp\Big\{ -\frac{(y-\mu_2)^2}{2\sigma_2^2}\Big\}\,\mathrm{d}y
\end{aligned}$$

$$\times \int_{-\infty}^{\infty} \Big[\sigma_1 \sqrt{1-\rho^2}\, t + \rho \frac{\sigma_2}{\sigma_1}(y-\mu_2) \Big] \mathrm{e}^{-\frac{t^2}{2}}\, \mathrm{d}t$$

$$= \frac{\rho\sigma_1}{\sqrt{2\pi}\sigma_2} \int_{-\infty}^{\infty} (y-\mu_2)^2 \exp\Big\{ -\frac{(y-\mu_2)^2}{2\sigma_2^2} \Big\} \mathrm{d}y$$

$$\times \int_{-\infty}^{\infty} \frac{1}{\sqrt{2\pi}} \mathrm{e}^{-\frac{t^2}{2}}\, \mathrm{d}t$$

$$= \rho\sigma_1\sigma_2\,.$$

所以

$$\rho_{XY} = \frac{\mathrm{Cov}(X,Y)}{\sqrt{DX}\sqrt{DY}} = \frac{\rho\sigma_1\sigma_2}{\sigma_1\sigma_2} = \rho\,.$$

这说明, 二维正态分布中的参数 ρ 就是 X 与 Y 的相关系数. 由于我们已证明, (X,Y) 服从二维正态分布时, X 与 Y 独立的充要条件是 $\rho = 0$, 因此 $\rho_{XY} = 0$ 与 X, Y 独立等价. 也就是说, 对二维正态随机变量 (X,Y), X 与 Y 不相关与 X 与 Y 独立是等价的.

对 n 维正态分布, 我们给出下面的结论, 证明就略去了.

若 $X = (X_1, X_2, \cdots, X_n) \sim N(\mu, B)$, 则

(i) $EX_j = \mu_j, EX = \mu$, 即 μ 为 X 的数学期望;

(ii) $E(X_j - \mu_j)(X_k - \mu_k) = b_{jk}$, 即 $B = (b_{jk})$ 是 X 的协方差矩阵;

(iii) $X_1, X_2, \cdots, X_n$ 相互独立的充分条件是它们两两互不相关.

在求随机变量 X 的期望或其他数字特征时, 有时把 X 分解成若干个简单的随机变量之和. 利用数学期望的性质来求 X 的数字特征是方便的, 我们看几个这方面的例题.

例 3.4.4 设 $X \sim B(n, p)$, 求 EX 和 DX.

解 在例 3.1.4 和例 3.2.2 中已经求出了 EX 和 DX. 这里我们先把 X 分解成 n 个独立的随机变量 X_i 的和, $i = 1, 2, \cdots, n$, 令

$$X_i = \begin{cases} 1, & 第\ i\ 次试验中A出现, \\ 0, & 其他. \end{cases}$$

显然诸 X_i 相互独立, 且

$$X = X_1 + X_2 + \cdots + X_n\,,$$

X_i 的分布律为 $P\{X_i = 1\} = P(A) = p, P\{X_i = 0\} = 1 - p = q$. 故

$$EX_i = p\,,$$

$$DX_i = E(X_i - p)^2 = (1-p)^2 \cdot p + (0-p)^2 \cdot q = pq\,,$$

$i = 1, 2, \cdots, n$. 由定理 3.1.1 知

$$EX = EX_1 + EX_2 + \cdots + EX_n = np \,,$$

由 (3.3.12) 式, 有

$$DX = DX_1 + DX_2 + \cdots + DX_n = npq \,.$$

这一解法显然比例 3.1.4 与例 3.2.2 直接求出的解法要简单.

例 3.4.5　设 $X \sim N(50, 1), Y \sim N(60, 4), X$ 与 Y 独立, 若 $Z = 3X - 2Y - 10$, 求 $P\{Z > 0\}$.

解　本题如根据求随机变量函数的分布来求 Z 的分布密度就繁了. 由于正态分布的线性组合仍为正态分布, 且正态分布被其均值和方差唯一确定, 可以先求 Z 的期望与方差.

$$EZ = 3EX - 2EY - 10 = 150 - 120 - 10 = 20 \,,$$
$$DZ = D(3X) + D(-2Y) = 9DX + 4DY = 25 \,,$$

所以 $Z \sim N(20, 5^2)$, 于是

$$P(Z > 10) = 1 - \Phi\left(\frac{10 - 20}{5}\right) = 1 - \Phi(-2) = \Phi(2) = 0.97725 \,.$$

例 3.4.6　蒙特摩特 (Montmort) 配对问题.

n 个人将自己的帽子放在一起, 充分混合后每人随机地取出一顶, 试求选中自己的帽子的人数的均值与方差.

解　令 X 表示选中自己帽子的人数, 设

$$X_i = \begin{cases} 1, & \text{如第 } i \text{ 人选中自己的帽子,} \\ 0, & \text{其他,} \end{cases}$$

$i = 1, 2, \cdots, n$, 则有

$$X = X_1 + X_2 + \cdots + X_n \,.$$

易知

$$P\{X_i = 1\} = \frac{1}{n}, \quad P\{X_i = 0\} = \frac{n-1}{n} \,,$$

所以

$$EX_i = 1 \cdot \frac{1}{n} + 0 \cdot \frac{n-1}{n} = \frac{1}{n} \,,$$
$$DX_i = EX_i^2 - (EX_i)^2 = \frac{1}{n} - \frac{1}{n^2} = \frac{n-1}{n^2} \,,$$

$i = 1, 2, \cdots, n$. 所以

$$EX = EX_1 + EX_2 + \cdots + EX_n = 1,$$

在求 DX 时, 注意 $X_1, X_2, \cdots, X_n$ 不是相互独立的. 易知

$$X_i X_j = \begin{cases} 1, & \text{如第 } i \text{ 人与第 } j \text{ 人都选中自己的帽子}, \\ 0, & \text{反之}, \end{cases}$$

$i \neq j$, 于是

$$\begin{aligned} E(X_i X_j) &= P\{X_i = 1, X_j = 1\} \\ &= P\{X_i = 1\}P\{X_j = 1 | X_i = 1\} \\ &= \frac{1}{n(n-1)}, \\ \mathrm{Cov}(X_i, X_j) &= E(X_i X_j) - E(X_i)E(X_j) = \frac{1}{n^2(n-1)}, \end{aligned}$$

由 (3.4.6) 式知

$$\begin{aligned} DX &= \sum_{i=1}^{n} DX_i + 2\sum_{i<j} \mathrm{Cov}(X_i, X_j) \\ &= \frac{n-1}{n} + 2\mathrm{C}_n^2 \frac{1}{n^2(n-1)} \\ &= 1. \end{aligned}$$

本例如用定义直接求 EX, DX, 相当难繁, 在求 $P\{X = k\} = p_k$ 时, 先求 p_0, 即配对个数为 0 的概率. 以 A_i 表 "第 i 人选中自己的帽子", 则

$$p_0 = 1 - P\left\{\bigcup_{i=1}^{n} A_i\right\},$$

为求 $P\{\bigcup_{i=1}^{n} A_i\}$ 要用推论 1.2.2、一般加法公式, 根据 p_0 进一步求出 p_k. 再直接由定义求 EX, DX. 有兴趣的读者可作为练习自己推演下去, 这里就略去了.

习 题 3

1. 袋中有 10 个球, 其中 8 个球标有 2, 2 个球标有 8, 从袋中随机地取出 3 个球, 求这 3 个球上数码之和的数学期望.

2. 甲、乙进行乒乓球比赛, 先胜 4 场者胜利. 设甲、乙每场比赛获胜的概率都是 $\frac{1}{2}$, 试求比赛结束时比赛场数的数学期望.

3. 一盒电阻共 12 个, 其中 9 个合格品,3 个次品. 先从中任取一个电阻检验为合格品就使用, 若是次品就放在一边再取一个, 直到取得合格品为止. 求在取得合格品前已取出的次品数的数学期望.

4. 射击比赛中每人可打 4 发子弹, 规定全不中得 0 分, 中 1 发得 1.5 分, 中 2 发得 3 分, 中 3 发得 5.5 分, 4 发全中得 10 分. 某人每次射击的命中率为 $\frac{2}{3}$, 问他得分的数学期望是多少?

5. 设计一座桥梁时建议今后 25 年中桥被洪水淹没的允许概率为 0.3.

(i) 以 p 表示在一年内桥的设计洪水位被超过的概率, 试求满足上述设计准则的 p 值. (提示: 对相当小的 x 值, 利用公式 $(1-x)^n \approx 1 - nx$.)

(ii) 这一设计洪水位的重现期是多少?

6. 设 X 为取非负整数值的随机变量, 则 $EX = \sum\limits_{k=1}^{\infty} P\{X \geqslant k\}$.

7. 设 X 的分布函数为

$$F(x) = \begin{cases} 0, & x < -1, \\ 0.4, & -1 \leqslant x < 0, \\ 0.7, & 0 \leqslant x < 1, \\ 1, & x \geqslant 1. \end{cases}$$

求 (i) EX; (ii) $E(3X^2 + 5)$; (iii) DX.

8. 工程队完成某项工程的时间 $X \sim N(100, 16)$(单位: 天), 甲方规定若工程在 100 天内完成, 发奖金 10000 元; 若在 100 至 112 天内完成, 只发奖金 1000 元; 若完工时间超过 112 天, 则罚款 5000 元. 求该工程队完成此工程时获奖的数学期望.

9. 20000 件产品中有 1000 件次品, 从中任意抽取 100 件进行检验. 求验得次品数的数学期望.

10. 设随机变量 X 的概率密度为

$$f(x) = \begin{cases} x, & 0 \leqslant x < 1, \\ 2 - x, & 1 \leqslant x < 2, \\ 0, & \text{其他}. \end{cases}$$

求 $E(X^n)$, n 为自然数.

11. 设连续型随机变量 X 的概率密度为

$$f(x) = \begin{cases} a + bx^2, & 0 < x < 1, \\ 0, & \text{其他}, \end{cases}$$

且 $EX = \frac{3}{5}$, 求 (i) 常数 a, b 的值; (ii) DX.

12. 设随机变量 X 的分布函数为

$$F(x) = \begin{cases} 0, & x < -1, \\ a + b\arcsin x, & -1 \leqslant x < 1, \\ 1, & x \geqslant 1. \end{cases}$$

求 (i) 常数 a, b 的值; (ii) EX; (iii) DX.

13. 设随机变量 X 服从参数为 1 的指数分布, 求 $E(X + \mathrm{e}^{-2X})$.

14. 随机变量 X 服从正态分布, 若 $EX = 5000, P\{4500 < X < 5500\} = 0.9$, 求 DX.

15. 若 $X \sim N(\mu, \sigma^2)$, 证明 $E|X - EX| = \sqrt{\dfrac{2DX}{\pi}}$.

16. 气体分子的运动速度 X 的绝对值服从麦克斯韦分布, 其分布密度为

$$f(x) = \begin{cases} \dfrac{4x^2}{a^3\sqrt{\pi}}\mathrm{e}^{-\frac{x^2}{a^2}}, & x > 0, \\ 0, & x \leqslant 0. \end{cases}$$

求 (i) EX, DX; (ii) 平均动能 $E\left(\dfrac{1}{2}mX^2\right)$, 其中常数 m 为分子质量.

17. 设随机变量 X 的概率密度为

$$f(x) = \begin{cases} 1 - |1 - x|, & 0 < x < 2, \\ 0, & \text{其他}. \end{cases}$$

求 $Y = \dfrac{X - EX}{\sqrt{DX}}$ 的概率密度.

18. 某种商品每周内的需求量 X 服从 $[10, 30]$ 上的均匀分布, 商店进货数量为 $[10, 30]$ 中的某一整数. 已知商店每销售 1 件可获利 500 元, 若供大于求则做削价处理, 每处理 1 件亏损 100 元; 若供不应求则缺货部分从别处调剂供应, 此时售出 1 件只获利 300 元. 为使商店平均利润不少于 9280 元, 试确定最少进货量.

19. 设 $X \sim N(0, \sigma^2)$. 求 $E(X^n), n$ 为自然数.

20. 设 X 与 Y 独立, 且 $EX = EY = 2, DX = DY = 1$, 求 $E(X + Y)^2$.

21. 设 (X, Y) 的概率密度为

$$f(x, y) = \begin{cases} k, & 0 < x < 1, \quad 0 < y < x, \\ 0, & \text{其他}. \end{cases}$$

试确定常数 k. 并求 $E(XY)$.

22. 把 n 只球放入 M 只盒子中去, 设每只球落入各个盒子是等可能的, 求有球的盒子数 X 的数学期望. (提示: 第 $22 \sim 25$ 题仿例 3.3.4 的方法构造 X_i, 使 $X = \sum X_i$.)

23. 标号为 1 至 n 的 n 个球随机地放入标号为 1 至 n 的 n 个盒. 一个盒只能装 1 个球, 一只球落入与球同号的盒子称为一个 "配对". 记 X 为配对的个数, 求 EX 和 DX.

24. 有 n 个袋子, 每个袋子中都装有 a 个白球 b 个黑球. 先从第一个袋中任意摸出 1 球, 记下颜色后把它放入第二个袋子中, 再从第二个袋子中任意摸出 1 球, 记下颜色后把它放入第三个袋子中, 如此依次摸下去, 最后从第 n 个袋中摸出 1 球并记下颜色, 试求这 n 次摸球中所摸得的白球数的数学期望.

25. 实验室中共有 n 台仪器, 第 i 台仪器发生故障的概率为 p_i, 设各台仪器发生故障是相互独立的. 记 X 为实验室中发生故障的仪器台数, 求 EX, DX.

26. 卡车装运水泥, 设每袋水泥的重量是相互独立的, 且服从 $N(50, 2.5^2)$ 分布 (单位: 千克). 问装多少袋水泥能使总重量超过 2000 千克的概率为 0.05?

27. 设 (X, Y) 的概率密度为

$$f(x, y) = \begin{cases} 8xy, & 0 < x < 1, 0 < y < x, \\ 0, & \text{其他}. \end{cases}$$

求 $EX, EY, \text{Cov}(X, Y)$.

28. (i) 已知 $EX = EY = 1, EZ = -1, DX = DY = DZ = 1, \rho_{XY} = 0, \rho_{XZ} = \frac{1}{2}, \rho_{YZ} = -\frac{1}{2}$, 求 $D(X + Y + Z)$;

(ii) 已知 $DX = 25, DY = 36, \rho_{XY} = 0.4$, 求 $D(X + Y), D(X - Y)$.

29. 设 X 与 Y 独立, 均服从 $N(\mu, \sigma^2)$ 分布.

(i) 求 $aX + bY$ 与 $aX - bY$ 的相关系数, 其中 a, b 为不全为 0 的常数;

(ii) 证明 $E(\max\{X, Y\}) = \mu + \dfrac{\sigma}{\sqrt{\pi}}$.

30. 设 (X, Y) 的联合分布律为

Y ＼ X	0	1	2	3
1	0	$\frac{3}{8}$	$\frac{3}{8}$	0
3	$\frac{1}{8}$	0	0	$\frac{1}{8}$

说明 X 与 Y 不相关, 但 X 与 Y 不独立.

31. 设 X 与 Y 独立, 均服从几何分布 $P\{X = k\} = p q^k, k = 0, 1, \cdots$. 求 $E(\max\{X, Y\})$.

32. 设 (X, Y) 的概率密度为

$$f(x, y) = \begin{cases} 1, & 0 < x < 1, |y| < x, \\ 0, & \text{其他}. \end{cases}$$

问: (i) X 与 Y 是否不相关? (ii) X 与 Y 是否独立?

33. A, B 为两个事件, 定义随机变量

$$X = \begin{cases} 1, & A\text{出现}, \\ 0, & A\text{不出现}, \end{cases} \qquad Y = \begin{cases} 1, & B\text{出现}, \\ 0, & B\text{不出现}, \end{cases}$$

证明: (i) X 与 Y 不相关的充要条件是 A 与 B 相互独立;

(ii) 若 $\rho_{XY} = 0$ 则 X 与 Y 必独立.

34. 袋中有 4 个白球和 5 个黑球, 第一次从袋中取出 3 个球 (不放回), 接着第二次又取出 5 个球. 以 X 表示"第一次取出的白球数", Y 表示"第二次取出的白球数". 求 $Y = i$ 的条件下 X 的条件分布律, $i = 1, 2, 3, 4$.

35. (X, Y) 的概率密度为

$$f(x, y) = \begin{cases} 24y(1 - x - y), & 0 \leqslant x \leqslant 1,\ 0 \leqslant y \leqslant 1 - x, \\ 0, & \text{其他}. \end{cases}$$

求 $f_Y(y)$ 及 $f_{X|Y}(x|y)$.

36. 某车间从一电力公司每天得到电能 X(单位：千瓦) 服从 $[10, 30]$ 上的均匀分布. 该车间每天对电能的需要量 Y 服从 $[10, 20]$ 上的均匀分布，X 与 Y 独立. 设车间从电力公司得到的每千瓦电能可取得 300 元利润；如车间用电量超过电力公司所提供的数量，就要使用自备发电机提供的附加电能来补充，而从附加电能中每千瓦只能取得 100 元利润. 问一天中该车间获得利润的数学期望是多少？

37. 填空题

(i) 已知连续型随机变量 X 的概率密度函数为 $f(x) = \dfrac{1}{\sqrt{\pi}} e^{-x^2 + 2x - 1}, -\infty < x < +\infty$，则 $E(X) = $ _____，$D(X) = $ _____.

(ii) 设随机变量 X 在区间 $[-1, 2]$ 上服从均匀分布随机变量

$$Y = \begin{cases} 1, & X > 0, \\ 0, & X = 0, \\ -1, & X < 0, \end{cases}$$

则 $D(Y) = $ _____.

(iii) 设随机变量 X 和 Y 的相关系数为 0.9，若 $Z = X - 0.4$，则 Y 与 Z 的相关系数为_____.

(iv) 设随机变量 X 服从参数为 λ 的指数分布，则 $P\{X > \sqrt{D(X)}\} = $ _____.

(v) 设随机变量 X 与 Y 独立，且 X 服从均值为 1，标准差为 $\sqrt{2}$ 的正态分布，而 Y 服从标准正态分布，则随机变量 $Z = 2X - Y + 3$ 的概率密度函数为_____.

(vi) 设随机变量 X 的分布函数为

$$F(x) = 0.3\Phi(x) + 0.7\Phi\left(\frac{x - 1}{2}\right),$$

其中 $\Phi(x)$ 为标准正态分布函数，则 $E(X) = $ _____.

38. 选择题

(i) 设二维随机变量 (X, Y) 服从二维正态分布，则随机变量 $\xi = X + Y$ 与 $\eta = X - Y$ 不相关的充分必要条件为 (　　).

(A) $E(X) = E(Y)$　　　　　　(B) $E(X^2) - [E(X)]^2 = E(Y^2) - [E(Y)]^2$

(C) $E(X^2) = E(Y^2)$　　　　　(D) $E(X^2) + [E(X)]^2 = E(Y^2) + [E(Y)]^2$

(ii) 设随机变量 X 与 Y 相互独立，且 $D(X) = 4, D(Y) = 2$，则 $D(3X - 2Y) = $ (　　).

(A) 8　　　　(B) 16　　　　(C) 28　　　　(D) 44

(iii) 将一枚硬币重复掷 n 次，以 X 和 Y 分别表示正面向上和反面向上的次数，则 X 和 Y 的相关系数等于 (　　).

(A) -1 (B) 0   (C) $\frac{1}{2}$ (D) 1

(iv) 设随机变量 X 和 Y 的方差存在且不等于零, 则 $D(X+Y) = D(X) + D(Y)$ 是 X 和 Y(   ).

(A) 不相关的充分条件, 但不是必要条件

(B) 独立的充分条件, 但不是必要条件

(C) 不相关的充分必要条件

(D) 独立的充分必要条件

(v) 设随机变量 X 和 Y 独立同分布, 且期望和方差都存在, 记 $U = X - Y, V = X + Y$, 则随机变量 U 和 V 必然 (   ).

(A) 不相互独立   (B) 相互独立

(C) 协方差不为零   (D) 协方差为零

第 4 章　大数定律与中心极限定理

我们知道随机事件在某次试验中可能出现也可能不出现, 但在大量的重复试验中却呈现出明显的规律性, 即事件出现的频率将稳定于某一常数, 这个常数就是事件的概率. 实际上概率的法则总是在对大量随机现象的考察中才能呈现出来. 而研究"大量"的随机现象, 在数学上就是采用极限的形式来表现. 这就导致极限定理的研究. 极限定理是概率论的基本理论之一, 它的内容相当广泛, 其中最重要的两种是大数定律和中心极限定理. 由于篇幅和数学工具所限, 我们只介绍一些最基本的内容.

§4.1　大 数 定 律

在 1.2 节中我们是先分析容易理解的频率的概念, 从频率的性质推断出概率应满足的性质, 而给出概率定义的. 那里我们曾提到: 在相当广泛的条件下, 当 $n \to \infty$ 时, 在一定意义下, 频率 $F_n(A)$ 趋于 A 的概率 $P(A)$. 也就是说, 在研究概率这一最基本的概念时, 为我们提出了如下的理论问题:

在伯努利试验中, 事件 A 发生的概率为 p, $f_n(A)$ 表示 n 次试验中 A 出现的次数, 我们要问能否从数学上证明 n 次试验中 A 出现的频率 $F_n(A) = \dfrac{f_n(A)}{n}$ 趋近于 p? 或者用随机变量来表达, 令

$$X_i = \begin{cases} 1, & \text{第}\,i\,\text{次试验}A\text{发生}, \\ 0, & \text{其他}. \end{cases}$$

则 $EX_i = p, \dfrac{1}{n}\sum\limits_{i=1}^{n} EX_i = p, F_n(A) = \dfrac{f_n(A)}{n} = \dfrac{1}{n}\sum\limits_{i=1}^{n} X_i$, 上面问题转化为能否证明 $n \to \infty$ 时

$$\frac{1}{n}\sum_{i=1}^{n} X_i \to p = \frac{1}{n}\sum_{i=1}^{n} EX_i \tag{4.1.1}$$

或者

$$\frac{1}{n}\sum_{i=1}^{n}(X_i - EX_i) \to 0 ? \tag{4.1.2}$$

为证 (4.1.1) 式, 令 $Y_n = \dfrac{1}{n}\sum\limits_{i=1}^{n} X_i$, (4.1.1) 式即 $Y_n \to EY_n$, 也就是说要估计 $|Y_n - EY_n|$, 为此需要下面的定理.

定理 4.1.1 (切比雪夫不等式)   对任意随机变量 X, 若 DX 存在, 则对任意 $\varepsilon > 0$, 有

$$P\{|X - EX| \geqslant \varepsilon\} \leqslant \frac{DX}{\varepsilon^2}. \tag{4.1.3}$$

证   仅证连续型情形, 离散型完全类似. 设 X 的概率密度为 $f(x)$, 则

$$
\begin{aligned}
P\{|X - EX| \geqslant \varepsilon\} &= \int_{|x-EX| \geqslant \varepsilon} f(x)\,\mathrm{d}x \\
&\leqslant \int_{|x-EX| \geqslant \varepsilon} \frac{(x - EX)^2}{\varepsilon^2} f(x)\,\mathrm{d}x \\
&\leqslant \frac{1}{\varepsilon^2} \int_{-\infty}^{\infty} (x - EX)^2 f(x)\,\mathrm{d}x \\
&= \frac{1}{\varepsilon^2} DX.
\end{aligned}
$$

(4.1.3) 式等价于 $P\{|X - EX| < \varepsilon\} \geqslant 1 - \dfrac{DX}{\varepsilon^2}$.   □

切比雪夫不等式(Chebyshev inequality)说明随机变量 X 与它的均值 EX 的距离大于 ε 的概率不超过 $\dfrac{1}{\varepsilon^2} DX$, 这正是方差 DX 刻画了 X 取值的分散程度的含义. 利用这一不等式读者可以证明定理 3.2.2.

下面要讨论 (4.1.1) 式中的极限是在什么意义下的收敛. (4.1.1) 式是指

$$Y_n(\omega) = \frac{1}{n} \sum_{i=1}^{n} X_i(\omega) \to p. \tag{4.1.4}$$

在高等数学中定义函数项级数时令 $\sum\limits_{k=1}^{n} u_k(x) = S_n(x)$, 如 $\lim\limits_{n \to \infty} S_n(x) = S(x)$ 对某区间 $[a, b]$ 中一切 x 都成立, 就说级数和在 $[a, b]$ 为 $S(x) = \sum\limits_{k=1}^{\infty} u_k(x)$. 这一收敛是逐点收敛, 即对区域中一切点 x, 极限都存在. 这一要求用在随机变量的情况下就过强了, 即不能保证对任意点 $\omega \in \Omega$, (4.1.4) 式都成立. 为此我们引进较弱的、新的收敛定义.

定义 4.1.1(依概率收敛) $Y, Y_1, Y_2, \cdots$ 是一列随机变量. 若对任意 $\varepsilon > 0$, 有

$$\lim_{n \to \infty} P\{\omega : |Y_n(\omega) - Y(\omega)| \geqslant \varepsilon\} = 0, \tag{4.1.5}$$

就称 $\{Y_n\}$**依概率收敛**于 $\boldsymbol{Y}$(convergence in probability), 记为 $Y_n \xrightarrow{P} Y$.

(4.1.5) 式表明 $Y_n \xrightarrow{P} Y$ 只要求对充分大的 n, "$|Y_n - Y| \geqslant \varepsilon$" 的概率任意小就够了. 并不要求对任意 $\omega \in \Omega$, $\lim\limits_{n \to \infty} Y_n(\omega) = Y(\omega)$. 实际上, 可以举出这样的例子: 任意 $\omega \in \Omega$, $\lim\limits_{n \to \infty} Y_n(\omega) \neq Y(\omega)$, 但却有 $Y_n \xrightarrow{P} Y$.

显然 (4.1.5) 式等价于 $\lim\limits_{n \to \infty} P\{|Y_n - Y| < \varepsilon\} = 1$.

现在可以给出 (4.1.1), (4.1.2) 式的严格表述了.

定理 4.1.2　设随机变量 $X_1, X_2, \cdots$ 两两互不相关, 每一随机变量的方差都存在, 且有公共的上界, 即存在 $C > 0$, 使 $DX_i \leqslant C, i = 1, 2, \cdots$, 则对任意 $\varepsilon > 0$, 有

$$
\begin{aligned}
&\lim_{n \to \infty} P\left\{\left|\frac{1}{n}\sum_{i=1}^{n} X_i - \frac{1}{n}\sum_{i=1}^{n} EX_i\right| \geqslant \varepsilon\right\} \\
&= \lim_{n \to \infty} P\left\{\left|\frac{1}{n}\sum_{i=1}^{n}(X_i - EX_i)\right| \geqslant \varepsilon\right\} = 0.
\end{aligned} \tag{4.1.6}
$$

证　令 $Y_n = \dfrac{1}{n}\sum\limits_{i=1}^{n} X_i$, 则 $EY_n = \dfrac{1}{n}\sum\limits_{i=1}^{n} EX_i$, 而

$$
DY_n = D\left(\frac{1}{n}\sum_{i=1}^{n} X_i\right) = \frac{1}{n^2}\sum_{i=1}^{n} DX_i \leqslant \frac{C}{n}.
$$

由切比雪夫不等式有

$$
\begin{aligned}
&P\left\{\left|\frac{1}{n}\sum_{i=1}^{n} X_i - \frac{1}{n}\sum_{i=1}^{n} EX_i)\right| \geqslant \varepsilon\right\} \\
&\leqslant \frac{1}{\varepsilon^2} D\left(\frac{1}{n}\sum_{i=1}^{n} X_i\right) \leqslant \frac{C}{\varepsilon^2 n} \to 0, \quad n \to \infty.
\end{aligned}
$$

这就是 (4.1.6) 式.　□

推论 4.1.1　随机变量 $X_1, X_2, \cdots$ 相互独立 (即对任意 $n \geqslant 2, X_1, X_2, \cdots, X_n$ 相互独立), 且有相同的期望与方差: $EX_k = \mu, DX_k = \sigma^2$, $k = 1, 2, \cdots$, 令前 n 个随机变量的算术平均 $Y_n = \dfrac{1}{n}\sum\limits_{i=1}^{n} X_i$, 则对任意 $\varepsilon > 0$, 有

$$
\lim_{n \to \infty} P\{|Y_n - \mu| \geqslant \varepsilon\} = 0. \tag{4.1.7}
$$

定理 4.1.2 称为**切比雪夫大数定律**(Chebyshev Law of large number), 也有人称推论 4.1.1 为切比雪夫大数定律. 定理 4.1.2 表明, 在定理的条件下, 当 n 充分大时, 随机变量的算术平均 $\dfrac{1}{n}\sum\limits_{i=1}^{n} X_i$ 依概率收敛于随机变量期望的算术平均 $\dfrac{1}{n}\sum\limits_{i=1}^{n} EX_i$.

而推论 4.1.1 当 $EX_i = \mu, i = 1, 2, \cdots$ 时, 说明在推论 4.1.1 的条件下, n 个相互独立的随机变量的算术平均当 $n \to \infty$ 时, 几乎变成一个常数 μ 了. 所以, 这从理论上说明了大量观测值的算术平均值具有稳定性. 这为实际应用提供了理论依据. 比如, 在进行精密的测量时, 人们为了提高测量结果的精度, 往往要进行多次重复测量, 然后取测量结果的算术平均值作为最终的测量值, 这样做的依据就是推论 4.1.1.

推论 4.1.2(伯努利大数定律)   设 m 是 n 次伯努利试验中事件 A 发生的次数, $p = P(A)$, $0 < p < 1$, 则对任意 $\varepsilon > 0$, 有

$$\lim_{n \to \infty} P \left\{ \left| \frac{m}{n} - p \right| \geqslant \varepsilon \right\} = 0 . \tag{4.1.8}$$

推论 4.1.1、推论 4.1.2 的证明从以上的分析不难由读者自己完成.

伯努利大数定律是最早的一个大数定律, 是雅格布·伯努利 (1689~1704) 在 1713 年发表的一本著作《猜测术》中证明的. 这一定理给我们在 1.2 节提出的 "在相当广泛的条件下, 当 $n \to \infty$ 时, 在一定条件下, 频率 $F_n(A)$ 趋于 A 的概率 $P(A)$." 以严格的数学描述, 肯定了大量重复独立试验中事件发生出现的频率的稳定性, 正是因为这种稳定性, 概率的概念才有客观意义. 伯努利大数定律还提供了通过试验来确定事件概率的方法. 因为频率 $F_n(A)$ 与 $P(A)$ 有较大偏差的概率很小, 所以我们就可以通过做试验来确定事件 A 发生的频率, 并把它作为 $P(A)$ 的估计值, 这就是所谓的**参数估计**(parameter estimate), 是数理统计中的主要研究方向之一. 而大数定律就是参数估计的重要理论根据之一.

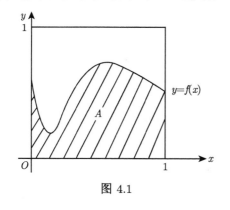

图 4.1

例 4.1.1   用概率方法近似计算 $\int_0^1 f(x)\,\mathrm{d}x$, 其中 $f(x)$ 是连续函数, $0 \leqslant f(x) \leqslant 1$ (图 4.1).

解   考虑随机变量质点 (X, Y) 服从区域 $G = \{(x, y) : 0 \leqslant x \leqslant 1, 0 \leqslant y \leqslant 1\}$ 上的均匀分布. A 表示 G 中 $y = f(x)$ 以下的区域, 即

$$A = \{(x, y) : 0 \leqslant x \leqslant 1, 0 \leqslant y \leqslant f(x)\}.$$

定义随机变量

$$X_i = \begin{cases} 1, & \text{第 } i \text{ 次掷的点落入 } A, \\ 0, & \text{其他}, \end{cases}$$

则 $X_1, X_2, \cdots$ 独立同分布, 且

$$EX_i = P\{X_i = 1\} = |A| = \int_0^1 f(x)\, \mathrm{d}x.$$

$|A|$ 表示 A 的面积. 由推论 4.1.1, 当 $n \to \infty$ 时

$$\frac{1}{n}\sum_{i=1}^n X_i \xrightarrow{P} \int_0^1 f(x)\, \mathrm{d}x.$$

这表示, 当 n 充分大时, 前 n 次试验中落入 A 的质点数 $\sum_{i=1}^n X_i$ 除 n 以后的值依概率收敛的意义下与 $\int_0^1 f(x)\, \mathrm{d}x$ 近似.

这种近似计算的方法称为**Monte-Carlo 方法**. 上面通过掷点的随机试验近似计算 $\int_0^1 f(x)\, \mathrm{d}x$ 的值在计算机上很容易实现, 这使得 Monte-Carlo 方法近年来成为一种重要的计算方法. 不仅如此, 它的同义语 "计算机仿真方法" 现在已成为科学与工程中最有力的一种工具了.

§4.2 中心极限定理

与大数定律不同, **中心极限定理**(central limit theorem) 是研究随机变量之和在什么条件下其极限分布是正态分布.

在研究 $Y_n = \sum_{i=1}^n X_i$ 的分布函数的极限行为时, 在独立同分布的情况下, 如 $EX_i = a > 0$, 当 $n \to \infty$ 时, $EY_n \to \infty$, 这时研究其分布函数 $P\{Y_n \leqslant x\}$ 就没有意义了, 所以我们转而研究 $\sum_{i=1}^n X_i$ 的 "标准化" 的随机变量

$$Y_n = \frac{\displaystyle\sum_{i=1}^n X_i - E\left(\sum_{i=1}^n X_i\right)}{\sqrt{D\left(\displaystyle\sum_{i=1}^n X_i\right)}}$$

的分布函数的极限行为. 我们不加证明地给出如下定理.

定理 4.2.1(独立同分布场合的中心极限定理) 设 $X_1, X_2, \cdots$ 是独立同分布的随机变量序列. 数学期望 $EX_k = \mu, DX_k = \sigma^2 > 0$ 存在, $k = 1, 2, \cdots$, 则随机变量

$$Y_n = \frac{\displaystyle\sum_{i=1}^n X_i - E\left(\sum_{i=1}^n X_i\right)}{\sqrt{D\left(\displaystyle\sum_{i=1}^n X_i\right)}} = \frac{\displaystyle\sum_{i=1}^n X_i - n\mu}{\sqrt{n}\sigma} \tag{4.2.1}$$

的分布函数 $F_n(y)$ 对任意实数 y 成立:

$$\lim_{n\to\infty} F_n(y) = \lim_{n\to\infty} P\left\{ \left(\sum_{i=1}^{n} X_i - n\mu \right) \Big/ \sqrt{n}\sigma \leqslant y \right\}$$
$$= \int_{-\infty}^{y} \frac{1}{\sqrt{2\pi}} e^{-\frac{x^2}{2}} \, dx. \tag{4.2.2}$$

　　定理 4.2.1 是林德伯格 (Lindeberg) 和莱维 (Levy) 在 20 世纪 20 年代证明的. 在那以后不久, 林德伯格给出了一般情况 (即不一定同分布) 下使中心极限定理成立的最广泛的条件, 此处已略去. 中心极限定理的直观解释: 如果一个随机变量所描述的随机现象是由大量的相互独立的因素叠加的影响而成的, 而且每一因素对总的影响作用不大, 则这个随机变量就服从正态分布. 这表明了正态分布的重要性. 现实中许多变量都具有上述性质, 例如成人的身高是受多种因素 (先天的, 后天的) 影响的总结果, 因而一般可以认为身高是服从正态分布的随机变量. 同样道理, 人的体重、建筑构件的抗压强度、用雷达观测飞机位置的误差等也如此, 因而可以假定它们服从正态分布.

　　历史上最早的中心极限定理是下面的定理.

　　定理 4.2.2(棣莫弗–拉普拉斯定理)　设随机变量 $\eta_n(n=1,2,\cdots)$ 服从二项分布 $B(n,p), 0<p<1$, 则对任意实数 X, 成立

$$\lim_{n\to\infty} P\left\{ \frac{\eta_n - np}{\sqrt{np(1-p)}} \leqslant x \right\} = \int_{-\infty}^{x} \frac{1}{\sqrt{2\pi}} e^{-\frac{t^2}{2}} \, dt. \tag{4.2.3}$$

　　证　由例 3.4.4 知, η_n 可写成独立同分布的随机变量之和,

$$\eta_n = \sum_{i=1}^{n} X_i, \quad X_i = \begin{cases} 1, & \text{第 } i \text{ 次试验} A \text{出现}, \\ 0, & \text{其他}. \end{cases}$$

由 $EX_i = p, DX_i = p(1-p), i=1,2,\cdots,n$. 由定理 4.2.1 有

$$\lim_{n\to\infty} P\left\{ \frac{\eta_n - np}{\sqrt{np(1-p)}} \leqslant x \right\}$$
$$= \lim_{n\to\infty} P\left\{ \left(\sum_{i=1}^{n} X_i - np \right) \Big/ \sqrt{np(1-p)} \leqslant x \right\}$$
$$= \int_{-\infty}^{x} \frac{1}{\sqrt{2\pi}} e^{-\frac{t^2}{2}} \, dt. \tag{4.2.4}$$

$$\square$$

　　定理 4.2.2 说明二项分布的极限分布是正态分布, 因此对充分大的 n, 若 $X \sim B(n,p)$, 则可认为 X 近似服从 $N(np,npq)$ 分布, 从而有

$$P\{a < X \leqslant b\} \approx \Phi\left(\frac{b-np}{\sqrt{npq}} \right) - \Phi\left(\frac{a-np}{\sqrt{npq}} \right). \tag{4.2.5}$$

例 4.2.1 计算机在进行加法运算时, 有时要对每个加数取整 (取最接近它的整数). 设所有取整误差都是相互独立的, 且都在 $(-0.5, 0.5)$ 上服从均匀分布.

(i) 若进行 1500 个数的加法运算, 问误差总和绝对值超过 15 的概率多大?

(ii) 进行多少个数的加法运算, 才能使得误差总和绝对值小于 10 的概率为 0.9?

解 设每个数的取整误差为 X_i, 其概率密度都是

$$f(x) = \begin{cases} 1, & -0.5 < x < 0.5, \\ 0, & \text{其他}. \end{cases}$$

故 $EX_i = 0$, $DX_i = \dfrac{1}{12}$, $i = 1, 2, \cdots, 1500$.

(i) 记 $X = \displaystyle\sum_{i=1}^{1500} X_i$, 由定理 4.2.1 知

$$\begin{aligned} P\{|X| > 15\} &= 1 - P\{|X| \leqslant 15\} \\ &= 1 - P\{-15 \leqslant X \leqslant 15\} \\ &= 1 - P\left\{ \frac{-15}{\sqrt{1500}\sqrt{\frac{1}{12}}} \leqslant \frac{X - 0}{\sqrt{1500}\sqrt{\frac{1}{12}}} \leqslant \frac{15}{\sqrt{1500}\sqrt{\frac{1}{12}}} \right\} \\ &\approx 1 - [\Phi(1.342) - \Phi(-1.342)] \\ &= 2[1 - \Phi(1.342)] = 0.1802. \end{aligned}$$

即所有误差总和绝对值超过 15 的概率仅为 0.18.

(ii) 设加数的个数为 n, 由题意要求 n 使

$$P\left\{ \left| \sum_{i=1}^{n} X_i \right| < 10 \right\} = 0.9.$$

由定理 4.2.1, 有

$$\begin{aligned} &P\left\{ \left| \sum_{i=1}^{n} X_i \right| < 10 \right\} \\ &= P\left\{ \frac{-10}{\sqrt{n}\sqrt{\frac{1}{12}}} < \frac{\sum_{i=1}^{n} X_i - 0}{\sqrt{n}\sqrt{\frac{1}{12}}} < \frac{10}{\sqrt{n}\sqrt{\frac{1}{12}}} \right\} \\ &\approx \Phi\left(\frac{10}{\sqrt{\frac{n}{12}}} \right) - \Phi\left(-\frac{10}{\sqrt{\frac{n}{12}}} \right) \\ &= 2\Phi\left(\frac{10}{\sqrt{\frac{n}{12}}} \right) - 1 = 0.9, \end{aligned}$$

即 $\Phi\left(\dfrac{10}{\sqrt{n/12}}\right)=0.95$, 查表得 $10\sqrt{\dfrac{12}{n}}=1.645$, 故 $n\approx 443$.

例 4.2.2　某车间有 200 台车床, 它们工作的状况是相互独立的, 开工时每台车床耗电都是 1 千瓦. 由于换刀具和测量等原因车床不是总在运转着, 实际上每台车床开工率仅为 60%. 问供电部门至少供给车间多少电力才能以 99.9% 的概率保证这个车间不会因供电不足而影响生产?

解　由题意, 观察 200 台车床中工作着的车床数 X 服从 $B(200,0.6)$ 分布. 设供给车间电力为 m 千瓦, 则问题成为要求 m, 使

$$P\{X\leqslant m\}=\sum_{k=0}^{m}\mathrm{C}_{200}^{k}(0.6)^k(0.4)^{200-k}\geqslant 0.999.$$

由 (4.2.4) 式, 有

$$P\{0\leqslant X\leqslant m\}$$

$$=P\left\{\frac{0-200\times 0.6}{\sqrt{200\times 0.6\times 0.4}}\leqslant \frac{X-200\times 0.6}{\sqrt{200\times 0.6\times 0.4}}\leqslant \frac{m-200\times 0.6}{\sqrt{200\times 0.6\times 0.4}}\right\}$$

$$\approx \Phi\left(\frac{m-200\times 0.6}{\sqrt{200\times 0.6\times 0.4}}\right)-\Phi\left(\frac{-200\times 0.6}{\sqrt{200\times 0.6\times 0.4}}\right)$$

$$=\Phi\left(\frac{m-120}{\sqrt{48}}\right)-\Phi(-17.32)$$

$$\approx \Phi\left(\frac{m-120}{\sqrt{48}}\right)\geqslant 0.999,$$

查表得 $\dfrac{m-120}{\sqrt{48}}=3.1$, 所以 $m=142$.

这说明只要给这个车间供电 142 千瓦, 那么由于供电不足而影响生产的概率要小于 0.001, 相当于在 8 小时的工作时间中约有 $\dfrac{8\times 60}{1000}=0.48$ 分钟会受影响.

例 4.2.3　世界原油每桶价格每天的变化是均值为 0, 方差为 2 的随机变量 (单位: 美元), 即

$$X_n=X_{n-1}+\varepsilon_n,\quad n=1,2,\cdots,$$

其中 X_n 表示第 n 天每桶原油的价格. $\varepsilon_1,\varepsilon_2,\cdots$ 为均值是 0, 方差是 2 的独立同分布随机变量列. 如果今天原油每桶价格为 27 美元, 求 18 天后每桶原油价格在 23~31 美元之间的概率.

解　$X_0=27$ 为今天的价格, 18 天后价格为

$$X_{18}=X_{17}+\varepsilon_{18}=X_{16}+\varepsilon_{17}+\varepsilon_{18}$$

$$= \cdots = X_0 + \sum_{i=1}^{18} \varepsilon_i.$$

由定理 4.2.1, (4.2.1) 式, 有

$$P\{23 \leqslant X_{18} \leqslant 31\} = P\left\{-4 \leqslant \sum_{i=1}^{18} \varepsilon_i \leqslant 4\right\}$$

$$= P\left\{\frac{-4}{\sqrt{18 \times 2}} \leqslant \frac{\sum\limits_{i=1}^{18} \varepsilon_i}{\sqrt{18 \times 2}} \leqslant \frac{4}{\sqrt{18 \times 2}}\right\}$$

$$= \varPhi\left(\frac{2}{3}\right) - \varPhi\left(-\frac{2}{3}\right)$$

$$= 2\varPhi\left(\frac{2}{3}\right) - 1$$

$$= 0.494.$$

一般说来, 大数定律与中心极限定理之间并没有确定的关系, 也就是说 $\{X_n\}$ 服从大数定律时, 可能不服从中心极限定理; 反之, $\{X_n\}$ 服从中心极限定理时, 也可能不服从大数定律. 然而在独立同分布的场合, 方差存在时, 大数定律与中心极限定理都成立. 此时中心极限定理比大数定律更精确. 因为 $\{X_n\}$ 服从大数定律只得证

$$P\left\{\left|\frac{1}{n}\sum_{i=1}^{n} X_i - \frac{1}{n}\sum_{i=1}^{n} EX_i\right| \geqslant \varepsilon\right\} \xrightarrow{P} 0,$$

但对给定的 n, ε, 中心极限定理却给出上式左端概率值的一个近似解答:

$$P\left\{\left|\frac{1}{n}\sum_{i=1}^{n} X_i - \frac{1}{n}\sum_{i=1}^{n} EX_i\right| \geqslant \varepsilon\right\}$$

$$= P\left\{\left|\frac{\sum\limits_{i=1}^{n} X_i - E\sum\limits_{i=1}^{n} X_i}{\sqrt{n}\sigma}\right| \geqslant \frac{\varepsilon\sqrt{n}}{\sigma}\right\}$$

$$= 1 - P\left\{\left|\frac{\sum\limits_{i=1}^{n} X_i - E\sum\limits_{i=1}^{n} X_i}{\sqrt{n}\sigma}\right| < \frac{\varepsilon\sqrt{n}}{\sigma}\right\}$$

$$\approx 1 - \frac{1}{\sqrt{2\pi}} \int_{-\frac{\varepsilon\sqrt{n}}{\sigma}}^{\frac{\varepsilon\sqrt{n}}{\sigma}} e^{-\frac{x^2}{2}} \, dx,$$

其中 σ^2 是 X_i 的方差, $i = 1, 2, \cdots$.

例 4.2.4 证明棣莫弗–拉普拉斯定理可以推出伯努利大数定律.

解 由棣莫弗–拉普拉斯定理有

$$\lim_{n\to\infty} P\left\{ \frac{\eta_n - np}{\sqrt{npq}} \leqslant x \right\} = \int_{-\infty}^{x} \frac{1}{\sqrt{2\pi}} e^{-\frac{t^2}{2}} \, dt.$$

对任意 $\varepsilon > 0$, 有

$$\lim_{n\to\infty} P\left\{ \left| \frac{\eta_n}{n} - p \right| < \varepsilon \right\}$$

$$= \lim_{n\to\infty} P\left\{ \left| \frac{\eta_n - np}{\sqrt{npq}} \right| < \frac{\varepsilon\sqrt{n}}{\sqrt{pq}} \right\}$$

$$= \lim_{n\to\infty} P\left\{ -\varepsilon\sqrt{\frac{n}{pq}} < \frac{\eta_n - np}{\sqrt{npq}} < \varepsilon\frac{n}{pq} \right\}$$

$$= \int_{-\infty}^{\infty} \frac{1}{\sqrt{2\pi}} e^{-\frac{t^2}{2}} \, dt = 1.$$

习　题　4

1. 设 $X_1, X_2, \cdots, X_{50}$ 是相互独立的随机变量, 且均服从参数 $\lambda = 0.3$ 的泊松分布. 令 $Y = X_1 + X_2 + \cdots + X_{50}$, 利用中心极限定理计算 $P\{Y > 18\}$.

2. 车间有 150 台车床独立地工作着. 每台机床工作时需要电力都是 5 千瓦, 若每台车床的开工率为 60%, 试问要供给该车间多少电力才能以 99.8% 的概率保证这个车间的用电?

3. 将一枚硬币连掷 100 次, 计算正面出现的次数大于 60 的概率.

4. 分别用切比雪夫不等式与棣莫弗–拉普拉斯定理确定: 当掷一枚硬币时, 需要掷多少次才能保证出现正面的频率在 0.4 和 0.6 之间的概率不小于 0.9?

5. 保险公司有 3000 个同一年龄段的人参加人寿保险, 在一年中这些人的死亡率为 0.1%. 参加保险的人在一年的开始交付保险费 100 元, 死亡时家属可从保险公司领取 10000 元. 求

(i) 保险公司一年获利不少于 200000 元的概率;

(ii) 保险公司亏本的概率.

6. 对敌人的防御地带进行 100 次轰炸, 每次轰炸命中目标的炸弹数目是一个均值为 2、方差为 1.69 的随机变量. 求在 100 次轰炸中有 180 到 220 颗炸弹命中目标的概率.

7. 某单位有 200 台电话机, 每台电话大约有 5% 的时间要用外线通话. 如果各台电话使用外线是相互独立的, 问该单位总计至少需要装多少外线, 才能以 90% 以上的概率保证每台电话使用外线时不被占用.

8. 设 $X_1, X_2, \cdots, X_{20}$ 相互独立, 且都服从 $(0,1)$ 上的均匀分布, 求 $P\left\{\sum\limits_{i=1}^{20} X_i > 10.5\right\}$.

9. 设 $X_1, X_2, \cdots, X_{30}$ 相互独立, 均服从参数为 $\lambda = 0.1$ 的指数分布, 求 $P\left\{\sum\limits_{i=1}^{30} X_i > 350\right\}$.

10. 一批木材中 80% 的长度不小于 3 米, 从这批木材中随机地取出 100 根, 问其中至少有 30 根短于 3 米的概率是多少?

11. 一复杂系统由 n 个相互独立工作的部件组成, 每个部件的可靠性 (即部件在一定时间内无故障的概率) 为 0.9, 且必须至少有 80% 的部件工作才能使整个系统工作. 问 n 至少为多少才能使系统的可靠性为 0.95.

12. 抽样检查合格产品质量时, 如发现次品多于 10 个, 则拒绝接受这批产品. 设某批产品的次品率为 10%, 问至少应抽取多少件产品检查才能使拒绝这批产品的概率为 0.9?

13. 为检验一种新药对某种疾病的治愈率为 80% 是否可靠, 给 10 个患该疾病的患者同时服药, 结果治愈人数不超过 5 人, 试判断该药的治愈率为 80% 是否可靠?

14. 设 $X_1, X_2, \cdots$ 是独立同分布的随机变量列, 均服从 $[0,a]$ 上的均匀分布, 记 $M_n = \max\{X_1, X_2, \cdots, X_n\}$, 证明: 对任意 $\varepsilon > 0$, 有

$$\lim_{n\to\infty} P\{|M_n - a| \geqslant \varepsilon\} = 0,$$

即 $M_n \xrightarrow{P} a$.

15. 设 $X_1, X_2, \cdots$ 为一列随机变量, 如果对任意正整数 n,

$$D\left(\sum_{i=1}^{n} X_i\right) < \infty \quad \text{且} \quad \lim_{n\to\infty} \frac{1}{n^2} D\left(\sum_{i=1}^{n} X_i\right) = 0,$$

则

$$\lim_{n\to\infty} P\left\{\left|\frac{1}{n}\sum_{i=1}^{n}(X_i - EX_i)\right| \geqslant \varepsilon\right\} = 0.$$

(提示: 与定理 4.1.1 证明类似. 此题结论称为马尔可夫大数定律.)

16. X 是连续型随机变量, 其概率密度为 $f(x), -\infty < x < \infty$, 若 λ 为一正的常数, $Y = e^{\lambda X}$, 证明: 对任意实数 $a, P\{X \geqslant a\} \leqslant e^{-\lambda a} EY$.

17. 填空题

(i) 设随机变量 X 的方差为 2, 则根据切比雪夫不等式有估计 $P\{|X - E(X)| \geqslant 2\} \leqslant$ _____.

(ii) 设随机变量 X 和 Y 的数学期望分别为 -2 和 2, 方差分别为 1 和 4, 而相关系数为 -0.5, 则根据切比雪夫不等式有估计 $P\{|X + Y| \geqslant 6\} \leqslant$ _____.

(iii) 设随机变量 $X_1, X_2, \cdots, X_n$ 相互独立且同服从参数 $\lambda = 2$ 的指数分布, 则当 $n \to \infty$ 时, $Y_n = \frac{1}{n}\sum\limits_{i=1}^{n} X_i^2$ 依概率收敛于_____.

18. 选择题

(i) 设随机变量 $X_1, X_2, \cdots, X_n$ 相互独立, $S_n = X_1 + X_2 + \cdots + X_n$, 则根据列维–林德伯格中心极限定理, 当 n 充分大时, S_n 近似服从正态分布, 只要 $X_1, X_2, \cdots, X_n($ $)$.

(A) 有相同的数学期望 　　　　　　　　(B) 有相同的方差

(C) 服从同一指数分布 　　　　　　　　(D) 服从同一离散型分布

(ii) 设 $X_1, X_2, \cdots, X_n, \cdots$ 为独立同分布的随机变量序列, 且均服从参数为 $\lambda(\lambda > 1)$ 的指数分布, 记 $\Phi(x)$ 为标准正态分布函数, 则下列各式中正确的是 (　　).

$$\text{(A)} \quad \lim_{n \to \infty} P\left\{ \frac{\sum\limits_{i=1}^{n} X_i - n\lambda}{\lambda\sqrt{n}} \leqslant x \right\} = \Phi(x)$$

$$\text{(B)} \quad \lim_{n \to \infty} P\left\{ \frac{\sum\limits_{i=1}^{n} X_i - n\lambda}{\sqrt{n\lambda}} \leqslant x \right\} = \Phi(x)$$

$$\text{(C)} \quad \lim_{n \to \infty} P\left\{ \frac{\lambda\sum\limits_{i=1}^{n} X_i - n}{\sqrt{n}} \leqslant x \right\} = \Phi(x)$$

$$\text{(D)} \quad \lim_{n \to \infty} P\left\{ \frac{\sum\limits_{i=1}^{n} X_i - \lambda}{\sqrt{n\lambda}} \leqslant x \right\} = \Phi(x)$$

第5章 数理统计的基本概念

数理统计学是数学的一个分支学科. 它研究怎样有效地收集、整理和分析带有随机性的数据, 以对所考察的问题作出推断或预测, 直至为采取一定的决策和行动提供依据和建议.

数理统计的研究内容随着科学技术和生产实践的不断发展而逐步扩大. 概括起来大致可分为两大类: ① 数据的收集, 包括抽样技术及试验设计的理论和方法的研究, 即研究如何对随机现象进行科学的观测和试验, 使获得的数据资料既真实又有代表性. ② 统计推断, 即研究如何对已取得的观测值进行整理、分析并作出决策的方法, 以推断总体的规律性. 限于篇幅, 本书将只讨论统计推断这一类问题.

例 某钢筋厂日产某型号钢筋 10000 根, 质量检验员每天只抽查 50 根的强度, 于是提出以下问题:

(i) 如何从仅有的 50 根钢筋的强度数据去估计整批 10000 根钢筋的强度平均值? 又如何估计整批钢筋强度偏离平均值的离散程度?

(ii) 若规定了这种型号钢筋的标准强度, 从抽查得到的 50 个强度数据如何判断整批钢筋的平均强度与规定标准有无差异?

(iii) 如果当天生产的钢筋是采用不同工艺生产的, 抽样得到的 50 个强度数据有大有小, 那么强度呈现的差异是由工艺不同造成的, 还是仅仅由随机因素造成的?

(iv) 如果钢筋强度与某种原料成分的含量有关, 那么从抽查 50 根得到的强度与该成分含量的 50 组对应数据, 如何去表达整批钢筋的强度与该成分含量之间的关系?

问题 (i) 实际上是要从 50 个强度数据出发去估计整批钢筋强度分布的某些数字特征, 这里是要估计数学期望与方差, 在数理统计中解决这类问题的方法称为**参数估计**.

问题 (ii) 是要根据抽查得到的数据, 去检查强度分布的某一数字特征与规定标准的差异, 这里是检验数学期望, 数理统计中解决这类问题的方法是先作一个假设 (例如假设与规定标准无差异), 然后利用概率反证法检验这一假设是否成立, 这种方法称为**假设检验**(hypothesis testing).

问题 (iii) 是要分析造成数据误差的原因, 当有许多因素起作用时, 还要分析哪些因素起主要作用, 这种分析方法称为**方差分析**(analysis of variance).

问题 (iv) 是要根据观测数据研究变量间的关系, 这里研究强度与某成分含量两个变量间的关系, 有时还要研究多个变量间的关系, 这种研究方法称为**回归分析**(regression analysis).

以上列举的参数估计、假设检验、方差分析和回归分析都是数理统计所研究的基本内容. 本书将从第 6 章开始逐章展开讨论.

§5.1　总体与样本

为了更好地介绍数理统计所研究的问题, 先引入一些常用的概念.

5.1.1　总体

假设要研究某厂所生产的一批电视机显像管的平均寿命, 由于测试显像管的寿命具有破坏性, 所以只能从这批产品中抽取一部分进行寿命测试, 并根据这一部分产品的寿命对整批产品的寿命作统计推断.

在数理统计中把研究对象的全体叫做**总体**(population)(或**母体**), 而把组成总体的每个元素 (成员) 叫做**个体**(individuality). 例如上述的一批电视机显像管的全体就组成一个总体, 其中每一只显像管就是一个个体.

在实际问题中我们往往关心的不是个体的一切方面, 而是它的某个数量指标, 例如显像管的寿命指标 X. 由于任一显像管的寿命在测试之前是不能确定的, 而每个显像管都确实对应着一个寿命值, 所以我们可认为显像管的寿命 X 是个随机变量. 假设 X 的分布函数是 $F(x)$, 如果我们仅关心的是这个数量指标 X, 为方便起见, 可以把这个数量指标 X 的所有可能取值看作总体, 并称这一总体为具有分布函数 $F(x)$ 的总体. 这样就把总体和随机变量联系起来了. 这种联系可推广到多维情形, 如电视机显像管的寿命和亮度, 这两个数量指标所构成的二维随机向量 (X_1, X_2) 可能取值的全体可看作一个总体, 简称二维总体. 假设二维随机向量 (X_1, X_2) 的联合分布函数为 $F(x_1, x_2)$, 称这一总体为具有分布函数 $F(x_1, x_2)$ 的总体. 今后常用 "总体 X 服从什么分布" 这样的术语, 它实际上指的是总体的某个具体数量指标 X 服从什么分布规律. 因此以后凡提到总体就是指一个随机变量, **总体就是一个带有确定概率分布的随机变量**.

5.1.2　样本

为了对总体 X 的分布规律进行各种研究, 就必须对总体进行抽样观测, 根据抽样观测的结果来推断总体的性质.

从一个总体 X 中随机地抽取 n 个个体 $X_1, X_2, \cdots, X_n$, 这样取得的 $(X_1, X_2, \cdots, X_n)$ 称为总体 X 的一个**样本**(sample)(或**子样**). 样本中个体的数目 n 称为**样本容量**(sample size, size of sample).

由于每个 $X_i(i=1,2,\cdots,n)$ 是从总体 X 中随机抽取的, 它的取值就在总体可能取值范围内随机取得, 因此每个 X_i 都是一个随机变量, 样本 $(X_1,X_2,\cdots,X_n)$ 则是一个 n 维随机向量, 一次抽取的结果是 n 个具体的数据 $(x_1,x_2,\cdots,x_n)$, 称为样本 $(X_1,X_2,\cdots,X_n)$ 的一个观测值, 简称**样本观测值**(observation of a sample). 一般说来, 不同的抽取 (每次 n 个) 将得到不同的样本观测值.

由于我们抽取样本的目的就是为了对总体的分布规律进行各种分析推断, 因此要求抽取的样本能很好地反映总体的特点. 为此必须对随机抽取样本的方法提出如下要求: ① 独立性. 要求 $X_1,X_2,\cdots,X_n$ 是相互独立的随机变量, 就是说每个观测结果既不影响其他观测结果, 也不受其他观测结果的影响. ② 代表性. 要求样本的每个分量 X_i 与总体 X 具有相同的分布函数 $F(x)$. 我们把满足以上两条件的样本称为**简单随机样本**(simple random sample).今后如无特别声明, 所得到的样本均指简单随机样本. 获得简单随机样本的抽样方法称为**简单随机抽样**. 对于简单随机样本 $(X_1,X_2,\cdots,X_n)$, 若总体 X 的分布函数为 $F(x)$, 则样本 $(X_1,X_2,\cdots,X_n)$ 的分布函数为 $\prod_{i=1}^{n}F(x_i)$; 若总体 X 的分布密度为 $f(x)$, 则样本 $(X_1,X_2,\cdots,X_n)$ 的分布密度为 $\prod_{i=1}^{n}f(x_i)$; 若总体 X 的分布律为 $p(x)$, 则样本 $(X_1,X_2,\cdots,X_n)$ 的联合分布律为 $\prod_{i=1}^{n}p(x_i)$.

5.1.3 理论分布与经验分布

我们把总体 X 的分布称为理论分布, 而把 X 的分布函数称为理论分布函数.

样本是总体的代表和反映, 简单随机样本应能很好地反映总体的情况. 实际情况到底如何呢? 这是我们所关心的. 为此, 我们引进经验分布函数的概念.

定义 5.1.1 设有总体 X 的一简单随机样本 $(X_1,X_2,\cdots,X_n)$, $(x_1,x_2,\cdots,x_n)$ 是样本的一个观测值, 将样本观测值依从小到大的次序排成 $x_1^* \leqslant x_2^* \leqslant \cdots \leqslant x_n^*$, 令

$$F_n(x) = \begin{cases} 0, & x < x_1^*; \\ \dfrac{k}{n}, & x_k^* \leqslant x < x_{k+1}^*, \quad k = 1, 2, \cdots, n-1, \\ 1 & x \geqslant x_n^*, \end{cases} \tag{5.1.1}$$

则称 $F_n(x)$ 为 X 的**经验分布函数**(empirical distribution function)(亦称样本分布函数).

对给定的样本观测值 $(x_1,x_2,\cdots,x_n)$, 上述定义的经验分布函数 $F_n(x)$ 作为 x 的函数是一右连续单调不减函数, 且满足 $F_n(-\infty)=0, F_n(\infty)=1$, 因而它具有分布函数的性质, 我们可将它看成是以等概率 $\dfrac{1}{n}$ 取 $x_1,x_2,\cdots,x_n$ 的离散型随机变量的分布函数.

对于每一固定的 $x(-\infty < x < \infty)$, $F_n(x)$ 是事件 $\{X \leqslant x\}$ 发生的频率. 当 n 固定时, 对于样本的不同实现 $x_1,x_2,\cdots,x_n$, 将得到不同的 $F_n(x)$, 所以此时对于

x 的每一个数值, $F_n(x)$ 都是样本 $(X_1, X_2, \cdots, X_n)$ 的函数, 从而 $F_n(x)$ 是一随机变量.

由于 $F(x) = P\{X \leqslant x\}$, 这是总体的分布函数, 由大数定律知道, 事件发生的频率依概率收敛于这事件发生的概率. 人们自然要问: 总体 X 的经验分布函数 $F_n(x)$(事件 $\{X \leqslant x\}$ 发生的频率) 当 n 足够大时, 如何渐进于总体 X 的分布函数 $F(x)$(事件 $\{X \leqslant x\}$ 发生的概率) 呢? 格里汶科 (Glivenko) 在 1933 年证明了如下定理.

定理 5.1.1   设总体 X 的分布函数为 $F(x)$, 经验分布函数为 $F_n(x)$, 则对于任意实数 x, 当 $n \to \infty$ 时, 有

$$P\left\{ \lim_{n \to \infty} \sup_{-\infty < x < \infty} |F_n(x) - F(x)| = 0 \right\} = 1, \tag{5.1.2}$$

即当 $n \to \infty$ 时, $F_n(x)$ 以概率 1 关于 x 均匀收敛于 $F(x)$.

由此可见, 当 n 充分大时, 经验分布函数 $F_n(x)$ 是总体分布函数 $F(x)$ 的一个良好的近似. 这就是数理统计中用样本推断总体的理论根据. 图 5.1 中的曲线就是某种轴承的直径 (总体) 的分布函数及其经验分布函数 $F_{100}(x)$ 的图形.

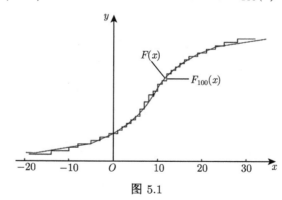

图 5.1

§5.2 统计量及其分布

5.2.1 统计量

样本取自总体并且代表和反映总体, 但是样本所含的信息不能直接用于解决我们所要研究的问题, 而需要把样本所含的信息进行数学上的加工使其 "浓缩" 起来, 从而解决我们的问题. 在数理统计中往往是通过构造一个合适的依赖于样本的函数 —— 统计量 (statistic) 来实现这一目的的.

定义 5.2.1   设 $(X_1, X_2, \cdots, X_n)$ 为总体 X 的一个样本, $g(x_1, x_2, \cdots, x_n)$ 为一取实值的函数且不包含任何未知参数, 则称 $g(X_1, X_2, \cdots, X_n)$ 为**统计量**.

例如, 设总体 $X \sim N(\mu, \sigma^2)$, 其中 μ, σ^2 都是未知参数, $(X_1, X_2, \cdots, X_n)$ 是 X 的一个样本, 则 $\frac{1}{2}(X_1 + X_2) - \mu, \frac{X_1}{\sigma}$ 都不是统计量, 因为它们含有未知参数 μ, σ^2; 而 $X_1, X_2 + 1, X_1^2 - X_2^2, \frac{1}{n} \sum_{i=1}^{n} X_i$ 等都是统计量. 从统计量的定义可知, 统计量是随机变量.

5.2.2 常用的统计量 —— 样本矩

下面定义一些常用的统计量.

定义 5.2.2   设 $(X_1, X_2, \cdots, X_n)$ 是从总体 X 中抽取的容量为 n 的样本, 统计量

$$\overline{X} = \frac{1}{n} \sum_{i=1}^{n} X_i \tag{5.2.1}$$

称为**样本均值**(sample mean); 统计量

$$S^2 = \frac{1}{n-1} \sum_{i=1}^{n} \left(X_i - \overline{X} \right)^2 \tag{5.2.2}$$

称为**样本方差**(sample variance); 统计量

$$S = \sqrt{\frac{1}{n-1} \sum_{i=1}^{n} \left(X_i - \overline{X} \right)^2} \tag{5.2.3}$$

称为**样本标准差**(sample standard deviation); 统计量

$$M_k = \frac{1}{n} \sum_{i=1}^{n} X_i^k \quad (k = 1, 2, \cdots) \tag{5.2.4}$$

称为**样本 k 阶原点矩**(sample moment of order k about the origin); 统计量

$$M_k' = \frac{1}{n} \sum_{i=1}^{n} \left(X_i - \overline{X} \right)^k \quad (k = 2, 3, \cdots) \tag{5.2.5}$$

称为**样本 k 阶中心矩**(sample center moment of order k).

显然 $M_1 = \overline{X}, M_2' = \frac{n-1}{n} S^2$, 记 M_2' 为 $\widetilde{S^2}$, 即

$$\widetilde{S^2} = \frac{1}{n} \sum_{i=1}^{n} \left(X_i - \overline{X} \right)^2.$$

根据大数定律可以证明, 只要总体的 r 阶矩存在, 样本的 r 阶矩就依概率收敛于总体的 r 阶矩.

5.2.3   统计中的常用分布

数理统计中常用的分布除正态分布外, 还有 χ^2 分布、t 分布和 F 分布.

1. χ^2 分布

定义 5.2.3   设 $X_1, X_2, \cdots, X_n$ 是相互独立, 且同服从于 $N(0,1)$ 分布的随机变量, 则称随机变量

$$\chi^2 = X_1^2 + X_2^2 + \cdots + X_n^2 \tag{5.2.6}$$

所服从的分布为自由度是 n 的 χ^2 分布, 记为

$$\chi^2 \sim \chi^2(n).$$

定理 5.2.1 $\chi^2(n)$ 分布的概率分布密度为

$$\chi^2(x; n) = \begin{cases} \dfrac{1}{2^{\frac{n}{2}} \Gamma\left(\dfrac{n}{2}\right)} x^{\frac{n}{2}-1} \mathrm{e}^{-\frac{x}{2}}, & x \geqslant 0, \\ 0, & x < 0. \end{cases} \tag{5.2.7}$$

证   设 χ^2 的分布函数为 $F(x) = P\{\chi^2 \leqslant x\}$. 现在来证明 χ^2 的分布密度具有 (5.2.7) 式的形式.

当 $x < 0$ 时, 显然有 $F(x) = 0$, 从而

$$\chi^2(x; n) = F'(x) = 0 \quad (x < 0).$$

当 $x \geqslant 0$ 时, 因 $(X_1, X_2, \cdots, X_n)$ 的联合分布密度为

$$f(x_1, x_2, \cdots, x_n) = \left(\frac{1}{\sqrt{2\pi}}\right)^n \cdot \exp\left\{-\frac{1}{2}\sum_{i=1}^{n} x_i^2\right\},$$

故

$$\begin{aligned} F(x) &= P\left(\sum_{i=1}^{n} X_i^2 \leqslant x\right) \\ &= \int \cdots \int_{\sum\limits_{i=1}^{n} x_i^2 \leqslant x} \left(\frac{1}{\sqrt{2\pi}}\right)^n \cdot \exp\left\{-\frac{1}{2}\sum_{i=1}^{n} x_i^2\right\} \mathrm{d}x_1\,\mathrm{d}x_2 \cdots \mathrm{d}x_n, \end{aligned}$$

$$\begin{aligned} &F(x+h) - F(x) \\ &= \int \cdots \int_{x < \sum\limits_{i=1}^{n} x_i^2 \leqslant x+h} \left(\frac{1}{\sqrt{2\pi}}\right)^n \cdot \exp\left\{-\frac{1}{2}\sum_{i=1}^{n} x_i^2\right\} \mathrm{d}x_1 \mathrm{d}x_2 \cdots \mathrm{d}x_n \quad (h > 0), \end{aligned}$$

于是有

$$F(x+h) - F(x) \leqslant \int \cdots \int_{x < \sum\limits_{i=1}^{n} x_i^2 \leqslant x+h} \left(\frac{1}{\sqrt{2\pi}}\right)^n \cdot \exp\left\{-\frac{x}{2}\right\} \mathrm{d}x_1 \mathrm{d}x_2 \cdots \mathrm{d}x_n$$

$$= \left(\frac{1}{\sqrt{2\pi}}\right)^n \cdot \exp\left\{-\frac{x}{2}\right\} \int \cdots \int_{x < \sum\limits_{i=1}^{n} x_i^2 \leqslant x+h} \mathrm{d}x_1 \mathrm{d}x_2 \cdots \mathrm{d}x_n. \tag{5.2.8}$$

另一方面,

$$F(x+h) - F(x) \geqslant \int \cdots \int_{x < \sum\limits_{i=1}^{n} x_i^2 \leqslant x+h} \left(\frac{1}{\sqrt{2\pi}}\right)^n \cdot \exp\left\{-\frac{x+h}{2}\right\} \mathrm{d}x_1 \mathrm{d}x_2 \cdots \mathrm{d}x_n$$

$$= \left(\frac{1}{\sqrt{2\pi}}\right)^n \cdot \exp\left\{-\frac{x+h}{2}\right\} \int \cdots \int_{x < \sum\limits_{i=1}^{n} x_i^2 \leqslant x+h} \mathrm{d}x_1 \mathrm{d}x_2 \cdots \mathrm{d}x_n. \tag{5.2.9}$$

令

$$S(x) = \int \cdots \int_{\sum\limits_{i=1}^{n} x_i^2 \leqslant x} \mathrm{d}x_1 \, \mathrm{d}x_2 \cdots \mathrm{d}x_n \quad (x > 0),$$

则

$$S(x+h) - S(x) = \int \cdots \int_{x < \sum\limits_{i=1}^{n} x_i^2 \leqslant x+h} \mathrm{d}x_1 \, \mathrm{d}x_2 \cdots \mathrm{d}x_n,$$

由 (5.2.8),(5.2.9) 式得

$$\left(\frac{1}{\sqrt{2\pi}}\right)^n \exp\left\{-\frac{x+h}{2}\right\} \frac{S(x+h) - S(x)}{h}$$

$$\leqslant \frac{F(x+h) - F(x)}{h}$$

$$\leqslant \left(\frac{1}{\sqrt{2\pi}}\right)^n \exp\left\{-\frac{x}{2}\right\} \frac{S(x+h) - S(x)}{h}.$$

下面计算 $S(x)$, 作变量替换 $x_i = y_i\sqrt{x}$, 于是

$$\mathrm{d}x_i = \sqrt{x}\,\mathrm{d}y_i, \quad i = 1, 2, \cdots, n.$$

所以

$$S(x) = \int \cdots \int_{\sum\limits_{i=1}^{n} y_i^2 \leqslant 1} \left(\sqrt{x}\right)^n \mathrm{d}y_1 \mathrm{d}y_2 \cdots \mathrm{d}y_n = x^{\frac{n}{2}} \cdot C_n,$$

其中 $C_n = \int \cdots \int_{\sum_{i=1}^{n} y_i^2 \leqslant 1} \mathrm{d}y_1 \mathrm{d}y_2 \cdots \mathrm{d}y_n$ 是仅与 n 有关的常数. 故

$$S'(x) = \frac{n}{2} C_n x^{\frac{n}{2}-1}.$$

由此可见

$$\lim_{h \to 0^+} \frac{F(x+h) - F(x)}{h} = \left(\frac{1}{\sqrt{2\pi}}\right)^n e^{-\frac{x}{2}} S'(x)$$

$$= \left(\frac{1}{\sqrt{2\pi}}\right)^n \cdot \frac{n}{2} C_n x^{\frac{n}{2}-1} \cdot e^{-\frac{x}{2}}. \tag{5.2.10}$$

类似地可得

$$\lim_{h \to 0^-} \frac{F(x+h) - F(x)}{h} = \left(\frac{1}{\sqrt{2\pi}}\right)^n \cdot \frac{n}{2} C_n x^{\frac{n}{2}-1} \cdot e^{-\frac{x}{2}}. \tag{5.2.11}$$

总之, 由 (5.2.10), (5.2.11) 式可得

$$\chi^2(x; n) = F'(x) = B_n x^{\frac{n}{2}-1} e^{-\frac{x}{2}} \quad (x \geqslant 0), \tag{5.2.12}$$

其中 $B_n = \left(\dfrac{1}{\sqrt{2\pi}}\right)^n \cdot \dfrac{n}{2} C_n$. 现在来确定 B_n 的值, 因为

$$\int_0^\infty \chi^2(x; n) \mathrm{d}x = 1,$$

即

$$\int_0^\infty B_n x^{\frac{n}{2}-1} e^{-\frac{x}{2}} \mathrm{d}x = B_n \int_0^\infty x^{\frac{n}{2}-1} e^{-\frac{x}{2}} \mathrm{d}x = 1,$$

故

$$B_n = \frac{1}{\displaystyle\int_0^\infty x^{\frac{n}{2}-1} e^{-\frac{x}{2}} \mathrm{d}x}.$$

而

$$\int_0^\infty x^{\frac{n}{2}-1} e^{-\frac{x}{2}} \mathrm{d}x \xlongequal{(令 t = \frac{x}{2})} 2^{\frac{n}{2}} \int_0^\infty t^{\frac{n}{2}-1} e^{-t} \mathrm{d}t = 2^{\frac{n}{2}} \Gamma\left(\frac{n}{2}\right),$$

所以

$$B_n = \frac{1}{2^{\frac{n}{2}} \Gamma\left(\dfrac{n}{2}\right)}.$$

将此式代入 (5.2.12) 式即得自由度为 n 的 χ^2 分布密度函数 (图 5.2) 为

$$\chi^2(x; n) = \begin{cases} \dfrac{1}{2^{\frac{n}{2}} \Gamma\left(\dfrac{n}{2}\right)} x^{\frac{n}{2}-1} e^{-\frac{x}{2}}, & x \geqslant 0, \\ 0, & x < 0. \end{cases} \qquad \square$$

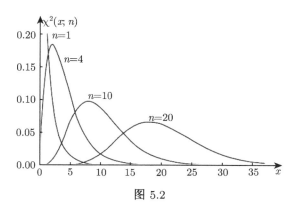

图 5.2

推论 5.2.1 设 $(X_1, X_2, \cdots, X_n)$ 为取自正态总体 $N(\mu, \sigma^2)$ 的样本, 则

$$\chi^2 = \frac{1}{\sigma^2} \sum_{i=1}^{n} (X_i - \mu)^2 \sim \chi^2(n). \tag{5.2.13}$$

证 令 $Y_i = \dfrac{X_i - \mu}{\sigma}$, $i = 1, 2, \cdots, n$, 则

$$\chi^2 = \frac{1}{\sigma^2} \sum_{i=1}^{n} (X_i - \mu)^2 = \sum_{i=1}^{n} Y_i^2.$$

因 $X_i \sim N(\mu, \sigma^2)$, 故 $Y_i \sim N(0, 1)$, 且 $Y_1, \cdots, Y_n$ 相互独立. 由定义 5.2.3 即得证.

在 χ^2 分布中有一个参数 n, 图 5.2 给出了当 $n = 1, 4, 10, 20$ 时 χ^2 分布的密度函数曲线. □

定理 5.2.2 设 $\chi^2 \sim \chi^2(n)$, 则

$$\begin{aligned} E(\chi^2) &= n, \\ D(\chi^2) &= 2n. \end{aligned} \tag{5.2.14}$$

证 由于 $X_i \sim N(0, 1)$, 即 $E(X_i) = 0$, $D(X_i) = 1$, 故

$$E(X_i^2) = E[X_i - E(X_i)]^2 = D(X_i) = 1, \quad i = 1, 2, \cdots, n.$$

又因为

$$E(X_i^4) = \frac{1}{\sqrt{2\pi}} \int_{-\infty}^{\infty} x^4 \exp\left(-\frac{x^2}{2}\right) \mathrm{d}x = 3,$$

所以

$$D(X_i^2) = E(X_i^4) - [E(X_i^2)]^2 = 3 - 1 = 2.$$

因此
$$E(\chi^2) = E\left(\sum_{i=1}^n X_i^2\right) = \sum_{i=1}^n E(X_i^2) = n.$$

由于 $X_1, X_2, \cdots, X_n$ 相互独立, 所以 $X_1^2, X_2^2, \cdots, X_n^2$ 也相互独立, 于是
$$D(\chi^2) = D\left(\sum_{i=1}^n X_i^2\right) = \sum_{i=1}^n D(X_i^2) = 2n. \qquad \square$$

定理 5.2.3　设 $\chi_1^2 \sim \chi^2(n_1), \chi_2^2 \sim \chi^2(n_2)$, 且 χ_1^2 和 χ_2^2 相互独立, 则
$$\chi_1^2 + \chi_2^2 \sim \chi^2(n_1 + n_2).$$

这个性质叫做 χ^2 分布的可加性, 利用卷积公式可以证明此性质, 从略.

2. t 分布

定义 5.2.4　设 $X \sim N(0,1), Y \sim \chi^2(n)$, 且 X 与 Y 相互独立, 则称随机变量
$$T = \frac{X}{\sqrt{Y/n}} \tag{5.2.15}$$

服从的分布为自由度是 n 的 t 分布, 记为 $T \sim t(n)$.

定理 5.2.4　$t(n)$ 分布的概率分布密度为
$$t(x;n) = \frac{\Gamma\left(\dfrac{n+1}{2}\right)}{\Gamma\left(\dfrac{n}{2}\right)\sqrt{n\pi}} \left(1 + \frac{x^2}{n}\right)^{-\frac{n+1}{2}}, \quad -\infty < x < +\infty. \tag{5.2.16}$$

证　记 $F(x) = P\{T \leqslant x\}$, 只需证明 $F'(x) = t(x;n)$. 下面先求 $F(x)$. 因为 X, Y 的分布密度分别为 $\dfrac{1}{\sqrt{2\pi}}\mathrm{e}^{-\frac{u^2}{2}}$ 和 $\chi^2(v;n)$, 又因 X 与 Y 相互独立, 故 X, Y 的联合分布密度为
$$\frac{1}{\sqrt{2\pi}2^{\frac{n}{2}}\Gamma\left(\dfrac{n}{2}\right)}\mathrm{e}^{-\frac{u^2}{2}}v^{\frac{n}{2}-1}\mathrm{e}^{-\frac{v}{2}} \quad (v \geqslant 0).$$

于是
$$P\left\{\frac{X}{\sqrt{Y/n}} \leqslant x\right\} = P\left\{\frac{X}{\sqrt{Y}} \leqslant \frac{x}{\sqrt{n}}\right\}$$
$$= \iint\limits_{\frac{u}{\sqrt{v}} \leqslant \frac{x}{\sqrt{n}}} \frac{1}{\sqrt{2\pi}2^{\frac{n}{2}}\Gamma\left(\dfrac{n}{2}\right)}\mathrm{e}^{-\frac{u^2}{2}}v^{\frac{n}{2}-1}\mathrm{e}^{-\frac{v}{2}}\,\mathrm{d}u\mathrm{d}v,$$

作变量替换 $u = \sqrt{r}t, v = r$, 可算出雅可比行列式

$$J\left(\frac{u,v}{r,t}\right) = \begin{vmatrix} \dfrac{\partial u}{\partial r} & \dfrac{\partial u}{\partial t} \\ \dfrac{\partial v}{\partial r} & \dfrac{\partial v}{\partial t} \end{vmatrix} = \begin{vmatrix} \dfrac{t}{2\sqrt{r}} & \sqrt{r} \\ 1 & 0 \end{vmatrix} = -\sqrt{r}.$$

于是

$$P\left(\frac{X}{\sqrt{Y/n}} \leqslant x\right) = \iint_{\substack{t \leqslant \frac{x}{\sqrt{n}} \\ r>0}} \frac{1}{\sqrt{2\pi}2^{\frac{n}{2}}\Gamma\left(\frac{n}{2}\right)} r^{\frac{n-1}{2}} e^{-\frac{1}{2}(1+t^2)r} \mathrm{d}r\mathrm{d}t$$

$$= \int_{-\infty}^{\frac{x}{\sqrt{n}}} \frac{\mathrm{d}t}{\sqrt{\pi}\Gamma\left(\frac{n}{2}\right)} \int_0^\infty \left(\frac{r}{2}\right)^{\frac{n-1}{2}} e^{-\frac{1}{2}(1+t^2)r} \frac{1}{2}\mathrm{d}r.$$

令 $w = \dfrac{1}{2}(1+t^2)r$, 则

$$\int_0^\infty \left(\frac{r}{2}\right)^{\frac{n-1}{2}} e^{-\frac{1}{2}(1+t^2)r}\frac{1}{2}\mathrm{d}r = \frac{1}{(1+t^2)^{\frac{n+1}{2}}}\int_0^\infty w^{\frac{n+1}{2}-1}e^{-w}\mathrm{d}w$$

$$= \frac{1}{(1+t^2)^{\frac{n+1}{2}}}\Gamma\left(\frac{n+1}{2}\right),$$

因此

$$P\left(\frac{X}{\sqrt{Y/n}} \leqslant x\right) = \int_{-\infty}^{\frac{x}{\sqrt{n}}} \frac{\Gamma\left(\dfrac{n+1}{2}\right)}{\Gamma\left(\dfrac{n}{2}\right)\sqrt{\pi}(1+t^2)^{\frac{n+1}{2}}}\mathrm{d}t$$

$$= \int_{-\infty}^{x} \frac{\Gamma\left(\dfrac{n+1}{2}\right)}{\Gamma\left(\dfrac{n}{2}\right)\sqrt{n\pi}}\left(1+\frac{t^2}{n}\right)^{-\frac{n+1}{2}}\mathrm{d}t,$$

故 T 有形如 (5.2.16) 式的分布密度. $\qquad\square$

推论 5.2.2 设 $X \sim N(\mu,\sigma^2), Y/\sigma^2 \sim \chi^2(n)$, 且 X,Y 相互独立, 则

$$T = \frac{X-\mu}{\sqrt{Y/n}} \sim t(n). \tag{5.2.17}$$

由 (5.2.16) 式可见, t 分布的密度函数 $t(x;n)$ 关于 $x = 0(y\ 轴)$ 对称, 且 $\lim\limits_{|x|\to\infty} t(x;n) = 0$, 同时

$$\lim_{n\to\infty}\left(1+\frac{x^2}{n}\right)^{-\frac{n+1}{2}} = e^{-\frac{x^2}{2}}, \quad \lim_{n\to\infty}\frac{\Gamma\left(\dfrac{n+1}{2}\right)}{\Gamma\left(\dfrac{n}{2}\right)\sqrt{n\pi}} = \frac{1}{\sqrt{2\pi}},$$

可见当 $n \to \infty$ 时, t 分布趋于标准正态分布. 一般来说, 当 $n > 30$ 时, t 分布与正态分布 $N(0,1)$ 就非常接近了. 但对较小的 n 值, t 分布与正态分布之间有较大差异, 且 $P\{|T| \geqslant t_0\} \geqslant P\{|X| \geqslant t_0\}$, 其中 $X \sim N(0,1)$, 即在 t 分布的尾部比在标准正态分布的尾部有着更大的概率. 图 5.3 给出了 $n = 1, 5, 10, \infty$ 时 $t(n)$ 分布的密度函数图像.

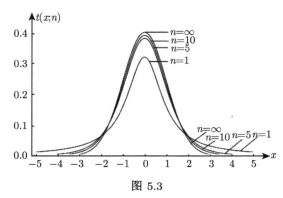

图 5.3

3. F 分布

定义 5.2.5　设 $X \sim \chi^2(m)$, $Y \sim \chi(n)$, 且 X 与 Y 相互独立, 则称随机变量

$$F = \frac{X/m}{Y/n} \tag{5.2.18}$$

所服从的分布为自由度是 (m,n) 的 F 分布, 记为 $F \sim F(m,n)$, 其中 m 称为第一自由度, n 称为第二自由度.

定理 5.2.5　$F(m,n)$ 分布的概率密度函数为

$$f(x;m,n) = \begin{cases} \dfrac{\Gamma\left(\dfrac{m+n}{2}\right)}{\Gamma\left(\dfrac{m}{2}\right)\Gamma\left(\dfrac{n}{2}\right)} \left(\dfrac{m}{n}\right)\left(\dfrac{m}{n}x\right)^{\frac{m}{2}-1}\left(1+\dfrac{m}{n}x\right)^{-\frac{m+n}{2}}, & x > 0, \\ 0, & x \leqslant 0. \end{cases} \tag{5.2.19}$$

证　令 $F(x) = P(F \leqslant x)$, 只需证明

$$F(x) = \int_{-\infty}^{x} f(x;m,n)\mathrm{d}x.$$

下面直接计算 $F(x)$. 显然 $x \leqslant 0$ 时 $F(x) = 0$, 从而 $f(x;m,n) = 0$. 现在考虑 $x > 0$ 的情形. 由于 X 与 Y 的密度函数分别为 $\chi^2(u;m)$, $\chi^2(v;n)$, 且 X,Y 相互独

立, 故它们的联合分布密度为 $\chi^2(u;m) \cdot \chi^2(v;n)$, 于是

$$
\begin{aligned}
P\{F \leqslant x\} &= P\left\{\frac{X/m}{Y/n} \leqslant x\right\} = P\left\{\frac{X}{Y} \leqslant \frac{m}{n}x\right\} \\
&= \iint_{\substack{\frac{u}{v} \leqslant \frac{m}{n}x \\ u>0 \\ v>0}} \frac{1}{2^{\frac{m}{2}}\Gamma\left(\frac{m}{2}\right)} e^{-\frac{u}{2}} u^{\frac{m}{2}-1} \frac{1}{2^{\frac{n}{2}}\Gamma\left(\frac{n}{2}\right)} e^{-\frac{v}{2}} v^{\frac{n}{2}-1} \mathrm{d}u\mathrm{d}v,
\end{aligned}
$$

作变量替换 $u = st, v = s$, 易知雅可比行列式为

$$
J\left(\frac{u,v}{r,t}\right) = \begin{vmatrix} t & s \\ 1 & 0 \end{vmatrix} = -s.
$$

于是

$$
\begin{aligned}
P\{F \leqslant x\} &= \iint_{\substack{0<t\leqslant\frac{m}{n}x \\ s>0}} \frac{e^{-\frac{s}{2}(1+t)} s^{\frac{m+n}{2}-2}}{2^{\frac{m+n}{2}}\Gamma\left(\frac{m}{2}\right)\Gamma\left(\frac{n}{2}\right)} t^{\frac{m}{2}-1} |J| \mathrm{d}s\mathrm{d}t \\
&= \int_0^{\frac{m}{n}x} \frac{t^{\frac{m}{2}-1}}{2^{\frac{m+n}{2}}\Gamma\left(\frac{m}{2}\right)\Gamma\left(\frac{n}{2}\right)} \mathrm{d}t \int_0^\infty e^{-\frac{s}{2}(1+t)} s^{\frac{m+n}{2}-1} \mathrm{d}s.
\end{aligned}
$$

令 $w = \frac{1}{2}(1+t)s$, 则有

$$
\begin{aligned}
\int_0^\infty e^{-\frac{s}{2}(1+t)} s^{\frac{m+n}{2}-1} \mathrm{d}s &= \left(\frac{1+t}{2}\right)^{-\frac{m+n}{2}} \int_0^\infty e^{-w} w^{\frac{m+n}{2}-1} \mathrm{d}w \\
&= 2^{\frac{m+n}{2}} (1+t)^{-\frac{m+n}{2}} \Gamma\left(\frac{m+n}{2}\right),
\end{aligned}
$$

故

$$
\begin{aligned}
F(x) &= \int_0^{\frac{m}{n}x} \frac{\Gamma\left(\frac{m+n}{2}\right)}{\Gamma\left(\frac{m}{2}\right)\Gamma\left(\frac{n}{2}\right)} t^{\frac{m}{2}-1} (1+t)^{-\frac{m+n}{2}} \mathrm{d}t \\
&= \int_0^x \frac{\Gamma\left(\frac{m+n}{2}\right)}{\Gamma\left(\frac{m}{2}\right)\Gamma\left(\frac{n}{2}\right)} \left(\frac{m}{n}z\right)^{\frac{m}{2}-1} \left(1+\frac{m}{n}z\right)^{-\frac{m+n}{2}} \cdot \frac{m}{n} \mathrm{d}z \\
&= \int_0^x f(z;m,n)\mathrm{d}z.
\end{aligned}
$$

$\square$

推论 5.2.3 若 $X \sim F(m,n)$ 分布, 则

$$
\frac{1}{X} \sim F(n,m). \tag{5.2.20}
$$

图 5.4 给出了 F 分布的密度函数图像.

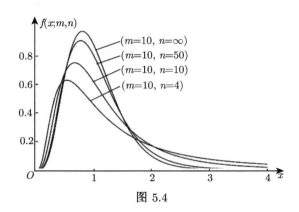

图 5.4

下面介绍关于概率分布的分位点的概念.

设 p 满足 $0 < p < 1$, 若 x_p 使

$$P\{X \leqslant x_p\} = F(x_p) = p, \tag{5.2.21}$$

则称 x_p 为此概率分布的 p **分位点**(quantile)(p 分位数).

例如, 设 $X \sim N(0,1)$, 那么标准正态分布的 p 分位点 (记为 u_p) 是满足

$$\Phi(u_p) = \int_{-\infty}^{u_p} \frac{1}{\sqrt{2\pi}} \mathrm{e}^{-\frac{t^2}{2}} \mathrm{d}t = p$$

的 u_p, 在本书中, u_p 专门用来表示 $N(0,1)$ 的 p 分位点, 其值可查附表, 例如 $u_{0.95} = 1.645, u_{0.975} = 1.96$ 等. 由于分布的对称性显然有

$$-u_p = u_{1-p}. \tag{5.2.22}$$

同样地, $\chi^2(n)$ 分布的 p 分位点 $\chi_p^2(n)$ 应满足

$$\int_{-\infty}^{\chi_p^2(n)} \chi^2(x; n) \mathrm{d}x = p,$$

其值可查附表.

$t(n)$ 分布的 p 分位点 $t_p(n)$ 应满足

$$\int_{-\infty}^{t_p(n)} t(x; n) \mathrm{d}x = p,$$

其值可查附表. 由于对称性, $-t_p = t_{1-p}$.

$F(n_1, n_2)$ 分布的 p 分位点 $F_p(n_1, n_2)$ 应满足

$$\int_{-\infty}^{F_p(n_1, n_2)} f(x; n_1, n_2) \mathrm{d}x = p,$$

其值可查附表. 另外, 由推论 5.2.3 可知

$$F_p(n_1, n_2) = \frac{1}{F_{1-p}(n_2, n_1)}. \tag{5.2.23}$$

对于分位点还必须熟悉下列两种表达方法:

(i) 如果我们需要求出 λ, 使 $P\{X > \lambda\} = \alpha$, 这时常称 λ 为 X 的上侧 α 分位点, 显然

$$P\{X \leqslant \lambda\} = 1 - P\{X > \lambda\} = 1 - \alpha,$$

因此 λ 即为原分布的 $1 - \alpha$ 分位点.

例如, $X \sim N(0,1)$, λ 满足 $P\{X > \lambda\} = 0.05$, 则 $\lambda = u_{1-0.05} = u_{0.95} = 1.645$.

(ii) 如果我们需要求出 λ_1, λ_2, 使 $P\{X \leqslant \lambda_1\} = \dfrac{\alpha}{2}$, $P\{X > \lambda_2\} = \dfrac{\alpha}{2}$, 这时常称 λ_1, λ_2 为 X 的双侧 α 分位点. 显然 λ_1 为 X 的 $\dfrac{\alpha}{2}$ 分位点, λ_2 为 X 的 $1 - \dfrac{\alpha}{2}$ 分位点.

例如, $X \sim F(n_1, n_2)$, 求 λ_1 和 λ_2 使

$$P\{X \leqslant \lambda_1\} = 0.025, \quad P\{X > \lambda_2\} = 0.025,$$

则

$$\lambda_1 = F_{0.025}(n_1, n_2), \quad \lambda_2 = F_{0.975}(n_1, n_2),$$

其示意图见图 5.5.

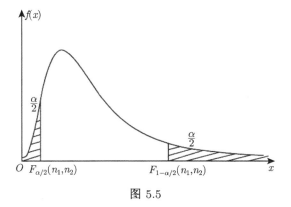

图 5.5

5.2.4 抽样分布

由于统计量都是随机变量, 它应有确定的概率分布. 统计量的分布称为**抽样分布**(sample distribution).

在实际问题中, 用正态随机变量刻画的随机现象是比较普遍的, 因此正态随机样本统计量在数理统计中占有重要的地位. 下面讨论几个重要正态样本统计量的分布.

定理 5.2.6 设 $X_1, X_2, \cdots, X_n$ 是取自正态总体 $N(\mu, \sigma^2)$ 的一个样本, 统计量 U 是样本的任一确定的线性函数

$$U = \sum_{i=1}^{n} a_i X_i,$$

则 U 也是正态随机变量, 且

$$E(U) = \mu \sum_{i=1}^{n} a_i, \tag{5.2.24}$$

$$D(U) = \sigma^2 \sum_{i=1}^{n} a_i, \tag{5.2.25}$$

即

$$U \sim N\left(\mu \sum_{i=1}^{n} a_i, \sigma^2 \sum_{i=1}^{n} a_i\right).$$

特别地, 对样本均值 $\overline{X} = \dfrac{1}{n} \sum_{i=1}^{n} X_i$, 有

$$\overline{X} \sim N\left(\mu, \frac{\sigma^2}{n}\right). \tag{5.2.26}$$

由 (5.2.26) 式可知 $E(\overline{X})$ 与总体均值相同, 但方差 $D(\overline{X})$ 只等于总体方差的 $1/n$, 因此 n 越大, $\overline{X}$ 越向总体均值 μ 集中.

定理 5.2.7 设 $X_1, X_2, \cdots, X_n$ 是取自正态总体 $N(\mu, \sigma^2)$ 的一个样本, 则样本方差

$$S^2 = \frac{1}{n-1} \sum_{i=1}^{n} (X_i - \overline{X})^2 \tag{5.2.27}$$

与样本均值 $\overline{X}$ 相互独立, 且

$$\frac{(n-1)S^2}{\sigma^2} \sim \chi^2(n-1). \tag{5.2.28}$$

此定理的证明要用到较多的线性代数知识, 故证明从略, 读者可参考严士健《概率论与数理统计基础》或华东师范大学编《概率论与数理统计教程》.

定理 5.2.8 设 $X_1, X_2, \cdots, X_n$ 是取自正态总体 $N(\mu, \sigma^2)$ 的一个样本, 则

$$\frac{(\overline{X} - \mu)\sqrt{n}}{S} \sim t(n-1). \tag{5.2.29}$$

证 因为 $\overline{X} \sim N(\mu, \sigma^2/n)$, 所以

$$\frac{\overline{X} - \mu}{\sigma/\sqrt{n}} \sim N(0, 1).$$

又

$$\frac{(n-1)S^2}{\sigma^2} \sim \chi^2(n-1),$$

并且由于 $\overline{X}$ 与 S^2 相互独立, 因此 $\dfrac{\overline{X} - \mu}{\sigma/\sqrt{n}}$ 与 $\dfrac{(n-1)S^2}{\sigma^2}$ 相互独立, 从而

$$\frac{\dfrac{\overline{X} - \mu}{\sigma/\sqrt{n}}}{\sqrt{\dfrac{(n-1)}{\sigma^2}S^2 \Big/ (n-1)}} = \frac{(\overline{X} - \mu)\sqrt{n}}{S} \sim t(n-1). \qquad \Box$$

定理 5.2.9 设 $X_1, X_2, \cdots, X_{n_1}$ 和 $Y_1, Y_2, \cdots, Y_{n_2}$ 分别是取自正态总体 $N(\mu_1, \sigma^2)$ 和 $N(\mu_2, \sigma^2)$ 的样本, 它们相互独立, 则

$$\frac{(\overline{X} - \overline{Y}) - (\mu_1 - \mu_2)}{\sqrt{(n_1-1)S_1^2 + (n_2-1)S_2^2}}\sqrt{\frac{n_1 n_2 (n_1 + n_2 - 2)}{n_1 + n_2}} \sim t(n_1 + n_2 - 2), \tag{5.2.30}$$

其中

$$\overline{X} = \frac{1}{n_1}\sum_{i=1}^{n_1} X_i, \quad S_1^2 = \frac{1}{n_1 - 1}\sum_{i=1}^{n_1}(X_i - \overline{X})^2,$$

$$\overline{Y} = \frac{1}{n_2}\sum_{i=1}^{n_2} Y_i, \quad S_2^2 = \frac{1}{n_2 - 1}\sum_{i=1}^{n_2}(Y_i - \overline{Y})^2.$$

证 易知

$$\overline{X} - \overline{Y} \sim N\left(\mu_1 - \mu_2, \frac{\sigma^2}{n_1} + \frac{\sigma^2}{n_2}\right),$$

从而

$$\frac{(\overline{X} - \overline{Y}) - (\mu_1 - \mu_2)}{\sigma\sqrt{\dfrac{1}{n_1} + \dfrac{1}{n_2}}} \sim N(0, 1).$$

由已知条件知

$$\frac{(n_1-1)}{\sigma^2}S_1^2 \sim \chi^2(n_1-1), \quad \frac{(n_2-1)}{\sigma^2}S_2^2 \sim \chi^2(n_2-1),$$

并且它们相互独立, 故由 χ^2 分布的可加性知

$$\frac{(n_1-1)}{\sigma^2}S_1^2 + \frac{(n_2-1)}{\sigma^2}S_2^2 \sim \chi^2(n_1+n_2-2),$$

从而按 t 分布的定义得

$$\frac{\dfrac{(\overline{X}-\overline{Y})-(\mu_1-\mu_2)}{\sigma\sqrt{1/n_1+1/n_2}}}{\sqrt{\dfrac{\dfrac{(n_1-1)}{\sigma^2}S_1^2 + \dfrac{(n_2-1)}{\sigma^2}S_2^2}{n_1+n_2-2}}}$$

$$= \frac{(\overline{X}-\overline{Y})-(\mu_1-\mu_2)}{\sqrt{(n_1-1)S_1^2+(n_2-1)S_2^2}}\sqrt{\frac{n_1n_2(n_1+n_2-2)}{n_1+n_2}}$$

$$\sim t(n_1+n_2-2). \qquad\qquad\qquad\qquad\qquad \Box$$

定理 5.2.10　设 $X_1,X_2,\cdots,X_{n_1}$ 和 $Y_1,Y_2,\cdots,Y_{n_2}$ 分别是取自正态总体 $N(\mu_1,\sigma_1^2)$ 和 $N(\mu_2,\sigma_2^2)$ 的样本, 它们相互独立, 则

$$\frac{S_1^2\sigma_2^2}{S_2^2\sigma_1^2} \sim F(n_1-1,n_2-1). \tag{5.2.31}$$

证　由已知条件知

$$\frac{(n_1-1)}{\sigma_1^2}S_1^2 \sim \chi^2(n_1-1), \quad \frac{(n_2-1)}{\sigma_2^2}S_2^2 \sim \chi^2(n_2-1),$$

且相互独立. 由 F 分布定义有

$$\frac{\dfrac{(n_1-1)}{\sigma_1^2}S_1^2\Big/(n_1-1)}{\dfrac{(n_2-1)}{\sigma_2^2}S_2^2\Big/(n_2-1)} = \frac{S_1^2\sigma_2^2}{S_2^2\sigma_1^2} \sim F(n_1-1,n_2-1). \qquad \Box$$

习　题　5

1. 设总体 $X \sim N(\mu,\sigma^2)$, 其中 μ 已知, 而 σ^2 未知, $(X_1,X_2,\cdots,X_n)$ 是总体 X 的一个样本, 试问 $X_1+X_2+X_3$, $X_2+2\mu$, $\max(X_1,X_2,\cdots,X_n)$, $\sum\limits_{i=1}^{n}\dfrac{X_i^2}{\sigma^2}$, $\dfrac{X_3-X_1}{2}$ 之中哪些是统

计量? 哪些不是统计量? 为什么?

2. 在总体 $X \sim N(52, 6.3^2)$ 中, 随机抽取一容量为 36 的样本, 求样本均值 $\overline{X}$ 落在 50.8 到 53.8 之间的概率.

3. 在总体 $X \sim N(80, 20^2)$ 中随机抽取一容量为 100 的样本, 问样本均值与总体均值的差的绝对值大于 3 的概率是多少?

4. 设 $(X_1, X_2, \cdots, X_{10})$ 为总体 $X \sim N(0, 0.3^2)$ 的一个样本, 求 $P\left\{\sum\limits_{i=1}^{10} X_i^2 > 1.44\right\}$.

5. 求总体 $X \sim N(20, 3)$ 的容量分别为 10, 15 的两独立样本平均值的差的绝对值大于 0.3 的概率.

6. 填空题

(i) 设总体 X 服从正态分布 $N(0, 2^2)$, 而 $X_1, X_2, \cdots, X_{15}$ 是取自总体 X 的简单随机样本, 则随机变量 $Y = \dfrac{X_1^2 + \cdots + X_{10}^2}{2(X_{11}^2 + \cdots + X_{15}^2)}$ 服从 _____ 分布, 自由度为 _____.

(ii) 设总体 X 和 Y 服从同一正态分布 $N(0, 3^2)$, $X_1, X_2, \cdots, X_9$ 和 $Y_1, Y_2, \cdots, Y_9$ 是分别取自总体 X 和 Y 的独立样本, 则统计量

$$T = \frac{X_1 + X_2 + \cdots + X_9}{\sqrt{Y_1^2 + Y_2^2 + \cdots + Y_9^2}}$$

服从 _____ 分布, 自由度为 _____.

(iii) 设 X_1, X_2, X_3, X_4 是取自正态总体 $N(0, 2^2)$ 的样本, $X = a(X_1 - 2X_2)^2 + b(3X_3 - 4X_4)^2$, 则当 $a =$ _____, $b =$ _____ 时, 统计量 X 服从 χ^2 分布, 自由度为 _____.

7. 选择题

(i) 设 $X_1, X_2, \cdots, X_n$ 是取自正态总体 $N(\mu, \sigma^2)$ 的样本, $\overline{X}$ 是样本均值, 记

$$S_1^2 = \frac{1}{n-1}\sum_{i=1}^{n}(X_i - \overline{X})^2, \quad S_2^2 = \frac{1}{n}\sum_{i=1}^{n}(X_i - \overline{X})^2,$$

$$S_3^2 = \frac{1}{n-1}\sum_{i=1}^{n}(X_i - \mu)^2, \quad S_4^2 = \frac{1}{n}\sum_{i=1}^{n}(X_i - \mu)^2,$$

则服从自由度为 $n-1$ 的 t 分布的随机变量是 (　　).

(A) $T = \dfrac{\overline{X} - \mu}{S_1/\sqrt{n-1}}$ 　　　　　　　 (B) $T = \dfrac{\overline{X} - \mu}{S_2/\sqrt{n-1}}$

(C) $T = \dfrac{\overline{X} - \mu}{S_3/\sqrt{n}}$ 　　　　　　　 (D) $T = \dfrac{\overline{X} - \mu}{S_4/\sqrt{n}}$

(ii) 设 $X \sim N(0, \sigma^2)$, $X_1, X_2, \cdots, X_9$ 是取自总体 X 的样本, 则服从 F 分布的统计量是 (　　).

(A) $F = \dfrac{X_1^2 + X_2^2 + X_3^2}{X_4^2 + X_5^2 + \cdots + X_9^2}$ 　　　　 (B) $F = \dfrac{X_1^2 + X_2^2 + X_3^2 + X_4^2}{X_4^2 + X_5^2 + X_6^2 + X_7^2}$

(C) $F = \dfrac{X_1^2 + X_2^2 + X_3^2}{2(X_4^2 + X_5^2 + \cdots + X_9^2)}$ 　　　　　　(D) $F = \dfrac{2(X_1^2 + X_2^2 + X_3^2)}{X_4^2 + X_5^2 + \cdots + X_9^2}$

(iii) 设随机变量 $X \sim N(0,1)$, $Y \sim N(0,1)$, 则下列结论正确的是 (　　).

(A) $X + Y$ 服从正态分布　　　　　　(B) $X^2 + Y^2$ 服从 χ^2 分布

(C) X^2/Y^2 服从 F 分布　　　　　　(D) X^2 和 Y^2 均服从 χ^2 分布

(iv) 设 $X_1, X_2, \cdots, X_n (n \geqslant 2)$ 为取自总体 $N(0,1)$ 的简单随机样本, $\overline{X}$ 为样本均值, S^2 为样本方差, 则下列选项正确的是 (　　).

(A) $n\overline{X} \sim N(0,1)$ 　　　　　　(B) $nS^2 \sim \chi^2(n)$

(C) $\dfrac{(n-1)\overline{X}}{S} \sim t(n-1)$ 　　　　　　(D) $\dfrac{(n-1)X_1^2}{\sum_{i=2}^n X_i^2} \sim F(1, n-1)$

(v) 设随机变量 X 服从正态分布 $N(0,1)$, 对给定的 $\alpha(0 < \alpha < 1)$, 数 u_α 满足 $P\{X > u_\alpha\} = \alpha$, 若 $P\{|X| < x\} = \alpha$, 则 x 等于 (　　).

(A) $u_{\alpha/2}$ 　　　　(B) $u_{1-\alpha/2}$ 　　　　(C) $u_{\frac{1-\alpha}{2}}$ 　　　　(D) $u_{1-\alpha}$

(vi) 设随机变量 $X \sim t(n)(n > 1)$, $Y = \dfrac{1}{X^2}$, 则下列选项正确的是 (　　).

(A) $Y \sim \chi^2(n)$ 　　　　　　(B) $Y \sim \chi^2(n-1)$

(C) $Y \sim F(n, 1)$ 　　　　　　(D) $Y \sim F(1, n)$

8. 试证

(i) $\sum\limits_{i=1}^n (x_i - \overline{x})^2 = \sum\limits_{i=1}^n (x_i - a)^2 - n(\overline{x} - a)^2$, 对任意实数 a 成立;

(ii) $\sum\limits_{i=1}^n (x_i - \overline{x})^2 = \sum\limits_{i=1}^n x_i^2 - n\overline{x}^2$ 　(提示: 用 (i) 结果).

9. 从正态总体 $X \sim N(a, \sigma^2)$ 中抽取容量 $n = 20$ 的样本 $(X_1, X_2, \cdots, X_{20})$, 求概率.

(i) $P\left\{ 0.62\sigma^2 \leqslant \dfrac{1}{n} \sum\limits_{i=1}^n (X_i - a)^2 \leqslant 2\sigma^2 \right\}$;

(ii) $P\left\{ 0.4\sigma^2 \leqslant \dfrac{1}{n} \sum\limits_{i=1}^n (X_i - \overline{X})^2 \leqslant 2\sigma^2 \right\}$.

10. 设总体 X 服从泊松分布 $P(\lambda)$, $(X_1, X_2, \cdots, X_n)$ 是其样本, $\overline{X}, S^2$ 为样本均值与样本方差, 求 $D(\overline{X})$, $E(S^2)$.

11. 设 $X \sim N(0,1)$, $Y \sim \chi^2(n)$, X 与 Y 相互独立, 又 $t = \dfrac{X}{\sqrt{Y/n}}$, 证明 $t^2 \sim F(1, n)$.

12. 记 $t_p(n), F_p(m, n)$ 分别为 $t \sim t(n)$ 分布和 $F \sim F(m, n)$ 分布的 p 分位点, 证明 $[t_{1-\alpha/2}(n)]^2 = F_{1-\alpha}(1, n)$, 并用 $\alpha = 0.05, n = 10$ 验证之.

13.　设 $X \sim N(0, \sigma^2)$, 从总体 X 中抽取样本 $X_1, X_2, \cdots, X_9$, 试确定 σ 的值, 使得 $P\{1 < \overline{X} < 3\}$ 为最大, 其中 $\overline{X} = \dfrac{1}{9} \sum\limits_{i=1}^{9} X_i$.

14.　设 $X \sim N(\mu, \sigma^2)$, 从总体 X 中抽取样本 $X_1, X_2, \cdots, X_n, X_{n+1}$, 记 $\overline{X} = \dfrac{1}{n} \sum\limits_{i=1}^{n} X_i$, $S_n^2 = \dfrac{1}{n-1} \sum\limits_{i=1}^{n} (X_i - \overline{X}_n)^2$, $S_n = \sqrt{S_n^2}$, 试证明

$$\sqrt{\dfrac{n}{n+1}} \cdot \dfrac{X_{n+1} - \overline{X}_n}{S_n} \sim t(n-1).$$

第6章 参 数 估 计

从本章开始, 讨论数理统计学的基本问题 —— 统计推断. 所谓统计推断就是由样本推断总体. 例如, 通过对部分产品的检验推断全部产品的质量; 通过对某水域采集的若干份水样的分析推断整个水域的水质. 由于样本数据的取得带有随机性, 因此需要用数理统计的方法进行推断. 统计推断是数理统计学的核心部分. 统计推断的基本问题可分为两大类: ① 统计估计问题; ② 统计假设检验问题. 本章讨论总体参数的点估计和区间估计.

§6.1 点 估 计

设总体 X 的分布类型已知, 但其中含有未知参数 $\theta(\theta$ 可以是向量). 例如, 总体 X 服从正态分布 $N(\mu, \sigma^2)$, 这里分布类型是已知的, 但其中含有未知参数向量 $\theta = (\mu, \sigma^2)$, 我们希望根据取自总体的样本 $X_1, X_2, \cdots, X_n$ 来对未知参数进行估计. 所谓点估计, 就是从样本出发构造适当的统计量 $\hat{\theta} = \hat{\theta}(X_1, X_2, \cdots, X_n)$ 作为未知参数 θ 的估计量, 当取得样本观测值 $x_1, x_2, \cdots, x_n$ 后, 就用 $\hat{\theta}(x_1, x_2, \cdots, x_n)$ 作为 θ 的估计值. 由于未知参数 θ 是数轴上的一个点, 用 $\hat{\theta}$ 去估计 θ, 等于用一个点去估计另一个点, 所以这样的估计叫做**点估计**(point estimation). 下面给出点估计的两种常用的方法: 矩估计法和极大似然估计法.

6.1.1 矩估计法

矩估计法(moment estimate) 是英国统计学家皮尔逊 (K. Pearson) 于 1894 年提出的. 由 5.2 节知, 样本矩依概率收敛于相应的总体矩. 以样本矩作为相应的总体矩的估计量, 以样本矩的连续函数作为相应的总体矩的连续函数的估计量, 进而得到未知参数点估计量的方法称为矩估计法. 矩估计法的具体做法: 设总体 X 为连续型随机变量, 其概率密度为 $f(x; \theta_1, \cdots, \theta_k)$, 或总体 X 为离散型随机变量, 其分布律为 $P\{X = x\} = p(x; \theta_1, \cdots, \theta_k)$, 其中 $\theta_1, \cdots, \theta_k$ 为待估参数. 假定总体 X 的 k 阶矩存在, 则其 r 阶矩

$$\alpha_r = E(X^r) = \int_{-\infty}^{\infty} x^r f(x; \theta_1, \cdots, \theta_k) \mathrm{d}x$$

或

$$\alpha_r = E(X^r) = \sum_x x^r p(x; \theta_1, \cdots, \theta_k) \quad (r = 1, 2, \cdots, k)$$

是 $\theta_1, \theta_2, \cdots, \theta_k$ 的函数, 即

$$\alpha_r = g_r(\theta_1, \cdots, \theta_k), \quad r = 1, 2, \cdots, k.$$

另一方面, 在样本容量 n 充分大时, α_r 又应接近于样本原点矩 M_r. 于是

$$\alpha_r = g_r(\theta_1, \cdots, \theta_k) \approx M_r = \frac{1}{n} \sum_{i=1}^{n} X_i^r, \quad r = 1, 2, \cdots, k. \tag{6.1.1}$$

将上面的近似式改成等式, 就得到方程组

$$g_r(\theta_1, \cdots, \theta_k) = M_r, \quad r = 1, 2, \cdots, k.$$

解此方程组, 得其根

$$\widehat{\theta_r} = \widehat{\theta_r}(X_1, X_2, \cdots, X_n), \quad r = 1, 2, \cdots, k.$$

就以上述 $\widehat{\theta_r}$ 作为 θ_r 的估计, 这样定出的估计量叫做矩估计量 (moment estimator).

例 6.1.1　设总体 X 的概率密度函数为

$$f(x; \lambda) = \begin{cases} \lambda \mathrm{e}^{-\lambda x}, & x > 0, \\ 0, & x \leqslant 0, \end{cases}$$

其中 λ 为未知参数, $X_1, X_2, \cdots, X_n$ 是总体 X 的样本. 试用矩估计法求 λ 的估计量 $\widehat{\lambda}$.

解　由 $E(X) = \displaystyle\int_{-\infty}^{\infty} x f(x; \lambda) \mathrm{d}x = \lambda \int_0^{\infty} x \mathrm{e}^{-\lambda x} \mathrm{d}x = \frac{1}{\lambda}$, 得方程

$$\frac{1}{\lambda} = \frac{1}{n} \sum_{i=1}^{n} X_i,$$

解此方程, 得到 λ 的矩估计量为

$$\widehat{\lambda} = \frac{n}{\displaystyle\sum_{i=1}^{n} X_i} = \frac{1}{\overline{X}}.$$

例 6.1.2　设总体 X 在 $[a, b]$ 上服从均匀分布, a, b 未知, $X_1, X_2, \cdots, X_n$ 是总体 X 的一个样本, 试求 a, b 的矩估计量.

解　X 的概率密度为

$$f(x; a, b) = \begin{cases} \dfrac{1}{b-a}, & a \leqslant x \leqslant b, \\ 0, & \text{其他}. \end{cases}$$

由

$$E(X) = \int_a^b x \cdot \frac{1}{b-a}\mathrm{d}x = \frac{a+b}{2},$$

$$E(X^2) = D(X) + [E(X)]^2$$

$$= \int_a^b \left(x - \frac{a+b}{2}\right)^2 \cdot \frac{1}{b-a}\mathrm{d}x + \frac{(a+b)^2}{4}$$

$$= \frac{(b-a)^2}{12} + \frac{(a+b)^2}{4},$$

得方程组

$$\begin{cases} \dfrac{a+b}{2} = \overline{X}, \\ \dfrac{(b-a)^2}{12} + \dfrac{(a+b)^2}{4} = \dfrac{1}{n}\sum_{i=1}^{n} X_i^2. \end{cases}$$

解此方程组得 a, b 的矩估计量分别为

$$\widehat{a} = \overline{X} - \sqrt{\frac{3}{n}\sum_{i=1}^{n}(X_i - \overline{X})^2}, \quad \widehat{b} = \overline{X} + \sqrt{\frac{3}{n}\sum_{i=1}^{n}(X_i - \overline{X})^2}.$$

6.1.2   极大似然估计法

极大似然估计(maximum likelihood estimate) 法是求点估计的另一种方法. 它最早由高斯所提出, 后来为费希尔 (R. A. Fisher) 在 1912 年重新提出, 并证明了这个方法的一些性质. 极大似然估计这一名称也是费希尔给出的. 这是目前仍然得到最广泛应用的一种方法. 它是建立在极大似然原理的基础上的一个统计方法. 极大似然原理的直观想法: 一个随机试验若干个可能的结果 $A, B, C, \cdots$, 若在一次试验中结果 A 出现, 则一般认为试验条件对 A 的出现有利, 也即 A 出现的概率最大. 下面先看一个简单的例子.

例 6.1.3   设在一个口袋中装有多个白球和黑球, 已知两种球的数目之比为 $1 : 3$, 但不知是黑球多还是白球多. 因而从袋中任取 1 球得黑球的概率 p 是 $\frac{1}{4}$ 或 $\frac{3}{4}$, 现从中有放回地任取球 3 个, 试以此来估计 p 究竟是 $\frac{1}{4}$ 还是 $\frac{3}{4}$.

解   设有放回地从袋中任取 3 球, 其中黑球个数为 X, 则 X 服从二项分布

$$P\{X = x\} = \mathrm{C}_3^x p^x (1-p)^{3-x} \quad (x = 0, 1, 2, 3). \tag{6.1.2}$$

对 p 的两个可能值, X 的分布律如下:

X	0	1	2	3
$p = \dfrac{1}{4}$ 时 $P\{X = x\}$ 值	$\dfrac{27}{64}$	$\dfrac{27}{64}$	$\dfrac{9}{64}$	$\dfrac{1}{64}$
$p = \dfrac{3}{4}$ 时 $P\{X = x\}$ 值	$\dfrac{1}{64}$	$\dfrac{9}{64}$	$\dfrac{27}{64}$	$\dfrac{27}{64}$

由此可见, 若取 3 个球得到 X 的观测值 $x = 0$, 当 $p = \dfrac{1}{4}$ 时, $P\{X = 0\} = \dfrac{27}{64}$; 当 $p = \dfrac{3}{4}$ 时, $P\{X = 0\} = \dfrac{1}{64}$, 显然 $\dfrac{27}{64} \gg \dfrac{1}{64}$. 这表明使 $x = 0$ 的样本取自 $p = \dfrac{1}{4}$ 的总体的可能性比取自 $p = \dfrac{3}{4}$ 的总体的可能性要大. 因而取 $\dfrac{1}{4}$ 作为 p 的估计值比取 $\dfrac{3}{4}$ 作为 p 的估计值更合理. 类似地, 若得到 X 的观测值 $x = 3$, 由于当 $p = \dfrac{1}{4}$ 时 $P\{X = 3\} = \dfrac{1}{64}$; 当 $p = \dfrac{3}{4}$ 时, $P\{X = 3\} = \dfrac{27}{64}$, 所以此时取 $\dfrac{3}{4}$ 作为 p 的估计值比取 $\dfrac{1}{4}$ 作为 p 的估计值更合理. 同样对 X 的观测值 $x = 1, 2$ 的情形, p 的合理的估计值分别取为 $\widehat{p} = \dfrac{1}{4}$ 与 $\widehat{p} = \dfrac{3}{4}$. 综上所述, 参数 p 的合理估计应当为

$$\widehat{p} = \begin{cases} \dfrac{1}{4}, & x = 0, 1; \\ \dfrac{3}{4}, & x = 2, 3. \end{cases} \tag{6.1.3}$$

上述选取 p 的估计值 $\widehat{p}$ 的原则: 对每个样本观测值, 选取 $\widehat{p}$ 使得样本观测值出现的概率最大. 这种选择使得概率最大的那个 $\widehat{p}$ 作为参数 p 的估计的方法, 就是极大似然估计法. 这里用到了 "概率最大的事件最可能出现" 的直观想法.

用同样的思想方法也可以估计连续型总体的参数.

一般地, 设总体 X 为连续型随机变量, 具有密度函数 $f(x; \theta)$, 其中 θ 是未知参数, 需待估计. 又设 $(x_1, x_2, \cdots, x_n)$ 是样本 $X_1, X_2, \cdots, X_n$ 的一个观测值, 那么样本 $X_1, X_2, \cdots, X_n$ 落在点 $(x_1, x_2, \cdots, x_n)$ 的邻域 (边长分别为 $\mathrm{d}x_1, \mathrm{d}x_2, \cdots, \mathrm{d}x_n$ 的 n 维长方体) 内的概率近似地为 $\prod_{i=1}^{n} f(x_i; \theta) \mathrm{d}x_i$. 由此可见, θ 的变化影响到 $\prod_{i=1}^{n} f(x_i; \theta) \mathrm{d}x_i$ 大小的变化, 也就是说概率 $\prod_{i=1}^{n} f(x_i; \theta) \mathrm{d}x_i$ 是 θ 的函数. 极大似然原理就是选取使得样本落在观测值 $(x_1, x_2, \cdots, x_n)$ 的邻域里的概率 $\prod_{i=1}^{n} f(x_i; \theta) \mathrm{d}x_i$ 达到最大的数值 $\widehat{\theta}(x_1, x_2, \cdots, x_n)$ 作为参数 θ 的估计值. 但由于因子 $\prod_{i=1}^{n} \mathrm{d}x_i$ 不随 θ 而变, 故只需考虑对固定的 $(x_1, x_2, \cdots, x_n)$ 选取 $\widehat{\theta}$ 使得

$$\prod_{i=1}^{n} f(x_i; \widehat{\theta}) = \max_{\theta} \prod_{i=1}^{n} f(x_i; \theta).$$

从直观上讲, 既然在一次试验中得到了观测值 $(x_1, x_2, \cdots, x_n)$, 那么我们认为样本落在该观测值的邻域里这一事件是较易发生的, 应具有较大的概率. 所以就应选

取使这一概率达到最大的参数值作为真参数值的估计. 下面给出极大似然估计的定义.

定义 6.1.1 设总体 X 的密度函数为 $f(x; \theta_1, \theta_2, \cdots, \theta_m)$(或 X 的分布律为 $p(x; \theta_1, \theta_2, \cdots, \theta_m)$),其中 $\theta_1, \theta_2, \cdots, \theta_m$ 为未知参数. $(X_1, X_2, \cdots, X_n)$ 是总体 X 的样本,它的联合概率密度函数为 $\prod_{i=1}^{n} f(x_i; \theta_1, \cdots, \theta_m)$(或联合分布律为 $\prod_{i=1}^{n} p(x_i; \theta_1, \cdots, \theta_m)$),称 $L(\theta_1, \cdots, \theta_m) = L(x_1, \cdots, x_n; \theta_1, \cdots, \theta_m) = \prod_{i=1}^{n} f(x_i; \theta_1, \cdots, \theta_m)$(或 $L(\theta_1, \cdots, \theta_m) = L(x_1, \cdots, x_n; \theta_1, \cdots, \theta_m) = \prod_{i=1}^{n} p(x_i; \theta_1, \cdots, \theta_m)$)为 $\theta_1, \cdots, \theta_m$ 的**似然函数**(likelihood function). 若 $\widehat{\theta}_1, \cdots, \widehat{\theta}_m$ 使得下式

$$L(\widehat{\theta}_1, \cdots, \widehat{\theta}_m) = \max_{(\theta_1, \cdots, \theta_m)} \left\{ L(\theta_1, \cdots, \theta_m) \right\} \tag{6.1.4}$$

成立,则称 $\widehat{\theta}_j = \widehat{\theta}_j(X_1, X_2, \cdots, X_n)(j = 1, 2, \cdots, m)$ 为 θ_j 的**极大似然估计量**(maximum likelihood estimate)(也称为 θ_j 的**最大似然估计量**).

由极大似然估计量的定义可知,求总体参数 θ_j 的极大似然估计量的问题,就是求似然函数 L 的最大值点问题. 由于对数函数 $\ln x$ 是 x 的单增函数,因此 L 与 $\ln L$ 在相同点达到最大. 特别地,如果似然函数 L 关于 $\theta_1, \cdots, \theta_m$ 存在连续的偏导数时,可建立方程组 (称为似然方程组):

$$\frac{\partial \ln L}{\partial \theta_i} = 0, \quad i = 1, 2, \cdots, m. \tag{6.1.5}$$

如果方程组有唯一的解,且能验证此解是似然函数 L 的一个极大值点,则此解必是 L 的最大值点,也即该似然方程组 (6.1.5) 式的解就是参数 $\theta = (\theta_1, \cdots, \theta_m)$ 的极大似然估计.

在似然函数 $L = L(\theta_1, \cdots, \theta_m)$ 关于 $\theta_1, \cdots, \theta_m$ 不可微的情形,已不能用微分法求极大似然估计量,此时需回到原始的定义 (6.1.4) 式求极大似然估计量.

例 6.1.4 设总体 X 服从指数分布,分布密度为

$$f(x; \lambda) = \begin{cases} \lambda e^{-\lambda x}, & x > 0, \\ 0, & x \leqslant 0 \end{cases} \quad (\lambda > 0),$$

$(x_1, x_2, \cdots, x_n)$ 为 X 的一样本观测值,求参数 λ 的极大似然估计.

解 似然函数为

$$L(x_1, x_2, \cdots, x_n; \lambda) = \prod_{i=1}^{n} \lambda e^{-\lambda x_i} = \lambda^n \exp\left\{ -\lambda \sum_{i=1}^{n} x_i \right\},$$

于是

$$\ln L(\lambda) = n \ln \lambda - \left(\sum_{i=1}^{n} x_i \right) \lambda = n(\ln \lambda - \overline{x}\lambda).$$

令

$$\frac{\mathrm{d}}{\mathrm{d}\lambda}\ln L(\lambda) = n\left(\frac{1}{\lambda} - \overline{x}\right) = 0,$$

解得

$$\widehat{\lambda} = \frac{1}{\overline{x}} = \frac{n}{\displaystyle\sum_{i=1}^{n} x_i} \quad \text{且} \quad \frac{\mathrm{d}^2 L}{\mathrm{d}\lambda^2} = -\frac{n}{\lambda^2} < 0,$$

故 λ 的极大似然估计量为

$$\widehat{\lambda} = \frac{1}{\overline{X}} = \frac{n}{\displaystyle\sum_{i=1}^{n} X_i}.$$

例 6.1.5 设 $X_1, X_2, \cdots, X_n$ 是正态总体 $N(\mu, \sigma^2)$ 的一个样本, 求 μ, σ^2 的极大似然估计量.

解 由于总体 X 的概率密度为

$$f(x; \mu, \sigma^2) = \frac{1}{\sqrt{2\pi}\sigma} \exp\left\{-\frac{1}{2\sigma^2}(x-\mu)^2\right\},$$

故似然函数为

$$L = \prod_{i=1}^{n} \frac{1}{\sqrt{2\pi}\sigma} \exp\left\{-\frac{1}{2\sigma^2}(x_i - \mu)^2\right\}$$

$$= (2\pi\sigma^2)^{-\frac{n}{2}} \exp\left\{-\frac{1}{2\sigma^2}\sum_{i=1}^{n}(x_i - \mu)^2\right\},$$

于是

$$\ln L = -\frac{n}{2}\ln(2\pi\sigma^2) - \frac{1}{2\sigma^2}\sum_{i=1}^{n}(x_i - \mu)^2.$$

令

$$\begin{cases} \dfrac{\partial}{\partial\mu}\ln L = \dfrac{1}{\sigma^2}\displaystyle\sum_{i=1}^{n}(x_i - \mu) = 0, \\[3mm] \dfrac{\partial}{\partial\sigma^2}\ln L = -\dfrac{n}{2}\dfrac{1}{\sigma^2} + \dfrac{1}{2\sigma^4}\displaystyle\sum_{i=1}^{n}(x_i - \mu)^2 = 0. \end{cases}$$

解联立方程组得

$$\widehat{\mu} = \frac{1}{n}\sum_{i=1}^{n} x_i = \overline{x}, \quad \widehat{\sigma^2} = \frac{1}{n}\sum_{i=1}^{n}(x_i - \overline{x})^2.$$

经验证 $(\widehat{\mu}, \widehat{\sigma^2})$ 是 $L(\mu, \sigma^2)$ 的极大值点, 故 μ, σ^2 的极大似然估计量为

$$\widehat{\mu} = \frac{1}{n} \sum_{i=1}^{n} X_i, \quad \widehat{\sigma^2} = \frac{1}{n} \sum_{i=1}^{n} (X_i - \overline{X})^2.$$

例 6.1.6   设总体 X 服从 (0-1) 分布, 即

X	0	1
P	$1 - p$	p

$0 < p < 1$. 求 p 的极大似然估计量.

　　解   由于 $P\{X = 1\} = p, P\{X = 0\} = 1 - p, 0 < p < 1$, 即

$$P\{X = x\} = p^x (1 - p)^{1-x}, \quad x = 0, 1.$$

对于样本 $(X_1, X_2, \cdots, X_n)$ 的一个观测值 $(x_1, x_2, \cdots, x_n)$, 则有

$$P\{X_i = x_i\} = p^{x_i} (1 - p)^{1-x_i},$$

其中 $x_i = 0, 1$, $i = 1, 2, \cdots, n$. 故似然函数为

$$L(p) = \prod_{i=1}^{n} p^{x_i} (1 - p)^{1-x_i} = p^{\sum\limits_{i=1}^{n} x_i} (1 - p)^{n - \sum\limits_{i=1}^{n} x_i},$$

记 $\overline{x} = \dfrac{1}{n} \sum_{i=1}^{n} x_i$, 取对数则有

$$\ln L(p) = n\overline{x} \ln p + n(1 - \overline{x}) \ln(1 - p),$$

令

$$\frac{\mathrm{d}}{\mathrm{d}p} \ln L(p) = \frac{n\overline{x}}{p} + \frac{n(1 - \overline{x})}{p - 1} = \frac{n(p - \overline{x})}{p(1 - p)} = 0,$$

解得

$$\widehat{p} = \overline{x} = \frac{1}{n} \sum_{i=1}^{n} x_i,$$

且

$$\frac{\mathrm{d}^2 \ln L(p)}{\mathrm{d}p^2} = -\frac{n\overline{x}}{p^2} - \frac{n(1 - \overline{x})}{(1 - p)^2} < 0,$$

故 p 的极大似然估计量为 $\widehat{p} = \overline{X} = \dfrac{1}{n} \sum_{i=1}^{n} X_i$.

例 6.1.7 设总体 X 服从均匀分布, 概率分布密度为

$$f(x;\theta) = \begin{cases} \dfrac{1}{\theta}, & 0 \leqslant x \leqslant \theta, \\ 0, & \text{其他}, \end{cases}$$

其中 $0 < \theta < \infty$ 是未知参数, 求 θ 的极大似然估计量.

解 设 $X_1, X_2, \cdots, X_n$ 为总体 X 的一个样本, 似然函数为

$$L(x_1, x_2, \cdots, x_n; \theta) = \begin{cases} \dfrac{1}{\theta^n}, & 0 \leqslant x_i \leqslant \theta, \quad i = 1, 2, \cdots, n, \\ 0, & \text{其他}, \end{cases}$$

$$= \begin{cases} \dfrac{1}{\theta^n}, & \theta \geqslant \max\{x_1, x_2, \cdots, x_n\}, \\ 0, & \text{其他}. \end{cases}$$

由于似然函数 L 是 θ 的单调递减函数, 要使 L 达到最大, 就必须使 θ 尽可能小, 但 θ 不能小于 $\max\{x_1, x_2, \cdots, x_n\}$, 因而 θ 取 $\max\{x_1, x_2, \cdots, x_n\}$ 时便使 L 达到最大, 故 θ 的极大似然估计量为

$$\widehat{\theta} = \max\{X_1, X_2, \cdots, X_n\}.$$

极大似然估计量具有如下性质:

若 $\widehat{\theta}$ 为总体 X 的概率分布中参数 θ 的极大似然估计量, 又函数 $g = g(\theta)$ 具有单值反函数 $\theta = \theta(g)$, 则 $g(\widehat{\theta})$ 是 $g(\theta)$ 的极大似然估计量.

例如, 在 μ, σ^2 都未知的正态总体中, σ^2 的极大似然估计量为 $\widehat{\sigma^2} = \dfrac{1}{n}\sum_{i=1}^{n}(X_i - \overline{X})^2$, 又 $u = \sqrt{\sigma^2}$ 有单值反函数 $\sigma^2 = u^2$ $(u \geqslant 0)$, 根据上述性质, 标准差 σ 的极大似然估计量为

$$\widehat{\sigma} = \sqrt{\dfrac{1}{n}\sum_{i=1}^{n}(X_i - \overline{X})^2}.$$

§6.2 点估计量优劣的评价标准

6.1 节介绍了总体参数的常用点估计方法: 矩估计法和极大似然估计法. 对同一参数用不同的估计方法可能得到不同的估计量, 究竟哪个估计量更好呢? 这就牵涉到用什么标准评价估计量好坏的问题. 为此, 下面简单介绍几种估计量优劣的评价标准.

6.2.1   无偏估计

估计量是随机变量, 对不同的样本观测值它有不同的估计值. 我们希望估计量在多次观测试验中所取估计值的平均值应与真参数值相吻合, 即希望估计量的数学期望等于未知参数的真值, 这就是无偏性概念. 由此引出如下定义.

定义 6.2.1   设 $\widehat{\theta}(X_1, X_2, \cdots, X_n)$ 是未知参数 θ 的估计量, 若 $E(\widehat{\theta}) = \theta$, 则称 $\widehat{\theta}$ 为 θ 的**无偏估计**(unbiased estimate).

例 6.2.1   设 $(X_1, X_2, \cdots, X_n)$ 是取自具有数学期望为 μ 的任一总体 X 的一个样本, 则 $\overline{X} = \dfrac{1}{n}\sum\limits_{i=1}^{n} X_i$ 是 μ 的无偏估计.

这是因为

$$E(\overline{X}) = E\left(\frac{1}{n}\sum_{i=1}^{n} X_i\right) = \frac{1}{n}\sum_{i=1}^{n} E(X_i) = \mu.$$

所以样本均值 $\overline{X}$ 是总体均值 μ 的一个无偏估计. 但 $\overline{X}^2$ 不是 μ^2 的无偏估计, 如果总体 X 的方差 $\sigma^2 > 0$, 那么

$$E(\overline{X}^2) = D(\overline{X}) + \left[E(\overline{X})\right]^2 = \frac{\sigma^2}{n} + \mu^2.$$

因而用 $\overline{X}^2$ 估计 μ^2 不是无偏的.

例 6.2.2   设样本 $(X_1, X_2, \cdots, X_n)$ 取自具有数学期望为 μ, 方差为 σ^2 的总体 X, 则样本方差

$$S^2 = \frac{1}{n-1}\sum_{i=1}^{n}(X_i - \overline{X})^2$$

是 σ^2 的无偏估计量.

证

$$E(S^2) = E\left[\frac{1}{n-1}\sum_{i=1}^{n}(X_i - \overline{X})^2\right] = \frac{1}{n-1}E\left[\sum_{i=1}^{n}(X_i - \overline{X})^2\right]$$

$$= \frac{1}{n-1}E\left\{\sum_{i=1}^{n}\left[(X_i - \mu) - (\overline{X} - \mu)\right]^2\right\}$$

$$= \frac{1}{n-1}E\left[\sum_{i=1}^{n}(X_i - \mu)^2 - 2\sum_{i=1}^{n}(X_i - \mu)(\overline{X} - \mu) + n(\overline{X} - \mu)^2\right]$$

$$= \frac{1}{n-1}E\left[\sum_{i=1}^{n}(X_i - \mu)^2 - n(\overline{X} - \mu)^2\right]$$

$$= \frac{1}{n-1}\left[\sum_{i=1}^{n}E(X_i-\mu)^2 - nE(\overline{X}-\mu)^2\right]$$

$$= \frac{1}{n-1}\left(n\sigma^2 - n\cdot\frac{\sigma^2}{n}\right) = \sigma^2.$$

但是若用样本二阶中心矩 $\widetilde{S^2}$ 作为 σ^2 的估计量

$$\widehat{\sigma^2} = \widetilde{S^2} = \frac{1}{n}\sum_{i=1}^{n}(X_i-\overline{X})^2,$$

由于

$$E(\widehat{\sigma^2}) = E(\widetilde{S^2}) = E\left(\frac{n-1}{n}S^2\right) = \frac{n-1}{n}E(S^2) = \frac{n-1}{n}\sigma^2,$$

所以 $\widetilde{S^2}$ 是有偏的. 因此一般总是取 S^2 而不取 $\widetilde{S^2}$ 为 σ^2 的估计量. 然而 S 一般也不是 σ 的无偏估计. 例如, 设 $X_1, X_2, \cdots, X_n$ 是取自正态总体 $N(\mu, \sigma^2)$ 的一个样本, 由定理 5.2.7 知 $\dfrac{(n-1)S^2}{\sigma^2} \sim \chi^2(n-1)$, 所以

$$E\left(\frac{\sqrt{n-1}S}{\sigma}\right) = \int_0^{+\infty}\frac{\sqrt{x}}{2^{\frac{n-1}{2}}\cdot\Gamma\left(\frac{n-1}{2}\right)}\mathrm{e}^{-\frac{x}{2}}x^{\frac{n-1}{2}-1}\mathrm{d}x$$

$$= \frac{1}{2^{\frac{n-1}{2}}\cdot\Gamma\left(\frac{n-1}{2}\right)}2^{\frac{n}{2}}\Gamma\left(\frac{n}{2}\right) = \frac{\sqrt{2}\,\Gamma\left(\frac{n}{2}\right)}{\Gamma\left(\frac{n-1}{2}\right)},$$

$$E(S) = \sqrt{\frac{2}{n-1}}\cdot\frac{\Gamma\left(\frac{n}{2}\right)}{\Gamma\left(\frac{n-1}{2}\right)}\sigma \neq \sigma,$$

可见 $\sqrt{\dfrac{1}{n-1}\sum_{i=1}^{n}(X_i-\overline{X})^2}$ 不是 σ 的无偏估计量.

有时, 对同一参数可以有很多无偏估计.

例 6.2.3　设 $X_1, X_2, \cdots, X_n$ 取自具有数学期望为 μ 的总体, 判断下列统计量是否为 μ 的无偏估计:

(i) $X_i(i=1,2,\cdots,n)$;

(ii) $\frac{1}{2}X_1 + \frac{1}{3}X_3 + \frac{1}{6}X_n$;

(iii) $\frac{1}{3}X_1 + \frac{1}{3}X_2$.

解   (i) 因为 $E(X_i) = E(X) = \mu$, 故 X_i 是 μ 的无偏估计量.

(ii) 因为

$$E\left(\frac{1}{2}X_1 + \frac{1}{3}X_3 + \frac{1}{6}X_n\right)$$

$$=\frac{1}{2}E(X_1) + \frac{1}{3}E(X_3) + \frac{1}{6}E(X_n)$$

$$=\frac{1}{2}E(X) + \frac{1}{3}E(X) + \frac{1}{6}E(X) = \mu,$$

故 $\frac{1}{2}X_1 + \frac{1}{3}X_3 + \frac{1}{6}X_n$ 是 μ 的无偏估计量.

(iii) 因为 $E\left(\frac{1}{3}X_1 + \frac{1}{3}X_2\right) = \frac{2}{3}\mu$, 故当 $\mu \neq 0$ 时, $\frac{1}{3}X_1 + \frac{1}{3}X_2$ 不是 μ 的无偏估计量.

由上面诸例可见, 如果 $\widehat{\theta}$ 是参数 θ 的无偏估计, 除了 f 是线性函数以外, 并不能推出 $\widehat{\theta}$ 的函数 $f(\widehat{\theta})$ 也是参数函数 $f(\theta)$ 的无偏估计.

6.2.2   有效估计

对于未知参数 θ 的无偏估计是很多的, 例如, 不仅 $\overline{X}$ 是总体均值 μ 的无偏估计, 而且 $\widehat{\mu} = \sum_{i=1}^{n} C_i X_i$ (其中 $\sum_{i=1}^{n} C_i = 1$) 也是参数 μ 的无偏估计.

比较参数 θ 的两个无偏估计量 $\widehat{\theta}_1$ 和 $\widehat{\theta}_2$, 如果 $\widehat{\theta}_1$ 较 $\widehat{\theta}_2$ 更密集在 θ 附近, 我们就认为 $\widehat{\theta}_1$ 较 $\widehat{\theta}_2$ 更理想. 而估计量 $\widehat{\theta}$ 密集在 θ 附近的程度通常是用 $E(\widehat{\theta} - \theta)^2$ 来衡量, 若 $\widehat{\theta}$ 是无偏的, 则 $E(\widehat{\theta} - \theta)^2 = D(\widehat{\theta})$, 以这个意义来说, 无偏估计量以方差小者为好, 即较为有效, 故有如下标准.

定义 6.2.2   设 $\widehat{\theta}_1, \widehat{\theta}_2$ 是 θ 的两个无偏估计量, 若

$$\frac{D(\widehat{\theta}_1)}{D(\widehat{\theta}_2)} < 1,$$

则称 $\widehat{\theta}_1$ 较 $\widehat{\theta}_2$ 有效 (efficiency).

进一步证明可知, 无偏估计量 $\widehat{\theta}$ 的方差 $D(\widehat{\theta})$ 使下述不等式成立:

$$D(\widehat{\theta}) \geqslant \frac{1}{nE\left[\dfrac{\partial}{\partial\theta}\ln f(X;\theta)\right]^2} = G \tag{6.2.1}$$

或

$$D(\widehat{\theta}) \geqslant \frac{1}{nE\left[\dfrac{\partial}{\partial\theta}\ln p(X;\theta)\right]^2} = G. \tag{6.2.2}$$

此不等式称为拉奥–克拉默 (Rao-Cramer) 不等式, 正数 G 依赖于总体的概率密度 $f(x;\theta)$ 或分布律 $p(x;\theta)$, 也依赖于样本容量 n, 它是方差 $D(\widehat{\theta})$ 的一个下界, 显然当无偏估计量 $\widehat{\theta}$ 的方差 $D(\widehat{\theta}) = G$ 时最有效. 此时称 $\widehat{\theta}$ 为 θ 的**有效估计量**(efficient estimator), 也称 $\widehat{\theta}$ 为 θ 的达到方差界的无偏估计量.

例 6.2.4 设总体 X 服从 (0-1) 分布, 分布律为

$$p(x;p) = p^x(1-p)^{1-x}, \quad x = 0, 1.$$

$X_1, X_2, \cdots, X_n$ 是总体 X 的一个样本, 试证 $\widehat{p} = \overline{X}$ 是总体参数 p 的有效估计量.

证 因 $E(\widehat{p}) = E(\overline{X}) = p$, 所以 $\widehat{p}$ 是总体参数 p 的无偏估计量. 又

$$\begin{aligned}
\frac{\partial}{\partial p} \ln p(x;p) &= \frac{\partial}{\partial p}\big[x\ln p + (1-x)\ln(1-p)\big] \\
&= \frac{x}{p} - \frac{1-x}{1-p},
\end{aligned}$$

由随机变量的函数的数学期望计算公式, 得到

$$\begin{aligned}
E\left[\frac{\partial}{\partial p} \ln p(X;p)\right]^2 &= \sum_{x=0,1} \left(\frac{x}{p} - \frac{1-x}{1-p}\right)^2 p^x(1-p)^{1-x} \\
&= \frac{1}{p(1-p)},
\end{aligned}$$

所以

$$G = \frac{1}{nE\left[\dfrac{\partial}{\partial p} \ln p(X;p)\right]^2} = \frac{p(1-p)}{n},$$

而 $D(\widehat{p}) = D(\overline{X}) = \frac{1}{n}p(1-p)$, 所以 $D(\widehat{p}) = G$, 即 $D(\widehat{p})$ 使拉奥–克拉默不等式 (6.2.2) 的等号成立, 故 $\widehat{p} = \overline{X}$ 是总体分布参数 p 的有效估计量.

例 6.2.5 对于方差已知的正态总体 $X \sim N(\mu, \sigma^2)$, 已知 $\widehat{\mu} = \overline{X}$ 是 μ 的无偏估计量, 试证明 $\widehat{\mu} = \overline{X}$ 是 μ 的有效估计量.

证 由于 $\widehat{\mu} = \overline{X}$ 是 μ 的无偏估计量, 又因

$$f(x, \mu) = \frac{1}{\sqrt{2\pi}\sigma} \exp\left[-\frac{1}{2\sigma^2}(x-\mu)^2\right],$$

$$\ln f(x;\mu) = \ln \frac{1}{\sqrt{2\pi}\sigma} - \frac{1}{2\sigma^2}(x-\mu)^2,$$

$$\frac{\partial}{\partial \mu} \ln f(x;\mu) = \frac{x-\mu}{\sigma^2},$$

$$E\left[\frac{\partial}{\partial\mu}\ln f(X;\mu)\right]^2 = E\left(\frac{X-\mu}{\sigma^2}\right)^2 = \frac{1}{\sigma^4}E(X-\mu)^2 = \frac{1}{\sigma^2},$$

$$G = \frac{1}{nE\left[\dfrac{\partial}{\partial\mu}\ln f(X;\mu)\right]^2} = \frac{\sigma^2}{n},$$

而

$$D(\widehat{\mu}) = D(\overline{X}) = \frac{1}{n}\sigma^2,$$

所以 $D(\widehat{\mu}) = G$, 即 $D(\widehat{\mu})$ 使拉奥–克拉默不等式的等号成立, 故 $\widehat{\mu} = \overline{X}$ 是 μ 的有效估计量.

6.2.3　一致估计

我们注意到总体参数 θ 的估计量 $\widehat{\theta}(X_1, X_2, \cdots, X_n)$ 依赖于容量为 n 的样本, 因此自然希望 n 越大用 $\widehat{\theta}(X_1, X_2, \cdots, X_n)$ 去估计 θ 就越精确. 由此引入一个衡量估计量好坏的标准 —— 一致估计 (相合估计).

定义 6.2.3　设 $\widehat{\theta}_n(X_1, X_2, \cdots, X_n)$ 为总体未知参数 θ 的估计量, 若 $\widehat{\theta}_n(X_1, X_2, \cdots, X_n)$ 依概率收敛于 θ, 即对任意 $\varepsilon > 0$, 恒有

$$\lim_{n\to\infty} P\{|\widehat{\theta}_n - \theta| \geqslant \varepsilon\} = 0,$$

则称 $\widehat{\theta}_n$ 为 θ 的**一致 (相合) 估计量**(consistent estimate).

例 6.2.6　设有一批产品, 为估计其废品率 p, 随机抽取一样本$(X_1, X_2, \cdots, X_n)$, 其中

$$X_i = \begin{cases} 1, & \text{取得废品,} \\ 0, & \text{取得合格品,} \end{cases} \quad i = 1, 2, \cdots, n.$$

若取 $\widehat{p} = \overline{X} = \dfrac{1}{n}\sum_{i=1}^n X_i$ 为 p 的估计, 问 $\widehat{p} = \overline{X}$ 是否是废品率 p 的一致无偏估计量?

解　因 $E(\widehat{p}) = E(\overline{X}) = p$, 所以 $\widehat{p}$ 是 p 的无偏估计量. 又因为 $X_1, X_2, \cdots, X_n$ 相互独立, 且服从相同的分布, $E(X_i) = p, D(X_i) = p(1-p), i = 1, 2, \cdots, n$. 故由大数定律知 $\widehat{p} = \overline{X} = \dfrac{1}{n}\sum_{i=1}^n X_i$ 依概率收敛于 p. 所以 $\widehat{p} = \overline{X}$ 是废品率 p 的一致无偏估计量.

一般地, 有

(i) 样本矩为总体矩的一致估计量;

(ii) 未知参数的极大似然估计量也是未知参数的一致估计量 (证明略, 有兴趣的读者请参见 H. 克拉默著, 魏宗舒译《统计学数学方法》).

§6.3 区 间 估 计

6.3.1 区间估计的基本概念

前两节讨论了参数的点估计问题. 点估计, 即用适当的统计量 $\widehat{\theta}(X_1, X_2, \cdots, X_n)$ 去估计未知参数 θ, 这些选定的统计量都在一定意义下是被估参数 θ 的优良估计. 对给定的样本观测值 $(x_1, x_2, \cdots, x_n)$, 算得的估计值 $\widehat{\theta}(x_1, x_2, \cdots, x_n)$ 是被估参数 θ 的良好近似. 但近似程度如何? 误差范围多大? 可信程度又如何? 这些问题都是点估计无法回答的. 本节将要介绍的区间估计则在一定意义下回答了上述问题.

定义 6.3.1 设总体 X 的密度函数 $f(x; \theta)$(或分布律 $p(x; \theta)$) 中参数 θ 未知, $\theta \in \Theta(\Theta$ 是 θ 可能取值的范围), 对于给定的数值 $\alpha(0 < \alpha < 1)$, 若由样本 $(X_1, X_2, \cdots, X_n)$ 确定两个统计量 $\theta_l(X_1, X_2, \cdots, X_n)$ 和 $\theta_u(X_1, X_2, \cdots, X_n)$, 使得对任意 $\theta \in \Theta$, 有

$$P\{\theta_l \leqslant \theta \leqslant \theta_u\} \geqslant 1 - \alpha, \tag{6.3.1}$$

则称随机区间 $[\theta_l, \theta_u]$ 是 θ 的置信水平为 $1 - \alpha$**置信区间**(confidence interval), θ_l 和 θ_u 分别称为 θ 的**置信下限**(lower confidence limit) 和**置信上限**(upper confidence limit), $1 - \alpha$ 称为**置信度**(degree of confidence)(或**置信水平**(confidence level)), 并记 $L = \theta_u - \theta_l$ 为置信区间的长度.

(6.3.1) 式的直观意义是: 若反复抽样多次 (每次抽样容量都为 n), 每个样本观测值 $(x_1, x_2, \cdots, x_n)$ 确定一个区间 $[\theta_l, \theta_u]$, 按照伯努利大数定律, 在这样多的区间中, 包含参数 θ 真值的约占 $1 - \alpha$, 不包含 θ 真值的仅占 α 左右. 如 $\alpha = 0.01$, 则表示若反复抽样 100 次, 测得 100 个区间, 其中不包含 θ 真值的仅有 1 个左右.

上述定义表明, 用置信区间估计未知参数 θ, 置信度 (置信水平)$1 - \alpha$ 反映了置信区间估计参数 θ 的可靠程度, 置信区间的长度 L 则反映了置信区间估计参数 θ 的精确程度. 对固定的样本容量 n, 要提高区间估计 (置信区间) 的可靠度, 即减小 α, 则势必增大置信区间的长度 L, 从而精确度就会减小. 由此可见, 在区间估计中, 精度和可靠度是相互矛盾的. 现今流行的区间估计理论是原籍波兰的美国著名统计学家奈曼 (J. Neyman) 在 20 世纪 30 年代建立起来的. 奈曼所提出并为广泛接受的原则是: 先保证可靠度, 在这个前提下尽量使精度提高, 即在保证给定置信度 (置信水平) 之下去寻找优良精度的区间估计 (置信区间). 限于本课程要求的范围, 我们将从直观出发来讨论构造合理置信区间的问题. 下面介绍一种构造置信区间 (区间估计) 的一般方法 —— 枢轴变量法.

6.3.2 枢轴变量法

枢轴变量法(pivotal-quantity method) 是构造未知参数 θ 的置信区间的一个常用方法. 它的具体步骤如下:

(1) 从 θ 的点估计 $\widehat{\theta}(\widehat{\theta}$ 通常是 θ 的一个良好估计) 出发, 构造 $\widehat{\theta}(X_1, X_2, \cdots, X_n)$ 与 θ 的一个函数 $g(\widehat{\theta}, \theta)$, 使得 $g(\widehat{\theta}, \theta)$ 的分布是已知的, 而且与 θ 无关, 称函数 $g(\widehat{\theta}(X_1, X_2, \cdots, X_n), \theta)$ 为枢轴变量.

(2) 适当选取两常数 a 与 b, 使对给定的 $\alpha(0 < \alpha < 1)$, 有

$$P\{a \leqslant g(\widehat{\theta}, \theta) \leqslant b\} \geqslant 1 - \alpha. \tag{6.3.2}$$

当 $g(\widehat{\theta}, \theta)$ 的分布为连续型时, 应选取 a, b 使对给定的 $\alpha(0 < \alpha < 1)$, 有

$$P\{a \leqslant g(\widehat{\theta}, \theta) \leqslant b\} = 1 - \alpha. \tag{6.3.3}$$

(3) 把不等式 $a \leqslant g(\widehat{\theta}, \theta) \leqslant b$ 进行等价变换使之成为 $\theta_l(X_1, X_2, \cdots, X_n) \leqslant \theta \leqslant \theta_u(X_1, X_2, \cdots, X_n)$ 的形式, 若这一变换能够实现, 则 $[\theta_l, \theta_u]$ 就是 θ 的一个置信度为 $1 - \alpha$ 的置信区间.

这种利用枢轴变量构造置信区间的方法称为**枢轴变量法**.

上述三步中关键是第一步: 构造枢轴变量 $g(\widehat{\theta}(X_1, X_2, \cdots, X_n), \theta)$, 为使后两步可行, $g(\widehat{\theta}, \theta)$ 的分布不能含有未知参数. 比如标准正态分布 $N(0, 1), \chi^2$ 分布等都不含未知参数. 因此在构造枢轴变量时, 要尽量使其分布为上述一些分布. 为解决这一关键问题, 在正态总体情形下, 第 5 章中的抽样分布定理已为此作了准备.

第二步是确定常数 a, b, 在 $g(\widehat{\theta}, \theta)$ 的分布密度函数单峰且对称 (如标准正态分布, t 分布) 时可取 b 使得

$$P\{-b \leqslant g(\widehat{\theta}, \theta) \leqslant b\} = 1 - \alpha, \tag{6.3.4}$$

这时 $a = -b, b$ 为 $g(\widehat{\theta}, \theta)$ 的概率分布的 $1 - \alpha/2$ 分位点. 可以证明, 在 $g(\widehat{\theta}, \theta)$ 的分布密度函数单峰且对称情形下, 由 (6.3.4) 式确定的 a, b 使得置信区间的长度均值为最短.

在 $g(\widehat{\theta}, \theta)$ 的分布密度函数单峰但非对称 (如 χ^2 分布, F 分布) 时, 可如下选取 a, b: 令

$$P\{g(\widehat{\theta}, \theta) < a\} = \frac{\alpha}{2}, \quad P\{g(\widehat{\theta}, \theta) > b\} = \frac{\alpha}{2}, \tag{6.3.5}$$

即取 a 为 $g(\widehat{\theta}, \theta)$ 的概率分布的 $\frac{\alpha}{2}$ 分位点, b 为 $g(\widehat{\theta}, \theta)$ 的概率分布的 $1 - \frac{\alpha}{2}$ 分位点. 下面讨论正态总体情形参数的区间估计问题.

6.3.3 已知方差 σ^2, 求均值 μ 的置信区间

设 $(X_1, X_2, \cdots, X_n)$ 为总体 $N(\mu, \sigma^2)$ 的一个样本, 由抽样分布定理 5.2.6 可知

$$U = \frac{\overline{X} - \mu}{\sigma/\sqrt{n}} = \frac{\sqrt{n}(\overline{X} - \mu)}{\sigma} \sim N(0, 1),$$

因此取 U 为枢轴变量. 对给定的 $\alpha(0 < \alpha < 1)$, 按标准正态分布分位点的定义有

$$P\{|U| \leqslant u_{1-\alpha/2}\} = 1 - \alpha,$$

即

$$P\left\{|\overline{X} - \mu| \leqslant u_{1-\alpha/2} \cdot \frac{\sigma}{\sqrt{n}}\right\} = 1 - \alpha,$$

由此得到

$$P\left\{\overline{X} - u_{1-\alpha/2}\frac{\sigma}{\sqrt{n}} \leqslant \mu \leqslant \overline{X} + u_{1-\alpha/2}\frac{\sigma}{\sqrt{n}}\right\} = 1 - \alpha. \tag{6.3.6}$$

例如 $\alpha = 0.05$ 时有 $u_{1-\alpha/2} = u_{0.975} = 1.96$, 代入 (6.3.6) 式得

$$P\left\{\overline{X} - 1.96\frac{\sigma}{\sqrt{n}} \leqslant \mu \leqslant \overline{X} + 1.96\frac{\sigma}{\sqrt{n}}\right\} = 0.95. \tag{6.3.7}$$

由 (6.3.6) 式可知 μ 的置信水平为 $1 - \alpha$ 的置信区间为

$$\left[\overline{X} - u_{1-\alpha/2}\frac{\sigma}{\sqrt{n}}, \overline{X} + u_{1-\alpha/2}\frac{\sigma}{\sqrt{n}}\right]. \tag{6.3.8}$$

(6.3.7) 式表明: μ 包含在随机区间 $\left[\overline{X} - 1.96\frac{\sigma}{\sqrt{n}}, \overline{X} + 1.96\frac{\sigma}{\sqrt{n}}\right]$ 内的概率为 0.95. 粗略地说, 在 100 次抽样中, 大致有 95 次使 μ 包含在 $\left[\overline{X} - 1.96\frac{\sigma}{\sqrt{n}}, \overline{X} + 1.96\frac{\sigma}{\sqrt{n}}\right]$ 之内, 而其余 5 次可能未在置信区间内.

例 6.3.1 某车间生产滚珠, 从长期实践知道, 滚珠直径可认为服从正态分布, 现从某天产品里随机抽取 6 件, 测得直径 (单位: mm) 为

$$14.6, \quad 15.1, \quad 14.9, \quad 14.8, \quad 15.2, \quad 15.1.$$

(i) 试估计该天产品的平均直径;

(ii) 若已知方差为 0.06, 试求平均直径的置信区间 ($\alpha = 0.05$, $\alpha = 0.01$).

解 (i) $\hat{\mu} = \bar{x} = \frac{1}{6}(14.6 + \cdots + 15.1) = 14.95$.

(ii) 由于滚珠直径 X 服从正态分布, $\alpha = 0.05$ 时, 查正态分布表得

$$u_{0.975} = 1.96,$$

又

$$\sigma^2 = 0.06, \quad n = 6,$$

所以

$$\overline{x} - 1.96 \frac{\sigma}{\sqrt{n}} = 14.95 - 1.96 \frac{\sqrt{0.06}}{\sqrt{6}} = 14.75,$$

$$\overline{x} + 1.96 \frac{\sigma}{\sqrt{n}} = 15.15,$$

即 μ 的置信水平为 $1 - 0.05$ 的置信区间为 $[14.75, 15.15]$.

$\alpha = 0.01$ 时, $u_{1-\alpha/2} = u_{0.995} = 2.576$. 同理可求得 μ 的置信水平为 $1 - 0.01$ 的置信区间为 $[14.69, 15.21]$.

从上例可知, 当置信水平 $1 - \alpha$ 较大时, 置信区间也较大; 当置信水平 $1 - \alpha$ 较小时, 则置信区间也较小.

用 $\left[\overline{X} - u_{1-\alpha/2} \frac{\sigma}{\sqrt{n}}, \overline{X} + u_{1-\alpha/2} \frac{\sigma}{\sqrt{n}} \right]$ 作 μ 的置信区间, 其条件是 X 服从正态分布, 且方差 σ^2 已知. 但在有些问题中, 预先并不知道 X 服从什么分布, 这种情况下只要样本容量足够大, 则仍然可用 $\left[\overline{X} - u_{1-\alpha/2} \frac{\sigma}{\sqrt{n}}, \overline{X} + u_{1-\alpha/2} \frac{\sigma}{\sqrt{n}} \right]$ 作为 $E(X)$ 的置信区间. 这是因为由中心极限定理可知, 无论 X 服从什么分布, 当 n 充分大时, 随机变量

$$\frac{\overline{X} - EX}{\sqrt{DX/n}}$$

近似服从标准正态分布 $N(0,1)$. 至于容量 n 要多大才算充分大, 这没有统一的绝对的标准, n 越大, 近似程度越好.

6.3.4 方差 σ^2 未知, 求 μ 的置信区间

实际问题中经常遇到的是方差未知的情况, 此时如何求 μ 的置信区间呢? 一个很自然的想法是利用样本方差代替总体方差, 即以 $S^2 = \dfrac{1}{n-1} \sum_{i=1}^{n} (X_i - \overline{X})^2$ 代替 DX.

设 $(X_1, X_2, \cdots, X_n)$ 是正态总体 $N(\mu, \sigma^2)$ 的样本, 由抽样分布定理 5.2.8 可知

$$T = \frac{\sqrt{n}(\overline{X} - \mu)}{S} \sim t(n-1),$$

故取 T 作为枢轴变量. 对给定的 α, 按 t 分布分位点的定义有

$$P\left\{ \left| \frac{\overline{X} - \mu}{S/\sqrt{n}} \right| \leqslant t_{1-\alpha/2}(n-1) \right\} = 1 - \alpha,$$

即

$$P\left\{|\overline{X} - \mu| \leqslant t_{1-\alpha/2}(n-1)\frac{S}{\sqrt{n}}\right\} = 1 - \alpha.$$

由此得到

$$P\left\{\overline{X} - t_{1-\alpha/2}(n-1)\frac{S}{\sqrt{n}} \leqslant \mu \leqslant \overline{X} + t_{1-\alpha/2}(n-1)\frac{S}{\sqrt{n}}\right\} = 1 - \alpha. \qquad (6.3.9)$$

故 μ 的置信水平为 $1 - \alpha$ 的置信区间为

$$\left[\overline{X} - t_{1-\alpha/2}(n-1)\frac{S}{\sqrt{n}}, \overline{X} + t_{1-\alpha/2}(n-1)\frac{S}{\sqrt{n}}\right]. \qquad (6.3.10)$$

例 6.3.2 对某型号飞机的飞行速度进行了 15 次试验, 测得最大飞行速度 (单位: m/s) 为

$$422.2, \quad 417.2, \quad 425.6, \quad 420.3, \quad 425.8, \quad 423.1, \quad 418.7, \quad 428.2,$$

$$438.3, \quad 434.0, \quad 412.3, \quad 431.5, \quad 413.5, \quad 441.3, \quad 423.0$$

根据长期经验, 可以认为最大飞行速度服从正态分布, 试就上述试验数据对最大飞行速度的期望值 μ 进行区间估计 ($\alpha = 0.05$).

解 用 X 表示最大飞行速度, 因方差 σ^2 未知, 故用 (6.3.10) 式进行区间估计, 具体计算如下:

$$\overline{x} = \frac{1}{n}\sum_{i=1}^{n} x_i = \frac{1}{15}(422.2 + \cdots + 423.0) = 425.0,$$

$$s^2 = \frac{1}{n-1}\sum_{i=1}^{n}(x_i - \overline{x})^2$$

$$= \frac{1}{14}[(422.2 - 425.0)^2 + \cdots + (423.0 - 425.0)^2]$$

$$= 72.05.$$

自由度 $n - 1 = 15 - 1 = 14$(样本容量 n 减去 1), 对 $\alpha = 0.05$ 查 t 分布表得 $t_{1-0.05/2}(14) = t_{0.975}(14) = 2.145$, 于是

$$\overline{x} - t_{0.975}(14) \cdot \frac{s}{\sqrt{n}} = 425.0 - 2.145\sqrt{\frac{72.05}{15}} = 420.3,$$

$$\overline{x} + t_{0.975}(14) \cdot \frac{s}{\sqrt{n}} = 425.0 + 2.145\sqrt{\frac{72.05}{15}} = 429.7.$$

故 μ 的置信水平为 0.95 的置信区间为 $[420.3, 429.7]$.

6.3.5　均值 μ 已知, 求方差 σ^2 的置信区间

设 $(X_1, X_2, \cdots, X_n)$ 为总体 $X \sim N(\mu, \sigma^2)$ 的样本, 由于 σ^2 的极大似然估计为 $\widehat{\sigma^2} = \dfrac{1}{n} \sum\limits_{i=1}^{n} (X_i - \mu)^2$, 且

$$Q = \frac{1}{\sigma^2} \sum_{i=1}^{n} (X_i - \mu)^2 \sim \chi^2(n),$$

故取 Q 为枢轴变量. 对给定的 α, 按 χ^2 分布分位点的定义有

$$P\left\{ \chi^2_{\alpha/2}(n) \leqslant \frac{\sum\limits_{i=1}^{n} (X_i - \mu)^2}{\sigma^2} \leqslant \chi^2_{1-\alpha/2}(n) \right\} = 1 - \alpha,$$

由此得到

$$P\left\{ \frac{\sum\limits_{i=1}^{n} (X_i - \mu)^2}{\chi^2_{1-\alpha/2}(n)} \leqslant \sigma^2 \leqslant \frac{\sum\limits_{i=1}^{n} (X_i - \mu)^2}{\chi^2_{\alpha/2}(n)} \right\} = 1 - \alpha, \tag{6.3.11}$$

故 σ^2 的置信水平为 $1 - \alpha$ 的置信区间为

$$\left[\frac{\sum\limits_{i=1}^{n} (X_i - \mu)^2}{\chi^2_{1-\alpha/2}(n)}, \frac{\sum\limits_{i=1}^{n} (X_i - \mu)^2}{\chi^2_{\alpha/2}(n)} \right], \tag{6.3.12}$$

σ 的置信水平为 $1 - \alpha$ 的置信区间为

$$\left[\sqrt{\frac{\sum\limits_{i=1}^{n} (X_i - \mu)^2}{\chi^2_{1-\alpha/2}(n)}}, \sqrt{\frac{\sum\limits_{i=1}^{n} (X_i - \mu)^2}{\chi^2_{\alpha/2}(n)}} \right]. \tag{6.3.13}$$

6.3.6　均值 μ 未知, 求方差 σ^2 的置信区间

设 $(X_1, X_2, \cdots, X_n)$ 为总体 $X \sim N(\mu, \sigma^2)$ 的一个样本, 由抽样分布定理 5.2.7 知

$$Q = \frac{(n-1)S^2}{\sigma^2} \sim \chi^2(n-1),$$

故取 Q 为枢轴变量. 对给定的 α, 按 χ^2 分布分位点的定义有

$$P\left\{\chi_{\alpha/2}^2(n-1) \leqslant \frac{(n-1)S^2}{\sigma^2} \leqslant \chi_{1-\alpha/2}^2(n-1)\right\} = 1-\alpha,$$

由此得到

$$P\left\{\frac{(n-1)S^2}{\chi_{1-\alpha/2}^2(n-1)} \leqslant \sigma^2 \leqslant \frac{(n-1)S^2}{\chi_{\alpha/2}^2(n-1)}\right\} = 1-\alpha, \tag{6.3.14}$$

故 σ^2 的置信水平为 $1-\alpha$ 的置信区间为

$$\left[\frac{(n-1)S^2}{\chi_{1-\alpha/2}^2(n-1)}, \frac{(n-1)S^2}{\chi_{\alpha/2}^2(n-1)}\right], \tag{6.3.15}$$

σ 的置信水平为 $1-\alpha$ 的置信区间为

$$\left[\sqrt{\frac{(n-1)S^2}{\chi_{1-\alpha/2}^2(n-1)}}, \sqrt{\frac{(n-1)S^2}{\chi_{\alpha/2}^2(n-1)}}\right]. \tag{6.3.16}$$

例 6.3.3 从自动机床加工的同类零件中任取 16 件测得长度值为 (单位:mm)

12.15, 12.12, 12.01, 12.28, 12.09, 12.16, 12.03, 12.01,

12.06, 12.13, 12.07, 12.11, 12.08, 12.01, 12.03, 12.06.

设零件长度服从正态分布 $N(\mu, \sigma^2)$.

(i) 求零件长度的方差, 标准差的估计值;

(ii) 求零件长度的方差, 标准差的置信区间 $(\alpha = 0.05)$.

解 以 S^2 作为 σ^2 的估计, S 作为 σ 的估计.

(i) $\widehat{\sigma^2} = \dfrac{1}{15}\sum_{i=1}^{16}(x_i-\overline{x})^2 = 0.0050$, $\hat{\sigma} = \sqrt{0.0050} = 0.071$.

(ii) 查 χ^2 分布表得

$$\chi_{\frac{\alpha}{2}}^2(n-1) = \chi_{0.025}^2(15) = 6.26, \quad \chi_{1-\frac{\alpha}{2}}^2(n-1) = \chi_{0.975}^2(15) = 27.5,$$

$$\frac{(n-1)S^2}{\chi_{1-\alpha/2}^2(n-1)} = \frac{0.075}{27.5} = 0.0027, \quad \frac{(n-1)S^2}{\chi_{\alpha/2}^2(n-1)} = \frac{0.075}{6.26} = 0.0120.$$

所以 σ^2 的置信水平为 0.95 的置信区间为 $[0.0027, 0.0120]$, σ 的置信水平为 0.95 的置信区间为 $[0.052, 0.110]$.

6.3.7　二正态总体均值差 $\mu_1 - \mu_2$ 的区间估计

在实际中常遇到这样的问题, 已知某产品的质量指标 X 服从正态分布, 由于工艺改变、原料不同、设备条件不同或操作人员不同等引起总体均值、方差的改变. 我们需要知道这些改变有多大, 这就需要考虑二正态总体均值差或方差比的估计问题.

设 $\overline{X}_1$ 和 S_1^2 是总体 $N(\mu_1, \sigma_1^2)$ 的容量为 n_1 的样本均值和样本方差, $\overline{X}_2$ 和 S_2^2 是总体 $N(\mu_2, \sigma_2^2)$ 的容量为 n_2 的样本均值和样本方差, 并设这两个样本相互独立, 则 $\overline{X}_1 - \overline{X}_2$ 服从正态分布, 且

$$E(\overline{X}_1 - \overline{X}_2) = \mu_1 - \mu_2, \quad D(\overline{X}_1 - \overline{X}_2) = \frac{\sigma_1^2}{n_1} + \frac{\sigma_2^2}{n_2}.$$

(i) 当 σ_1^2 和 σ_2^2 均已知时, $\mu_1 - \mu_2$ 的 $1 - \alpha$ 置信区间为

$$\left[(\overline{X}_1 - \overline{X}_2) \pm u_{1-\alpha/2} \sqrt{\frac{\sigma_1^2}{n_1} + \frac{\sigma_2^2}{n_2}} \right]. \tag{6.3.17}$$

(ii) 当 σ_1^2 和 σ_2^2 都未知时, 只要 n_1 和 n_2 都很大 (实用上约大于 50), 则可用

$$\left[(\overline{X}_1 - \overline{X}_2) \pm u_{1-\frac{\alpha}{2}} \sqrt{\frac{S_1^2}{n_1} + \frac{S_2^2}{n_2}} \right] \tag{6.3.18}$$

作为 $\mu_1 - \mu_2$ 的近似的 $1 - \alpha$ 置信区间.

(iii) 当 σ_1^2 和 σ_2^2 都未知, 但有 $\sigma_1^2 = \sigma_2^2$, 此时由抽样分布定理 5.2.9 可知

$$\frac{(\overline{X}_1 - \overline{X}_2) - (\mu_1 - \mu_2)}{\sqrt{(n_1 - 1)S_1^2 + (n_2 - 1)S_2^2}} \cdot \sqrt{\frac{n_1 n_2 (n_1 + n_2 - 2)}{n_1 + n_2}} \sim t(n_1 + n_2 - 2), \tag{6.3.19}$$

从而有 $\mu_1 - \mu_2$ 的 $1 - \alpha$ 置信区间为

$$\left[(\overline{X}_1 - \overline{X}_2) \pm t_{1-\alpha/2}(n_1 + n_2 - 2) \cdot \sqrt{\frac{(n_1 - 1)S_1^2 + (n_2 - 1)S_2^2}{n_1 + n_2 - 2}} \cdot \sqrt{\frac{n_1 + n_2}{n_1 n_2}} \right]. \tag{6.3.20}$$

令 $S_w^2 = \dfrac{(n_1 - 1)S_1^2 + (n_2 - 1)S_2^2}{n_2 + n_2 - 2}$, 则 $\mu_1 - \mu_2$ 的置信区间为

$$\left[(\overline{X}_1 - \overline{X}_2) \pm t_{1-\alpha/2}(n_1 + n_2 - 2) S_w \sqrt{\frac{n_1 + n_2}{n_1 n_2}} \right]. \tag{6.3.21}$$

例 6.3.4　为比较 A 与 B 两种型号同一产品的寿命, 随机抽取 A 型产品 5 个, 测得平均寿命 $\overline{X}_1 = 1000$ 小时, 标准差 $S_A = 28$ 小时; 随机抽取 B 型产品 7 个,

测得平均寿命 $\overline{X_2} = 980$ 小时, 标准差 $S_B = 32$ 小时. 设总体都是正态的, 并且由生产过程知它们的方差相等, 求二总体均值差 $\mu_A - \mu_B$ 的置信水平为 0.99 的置信区间.

解 由于实际抽样的随机性, 可推知这两种型号产品的样本相互独立, 又由于二总体方差相等, 故应由 (6.3.21) 式来确定置信区间. 由于 $\alpha = 0.01$, $\frac{\alpha}{2} = 0.005$, $n_1 + n_2 - 2 = 10$. 查得

$$t_{1-\alpha/2} = t_{1-0.005} = 3.1693,$$

$$S_w^2 = \frac{1}{10}\left[(5-1) \times 28^2 + (7-1) \times 32^2\right] = 928,$$

$$S_w = \sqrt{928} = 30.46,$$

故所求 $\mu_A - \mu_B$ 置信水平为 0.99 的置信区间为

$$\left[(1000 - 980) \pm (3.1693) \times 30.46 \times \sqrt{\frac{1}{5} + \frac{1}{7}}\right],$$

即置信区间为 $[-36.5, 76.5]$.

6.3.8 二正态总体方差比 $\dfrac{\sigma_1^2}{\sigma_2^2}$ 的区间估计

设二正态总体 $N(\mu_1, \sigma_1^2)$ 和 $N(\mu_2, \sigma_2^2)$ 的参数都未知, 它们相应的容量分别为 n_1, n_2 的二相互独立的样本的样本方差为 S_1^2 和 S_1^2, 我们来求方差比 $\dfrac{\sigma_1^2}{\sigma_2^2}$ 的置信水平为 $1 - \alpha$ 的置信区间.

由抽样分布定理 5.2.10 知

$$F = \frac{S_1^2/S_2^2}{\sigma_1^2/\sigma_2^2} \sim F(n_1 - 1, n_2 - 1),$$

故取 F 为枢轴变量. 对给定的 α, 按 F 分布分位点的定义有

$$P\left\{F_{\alpha/2}(n_1 - 1, n_2 - 1) \leqslant \frac{S_1^2/S_2^2}{\sigma_1^2/\sigma_2^2} \leqslant F_{1-\alpha/2}(n_1 - 1, n_2 - 1)\right\} = 1 - \alpha,$$

由此得到

$$P\left\{\frac{S_1^2}{S_2^2} \cdot \frac{1}{F_{1-\alpha/2}(n_1 - 1, n_2 - 1)} \leqslant \frac{\sigma_1^2}{\sigma_2^2} \leqslant \frac{S_1^2}{S_2^2} \cdot \frac{1}{F_{\alpha/2}(n_1 - 1, n_2 - 1)}\right\} = 1 - \alpha, \tag{6.3.22}$$

所以 $\dfrac{\sigma_1^2}{\sigma_2^2}$ 的置信水平为 $1 - \alpha$ 的置信区间为

$$\left[\frac{S_1^2}{S_2^2} \cdot \frac{1}{F_{1-\alpha/2}(n_1 - 1, n_2 - 1)}, \frac{S_1^2}{S_2^2} \cdot \frac{1}{F_{\alpha/2}(n_1 - 1, n_2 - 1)}\right]. \tag{6.3.23}$$

例 6.3.5　设 $X_A \sim N(\mu_1, \sigma_1^2), X_B \sim N(\mu_2, \sigma_2^2)$, 参数都未知, 随机取容量 $n_A = 25, n_B = 15$ 的两个独立样本, 测得样本方差 $S_A^2 = 6.38, S_B^2 = 5.15$, 求二总体方差比 $\dfrac{\sigma_1^2}{\sigma_2^2}$ 的置信水平为 0.90 的置信区间.

解　$\alpha = 0.1$, 查表得

$$F_{1-0.1/2}(25 - 1, 15 - 1) = F_{0.95}(24, 14) = 2.35,$$

$$F_{1-0.1/2}(15 - 1, 25 - 1) = F_{0.95}(14, 24) = 2.13,$$

又

$$F_{0.1/2}(24, 14) = \frac{1}{F_{1-0.1/2}(14, 24)} = \frac{1}{2.13},$$

$$\frac{S_A^2}{S_B^2} = \frac{6.38}{5.15} = 1.24,$$

故 $\dfrac{\sigma_1^2}{\sigma_2^2}$ 的置信水平为 0.90 的置信区间为 $\left(\dfrac{1.24}{2.35}, 1.24 \times 2.13 \right)$, 即 $(0.528, 2.64)$.

6.3.9　单侧置信区间

上述区间估计都是双侧的, 而许多实际问题中只需对区间的上限或下限作出估计即可. 例如, 对于设备或元件, 平均寿命过长没什么问题, 而过短就要有问题了, 因此我们关心的是平均寿命 θ 的 "下限"; 与此相反, 在考虑产品的次品率 p 时, 我们常常关心的是参数 p 的 "上限". 为此, 我们给出单侧置信区间的概念.

设总体 X 的密度函数 $f(x; \theta)$(或分布律 $p(x; \theta)$) 中参数 θ 未知, 对给定的数值 $\alpha(0 < \alpha < 1)$, 若由样本 $(X_1, X_2, \cdots, X_n)$ 确定统计量 $\theta_l(X_1, X_2, \cdots, X_n)$, 满足

$$P\{\theta \geqslant \theta_l\} = 1 - \alpha,$$

则称随机区间 $[\theta_l, \infty)$ 是 θ 的置信度 (置信水平) 为 $1 - \alpha$ 的**单侧置信区间**(one-sided confidence interval), θ_l 称为 θ 的**单侧置信下限**(one-sided confidence lower limit).

又若统计量 $\theta_u(X_1, X_2, \cdots, X_n)$ 满足

$$P\{\theta \leqslant \theta_u\} = 1 - \alpha,$$

则称随机区间 $(-\infty, \theta_u]$ 是 θ 的置信度 (置信水平) 为 $1 - \alpha$ 的**单侧置信区间**, θ_u 称为 θ 的**单侧置信上限**(one-sided confidence upper limit).

例如, 若正态总体 $X \sim N(\mu, \sigma^2)$ 中 μ 和 σ^2 均未知, 设 $(X_1, X_2, \cdots, X_n)$ 是 X 的一个样本, 由

$$\frac{(\overline{X} - \mu)\sqrt{n}}{S} \sim t(n - 1),$$

有

$$P\left\{\frac{(\overline{X}-\mu)\sqrt{n}}{S}\leqslant t_{1-\alpha}(n-1)\right\}=1-\alpha,$$

由此得

$$P\left\{\mu\geqslant\overline{X}-t_{1-\alpha}(n-1)\frac{S}{\sqrt{n}}\right\}=1-\alpha.$$

因此 μ 的置信度为 $1-\alpha$ 的单侧置信区间为 $\left[\overline{X}-t_{1-\alpha}(n-1)\dfrac{S}{\sqrt{n}},\infty\right)$.

例 6.3.6 一批电子元件, 随机取 5 只作寿命试验, 测得寿命 (单位: 小时) 数据如下:

$$1050,\quad 1100,\quad 1120,\quad 1250,\quad 1280.$$

若寿命服从正态分布, 试求寿命均值的置信水平为 0.95 的单侧置信下限.

解 因为

$$\alpha=0.05,\quad t_{1-\alpha}(5-1)=t_{0.95}(4)=2.1318.$$

$$\overline{x}=\frac{1}{5}(1050+\cdots+1280)=1160,$$

$$s^2=\frac{1}{5-1}\left[(1050-1160)^2+\cdots+(1280-1160)^2\right]$$

$$=\frac{1}{4}\times 39800=9950,$$

故寿命均值的 0.95 的单侧置信区间为 $\left[1160-2.1318\times\dfrac{\sqrt{9950}}{\sqrt{5}},\infty\right)$, 即 $[1065,\infty)$, 所求置信下限为 1065.

习 题 6

1. 填空题

(i) 设总体 X 的概率密度函数为

$$f(x;\theta)=\begin{cases}\theta x^{\theta-1}, & 0<x<1,\\ 0, & \text{其他},\end{cases}$$

其中 $\theta>0$ 是未知参数, 从总体 X 中抽取样本 $X_1,X_2,\cdots,X_n$, 样本均值为 $\overline{X}$, 则未知参数 θ 的矩估计量 $\widehat{\theta}=$_____.

(ii) 设 $X\sim B(m,p)$, 其中 $p\,(0<p<1)$ 为未知参数, 从总体 X 中抽取样本 $X_1,X_2,\cdots,X_n$, 样本均值为 $\overline{X}$, 则未知参数 p 的矩估计量 $\widehat{p}=$_____.

(iii) 设 $\widehat{\theta}_i = \widehat{\theta}_i(X_1, X_2, \cdots, X_n)\ (i = 1, 2, \cdots, k)$ 均为总体 X 的分布中未知参数 θ 的无偏估计量, 如果 $\widehat{\theta} = \sum\limits_{i=1}^{k} c_i \widehat{\theta}_i$ 是 θ 的无偏估计量, 则常数 $c_1, \cdots, c_k$ 应满足条件_____.

(iv) 设 $X_1, X_2, \cdots, X_n$ 为总体 $X \sim N(\mu, \sigma^2)$ 的一个简单随机样本, 其中 μ, σ^2 均未知, 则 μ 的置信度为 $1 - \alpha$ 的置信区间的长度 $L = $_____, $E(L^2) = $_____.

(v) 设 $X_1, X_2, \cdots, X_m$ 为取自二项分布总体 $B(n, p)$ 的简单随机样本, $\overline{X}$ 和 S^2 分别为样本均值和样本方差. 若 $\overline{X} + kS^2$ 为 np^2 的无偏估计量, 则 $k = $_____.

2. 选择题

(i) 设 $X_1, X_2, \cdots, X_n$ 是总体 $X \sim N(0, \sigma^2)$ 的样本, 则未知参数 σ^2 的无偏估计量为 (　　).

(A) $\widehat{\sigma^2} = \dfrac{1}{n-1} \sum\limits_{i=1}^{n} X_i^2$ 　　　　　(B) $\widehat{\sigma^2} = \dfrac{1}{n} \sum\limits_{i=1}^{n} X_i^2$

(C) $\widehat{\sigma^2} = \dfrac{1}{n+1} \sum\limits_{i=1}^{n} X_i^2$ 　　　　　(D) $\widehat{\sigma^2} = \dfrac{1}{n} \sum\limits_{i=1}^{n} (X_i - \overline{X})^2$

(ii) 设 $X \sim N(\mu, \sigma^2)$, 其中 μ 已知, $\sigma^2 \neq 0$ 为未知参数, $X_1, X_2, \cdots, X_n$ 是取自总体 X 的样本, 样本均值为 $\overline{X}$, 则 σ^2 的极大似然估计量为 (　　).

(A) $\widehat{\sigma^2} = \dfrac{1}{n-1} \sum\limits_{i=1}^{n} (X_i - \overline{X})^2$ 　　　(B) $\widehat{\sigma^2} = \dfrac{1}{n} \sum\limits_{i=1}^{n} (X_i - \overline{X})^2$

(C) $\widehat{\sigma^2} = \dfrac{1}{n-1} \sum\limits_{i=1}^{n} (X_i - \mu)^2$ 　　　(D) $\widehat{\sigma^2} = \dfrac{1}{n} \sum\limits_{i=1}^{n} (X_i - \mu)^2$

(iii) 设总体 $X \sim N(\mu, \sigma^2), X_1, X_2, \cdots, X_n$ 为总体 X 的样本, 为使 $\widehat{\sigma^2} = k \sum\limits_{i=1}^{n-1} (X_{i+1} - X_i)^2$ 为 σ^2 的无偏估计, 常数 k 应等于 (　　).

(A) $\dfrac{1}{n-1}$ 　　　(B) $\dfrac{1}{n}$ 　　　(C) $\dfrac{1}{2(n-1)}$ 　　　(D) $\dfrac{1}{2n}$

3. 设总体 X 具有分布律

X	1	2	3
p_k	θ^2	$2\theta(1-\theta)$	$(1-\theta)^2$

其中 $\theta(0 < \theta < 1)$ 为未知参数. 已知取得了样本观测值 $x_1 = 1, x_2 = 2, x_3 = 1$, 求 θ 的矩估计值和极大似然估计值.

4. 一地质学家为研究密歇根湖湖滩地区的岩石成分, 随机地自该地区取 100 个样品, 每个样品有 10 块石子, 记录了每个样品中属石灰石的石子数. 假设这 100 次观察相互独立, 并且由过去经验知, 它们都服从参数为 $n = 10, p$ 的二项分布. p 是这地区一块石子是石灰石的概率. 求 p 的极大似然估计值. 该地质学家所得的数据如下:

样品中属石灰石的石子数	0	1	2	3	4	5	6	7	8	9	10
观察到石灰石的样品个数	0	1	6	7	23	26	21	12	3	1	0

5. 给定一个容量为 n 的样本 $(X_1, X_2, \cdots, X_n)$, 试用极大似然估计法估计总体的未知参数 θ, 设总体的密度函数为

(i) $f(x; \theta) = \begin{cases} \theta x^{\theta-1}, & 0 \leqslant x \leqslant 1, \\ 0, & \text{其他}; \end{cases}$

(ii) $f(x; \theta) = \begin{cases} (\theta\alpha) x^{\alpha-1} \mathrm{e}^{-\theta x^\alpha}, & x > 0, \\ 0, & \text{其他} \end{cases}$ (α 已知);

(iii) $f(x; \theta) = \begin{cases} \dfrac{1}{\theta} \mathrm{e}^{-\frac{x}{\theta}}, & x > 0, \\ 0, & x \leqslant 0. \end{cases}$

6. 给出一个取自均匀分布总体 $f(x, \beta) = \dfrac{1}{\beta}$, $0 \leqslant x \leqslant \beta$, 容量为 n 的样本 $(X_1, X_2, \cdots, X_n)$,

(i) 求参数 β 的极大似然估计量;

(ii) 求总体均值的极大似然估计量;

(iii) 求总体方差的极大似然估计量.

7. 设总体 X 服从二项分布 $B(m, p)$, 其中 m 为已知数, 如果取得样本观测值 $x_1, x_2, \cdots, x_n$, 求参数 p 的极大似然估计值.

8. 设总体密度函数为 $f(x; \theta) = (\theta + 1) x^\theta$, $0 \leqslant x \leqslant 1$, 求参数 θ 的极大似然估计量, 并再用矩估计法估计 θ.

9. 设 $(X_1, X_2, \cdots, X_n)$ 为总体 X 的样本, 欲使

$$\widehat{\sigma^2} = k \cdot \sum_{i=1}^{n-1} (X_{i+1} - X_i)^2$$

为 σ^2 的无偏估计, 问 k 应取什么值?

10. 设 $\hat{\theta}$ 是参数 θ 的无偏估计, 且有 $D(\hat{\theta}) > 0$, 试证 $\widehat{\theta^2} = (\hat{\theta})^2$ 不是 θ^2 的无偏估计.

11. 若总体均值 μ 与总体方差都存在, 试证样本均值 $\overline{X}$ 是 μ 的一致估计.

12. 设 $(X_1, X_2, \cdots, X_n)$ 为均值为 μ(已知) 的正态总体的一个样本, 试用极大似然估计法去求参数 σ^2 的估计量 $\widehat{\sigma^2}$, 并验证它是有效估计.

13. 设 $(X_1, X_2, \cdots, X_n)$ 为指数分布

$$f(x; \theta) = \begin{cases} \dfrac{1}{\theta} \mathrm{e}^{-\frac{x}{\theta}}, & x > 0, \\ 0, & x \leqslant 0 \end{cases}$$

的一个样本, 试证: 样本均值 $\overline{X} = \dfrac{1}{n}\sum_{i=1}^n X_i$ 是 θ 的有效估计.

14. 设从均值为 μ, 方差为 $\sigma^2 > 0$ 的总体中分别抽取容量为 n_1, n_2 的两个独立样本, $\overline{X}_1, \overline{X}_2$ 分别为两样本的均值, 试证: 对于任意常数 a, b $(a + b = 1)$, $Y = a\overline{X}_1 + b\overline{X}_2$ 都是 μ 的无偏估计, 并确定常数 a, b 使 $D(Y)$ 达到最小.

15. 设 $X_1, X_2, \cdots, X_n$ 是取自总体 $X \sim N(\mu, \sigma^2)$ 的样本, μ 已知. 问 σ^2 的两个无偏估计量 $S_1^2 = \dfrac{1}{n}\sum_{i=1}^n (X_i - \mu)^2$ 和 $S_2^2 = \dfrac{1}{n-1}\sum_{i=1}^n (X_i - \overline{X})^2$ 哪个更有效?

16. 随机地从一批零件中抽取 16 个测得其长度 (单位: cm) 如下:

2.14,   2.10,   2.13,   2.15,   2.13,   2.12,   2.13,   2.10,

2.15,   2.12,   2.14,   2.10,   2.13,   2.11,   2.14,   2.11.

设该零件长度分布为正态的, 试求总体均值 μ 的 0.90 置信区间.

(i) 若已知 $\sigma = 0.01$; (ii) 若 σ 未知.

17. 测量铅的比重 16 次, 测得 $\overline{X} = 2.705, S = 0.029$, 试求出铅的比重均值 0.95 的置信区间. 设这 16 次测量结果可以看作取自同一正态总体的样本.

18. 对方差 σ^2 为已知的正态总体来说, 问需取容量 n 多大的样本, 方使总体均值 μ 的置信水平 $1 - \alpha$ 的置信区间长不大于 L?

19. 随机地从 A 种导线中抽取 4 根, 并从 B 种导线中抽取 5 根, 测得其电阻 (单位 : Ω) 如下:

A种导线 : 0.143,   0.142,   0.143,   0.137;

B种导线 : 0.140,   0.142,   0.136,   0.138,   0.140.

设测试数据分别服从正态分布 $N(\mu_1, \sigma^2), N(\mu_2, \sigma^2)$, 并且它们相互独立, 又 μ_1, μ_2 及 σ^2 均未知, 试求 $\mu_1 - \mu_2$ 的 0.95 的置信区间.

20. 随机地抽取某种炮弹 9 发进行试验, 测得炮口速度的样本标准差 S 为 $11\mathrm{m/s}$. 设炮口速度服从正态分布, 求这种炮弹的炮口速度的标准差 σ 的 0.95 的置信区间.

21. 测得一批 20 个钢件的屈服点 $(\mathrm{t/cm^2})$ 为

4.98,   5.11,   5.20,   5.20,   5.11,   5.00,   5.61,   4.88,   5.27,   5.38,

5.46,   5.27,   5.23,   4.96,   5.35,   5.15,   5.35,   4.77,   5.38,   5.54.

设屈服点近似服从正态分布, 试求:

(i) 屈服点总体均值的 0.95 的置信区间;

(ii) 屈服点总体标准差 σ 的 0.95 的置信区间.

22. 冷抽铜丝的折断力服从正态分布, 从一批铜丝中任取 10 根试验折断力, 得数据如下 (单位: kg)

573,   572,   570,   568,   572,   570,   570,   596,   584,   582.

求标准差的 0.95 的置信区间.

23. 测量某种仪器的工作温度 (单位: ℃)5 次得

1250,   1275,   1265,   1245,   1260.

问温度均值以 0.95 把握落在何范围 (设温度服从正态分布)?

24. 有两种灯泡, 一种用 A 型灯丝, 另一种用 B 型灯丝, 随机地抽取这两种灯泡各 10 只做试验, 得到它们的寿命 (单位: 小时) 如下:

A型灯泡 : 1293,   1380,   1614,   1497,   1340,   1643,   1466,   1627,   1387,   1711;

B型灯泡 : 1061,   1065,   1092,   1017,   1021,   1138,   1143,   1094,   1270,   1028.

设这两样本相互独立, 并设两种灯泡寿命都服从正态分布且方差相等, 求这两个总体平均寿命差 $\mu_A - \mu_B$ 的 0.90 的置信区间.

25. 有两位化验员 A, B, 他们独立地对某种聚合物的含氯量用相同的方法各作了 10 次测定. 其测定值的方差 S^2 依次为 0.5419 和 0.6065. 设 σ_A^2 和 σ_B^2 分别为 A, B 所测量的数据总体 (设为正态分布) 的方差, 求方差比 σ_A^2/σ_B^2 的 0.95 的置信区间.

26. 从甲、乙两个蓄电池厂的产品中分别抽取 10 个产品, 测得蓄电池的容量 (单位: A·h) 如下:

甲厂: 146,　141,　138,　142,　140,　143,　138,　137,　142,　137;

乙厂: 141,　143,　139,　139,　140,　141,　138,　140,　142,　136.

设蓄电池的容量服从正态分布, 求两个工厂生产的蓄电池的容量方差比的置信水平为 0.95 的置信区间.

27. 设总体 $X \sim N(\mu, \sigma^2)$, μ, σ^2 均未知, $(X_1, X_2, \cdots, X_n)$ 是总体的容量为 n 的样本.

(i) 求使 $P\{X > A\} = 0.05$ 的点 A 的极大似然估计;

(ii) 求使 $\theta = P\{X \geqslant 2\}$ 的 θ 的极大似然估计.

28. 设有 k 台仪器. 已知用第 i 台仪器测量时, 测定值总体的标准差为 σ_i $(i = 1, 2, \cdots, k)$. 用这些仪器独立地对某一物理量 θ 各观测一次, 分别得到 $X_1, X_2, \cdots, X_n$. 设仪器都没有系统误差, 即 $E(X_i) = \theta$ $(i = 1, 2, \cdots, k)$. 问 $a_1, a_2, \cdots, a_k$ 应取何值时才能使用 $\widehat{\theta} = \sum_{i=1}^{k} a_i X_i$ 估计 θ 时, $\widehat{\theta}$ 是无偏的, 并且 $D(\widehat{\theta})$ 最小?

第 7 章 假 设 检 验

第 6 章讨论了参数估计问题, 本章将讨论统计推断的另一类重要问题 —— 假设检验. 所谓假设检验就是对总体的分布形式 (类型) 或分布的某些参数提出某种假设, 并利用样本 (提供的信息) 对假设的正确性作出检验 (判断). 假设检验在数理统计的理论研究和实际应用中都占有重要地位.

§7.1 假设检验的基本概念

7.1.1 问题的提出

为了建立假设检验的基本概念, 先看一个具体的例子.

例 7.1.1 设某车间用自动包装机装糖. 生产中额定标准: 每袋重量为 0.5kg. 根据长期经验知每袋重量服从正态分布 $N(\mu, 0.015^2)$. 某日开工后, 为检查包装机的工作状况, 从所包装好的糖中随机抽取 9 袋, 称得净重 (单位: kg) 为

0.499, 0.514, 0.508, 0.512, 0.498, 0.515, 0.516, 0.513, 0.524

试问该包装袋机工作是否正常?

由题意, 若每袋糖重量用 X 表示, 则 X 服从正态分布 $N(\mu, 0.015^2)$, 包装机工作正常是指 $X \sim N(0.5, 0.015^2)$. 若 X 不服从正态分布 $N(0.5, 0.015^2)$, 就认为包装机工作不正常. 换句话说, 本例所要回答的问题是 "$\mu = 0.5$" 成立吗?

现在的问题是, 如何根据样本观测值 (9 袋糖的重量数据) 来判断正态总体 X 的均值 μ 是否等于 $\mu_0 (\mu_0 = 0.5)$. 为此, 我们提出假设

$$H_0 : \mu = \mu_0 = 0.5,$$

称 H_0 为**原假设**(null hypothesis)或**零假设**. 与这个原假设相对立的假设是

$$H_1 : \mu \neq \mu_0,$$

称 H_1 为**备择假设**(alternative hypothesis). 于是问题转化为判断 H_0 是否成立. 我们要进行的工作是: 根据样本作出接受 H_0(即拒绝 H_1) 还是拒绝 H_0(即接受 H_1) 的判断. 如果作出的判断是接受 H_0, 认为 $\mu = \mu_0 = 0.5$, 即认为包装机工作正常, 否则认为包装机工作是不正常的.

7.1.2 假设检验的基本思想

如何对一个假设进行判断 (检验) 呢? 这需要制定一个判断规则, 使得根据每

个样本观测值 $(x_1, x_2, \cdots, x_n)$ 都能作出接受还是拒绝原假设 H_0 的决定, 每个这样的规则就是一种检验.

由于样本所含的信息较为分散, 因此检验规则的制定常常是通过如下办法实现的: 从具体问题的直观背景出发, 构造适用于所提出的假设的统计量 (把样本所含的信息集中起来), 并以此统计量来作判断 (检验). 例如, 对例 7.1.1 要判断原假设 "$H_0: \mu = \mu_0 = 0.5$" 是否成立, 即判断正态总体均值是否等于 $\mu_0 (= 0.5)$. 由于样本均值 $\overline{X}$ 是总体均值 μ 的优良估计, 因此考虑用统计量 $\overline{X}$ 来作判断. 当原假设 H_0 为真 (成立) 时, $\overline{X}$ 的观测值 $\overline{x}$ 与 μ_0 的偏差 $|\overline{x} - \mu_0|$ 不应太大, 若偏差 $|\overline{x} - \mu_0|$ 过分大, 我们就有理由怀疑 H_0 不真而拒绝 H_0. 由题设知总体 X 服从正态分布 $N(\mu, \sigma^2), \sigma^2 = 0.015^2$, 考虑到当 H_0 为真时, 统计量 $U = \dfrac{\overline{X} - \mu_0}{\sigma/\sqrt{n}}$ 服从标准正态分布 $N(0, 1)$, 因此衡量 $|\overline{x} - \mu_0|$ 的大小可归结为衡量 $|u|$ 的大小 $\left(u = \dfrac{\overline{x} - \mu_0}{\sigma/\sqrt{n}}\right)$. 问题是: $|u|$ 要多大才算过分大, 即 $|u|$ 要多大才拒绝 H_0, 这就需要明确一个数量界限, 记此界限为 c, 当 $|u|$ 的值越过这个界限时就拒绝 H_0, 否则就接受 H_0, 即

$$\text{当 } |u| > c \text{ 时, 拒绝 } H_0;$$

$$\text{当 } |u| \leqslant c \text{ 时, 接受 } H_0. \tag{7.1.1}$$

这里 c 是一个待定常数, 称 c 为**检验的临界值**(critical value of test). (7.1.1) 式即是例 7.1.1 所提假设的检验 (判断) 规则. 不同的 c 表示不同的检验规则, 随 c 的变化而得到一类检验规则.

在检验一个假设时所使用的统计量称为**检验统计量**(test statistic). $\overline{X}$ 或 $U = \dfrac{\overline{X} - \mu_0}{\sigma/\sqrt{n}}$ 就是例 7.1.1 的检验统计量.

(7.1.1) 式表明, 给定一个检验规则, 即相当于把样本空间 (样本 $X_1, X_2, \cdots, X_n$ 的所有可能取值的全体组成的集合) 划分为两部分:

$$W = \big\{ (x_1, x_2, \cdots, x_n) : |u| > c \big\}, \tag{7.1.2}$$

以及

$$\overline{W} = \big\{ (x_1, x_2, \cdots, x_n) : |u| \leqslant c \big\}. \tag{7.1.3}$$

显然, 如果 $(x_1, x_2, \cdots, x_n) \in W$, 就拒绝原假设 H_0, 否则由 $(x_1, x_2, \cdots, x_n) \in \overline{W}$ 便接受 H_0.

一般地, 我们把使原假设 H_0 被拒绝的样本观测值 $(x_1, x_2, \cdots, x_n)$ 所组成的区域称为**检验的拒绝域**(rejection region of test), 用 W 表示; 而使原假设 H_0 得到接受的样本观测值所在的区域称为**检验的接受域**(acceptance region of test), 记为 $\overline{W}$. (7.1.2) 式和 (7.1.3) 式即分别是例 7.1.1 检验的拒绝域和接受域.

由于在 H_0 为真时, $U = \dfrac{\overline{X} - \mu_0}{\sigma/\sqrt{n}} \sim N(0,1)$, 对给定的小正数 $\alpha\,(0 < \alpha < 1)$, 由正态分布分位点 (数) 的定义, 则有

$$P\left\{\left|\frac{\overline{X} - \mu_0}{\sigma/\sqrt{n}}\right| > u_{1-\alpha/2}\right\} = \alpha. \tag{7.1.4}$$

由于 α 是很小的正数, 所以事件 $\left\{\left|\dfrac{\overline{X} - \mu_0}{\sigma/\sqrt{n}}\right| > u_{1-\alpha/2}\right\}$ 是一个小概率事件. 根据实际推断原理: "小概率事件在一次试验中实际上几乎是不可能发生的", 如果 H_0 为真, 则由一次试验得到的样本观测值 $(x_1, x_2, \cdots, x_n)$ 算得的 $\overline{X}$ 的估计值 $\overline{x}$ 使不等式

$$\left|\frac{\overline{x} - \mu_0}{\sigma/\sqrt{n}}\right| > u_{1-\alpha/2} \tag{7.1.5}$$

成立这件事几乎是不会发生的. 现在, 如果在一次试验测试中竟然出现了满足不等式 (7.1.5) 式的 $\overline{x}$, 则我们有理由怀疑原假设 H_0 的正确性, 因而拒绝 H_0; 如果 $\overline{x}$ 不满足不等式 (7.1.5), 此时没有理由拒绝 H_0, 因此只能接受 H_0.

如在例 7.1.1 中取 $\alpha = 0.05$, 则 $u_{1-\alpha/2} = u_{0.975} = 1.96$, 又已知 $n = 9, \sigma^2 = 0.015^2$, 由样本值算得 $\overline{x} = 0.511$, 因此

$$|u| = \left|\frac{\overline{x} - \mu_0}{\sigma/\sqrt{n}}\right| = \left|\frac{0.511 - 0.5}{0.015} \times \sqrt{9}\right| = 2.2 > 1.96\,.$$

这说明小概率事件竟然在一次试验下发生了. 这与实际推断原理是相矛盾的, 故拒绝原假设 H_0, 即认为 $|u|$ 的值过分大了 ($\overline{x}$ 与 μ_0 的偏差过分大了), 表明随机抽取的 9 袋糖不是取自正态总体 $N(0.5, 0.015^2)$, 而是取自均值 $\mu \neq 0.5$ 的正态总体, 换言之, 这天包装机工作不正常.

由例 7.1.1 可见, 假设检验的基本思想是建立在实际推断原理基础上的一种带有概率性质的反证法的思想. 它与一般的纯数学中的反证法的不同在于: 数学中的反证法要求在原假设条件下导出的结论是绝对成立的, 因而, 如果导出了矛盾的结论, 就真正推翻了原来的假设. 而带有概率性质的反证法, 导出的结论只是与实际推断原理相矛盾. 小概率事件在一次试验中并非绝对不能发生, 只不过是发生的概率很小罢了.

7.1.3　两类错误

在假设检验中作出拒绝或接受原假设推断的依据是样本. 由于样本的随机性和局限性, 进行检验时不可避免地会出现误判而犯错误. 这种可能犯的错误有以下两类: 一类是原假设 H_0 本来成立 (为真), 样本观测值却落入了拒绝域 W, 我们拒绝了 H_0, 从而犯了 "拒真" 的错误, 称这类错误为第一类错误. 犯第一类错误的概

率记为 α, 即

$$P\{\text{样本观测值落入拒绝域} W | H_0 \text{成立}\} = \alpha .$$

另一类是原假设 H_0 本来不成立 (H_1 成立), 样本观测值却落入了接受域 $\overline{W}$, 我们接受了 H_0, 从而犯了 "取伪" 的错误, 称这类错误为第二类错误. 犯第二类错误的概率记为 β, 即

$$P\{\text{样本观测值落入接受域} \overline{W} | H_1 \text{成立}\} = \beta .$$

为明确起见, 我们把两类错误列于表 7.1 中.

表 7.1

判断 ＼ 真实情况	H_0 成立	H_1 成立
拒绝 H_0	犯第一类错误	判断正确
接受 H_0	判断正确	犯第二类错误

在检验一个假设 H_0(对立假设 H_1) 时, 我们希望犯这两类错误的概率都尽量小. 但对一定的样本容量 n, 一般地说不能同时做到使犯这两类错误的概率都很小, 只有增大样本容量才能使 α, β 都变小, 而无限增大样本容量又是不实际的. 基于这种情况, 奈曼与皮尔逊提出一个原则: 应在控制犯第一类错误的概率 α 的条件下, 力求使犯第二类错误的概率 β 尽量小. 犯第一类错误的概率 α 称为检验的**显著性水平**(significance level). α 通常较小, 最常用的是取 $\alpha = 0.05$, 0.01, 0.001 或 0.10.

7.1.4 假设检验的步骤

综上所述, 假设检验大致有如下步骤:

(i) 根据问题要求, 提出 (建立) 原假设 H_0 和备择假设 (对立假设)H_1;

(ii) 根据 H_0 的内容, 选取适当的检验统计量, 并确定该统计量的分布;

(iii) 给定显著性水平 α 的值和样本容量 n, 查统计量分布的分位数, 确定拒绝域 W;

(iv) 作出判断: 由样本观测值算出统计量的具体值, 看样本观测值是否落入拒绝域 W, 如果落入拒绝域, 则拒绝原假设 H_0, 否则接受 H_0.

关于假设检验再作如下说明: 原假设与备择假设的建立主要根据具体问题来决定. 通常把没有把握不能轻易肯定的命题作为备择假设, 而把没有充分理由不能轻易否定的命题作为原假设, 只有理由充足时才拒绝它, 否则应予以保留.

本节通过对具体问题的讨论建立了假设检验的基本概念. 下面几节将具体讨论两种假设检验问题: 一种是总体分布 (类型) 已知, 只是对其参数作假设检验 (如例 7.1.1 就属于这种), 这种检验称为**参数检验**(parametric hypothesis); 另一种是总体分布未知, 这时所涉及的检验称为**非参数检验**(non-parametric hypothesis).

§7.2 正态总体参数的假设检验

正态分布是常用的分布, 关于正态分布总体参数的有关检验是实际问题中经常遇到的, 下面分单个正态总体情形和两个正态总体情形分别加以讨论.

7.2.1 单个正态总体均值和方差的检验

设总体 $X \sim N(\mu, \sigma^2)$, $X_1, X_2, \cdots, X_n$ 是取自总体 X 的样本, 样本均值和样本方差分别为 $\overline{X}$ 和 S^2. 取显著性水平为 α.

1. 方差 σ^2 已知, 检验均值 μ

在正态总体方差 σ^2 已知的条件下, 有关均值 μ 的假设检验问题在应用上常见的形式有以下三种:

(i) $H_0 : \mu = \mu_0$, $H_1 : \mu > \mu_0$.

        $H_0 : \mu \leqslant \mu_0$, $H_1 : \mu > \mu_0$.

(ii) $H_0 : \mu = \mu_0$, $H_1 : \mu < \mu_0$.

        $H_0 : \mu \geqslant \mu_0$, $H_1 : \mu < \mu_0$.

(iii) $H_0 : \mu = \mu_0$, $H_1 : \mu \neq \mu_0$.

下面首先讨论检验问题

$$H_0 : \mu = \mu_0, \quad H_1 : \mu > \mu_0. \tag{7.2.1}$$

这里 μ_0 是一个已知常数.

由第 6 章点估计优劣的评价标准知, 样本均值 $\overline{X}$ 是总体均值 μ 的优良估计, 因此取 $\overline{X}$ 作为检验统计量, 当原假设 H_0 为真时, $\overline{X}$ 不应太大, $\overline{X}$ 过大时则应拒绝 H_0, 因此拒绝域应有如下形式:

$$W = \left\{ (x_1, x_2, \cdots, x_n) : \overline{x} > c \right\}, \tag{7.2.2}$$

其中 c 是待定的临界值.

由定理 5.2.6 知, $\overline{X} \sim N(\mu, \sigma^2/n)$, 在 H_0 为真时, $\overline{X} \sim N(\mu_0, \sigma^2/n)$, 从而

$$U = \frac{\overline{X} - \mu_0}{\sigma/\sqrt{n}} \sim N(0, 1),$$

故犯第一类错误的概率为

$$\alpha = P\big\{ (X_1, X_2, \cdots, X_n) \in W | H_0 \text{ 为真} \big\}$$

$$= P\big\{ \overline{X} > c | \mu = \mu_0 \big\}$$

$$=P\left\{\frac{\overline{X}-\mu_0}{\sigma/\sqrt{n}} > \frac{c-\mu_0}{\sigma/\sqrt{n}}\right\},$$

从而有

$$P\left\{\frac{\overline{X}-\mu_0}{\sigma/\sqrt{n}} \leqslant \frac{c-\mu_0}{\sigma/\sqrt{n}}\right\} = 1-\alpha. \tag{7.2.3}$$

由正态分布分位数定义知

$$\frac{c-\mu_0}{\sigma/\sqrt{n}} = u_{1-\alpha},$$

故得

$$c = \mu_0 + \frac{\sigma}{\sqrt{n}}u_{1-\alpha},$$

从而得拒绝域为

$$W = \left\{(x_1, x_2, \cdots, x_n): \overline{x} > \mu_0 + \frac{\sigma}{\sqrt{n}}u_{1-\alpha}\right\}. \tag{7.2.4}$$

(7.2.4) 式也可写成另一种形式:

$$W = \left\{(x_1, x_2, \cdots, x_n): u = \frac{\overline{x}-\mu_0}{\sigma/\sqrt{n}} > u_{1-\alpha}\right\}, \tag{7.2.5}$$

因此可取

$$U = \frac{\overline{X}-\mu_0}{\sigma/\sqrt{n}} \tag{7.2.6}$$

为上述检验问题的统计量. u 为由样本观测值 $(x_1, x_2, \cdots, x_n)$ 得到的统计量 U 的取值. 这时拒绝域可记为

$$W = \left\{(x_1, x_2, \cdots, x_n): u > u_{1-\alpha}\right\}, \tag{7.2.7}$$

简记为

$$W = \{u > u_{1-\alpha}\}. \tag{7.2.8}$$

接着讨论检验问题

$$H_0: \mu \leqslant \mu_0, \quad H_1: \mu > \mu_0. \tag{7.2.9}$$

与检验问题 (7.2.1) 式的讨论完全类似, 对检验问题 (7.2.9) 式仍取 $\overline{X}$ 作为检验统计量, 其拒绝域也仍是 (7.2.2) 式给出的形式:

$$W = \{(x_1, x_2, \cdots, x_n): \overline{x} > c\}.$$

在原假设 H_0 为真时, $\mu \leqslant \mu_0$, 由于 $\overline{X} \sim N\left(\mu, \dfrac{\sigma^2}{n}\right)$, 故犯第一类错误的概率为

$$
\begin{aligned}
\alpha(\mu) &= P\{(X_1, X_2, \cdots, X_n) \in W | H_0 \text{为真}\} \\
&= P\{\overline{X} > c | H_0 \text{为真}\} \\
&= P\left\{\frac{\overline{X}-\mu}{\sigma/\sqrt{n}} > \frac{c-\mu}{\sigma/\sqrt{n}}\right\} \qquad \mu \leqslant \mu_0 \\
&= 1 - \Phi\left(\frac{c-\mu}{\sigma/\sqrt{n}}\right) \leqslant 1 - \Phi\left(\frac{c-\mu_0}{\sigma/\sqrt{n}}\right), \quad \mu \leqslant \mu_0
\end{aligned}
$$

上式不等号成立是因为分布函数 $\Phi(x)$ 是单调不减函数.

若要求 c 满足

$$
1 - \Phi\left(\frac{c-\mu_0}{\sigma/\sqrt{n}}\right) = \alpha, \tag{7.2.10}
$$

则犯第一类错误的概率 $\alpha(\mu) \leqslant \alpha$. 由 (7.2.10) 式得到

$$
c = \mu_0 + \frac{\sigma}{\sqrt{n}} u_{1-\alpha}.
$$

故式

$$
P\{(X_1, X_2, \cdots, X_n) \in W | H_0 \text{为真}\} \leqslant \alpha \tag{7.2.11}
$$

对所有的 $\mu \leqslant \mu_0$ 都成立. 所以检验问题 (7.2.9) 的拒绝域和检验问题 (7.2.1) 的拒绝域是相同的, 可记为

$$
W = \{(X_1, X_2, \cdots, X_n) : u > u_{1-\alpha}\},
$$

简记为

$$
W = \{u > u_{1-\alpha}\}. \tag{7.2.12}
$$

例 7.2.1　某厂生产一种灯泡, 其寿命 X 服从正态分布 $N(\mu, 200^2)$, 从过去较长一段时间的生产情况看, 灯泡的平均寿命为 1500 小时. 现采用新工艺后, 在所生产的灯泡中抽取 25 只, 测得平均寿命为 1675 小时. 问采用新工艺后, 灯泡寿命是否有显著提高 $(\alpha = 0.05)$?

此问题就是要在新产品平均寿命 μ 是等于原来的 1500 小时还是大于 1500 小时这两者中作一抉择.

解　建立假设

$$
H_0: \mu = 1500, \quad H_1: \mu > 1500.
$$

选取统计量 $U = \dfrac{\overline{X}-\mu}{\sigma/\sqrt{n}}$ 作检验. 在 H_0 为真时,

$$
U = \frac{\overline{X}-\mu_0}{\sigma/\sqrt{n}} \sim N(0,1).
$$

对给定的 $\alpha = 0.05$, 查正态分布表得 $u_{1-\alpha} = u_{0.95} = 1.645$, 检验的拒绝域为

$$W = \{u > u_{1-\alpha}\} = \{u > 1.645\}.$$

由所给数据算出 U 的观测值

$$u = \frac{\overline{x} - \mu_0}{\sigma/\sqrt{n}} = \frac{1675 - 1500}{200}\sqrt{25} = 4.375 > 1.645,$$

故拒绝 H_0, 认为采用新工艺后灯泡寿命有显著提高.

例 7.2.2   微波炉在炉门关闭时的辐射量是一个重要的质量指标. 某厂该指标 X 服从正态分布 $N(\mu, \sigma^2)$, 长期以来 $\sigma^2 = 0.1^2$, 且均值都符合要求: 不超过 0.12. 为检查近期产品的质量, 抽查了 36 台, 得其炉门关闭时的辐射量的均值 $\overline{x} = 0.1205$. 试问在 $\alpha = 0.05$ 下该厂炉门关闭时辐射量是否升高了?

解   首先建立假设. 由于长期以来该厂 $\mu \leqslant 0.12$, 故将其作为原假设, 则有

$$H_0 : \mu \leqslant 0.12, \quad H_1 : \mu > 0.12.$$

在 $\alpha = 0.05$ 时, $u_{1-\alpha} = u_{0.95} = 1.645$, 拒绝域应为 $\{u > 1.645\}$. 现由观测值求得

$$u = \frac{0.1205 - 0.12}{0.1}\sqrt{36} = 0.03 < 1.645.$$

因此在显著性水平 $\alpha = 0.05$ 下不能拒绝 H_0, 即认为近期生产的微波炉关闭时辐射量无明显升高.

形如 (7.2.1) 式和 (7.2.9) 式的假设检验, 称为**右单边检验**(right one-sided test). 下面再来讨论**左单边检验**(left one-sided test)问题, 即讨论如下检验问题:

$$H_0 : \mu = \mu_0, \quad H_1 : \mu < \mu_0, \tag{7.2.13}$$

以及

$$H_0 : \mu \geqslant \mu_0, \qquad H_1 : \mu < \mu_0. \tag{7.2.14}$$

类似于前面的讨论, 在显著性水平 α 下, 我们仍用 $U = \dfrac{\overline{X} - \mu}{\sigma/\sqrt{n}}$ 作为检验统计量. 当 H_0 成立 (即 $\mu = \mu_0$ 或 $\mu \geqslant \mu_0$) 时, $U = \dfrac{\overline{X} - \mu}{\sigma/\sqrt{n}}$ 不应太小, 而当 U 偏小时则应拒绝 H_0. 于是, 拒绝域取为

$$W = \{u < u_\alpha\} = \{u < -u_{1-\alpha}\}. \tag{7.2.15}$$

现在我们来讨论检验问题

$$H_0 : \mu = \mu_0, \quad H_1 : \mu \neq \mu_0. \tag{7.2.16}$$

这一假设检验问题已经在例 7.1.1 中讨论过了. 在显著性水平 α 下, 该检验问题的统计量为 $U = \dfrac{\overline{X} - \mu}{\sigma/\sqrt{n}}$, 检验的拒绝域为

$$W = \{|u| > u_{1-\alpha/2}\}. \tag{7.2.17}$$

此类检验称为**双边检验**(two-sided test). 这里 $u_{1-\alpha/2}$ 是由标准正态分布函数表查出来的 $1 - \dfrac{\alpha}{2}$ 分位数 (图 7.1).

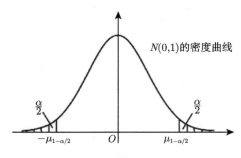

图 7.1

以后称用服从正态分布的统计量所进行的检验为U **检验**(U test).

例 7.2.3 某切割机在正常工作时, 切割每段金属棒的平均长度为 10.5cm. 设切割机切割每段金属棒的长度服从正态分布, 且根据长期经验知其方差为 $\sigma^2 = 0.15^2\text{cm}^2$. 某日为了检验切割机工作是否正常, 随机抽取 15 段进行测量, 测量结果如下 (单位: cm):

10.4	10.6	10.1	10.4	10.5	10.3	10.3	10.2
10.9	10.6	10.8	10.5	10.7	10.2	10.7	

试问该机工作是否正常 $(\alpha = 0.05)$?

解 建立假设

$$H_0 : \mu = \mu_0 = 10.5, \qquad H_1 : \mu \neq 10.5.$$

选取统计量 $U = \dfrac{\overline{X} - \mu}{\sigma/\sqrt{n}}$ 作检验, 在 H_0 为真时, $U = \dfrac{\overline{X} - \mu_0}{\sigma/\sqrt{n}} \sim N(0,1)$, 由显著性水平 $\alpha = 0.05$, 查正态分布表得 $u_{1-\alpha/2} = u_{0.975} = 1.96$.

由所给数据算得

$$|u| = \left| \frac{\overline{x} - \mu_0}{\sigma} \sqrt{n} \right| = \left| \frac{10.48 - 10.5}{0.15} \sqrt{15} \right| = 0.52 < 1.96,$$

故在显著性水平 $\alpha = 0.05$ 下不能拒绝 H_0, 即认为切割机工作正常.

2. 方差未知, 检验均值 μ

在正态总体方差 σ^2 未知的条件下, 关于均值 μ 的假设检验问题在应用上常见的形式仍有以下三种:

(i)　　 $H_0 : \mu = \mu_0,$ 　　　　 $H_1 : \mu > \mu_0.$ 　　(右单边检验)

　　　　 $H_0 : \mu \leqslant \mu_0,$ 　　　　 $H_1 : \mu > \mu_0.$

(ii)　　 $H_0 : \mu = \mu_0,$ 　　　　 $H_1 : \mu < \mu_0.$ 　　(左单边检验)

　　　　 $H_0 : \mu \geqslant \mu_0,$ 　　　　 $H_1 : \mu < \mu_0 .$

(iii)　 $H_0 : \mu = \mu_0,$ 　　　　 $H_1 : \mu \neq \mu_0.$ 　(双边检验)

由于方差 σ^2 未知, 上述诸检验问题已不能用 U 作为检验统计量. 一个自然的想法是用方差的无偏估计量 S^2 去代替 σ^2, 构造统计量

$$T = \frac{\overline{X} - \mu}{S/\sqrt{n}}$$

作为检验统计量.

下面首先讨论检验问题

$$H_0 : \mu = \mu_0, \quad H_1 : \mu \neq \mu_0. \tag{7.2.18}$$

对该检验问题, 在 H_0 为真时, 由抽样分布定理 5.2.8 知

$$T = \frac{\overline{X} - \mu}{S/\sqrt{n}} \sim t(n-1).$$

在 H_0 不真 (即 H_1 为真) 时, $|T|$ 的观测值有偏大的趋势, 故对给定的显著性水平 α, 由 t 分布分位数的定义知

$$P\{|T| > t_{1-\alpha/2}(n-1)\} = \alpha,$$

故该检验的拒绝域为

$$W = \{|t| > t_{1-\alpha/2}(n-1)\},$$

这里 $t = \dfrac{\overline{x} - \mu_0}{S/\sqrt{n}}$ 是 T 的观测值. $t_{1-\alpha/2}(n-1)$ 为 $t(n-1)$ 分布的 $1 - \dfrac{\alpha}{2}$ 分位数 (图 7.2).

对于检验问题

$$H_0 : \mu = \mu_0, \qquad H_1 : \mu > \mu_0, \tag{7.2.19}$$

或

$$H_0 : \mu \leqslant \mu_0, \qquad H_1 : \mu > \mu_0. \tag{7.2.20}$$

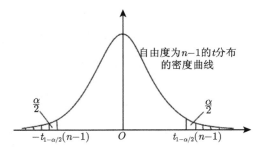

图 7.2

在给定显著性水平 α 下, 其拒绝域为

$$W = \{t > t_{1-\alpha}(n-1)\}. \tag{7.2.21}$$

对于检验问题

$$H_0 : \mu = \mu_0, \qquad H_1 : \mu < \mu_0 \tag{7.2.22}$$

或

$$H_0 : \mu \geqslant \mu_0, \qquad H_1 : \mu < \mu_0. \tag{7.2.23}$$

在给定显著性水平 α 下, 其拒绝域为

$$W = \{t < t_{\alpha}(n-1)\} \tag{7.2.24}$$

或

$$W = \{t < -t_{1-\alpha}(n-1)\}. \tag{7.2.25}$$

上述检验的拒绝域 (7.2.21) 式及 (7.2.25) 式的推导过程从略, 读者可参看陈希孺著《概率论与数理统计》一书, p223 及 p273, 科学出版社, 2000.

称用服从 t 分布的统计量所进行的检验为 t **检验**(t test).

例 7.2.4 用某种钢生产的钢筋的强度 X 服从正态分布, 且 $EX = 50.00\text{kg/mm}^2$. 今改变炼钢的配方, 利用新法炼了 9 炉钢, 从这 9 炉钢生产的钢筋中每炉抽一根测得其强度分别为

56.01,   52.45,   51.53,   48.52,   49.04,   53.38,   54.02,   52.13,   52.15.
试问用新法炼钢生产的钢筋强度的均值是否有明显的提高 $(\alpha = 0.05)$?

解 根据题意建立假设

$$H_0 : \mu = 50.00, \quad H_1 : \mu > 50.00.$$

由于总体方差未知, 故选取统计量 T, 在 H_0 为真下,

$$T = \frac{\overline{X} - \mu_0}{S/\sqrt{n}} \sim t(n-1).$$

对给定的显著性水平 $\alpha = 0.05$, 查表得 $t_{1-\alpha}(n-1) = t_{0.95}(8) = 1.86$, 检验的拒绝域为

$$W = \{t > t_{1-\alpha}(n-1)\} = \{t > 1.86\}.$$

由样本观测值算得

$$\overline{x} = 52.14, \quad s = 2.346,$$
$$t = \frac{\overline{x} - \mu_0}{s}\sqrt{n} = \frac{52.14 - 50.00}{2.346}\sqrt{9} = 2.87 > 1.86,$$

故拒绝 H_0, 即认为新法炼钢生产的钢筋强度的均值有明显提高.

例 7.2.5　某种元件, 要求其使用寿命不得低于 1000h, 现从一批这种元件中随机抽取 25 件, 测得其寿命样本平均值为 950h, 样本标准差为 100h. 已知该种元件寿命服从正态分布, 试问这批元件是否可认为合格 $(\alpha = 0.05)$?

解　由题意建立假设

$$H_0 : \mu \geqslant \mu_0 = 1000, \quad H_1 : \mu < \mu_0.$$

由于方差未知, 故采用 t 检验, 即选取统计量 T, 在 H_0 为真的情况下

$$T = \frac{\overline{X} - \mu_0}{S/\sqrt{n}} \sim t(n-1).$$

对给定的显著性水平 $\alpha = 0.05$, 查表得 $t_{1-\alpha}(n-1) = t_{0.95}(24) = 1.7109$, 检验的拒绝域为

$$W = \{t < -t_{1-\alpha}\} = \{t < -1.7109\}.$$

由题设知, $\overline{x} = 950$, $s = 100$, 算得

$$t = \frac{\overline{x} - \mu_0}{s}\sqrt{n} = \frac{950 - 1000}{100}\sqrt{25} = -2.5 < -1.7109,$$

故拒绝 H_0, 认为这批元件不合格.

3. 均值 μ 已知, 检验方差 σ^2

在正态总体均值已知的条件下, 关于方差 σ^2 的假设检验问题有以下三种形式:

(i) 　$H_0 : \sigma^2 = \sigma_0^2,$ 　　　$H_1 : \sigma^2 \neq \sigma_0^2.$ 　　(双边检验)

(ii) 　$H_0 : \sigma^2 = \sigma_0^2,$ 　　　$H_1 : \sigma^2 > \sigma_0^2.$

　　$H_0 : \sigma^2 \leqslant \sigma_0^2,$ 　　　$H_1 : \sigma^2 > \sigma_0^2.$ 　　(右单边检验)

(iii) 　$H_0 : \sigma^2 = \sigma_0^2,$ 　　　$H_1 : \sigma^2 < \sigma_0^2.$

　　$H_0 : \sigma^2 \geqslant \sigma_0^2,$ 　　　$H_1 : \sigma^2 < \sigma_0^2.$ 　　(左单边检验)

其中 σ_0^2 为已知正常数.

下面我们来推导检验问题

$$H_0 : \sigma^2 = \sigma_0^2, \quad H_1 : \sigma^2 \neq \sigma_0^2 \qquad (7.2.26)$$

的拒绝域.

对正态总体, 当均值 μ 已知时, $\dfrac{1}{n}\sum\limits_{i=1}^{n}(X_i - \mu)^2$ 是方差 σ^2 的无偏估计, 在

H_0 为真时, $\dfrac{1}{n}\sum\limits_{i=1}^{n}(X_i - \mu)^2$ 的取值应在 σ_0^2 周围波动, 否则将偏离 σ_0^2, 因此比值

$\dfrac{\dfrac{1}{n}\sum\limits_{i=1}^{n}(X_i - \mu)^2}{\sigma^2}$ ——一般说来应在 1 附近摆动, 不应过分大于 1, 也不应过分小于 1. 由

推论 5.2.1 知当 H_0 为真时

$$\chi^2 = \frac{1}{\sigma^2}\sum_{i=1}^{n}(X_i - \mu)^2 \sim \chi^2(n).$$

所以我们取 $\chi^2 = \dfrac{1}{\sigma^2}\sum\limits_{i=1}^{n}(X_i - \mu)^2$ 作为检验统计量.

对于给定的显著性水平 α, 为使上述检验犯第二类错误的概率尽可能小, 且在数学计算上又方便, 可取拒绝域为

$$W = \{\chi^2 < \chi^2_{\alpha/2}(n) \text{或} \chi^2 > \chi^2_{1-\alpha/2}(n)\}, \qquad (7.2.27)$$

这里 $\chi^2_{\alpha/2}(n)$ 和 $\chi^2_{1-\alpha/2}(n)$ 分别是自由度为 n 的 χ^2 分布的 $\alpha/2$ 和 $1 - \alpha/2$ 分位数 (图 7.3).

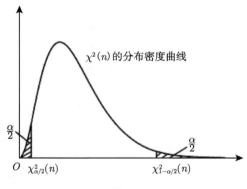

图 7.3

对于右单边检验问题

$$H_0 : \sigma^2 = \sigma_0^2, \quad H_1 : \sigma^2 > \sigma_0^2 \qquad (7.2.28)$$

或

$$H_0 : \sigma^2 \leqslant \sigma_0^2, \quad H_1 : \sigma^2 > \sigma_0^2, \tag{7.2.29}$$

在显著性水平 α 下, 其拒绝域为

$$W = \{\chi^2 > \chi_{1-\alpha}^2(n)\}. \tag{7.2.30}$$

对于左单边检验问题

$$H_0 : \sigma^2 = \sigma_0^2, \quad H_1 : \sigma^2 < \sigma_0^2 \tag{7.2.31}$$

或

$$H_0 : \sigma^2 \geqslant \sigma_0^2, \quad H_1 : \sigma^2 < \sigma_0^2. \tag{7.2.32}$$

在显著性水平 α 下, 其拒绝域为

$$W = \{\chi^2 < \chi_{\alpha}^2(n)\}. \tag{7.2.33}$$

4. 均值未知, 检验方差 σ^2

在正态总体均值未知条件下, 关于方差 σ^2 的检验问题和均值已知情形一样仍是那三种形式. 下面先给出检验问题

$$H_0 : \sigma^2 = \sigma_0^2, \quad H_1 : \sigma^2 \neq \sigma_0^2 \tag{7.2.34}$$

的拒绝域. 在正态总体的均值 μ 未知时, 已不能取 $\dfrac{1}{\sigma^2} \sum\limits_{i=1}^{n} (X_i - \mu)^2$ 作为检验统计量. 一个自然的想法是用 $\overline{X}$ 代替 μ, 用统计量

$$\chi^2 = \frac{\sum\limits_{i=1}^{n} (X_i - \overline{X})^2}{\sigma^2} = \frac{(n-1)S^2}{\sigma^2}$$

作检验. 在 H_0 为真时, 由抽样分布定理 5.2.7 可知

$$\chi^2 = \frac{\sum\limits_{i=1}^{n} (X_i - \overline{X})^2}{\sigma_0^2} \sim \chi^2(n-1).$$

这时取检验的拒绝域为

$$W = \{\chi^2 < \chi_{\alpha/2}^2(n-1) \quad \text{或} \quad \chi^2 > \chi_{1-\alpha/2}^2(n-1)\}. \tag{7.2.35}$$

对于检验问题

$$H_0 : \sigma^2 = \sigma_0^2, \quad H_1 : \sigma^2 > \sigma_0^2 \tag{7.2.36}$$

或
$$H_0 : \sigma^2 \leqslant \sigma_0^2, \quad H_1 : \sigma^2 > \sigma_0^2, \tag{7.2.37}$$

在显著性水平 α 下, 其拒绝域为
$$W = \{\chi^2 > \chi_{1-\alpha}^2(n-1)\}. \tag{7.2.38}$$

对于检验问题
$$H_0 : \sigma^2 = \sigma_0^2, \quad H_1 : \sigma^2 < \sigma_0^2 \tag{7.2.39}$$

或
$$H_0 : \sigma^2 \geqslant \sigma_0^2, \quad H_1 : \sigma^2 < \sigma_0^2, \tag{7.2.40}$$

在显著性水平 α 下, 其拒绝域为
$$W = \{\chi^2 < \chi_{\alpha}^2(n-1)\}. \tag{7.2.41}$$

我们看到, 正态总体方差 σ^2 的检验问题, 不论均值 μ 已知还是未知, 都是用 χ^2 变量作为检验的统计量, 称这种检验为 **χ^2 检验**(χ^2 test).

例 7.2.6　一细纱车间纺出某种细纱支数标准差为 1.2. 某日从纺出的一批纱中, 随机抽 15 缕进行支数测量, 测得样本标准差为 2.1. 假设总体分布是正态分布. 问纱的均匀度有无显著变化 ($\alpha = 0.05$)?

解　该日纺出纱的支数构成一正态总体, 按题意要检验假设
$$H_0 : \sigma^2 = 1.2^2, \quad H_1 : \sigma^2 \neq 1.2^2.$$

由于总体均值未知, 故选取统计量
$$\chi^2 = \frac{(n-1)S^2}{\sigma^2}.$$

在 H_0 成立时,
$$\chi^2 = \frac{(n-1)S^2}{1.2^2} \sim \chi^2(n-1).$$

由 $\alpha = 0.05$, 查 χ^2 分布表得
$$\chi_{\alpha/2}^2(n-1) = \chi_{0.025}^2(14) = 5.629,$$
$$\chi_{1-\alpha/2}^2(n-1) = \chi_{0.975}^2(14) = 26.119.$$

该检验的拒绝域为
$$W = \{\chi^2 < \chi_{\alpha/2}^2(n-1) \text{或} \chi^2 > \chi_{1-\alpha/2}^2(n-1)\}$$

$$=\{\chi^2 < 5.629 或 \chi^2 > 26.119\}.$$

由题设条件算得

$$\chi^2 = \frac{(n-1)s^2}{\sigma_0^2} = \frac{14 \times 2.1^2}{1.2^2} = 42.875 > 26.119,$$

故拒绝原假设 H_0, 即这天细纱的均匀度有显著变化.

例 7.2.7　某种导线, 要求其电阻的标准差不得超过 0.005Ω. 今在生产的一批导线中随机抽取 9 根, 测得导线电阻的样本标准差为 0.007Ω. 问在显著性水平 $\alpha = 0.05$ 下, 能认为这批导线电阻的方差显著偏大吗 (假设导线电阻总体服从正态分布)?

解　由题意建立假设

$$H_0 : \sigma^2 = 0.005^2, \quad H_1 : \sigma^2 > 0.005^2.$$

由于总体均值未知, 故选取统计量

$$\chi^2 = \frac{(n-1)S^2}{\sigma^2}$$

作为检验统计量, 在 H_0 为真时, $\chi^2 = \dfrac{(n-1)S^2}{0.005^2} \sim \chi^2(n-1)$.

由 $\alpha = 0.05$, 查 χ^2 分布表得

$$\chi^2_{1-\alpha}(n-1) = \chi^2_{0.95}(8) = 15.5.$$

该检验的拒绝域为

$$W = \{\chi^2 > \chi^2_{1-\alpha}(n-1)\} = \{\chi^2 > 15.5\}.$$

由题设条件算得

$$\chi^2 = \frac{(n-1)s^2}{\sigma_0^2} = \frac{8 \times 0.007^2}{0.005^2} = 15.68 > 15.5,$$

故拒绝原假设 H_0, 即认为这批导线电阻的方差显著地偏大.

7.2.2　两个正态总体均值和方差的检验

设总体 $X \sim N(\mu_1, \sigma_1^2)$, $Y \sim N(\mu_2, \sigma_2^2)$, $X_1, X_2, \cdots, X_{n_1}$ 和 $Y_1, Y_2, \cdots, Y_{n_2}$ 分别是取自总体 X 和 Y 样本且两样本相互独立. 样本均值和样本方差分别记为 $\overline{X}, S_1^2$ 和 $\overline{Y}, S_2^2$.

1. 方差 σ_1^2, σ_2^2 已知, 检验两总体的均值差 $\mu_1 - \mu_2$

先考虑假设检验问题

$$H_0 : \mu_1 = \mu_2, \quad H_1 : \mu_1 \neq \mu_2. \tag{7.2.42}$$

检验假设 $\mu_1 = \mu_2$ 等价于检验假设 $\mu_1 - \mu_2 = 0$. 当 H_0 为真时,

$$E(\overline{X} - \overline{Y}) = 0, \quad D(\overline{X} - \overline{Y}) = \frac{\sigma_1^2}{n_1} + \frac{\sigma_2^2}{n_2},$$

故

$$(\overline{X} - \overline{Y}) \sim N\left(0, \frac{\sigma_1^2}{n_1} + \frac{\sigma_2^2}{n_2}\right).$$

从而统计量

$$U = \frac{\overline{X} - \overline{Y}}{\sqrt{\sigma_1^2/n_1 + \sigma_2^2/n_2}} \tag{7.2.43}$$

服从标准正态分布 $N(0,1)$, 对给定的显著性水平 α, 查正态分布表得到 $u_{1-\alpha/2}$, 取拒绝域为

$$W = \{|u| > u_{1-\alpha/2}\}, \tag{7.2.44}$$

这里 $u = \dfrac{\overline{x} - \overline{y}}{\sqrt{\sigma_1^2/n_1 + \sigma_2^2/n_2}}$.

与 7.2.1 之 1 小节的讨论同理可得检验问题

$$H_0 : \mu_1 = \mu_2, \quad H_1 : \mu_1 > \mu_2 \tag{7.2.45}$$

或

$$H_0 : \mu_1 \leqslant \mu_2, \quad H_1 : \mu_1 > \mu_2 \tag{7.2.46}$$

的 α 水平的拒绝域为

$$W = \{u > u_{1-\alpha}\}, \tag{7.2.47}$$

可得检验问题

$$H_0 : \mu_1 = \mu_2, \quad H_1 : \mu_1 < \mu_2 \tag{7.2.48}$$

或

$$H_0 : \mu_1 \geqslant \mu_2, \quad H_1 : \mu_1 < \mu_2 \tag{7.2.49}$$

的 α 水平的拒绝域为

$$W = \{u < -u_{1-\alpha}\}. \tag{7.2.50}$$

2. 方差 σ_1^2, σ_2^2 未知但相等, 检验两总体的均值差 $\mu_1 - \mu_2$

先考虑假设检验问题

$$H_0 : \mu_1 = \mu_2, \quad H_1 : \mu_1 \neq \mu_2. \tag{7.2.51}$$

由于 $\overline{X}, S_1^2$ 和 $\overline{Y}, S_2^2$ 分别为两总体的均值和方差的无偏估计, 因此当 H_0 为真时, $|\overline{X} - \overline{Y}|$ 应在 0 的周围随机取值. 根据抽样分布定理 5.2.9, 可选取 T 统计量, 且知在 H_0 为真时, 有

$$T = \frac{\overline{X} - \overline{Y}}{\sqrt{(n_1-1)S_1^2 + (n_2-1)S_2^2}} \sqrt{\frac{n_1 n_2 (n_1 + n_2 - 2)}{n_1 + n_2}} \sim t(n_1 + n_2 - 2). \tag{7.2.52}$$

对给定的显著性水平 α, 查自由度为 n_1+n_2-2 的 t 分布表可得 $t_{1-\alpha/2}(n_1+n_2-2)$, 使得下式成立:

$$P\{|T| > t_{1-\alpha/2}(n_1 + n_2 - 2)\} = \alpha,$$

由此可得到假设检验问题 (7.2.51) 式的拒绝域为

$$W = \{|t| > t_{1-\alpha/2}(n_1 + n_2 - 2)\}, \tag{7.2.53}$$

这里 t 是 T 的观测值.

与 7.2.1 之 2 小节的讨论同理可得检验问题

$$H_0 : \mu_1 = \mu_2, \quad H_1 : \mu_1 > \mu_2 \tag{7.2.54}$$

或

$$H_0 : \mu_1 \leqslant \mu_2, \quad H_1 : \mu_1 > \mu_2 \tag{7.2.55}$$

的拒绝域为

$$W = \{t > t_{1-\alpha}(n_1 + n_2 - 2)\}. \tag{7.2.56}$$

检验问题

$$H_0 : \mu_1 = \mu_2, \quad H_1 : \mu_1 < \mu_2 \tag{7.2.57}$$

或

$$H_0 : \mu_1 \geqslant \mu_2, \quad H_1 : \mu_1 < \mu_2$$

的拒绝域为

$$W = \{t < -t_{1-\alpha}(n_1 + n_2 - 2)\}. \tag{7.2.58}$$

例 7.2.8　根据以往经验, 元件的电阻服从正态分布. 现对 A, B 两批同类电子元件的电阻进行测试, 测得结果如表 7.2 所示.

表 7.2   (单位: Ω)

| A | 0.140 | 0.138 | 0.143 | 0.141 | 0.144 | 0.137 |
| B | 0.135 | 0.140 | 0.142 | 0.136 | 0.138 | 0.140 |

已知 $\sigma_1^2 = \sigma_2^2$, 能否认为两批电子元件的电阻无显著差异 $(\alpha = 0.05)$?

　　解　根据题意建立假设

$$H_0 : \mu_1 = \mu_2, \quad H_1 : \mu_1 \neq \mu_2.$$

由题设两总体方差未知但相等, 故选取统计量

$$T = \frac{(\overline{X} - \overline{Y}) - (\mu_1 - \mu_2)}{\sqrt{(n_1 - 1)S_1^2 + (n_2 - 1)S_2^2}} \sqrt{\frac{n_1 n_2 (n_1 + n_2 - 2)}{n_1 + n_2}},$$

在 H_0 为真时,

$$T \sim t(n_1 + n_2 - 2).$$

　　对给定的水平 $\alpha = 0.05$, 自由度 $n_1 + n_2 - 2 = 6 + 6 - 2 = 10$, 查得

$$t_{1-\alpha/2}(n_1 + n_2 - 2) = t_{0.975}(10) = 2.228.$$

拒绝域为

$$W = \{|t| > t_{1-\alpha/2}(n_1 + n_2 - 2)\} = \{|t| > 2.228\}.$$

　　由题设数据算得

$$\overline{x} = 0.1405, \qquad\qquad \overline{y} = 0.1385,$$

$$(n_1 - 1)s_1^2 = 3.75 \times 10^{-5}, \quad (n_2 - 1)s_2^2 = 3.55 \times 10^{-5},$$

由此算得

$$|t| = \frac{0.1405 - 0.1385}{\sqrt{3.75 \times 10^{-5} + 3.55 \times 10^{-5}}} \sqrt{30} = 1.28 < 2.228,$$

故接受 H_0, 即认为两批电子元件电阻无显著差异.

　　3. 均值 μ_1, μ_2 未知, 检验两总体方差

　　先讨论假设检验问题

$$H_0 : \sigma_1^2 = \sigma_2^2, \quad H_1 : \sigma_1^2 \neq \sigma_2^2.$$

　　由于 S_1^2, S_2^2 分别是 σ_1^2, σ_2^2 的无偏估计, 因此可考虑比较 S_1^2 与 S_2^2 的大小来判断 H_0 是否成立. 当 H_0 为真时, S_1^2 / S_2^2 应在 1 的周围随机取值. 当比值过于大或过

于小时, H_0 都不太可能成立. 为此考虑统计量 $F = \dfrac{S_1^2/S_2^2}{\sigma_1^2/\sigma_2^2}$, 在 H_0 为真时, 由抽样分布定理 5.2.10 可知

$$F = \frac{S_1^2}{S_2^2} \sim F(n_1-1, n_2-1). \tag{7.2.59}$$

给定显著水平 α, 为使上述检验犯第二类错误的概率尽可能小, 且又便于数学计算, 可取拒绝域为

$$W = \{F < F_{\alpha/2}(n_1-1, n_2-1) \text{ 或 } F > F_{1-\alpha/2}(n_1-1, n_2-1)\}. \tag{7.2.60}$$

自由度为 n_1-1, n_2-1 的 F 分布分位数 $F_{\alpha/2}(n_1-1, n_2-1)$ 和 $F_{1-\alpha/2}(n_1-1, n_2-1)$ 可参见图 7.4.

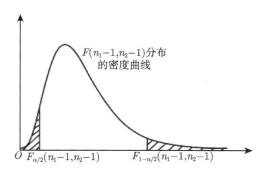

图 7.4

同理可得检验问题

$$H_0: \sigma_1^2 = \sigma_2^2, \quad H_1: \sigma_1^2 > \sigma_2^2 \tag{7.2.61}$$

或

$$H_0: \sigma_1^2 \leqslant \sigma_2^2, \quad H_1: \sigma_1^2 > \sigma_2^2, \tag{7.2.62}$$

的拒绝域为

$$W = \{F > F_{1-\alpha}(n_1-1, n_2-1)\}; \tag{7.2.63}$$

检验问题

$$H_0: \sigma_1^2 = \sigma_2^2, \quad H_1: \sigma_1^2 < \sigma_2^2 \tag{7.2.64}$$

或

$$H_0: \sigma_1^2 \geqslant \sigma_2^2, \quad H_1: \sigma_1^2 < \sigma_2^2 \tag{7.2.65}$$

的拒绝域为

$$W = \{F < F_{\alpha}(n_1-1, n_2-1)\}. \tag{7.2.66}$$

当均值 μ_1, μ_2 已知时, 关于两总体方差的检验的讨论和上述讨论类似, 结论见表 7.3.

表 7.3

总体	样本容量	直径							
X(机床甲)	8	20.5	19.8	19.7	20.4	20.1	20.0	19.0	19.9
Y(机床乙)	7	20.7	19.8	19.5	20.8	20.4	19.6	20.2	

称用服从 F 分布的统计量所进行的检验为 F **检验**(F test).

例 7.2.9 甲乙两台机床分别加工某种轴, 轴的直径分别服从正态分布 $N(\mu_1, \sigma_1^2)$ 和 $N(\mu_2, \sigma_2^2)$. 从各自加工的轴中分别抽取若干根测其直径结果如表 7.3 所示. 试问两台机床的加工精度有无显著差异 $(\alpha = 0.05)$?

解 根据题意要检验的问题是两总体方差是否相等, 为此建立假设如下:

$$H_0 : \sigma_1^2 = \sigma_2^2, \quad H_1 : \sigma_1^2 \neq \sigma_2^2.$$

由于两总体的均值 μ_1, μ_2 未知, 故选取 F 统计量, 在 H_0 为真时, 则有

$$F = \frac{S_1^2}{S_2^2} \sim F(n_1 - 1, n_2 - 1).$$

在 $n_1 = 8$, $n_2 = 7$, $\alpha = 0.05$ 时,

$$F_{\alpha/2}(n_1 - 1, n_2 - 1) = F_{0.025}(7, 6) = \frac{1}{F_{0.975}(6, 7)} = \frac{1}{5.12} = 0.195,$$

$$F_{1-\alpha/2}(n_1 - 1, n_2 - 1) = F_{0.975}(7, 6) = 5.70.$$

故检验的拒绝域为

$$W = \{F < F_{\alpha/2}(n_1 - 1, n_2 - 1) \text{ 或 } F > F_{1-\alpha/2}(n_1 - 1, n_2 - 1)\}$$

$$= \{F < 0.195 \text{ 或 } F > 5.70\}.$$

由样本观测值算得

$$s_1^2 = 0.2164, \quad s_2^2 = 0.2729,$$

从而

$$F = \frac{s_1^2}{s_2^2} = \frac{0.2164}{0.2729} = 0.793.$$

由于 $0.195 < 0.793 < 5.70$, 因此在水平 $\alpha = 0.05$ 下可以认为两机床加工精度没有显著差异.

最后, 我们把关于正态总体均值和方差的假设检验的结论汇总于表 7.4 中, 以便读者查阅.

表 7.4　正态总体参数的显著性假设检验

检验参数	假设 H_0	H_1	统计量	显著水平 α 下拒绝域
单个总体 μ	$\mu = \mu_0$ (σ^2 已知)	$\mu \neq \mu_0$	$U = \dfrac{\overline{X} - \mu_0}{\sigma}\sqrt{n}$	$|U| > u_{1-\alpha/2}$
		$\mu > \mu_0$		$U > u_{1-\alpha}$
		$\mu < \mu_0$		$U < -u_{1-\alpha}$
	$\mu = \mu_0$ (σ^2 未知)	$\mu \neq \mu_0$	$T = \dfrac{\overline{X} - \mu_0}{S}\sqrt{n}$	$|T| > t_{1-\alpha/2}(n-1)$
		$\mu > \mu_0$		$T > t_{1-\alpha}(n-1)$
		$\mu < \mu_0$		$T < -t_{1-\alpha}(n-1)$
单个总体 σ^2	$\sigma^2 = \sigma_0^2$ (μ 已知)	$\sigma^2 \neq \sigma_0^2$	$\chi^2 = \dfrac{1}{\sigma_0^2}\sum\limits_{i=1}^{n}(X_i - \mu)^2$	$\chi^2 < \chi_{\alpha/2}^2(n)$ 或 $\chi^2 > \chi_{1-\alpha/2}^2(n)$
		$\sigma^2 > \sigma_0^2$		$\chi^2 > \chi_{1-\alpha}^2(n)$
		$\sigma^2 < \sigma_0^2$		$\chi^2 < \chi_{\alpha}^2(n)$
	$\sigma^2 = \sigma_0^2$ (μ 未知)	$\sigma^2 \neq \sigma_0^2$	$\chi^2 = \dfrac{1}{\sigma_0^2}\sum\limits_{i=1}^{n}(X_i - \overline{X})^2$	$\chi^2 < \chi_{\alpha/2}^2(n-1)$ 或 $\chi^2 > \chi_{1-\alpha/2}^2(n-1)$
		$\sigma^2 > \sigma_0^2$		$\chi^2 > \chi_{1-\alpha}^2(n-1)$
		$\sigma^2 < \sigma_0^2$		$\chi^2 < \chi_{\alpha}^2(n-1)$
两个总体 μ	$\mu_1 = \mu_2$ (σ_1^2, σ_2^2 已知)	$\mu_1 \neq \mu_2$	$U = (\overline{X} - \overline{Y})\Big/ \sqrt{\dfrac{\sigma_1^2}{n_1} + \dfrac{\sigma_2^2}{n_2}}$	$|U| > u_{1-\alpha/2}$
		$\mu_1 > \mu_2$		$U > u_{1-\alpha}$
		$\mu_1 < \mu_2$		$U < -u_{1-\alpha}$
	$\mu_1 = \mu_2$ (σ_1^2, σ_2^2 未知且相等)	$\mu_1 \neq \mu_2$	$T = \dfrac{\overline{X} - \overline{Y}}{\sqrt{(n_1-1)S_1^2 + (n_2-1)S_2^2}} \cdot \sqrt{\dfrac{n_1 n_2(n_1 + n_2 - 2)}{n_1 + n_2}}$	$|T| > t_{1-\alpha/2}(n_1 + n_2 - 2)$
		$\mu_1 > \mu_2$		$T > t_{1-\alpha}(n_1 + n_2 - 2)$
		$\mu_1 < \mu_2$		$T < -t_{1-\alpha}(n_1 + n_2 - 2)$
两个总体 σ^2	$\sigma_1^2 = \sigma_2^2$ (μ_1, μ_2 已知)	$\sigma_1^2 \neq \sigma_2^2$	$F = \dfrac{\dfrac{1}{n_1}\sum\limits_{j=1}^{n_1}(X_j - \mu_1)^2}{\dfrac{1}{n_2}\sum\limits_{i=1}^{n_2}(Y_i - \mu_2)^2}$	$F < F_{\alpha/2}(n_1, n_2)$ 或 $F > F_{1-\alpha/2}(n_1, n_2)$
		$\sigma_1^2 > \sigma_2^2$		$F > F_{1-\alpha}(n_1, n_2)$
		$\sigma_1^2 < \sigma_2^2$		$F < F_{\alpha}(n_1, n_2)$
	$\sigma_1^2 = \sigma_2^2$ (μ_1, μ_2 未知)	$\sigma_1^2 \neq \sigma_2^2$	$F = \dfrac{S_1^2}{S_2^2}$	$F < F_{\alpha/2}(n_1-1, n_2-1)$ 或 $F > F_{1-\alpha/2}(n_1-1, n_2-1)$
		$\sigma_1^2 > \sigma_2^2$		$F > F_{1-\alpha}(n_1-1, n_2-1)$
		$\sigma_1^2 < \sigma_2^2$		$F < F_{\alpha}(n_1-1, n_2-1)$

§7.3   非参数假设检验

7.3 节所讨论的假设检验问题, 假定了总体是服从正态分布的, 只是对分布的参数进行假设检验. 但在实际问题中常常并不知道总体的分布类型, 这就需要根据样本提供的信息, 对总体分布的种种假设进行检验. 称总体分布未知时所进行的检验为**非参数检验**.

7.3.1 χ^2 拟合检验法

设总体 X 的分布函数 $F(x)$ 未知, $F_0(x)$ 为某给定的分布函数, $(X_1, X_2, \cdots, X_n)$ 为取自总体的样本. 现在的问题是如何利用此样本去检验假设

$$H_0 : F(x) = F_0(x). \tag{7.3.1}$$

检验 H_0 的方法如下:

(i) 把 X 的取值范围分成 k 个区间, 为确定起见, 设 $F_0(x)$ 是连续型分布. 把 $(-\infty, \infty)$ 分割为 k 个区间:

$$-\infty = a_0 < a_1 < a_2 < \cdots < a_{k-1} < a_k = \infty.$$

记 $I_1 = (a_0, a_1]$, $I_2 = (a_1, a_2]$, $\cdots$, $I_k = (a_{k-1}, a_k)$.

(ii) 统计样本落在这 k 个区间的频数, 分别记为 $v_1, v_2, \cdots, v_k$. 显然 $\sum\limits_{i=1}^{k} v_i = n$. v_i 称为观测频数.

(iii) 计算每个区间上的理论频数.

当 H_0 成立时, 总体 X 在 $(a_{i-1}, a_i]$ 中取值的概率为

$$p_i = P\{a_{i-1} < X \leqslant a_i\} = F_0(a_i) - F_0(a_{i-1}), \quad i = 1, 2, \cdots, k. \tag{7.3.2}$$

现在样本容量为 n, 则样本 $X_1, X_2, \cdots, X_n$ 落在 I_i 上的频数为 np_i, 称 np_i 为理论频数.

(iv) 计算理论频数与观测频数的偏差平方和.

当 H_0 为真时, 则各观测频数 v_i 与理论频数 np_i 应相差不大. 据此直观想法, 建立统计量

$$\chi^2 = \sum_{i=1}^{k} \frac{(v_i - np_i)^2}{np_i}. \tag{7.3.3}$$

英国统计学家皮尔逊提出并证明了上述统计量当样本容量 n 充分大时 (在 H_0 成立的条件下) 近似服从自由度为 $k-1$ 的 χ^2 分布. 详细证明可参看 H. 克拉默著, 魏宗舒译《统计学数学方法》一书.

(v) 对给定的显著性水平 α, 检验的拒绝域为

$$W = \{\chi^2 > \chi^2_{1-\alpha}(k-1)\}. \tag{7.3.4}$$

若由样本观测值算得理论频数与观测频数的偏差平方和 (7.3.3) 式的值 $\chi^2 > \chi^2_{1-\alpha}(k-1)$, 则拒绝 H_0; 若 $\chi^2 \leqslant \chi^2_{1-\alpha}(k-1)$, 则接受 H_0, 即认为总体 X 的分布为 $F_0(x)$.

上述检验, 称为 χ^2 拟合优度检验, 简称 χ^2 拟合检验.

在实际运用上述 χ^2 拟合检验法进行假设检验时应注意以下几点:

(i) 由于当 $n \to \infty$ 时统计量 (7.3.3) 式的极限分布才是 $\chi^2(k-1)$ 分布, 因此实际运用中, 样本容量 n 要大, 一般取 $n \geqslant 50$. 并且根据样本容量 n 的大小适当划分区间, 以使每个区间内所含样本个体数不小于 5, 而区间数 k 又不要太大或太小. 一般在 $50 \leqslant n \leqslant 100$ 时, 区间数可取为 6 至 8; 当 $100 < n \leqslant 200$ 时, 可取为 9 至 12. 当 $n > 200$ 时可适当增加, 一般以不超过 $15 \sim 20$ 为宜.

(ii) 若分布 $F_0(x)$ 中有 r 个参数未知, 可用极大似然估计求得这些参数的估计值, 使得分布函数 $F_0(x)$ 完全确定, 然后再按上述步骤进行检验. 此时 (7.3.3) 中 χ^2 变量的自由度为 $k - r - 1$.

对总体 X 为离散型随机变量情形. 设 X 的可能取值按大小排列为 $a_1 < a_2 < \cdots$. 若样本 $x_1, x_2, \cdots, x_n$ 中有较多个个体 (大体上至少 5 个以上) 取 a_i, 则 a_i 自成一组. 如若不然, 则应把相邻的几个 a_i 并成一组, 分组数目的考虑与上述相同. 这种情形下的对总体分布的检验仍按上述检验法的步骤进行.

例 7.3.1 自 1875 年至 1955 年间, 对其中 63 年的观测, 上海市夏季共有 180 天发生过暴雨. 把 5~9 月作为夏季, 每年夏季共有 $m = 31 + 30 + 31 + 31 + 30 = 153$ 天. 现统计 63 年中, 一年有 i 天发生过暴雨的年数 $v_i(i = 0, 1, 2, \cdots)$ 如表 7.5 所示.

表 7.5

i	0	1	2	3	4	5	6	7	8	$\geqslant 9$	合计
v_i	4	8	14	19	10	4	2	1	1	0	63

试问: 观测结果是否说明一年内夏季发生暴雨的天数服从泊松分布 $(\alpha = 0.05)$?

解 设一年内夏季发生暴雨天数记为 X, X 的分布未知. 由题意, 问题可归结为根据对 X 的观测值, 对 X 是否服从泊松分布的假设作出判断. 现根据容量 $n = 63$ 的样本来检验假设

$$H_0: X \text{服从泊松分布}$$

当 H_0 成立时, X 的分布律为

$$P\{X = i\} = \frac{\lambda^i \mathrm{e}^{-\lambda}}{i!}, \quad i = 0, 1, 2, \cdots,$$

其中 λ 为未知参数. 为此先求出 λ 的极大似然估计值

$$\hat{\lambda} = \bar{x} = \frac{180}{63} \doteq 2.8571.$$

其次, 把 X 的一切可能取值分为 7 组: $A_k = \{k\}$, $k = 0, 1, 2, 3, 4, 5, \geqslant 6$. 在 H_0 成立时, 求出 X 取各可能值的概率值如下:

$$p_0 = P\{X = 0\} = \frac{(2.8571)^0 \mathrm{e}^{-2.8571}}{0!} = 0.0574,$$

$$p_1 = P\{X = 1\} = \frac{(2.8571)^1 \mathrm{e}^{-2.8571}}{1!} = 0.1641,$$

$$p_2 = P\{X = 2\} = \frac{(2.8571)^2 \mathrm{e}^{-2.8571}}{2!} = 0.2344,$$

$$p_3 = 0.2233,$$

$$p_4 = 0.1595,$$

$$p_5 = 0.0911,$$

$$p_6 = P\{X \geqslant 6\} = 0.0702.$$

列表计算 χ^2 值 $\left(利用\ \chi^2 = \sum_{i=0}^{k} \frac{(v_i - np_i)^2}{np_i} = \sum_{i=0}^{k} \frac{v_i^2}{np_i} - n \right)$, 算得

$$\chi^2 = \sum_{i=0}^{6} \frac{v_i^2}{np_i} - n = 65.0662 - 63 = 2.0662.$$

表 7.6

一年中暴雨天数 i	实际年数 v_i	p_i	np_i	$\dfrac{v_i^2}{np_i}$
0	4	0.0574	3.62	4.4199
1	8	0.1614	10.34	6.1896
2	14	0.2344	14.77	13.2701
3	19	0.2233	14.07	24.6594
4	10	0.1595	10.05	9.9502
5	4	0.0911	5.74	2.7875
6	2 ⎫			
7	1 ⎬ 4	0.0702	4.22	3.7915
8	1			
$\geqslant 9$	0 ⎭			
合计	63			65.0662

对给定显著性水平 $\alpha = 0.05$, 自由度 $7 - 1 - 1 = 5$, 查 χ^2 分布表得临界值

$$\chi^2_{1-\alpha}(k - r - 1) = \chi^2_{0.95}(5) = 11.07.$$

因为 $\chi^2 = 2.0662 < 11.07$, 故在水平 $\alpha = 0.05$ 下接受原假设 H_0, 即认为一年内夏季发生暴雨的天数服从泊松分布.

例 7.3.2 一台自动机床生产的 100 个零件的口径数据如表 7.7 所示. 试问所产零件口径 X 是否服从正态分布 $(\alpha = 0.05)$?

表 7.7 (单位: mm)

11.02	10.99	10.93	11.01	10.98	10.94	11.02
11.01	10.99	11.00	11.07	10.98	10.97	10.99
10.96	11.02	10.97	10.98	11.00	10.97	11.05
10.95	11.00	11.02	10.99	10.98	11.00	10.98
11.05	11.00	10.98	10.97	11.01	11.07	11.06
10.97	10.94	10.99	11.01	11.03	10.95	11.00
10.95	11.00	11.00	11.00	10.99	10.97	11.02
10.93	10.99	11.02	11.01	11.08	11.00	10.95
11.01	10.93	11.00	10.99	11.01	10.99	10.99
11.04	11.00	11.00	10.97	11.02	11.01	11.04
10.96	10.96	10.99	10.96	10.98	11.08	11.06
10.99	11.00	10.97	11.02	10.98	10.98	11.00
10.99	11.00	11.00	10.99	10.99	10.98	10.97
10.97	10.99	11.03	11.02	11.06	11.04	11.03
11.05	10.96					

解 根据题意提出假设

$$H_0 : F(x) = F_0(x),$$

其中

$$F_0(x) = \int_{-\infty}^{x} \frac{1}{\sqrt{2\pi}\sigma} e^{-\frac{(x-\mu)^2}{2\sigma^2}} \, dx.$$

μ 和 σ^2 是未知参数.

先求出 μ 和 σ^2 的极大似然估计值

$$\hat{\mu} = \bar{x} = \frac{1}{100} \sum_{i=1}^{n} x_i = 10.997,$$

$$\hat{\sigma}^2 = \frac{1}{100}\sum_{i=1}^{n}(x_i - \bar{x})^2 = 0.033^2.$$

由题设知, 零件口径数据的最小值为 $x_1* = 10.93$, 最大值为 $x_{100}* = 11.08$. 取 $a = 10.925$, $b = 11.085$. 将区间 $[10.925, 11.085]$ 分成 8 个小区间. 为对所提假设 H_0 进行检验, 列表计算 χ^2 值如表 7.8 所示.

表 7.8

编号	直径区间	v_i	v_i^2	$\hat{p}_i$	$n\hat{p}_i$	$v_i^2/n\hat{p}_i$
1	$(-\infty, 10.945]$	5	25	0.0571	5.71	4.378
2	$(10.945, 10.965]$	9	81	0.1089	10.89	7.438
3	$(10.965, 10.985]$	20	400	0.1934	19.34	20.683
4	$(10.985, 11.005]$	33	1089	0.2354	23.54	46.262
5	$(11.005, 11.025]$	17	289	0.2075	20.75	13.928
6	$(11.025, 11.045]$	6	36	0.1242	12.42	2.899
7	$(11.045, 11.065]$	6	36	0.0583	5.38	6.692
8	$(11.065, \infty)$	4	16	0.0197	1.97	8.122
合计		100		1.0045		110.402

其中

$$\hat{p}_i = P\{a_{i-1} < X \leqslant a_i\}, \quad i = 1, 2, \cdots, 8.$$

例如

$$\hat{p}_1 = P\{-\infty < X \leqslant 10.945\} = \Phi\left(\frac{10.945 - 10.977}{0.033}\right) = 0.0571,$$

$$\hat{p}_2 = P\{10.945 < X \leqslant 10.965\}$$

$$= \Phi\left(\frac{10.965 - 10.977}{0.033}\right) - \Phi\left(\frac{10.945 - 10.977}{0.033}\right) = 0.1089.$$

其余 $\hat{p}_i$ 同理可得. 由表 7.8 可得

$$\chi^2 = \sum_{i=1}^{8}\frac{v_i^2}{n\hat{p}_i} - n = 110.402 - 100 = 10.402.$$

对给定的显著性水平 $\alpha = 0.05$, 自由度为 $8 - 2 - 1 = 5$, 可查得临界值

$$\chi_{1-\alpha}^2(k - r - 1) = \chi_{0.95}^2(5) = 11.07.$$

由于 $\chi^2 = 10.402 < 11.07$, 故在水平 $\alpha = 0.05$ 下接受 H_0, 即认为零件口径 X 服从正态分布.

7.3.2 列联表的独立性检验

作为 χ^2 拟合检验法的一种应用, 现在介绍列联表的独立性检验.

在实际中, 常常遇到这样的问题: 对所考察的总体中每一个个体同时测定两个指标 X 和 Y, 要检验这两个指标是否有关. 例如, 我们调查了 520 个人, 其中 136 人患有高血压, 另外的 384 人血压正常. 另一方面在患高血压的 136 人中, 有 48 人有冠心病, 其余的 88 人无此病. 在无高血压的 384 人中, 有 36 人患有冠心病, 将这些数据列成表 7.9, 我们希望考察高血压和冠心病这两者之间是否有关系, 即要考察表 7.9 中的两个指标 (属性) 是否独立.

表 7.9　2×2 列联表

	患高血压	无高血压	总计
患冠心病	48	36	84
无冠心病	88	348	436
总计	136	384	520

上例中, 我们考察两个指标, 一个指标是 "高血压" 它有两个状态, 统计学上称为水平: "患高血压" 和 "无高血压". 另一个指标是 "冠心病", 它有两个水平: "患冠心病" 和 "无冠心病": 表 7.9 称为 2×2 列联表.

一般地, 设有 X 和 Y 两个指标, 各有 r 个和 s 个水平, 问题是检验假设

$$H_0 : X 与 Y 相互独立. \tag{7.3.5}$$

现对 (X, Y) 进行了 n 次独立观测, 用 n_{ij} 表示样本观测值中 "X 取 i, Y 取 j" 的个体数, 即指标 X 和 Y 分别处在水平 i 和 j 的个体数. 我们把数据 n_{ij} 排列成下表的形式 (表 7.10).

表 7.10　$r \times s$ 列联表

X \ Y	1	2	$\cdots$	i	$\cdots$	r	和
1	n_{11}	n_{21}	$\cdots$	n_{i1}	$\cdots$	n_{r1}	$n._1$
2	n_{12}	n_{22}	$\cdots$	n_{i2}	$\cdots$	n_{r2}	$n._2$
$\vdots$	$\vdots$	$\vdots$		$\vdots$		$\vdots$	$\vdots$
j	n_{1j}	n_{2j}	$\cdots$	n_{ij}	$\cdots$	n_{rj}	$n._j$
$\vdots$	$\vdots$	$\vdots$		$\vdots$		$\vdots$	$\vdots$
s	n_{1s}	n_{2s}	$\cdots$	n_{is}	$\cdots$	n_{rs}	$n._s$
$\sum$	$n_1.$	$n_2.$	$\cdots$	$n_i.$	$\cdots$	$n_r.$	n

其中

$$n_{i\cdot} = \sum_{j=1}^{s} n_{ij}, \quad n_{\cdot j} = \sum_{i=1}^{r} n_{ij} \tag{7.3.6}$$

分别是指标 X 处在水平 i 的个体数和指标 Y 处在水平 j 的个体数, 如果记

$$p_{ij} = P\{X = i, Y = j\}, \quad i = 1, 2, \cdots, r, \quad j = 1, 2, \cdots, s,$$

$$p_{i\cdot} = P\{X = i\}, \quad i = 1, 2, \cdots, r,$$

$$p_{\cdot j} = P\{Y = j\}, \quad j = 1, 2, \cdots, s,$$

则我们要检验的假设 (7.3.5) 式可表示为

$$H_0 : p_{ij} = p_{i\cdot} p_{\cdot j}, \quad i = 1, 2, \cdots, r, \quad j = 1, 2, \cdots, s. \tag{7.3.7}$$

因此, H_0 成立等价于存在 $\{p_{i\cdot}\}, \{p_{\cdot j}\}$ 满足

$$p_{i\cdot} > 0, \quad \sum_{i=1}^{r} p_{i\cdot} = 1; \quad p_{\cdot j} > 0, \quad \sum_{j=1}^{s} p_{\cdot j} = 1 \tag{7.3.8}$$

使 (7.3.7) 式成立.

在这个模型中 $p_{i\cdot}, p_{\cdot j}$ 充当了参数的作用, 总的独立参数个数为

$$(r - 1) + (s - 1) = r + s - 2.$$

检验问题 (7.3.7) 式可采用 7.3.1 小节的 χ^2 拟合检验法来进行检验. 此时检验的统计量 χ^2 相应地改写为

$$\chi^2 = \sum_{i=1}^{r} \sum_{j=1}^{s} \frac{(n_{ij} - np_{ij})^2}{np_{ij}} = \sum_{i=1}^{r} \sum_{j=1}^{s} \frac{(n_{ij} - np_{i\cdot}p_{\cdot j})^2}{np_{i\cdot}p_{\cdot j}}. \tag{7.3.9}$$

上式的最后一个等式是在 (7.3.7) 式中原假设 H_0 为真时导出的. 各未知参数 $p_{i\cdot}$ 和 $p_{\cdot j}$ 的极大似然估计分别为

$$\hat{p}_{i\cdot} = \frac{n_{i\cdot}}{n}, \quad i = 1, 2, \cdots, r, \tag{7.3.10}$$

$$\hat{p}_{\cdot j} = \frac{n_{\cdot j}}{n}, \quad j = 1, 2, \cdots, s, \tag{7.3.11}$$

因而对检验问题 (7.3.7) 式可采用检验统计量

$$\chi^2 = \sum_{i=1}^{r} \sum_{j=1}^{s} \frac{(n_{ij} - n\hat{p}_{i\cdot}\hat{p}_{\cdot j})^2}{n\hat{p}_{i\cdot}\hat{p}_{\cdot j}}. \tag{7.3.12}$$

把 (7.3.10), (7.3.11) 式代入 (7.3.12) 式得

$$\chi^2 = \sum_{i=1}^{r} \sum_{j=1}^{s} \frac{(n_{ij} - n_{i\cdot}n_{\cdot j}/n)^2}{n_{i\cdot}n_{\cdot j}/n} = \sum_{i=1}^{r} \sum_{j=1}^{s} \frac{(nn_{ij} - n_{i\cdot}n_{\cdot j})^2}{nn_{i\cdot}n_{\cdot j}}. \tag{7.3.13}$$

在 H_0 为真, n 充分大时 χ^2 近似服从自由度为 $n - (r + s - 2) - 1 = (r-1)(s-1)$ 的 χ^2 分布. 对给定的显著性水平 α, 检验的拒绝域为

$$W = \left\{ \chi^2 > \chi^2_{1-\alpha}\big((r-1)(s-1)\big) \right\}, \tag{7.3.14}$$

即当 $\chi^2 > \chi^2_{1-\alpha}\big((r-1)(s-1)\big)$ 时, 拒绝原假设 H_0, 即认为 X 与 Y 不独立.

例 7.3.3 对表 7.9 中的数据, 检验假设

$$H_0 : 高血压与冠心病无关系,$$

取显著性水平 $\alpha = 0.05$.

解 由题设 $n = 520$, $n_{11} = 48$, $n_{21} = 36$, $n_{12} = 88$, $n_{22} = 348$, $n_{\cdot 1} = 84$, $n_{\cdot 2} = 436$, $n_{1\cdot} = 136$, $n_{2\cdot} = 384$, 于是利用 (7.3.13) 式算得

$$\chi^2 = \frac{(520 \times 48 - 136 \times 84)^2}{520 \times 136 \times 84} + \frac{(520 \times 88 - 136 \times 436)^2}{520 \times 136 \times 436}$$

$$+ \frac{(520 \times 36 - 384 \times 84)^2}{520 \times 384 \times 84} + \frac{(520 \times 348 - 384 \times 436)^2}{520 \times 384 \times 436}$$

$$= 30.84 + 5.94 + 10.92 + 2.10 = 49.8,$$

查 χ^2 分布表得 $\chi^2_{1-\alpha}\big((r-1)(s-1)\big) = \chi^2_{0.95}(1) = 3.84 < 49.8$, 故拒绝原假设 H_0, 即在水平 $\alpha = 0.05$ 下认为冠心病与高血压有密切关系.

7.3.3 符号检验

设两连续型总体 X 和 Y 的分布函数分别为 $F(x)$ 和 $G(x)$, 均未知. 考虑假设检验问题

$$H_0 : F(x) = G(x). \tag{7.3.15}$$

为此对两总体分别独立地抽取容量为 n_0 的样本 $X_1, X_2, \cdots, X_{n_0}$ 和 $Y_1, Y_2, \cdots, Y_{n_0}$, 并进行配对得到 n_0 对数据 $(X_1, Y_1), (X_2, Y_2), \cdots, (X_{n_0}, Y_{n_0})$.

当 $X_i > Y_i$ 时, 记为 $(+)$ 号; 当 $X_i < Y_i$ 时, 记为 $(-)$ 号; 当 $X_i = Y_i$ 时, 记为 (0), 并用 n_+ 和 n_- 分别表示 $(+)$ 号和 $(-)$ 号的个数. 令 $n = n_+ + n_-$.

若 H_0 成立, 则 $\{X_i > Y_i\}$ 与 $\{X_i < Y_i\}$ 应该有相同的概率, $(+)$ 号和 $(-)$ 号个数应该相差不大, 换句话说, 当 n 固定时, $\min(n_+, n_-)$ 不应太小, 否则应认为 H_0 不成立. 今选取统计量

$$S = \min(n_+, n_-), \tag{7.3.16}$$

对于 n 和给定的显著性水平 α, 查符号检验表可得相应的临界值 S_α. 当 $S = \min(n_+, n_-) \leqslant S_\alpha$ 时, 则拒绝原假设 H_0, 即认为 $F(x)$ 与 $G(x)$ 有显著差异; 当 $S = \min(n_+, n_-) > S_\alpha$ 时, 则接受 H_0, 即认为 $F(x)$ 与 $G(x)$ 无显著差异.

例 7.3.4 为了分析某种气体的 CO_2 含量的百分数, 取了这种气体的 20 个样品, 每个样品由 A, B 两人分别进行分析, 得数据如表 7.11 所示.

表 7.11

A	14.7	15.0	15.2	14.8	15.5	14.6	14.9	14.8	15.1	15.0
B	14.6	15.1	15.4	14.7	15.2	14.7	14.8	14.6	15.2	15.0
符号	+	−	−	+	+	−	+	+	−	0
A	14.7	14.8	14.7	15.0	14.9	14.9	15.2	14.7	15.4	15.3
B	14.6	14.6	14.8	15.3	14.7	14.6	14.8	14.9	15.2	15.0
符号	+	+	−	−	+	+	+	−	+	+

问两人分析有无显著性差异($\alpha = 0.05$)?

解 问题就是在显著性水平 $\alpha = 0.05$ 下, 检验假设

$$H_0 : F(x) = G(x).$$

由上表可知, $n_+ = 12$, $n_- = 7$, 于是 $n = n_+ + n_- = 19$, 查符号检验表 $n = 19$, $\alpha = 0.05$ 时得临界值 $S_\alpha = 4$, 而 $S = \min(n_+, n_-) = 7$, 因 $S = 7 > 4$, 故接受 H_0, 即认为 A, B 两人分析结果无显著差异.

符号检验法的最大优点是简单、直观, 并且不要求知道被检验量所服从的分布. 其缺点是精确度较差, 没有充分利用样本 (数据) 所提供的信息, 并且要求数据搭配 "成对". 下面介绍的秩和检验法在一定程度上弥补了上述缺陷.

7.3.4 秩和检验法

设 X 和 Y 是两个连续型总体, 其分布函数分别为 $F(x)$ 和 $G(x)$, 均未知. 今从两总体中分别抽取容量为 n_1, n_2 的样本 $(X_1, X_2, \cdots, X_{n_1})$ 和 $(Y_1, Y_2, \cdots, Y_{n_2})$, 两样本独立. 考虑假设检验问题

$$H_0 : F(x) = G(x). \tag{7.3.17}$$

把两样本观测数据混合在一起依由小到大顺序排列, 并统一编号. 如果数据 X_i 在新编号的数据序列中的顺序号为 R_i, 则称 R_i 为数据 X_i 的**秩**(rank). 对于相同的数据则用它们的顺序号的平均值来作秩. 把容量为 n_1 的原样本的观测数据的秩加起来得**秩和**(rank sum)T_X, 把容量为 n_2 的原样本的观测数据的秩加起来得**秩**

和(rank sum)T_Y. 令统计量

$$T = \text{容量为} \min(n_1, n_2) \text{的样本所对应的秩和,} \tag{7.3.18}$$

则当 $n_1 < n_2$ 时, $T = T_X$; 当 $n_1 > n_2$ 时, $T = T_Y$.

如果 H_0 成立, 则统计量 T 的值不应太大或太小. 因此对于 n_1, n_2 及给定的显著性水平 α, 查秩和检验表, 可得出对应于 T 的下限 T_1 与上限 T_2.

当 $t \leqslant T_1$ 或 $T \geqslant T_2$ 时, 则拒绝 H_0, 即认为两总体差异显著.

当 $T_1 < T < T_2$ 时, 应接受 H_0, 即认为两总体差异不显著.

例 7.3.5 用两种不同材料的灯丝制造灯泡. 今分别随机抽取若干个灯泡进行寿命试验. 测得数据如表 7.12 所示.

表 7.12 (单位: 小时)

材料 I	1610	1650	1680	1700	1750	1720	1800
材料 II	1580	1600	1640	1630	1700		

问两种材料的灯泡有无显著差异 $(\alpha = 0.05)$?

解 设 $H_0: F(x) = G(x)$. 将数据按从小到大的次序排列成表 7.13.

表 7.13

编号	1	2	3	4	5	6	7	8	9	10	11	12
材料 I			1610			1650	1680	1700		1720	1750	1800
材料 II	1580	1600		1630	1640			1700				
秩	1	2	3	4	5	6	7	8.5		10	11	12

数据 1700 在 I, II 中均有, 它们的秩取平均数 $\dfrac{8+9}{2} = 8.5$. 材料 II 的数据少. 于是统计量应取 II 的秩和, 即

$$T = 1 + 2 + 4 + 5 + 8.5 = 20.5,$$

对于检验水平 $\alpha = 0.05$, $n_1 = \min(5, 7) = 5$, $n_2 = 7$, 查秩和检验表得 $T_1 = 22$, $T_2 = 43$. 由于

$$T = 20.5 < T_1 = 22,$$

故拒绝原假设 H_0, 即认为两种材料的灯丝制成的灯泡寿命有显著差异.

一般地, 秩和检验表只列到 $n_1, n_2 \leqslant 10$ 的情形, 大于 10 时, 可利用统计量 T 的渐进分布来检验. 可以证明当 n_1, n_2 较大 (大于 10) 时, T 近似服从正态分布:

$$N\left(\frac{n_1(n_1 + n_2 + 1)}{2}, \left(\sqrt{\frac{n_1 n_2 (n_1 + n_2 + 1)}{2}}\right)^2\right).$$

这时可用 U 检验法, 检验的统计量取为

$$U = \frac{T - \dfrac{n_1(n_1 + n_2 + 1)}{2}}{\sqrt{\dfrac{n_1 n_2 (n_1 + n_2 + 1)}{12}}} \sim N(0, 1).$$

例 7.3.6　两台机床生产同一型号的零件, 测得零件长度数据如表 7.14 所示.

表 7.14　　　　　　　　　　　　　　　　　　　　　　　(单位: cm)

| A | 20.54 | 27.32 | 29.10 | 21.34 | 24.41 | 20.98 | 29.95 | 17.38 | 21.74 | 31.72 | 31.82 |
| B | 26.27 | 25.09 | 21.85 | 23.39 | 18.41 | 22.60 | 24.64 | 13.62 | 11.84 | 12.77 | 31.82 |

在显著性水平 $\alpha = 0.05$ 下, 试用秩和检验法, 检验两台机床生产的零件长度有无显著差异?

解　设 $H_0 : F(x) = G(x)$.

把样本值列表整理如表 7.15 所示.

现在 $n_1 = 11, n_2 = 11$, 都超过了 10, 可以用 T 的极限分布来作检验, 容易算出

$$\frac{n_1(n_1 + n_2 + 1)}{2} = 126.5, \qquad \sqrt{\frac{n_1 n_2 (n_1 + n_2 + 1)}{12}} = 15.22.$$

因两组容量相等, 所以

$$T = 1 + 2 + 3 + 5 + 10 + 11 + 12 + 14 + 15 + 16 + 21.5 = 110.5$$

或

$$T = 4 + 6 + 7 + 8 + 9 + 13 + 17 + 18 + 19 + 20 + 21.5 = 142.5,$$

$$|u| = \left| T - \frac{n_1(n_1 + n_2 + 1)}{2} \right| \bigg/ \sqrt{\frac{n_1 n_2 (n_1 + n_2 + 1)}{12}} = 1.05,$$

表 7.15

编号	1	2	3	4	5	6	7	8	9	10	11
A				17.38		20.54	20.98	21.34	21.74		
B	11.84	12.77	13.62		18.41					21.85	22.60
秩	1	2	3	4	5	6	7	8	9	10	11

编号	12	13	14	15	16	17	18	19	20	21	22
A		24.41				27.32	29.10	29.95	31.72	31.82	
B	23.39		24.64	25.09	26.67						31.82
秩	12	13	14	15	16	17	18	19	20	21.5	21.5

对于 $\alpha = 0.05$, 查正态分布表得临界值 $u_{0.975} = 1.96$.

此时 $|u| = 1.05 < 1.96$, 于是接受假设 $F(x) = G(x)$. 即认为二机床生产的零件无显著差异.

习　题　7

1. 填空题

设 $X_1, X_2, \cdots, X_n$ 是取自正态总体 $N(\mu, \sigma^2)$ 的简单随机样本, 其中参数 μ 和 σ^2 未知, 记

$$\overline{X} = \frac{1}{n}\sum_{i=1}^{n} X_i, \quad Q^2 = \sum_{i=1}^{n}(X_i - \overline{X})^2,$$

则假设 $H_0 : \mu = 0$ 的 t 检验使用的统计量 $T = $ _____.

2. 选择题

设总体 $X \sim N(\mu_1, \sigma_1^2), X_1, X_2, \cdots, X_{n_1}$ 是取自 X 的简单随机样本; 总体 $Y \sim N(\mu_2, \sigma_2^2)$, $Y_1, Y_2, \cdots, Y_{n_2}$ 是取自 Y 的简单随机样本, 且 $\mu_1, \mu_2, \sigma_1^2, \sigma_2^2$ 均为未知参数, 两样本相互独立, 令

$$F_1 = \frac{(n_2 - 1)\sum\limits_{i=1}^{n_1}(X_i - \overline{X})^2}{(n_1 - 1)\sum\limits_{i=1}^{n_2}(Y_i - \overline{Y})^2}, \quad F_2 = \frac{n_2\sum\limits_{i=1}^{n_1}(X_i - \mu_1)^2}{n_1\sum\limits_{i=1}^{n_2}(Y_i - \mu_2)^2},$$

则检验假设 (给定显著性水平 α)$H_0 : \sigma_1^2 \geqslant \sigma_2^2, H_1 : \sigma_1^2 < \sigma_2^2$ 的拒绝域为 (　　　).

(A) $W = \{F_1 < F_\alpha(n_1 - 1, n_2 - 1)\}$

(B) $W = \{F_1 < F_\alpha(n_1, n_2)\}$

(C) $W = \{F_2 < F_\alpha(n_1, n_2)\}$

(D) $W = \{F_2 < F_\alpha(n_1 - 1, n_2 - 1)\}$

3. 在产品检验时, 原假设 H_0: 产品合格. 为了使 "次品混入正品" 的可能性很小, 在样本容量 n 固定的条件下, 显著性水平 α 应取大些还是小些?

4. 已知某炼铁厂的铁水含碳量在正常情况下服从正态分布 $N(4.55, 0.11^2)$. 某日测得 5 炉铁水含碳量如下:

$$4.28, \quad 4.40, \quad 4.42, \quad 4.35, \quad 4.37.$$

如果标准差不变, 该日铁水含碳量的平均值是否有显著变化 $(\alpha = 0.05)$?

5. 某厂生产的某种钢索的断裂强度服从 $N(\mu, \sigma^2)$ 分布, 其中 $\sigma = 40\text{kg/cm}^2$. 现从一批这种钢索的容量为 9 的一个样本测得断裂强度平均值 $\overline{x}$, 与以往正常生产时 μ 相比, $\overline{x}$ 较 μ 大 20kg/cm^2. 该总体方差不变, 问在 $\alpha = 0.01$ 下能否认为这批钢索质量有显著提高?

6. 某厂对废水进行处理, 要求某种有毒物质的浓度小于 19mg/L. 抽样检查得到 10 个数据, 其样本均值 $\overline{x} = 17.1\text{mg/L}$. 设有毒物质的含量服从正态分布, 且已知方差 $\sigma^2 = 8.5\text{mg}^2/\text{L}^2$. 问在显著水平 $\alpha = 0.05$ 下, 处理后的废水是否合格?

7. 设样本 $X_1, X_2, \cdots, X_{25}$ 取自正态总体 $N(\mu, 9)$, 其中 μ 为未知参数, $\overline{X}$ 为样本平均值. 如果对检验问题 $H_0 : \mu = \mu_0$, $H_1 : \mu \neq \mu_0$ 取检验的拒绝域: $W = \{|\overline{X} - \mu_0| \geqslant C\}$, 试决定常数 C, 使检验的显著性水平为 0.05.

8. 某厂生产镍合金线, 其抗拉强度的均值为 10620kg/mm^2 今改进工艺后生产一批镍合金线, 抽取 10 根, 测得抗拉强度 (kg/mm^2) 为

10512, 10623, 10668, 10554, 10776, 10707, 10557, 10581, 10666, 10670.

认为抗拉强度服从正态分布, 取 $\alpha = 0.05$, 问新生产的镍合金线的抗拉强度是否比过去生产的镍合金线抗拉强度要高?

9. 某纺织厂在正常条件下, 平均每台织布机每小时经纱断头根数为 9.73 根. 该厂进行工艺改革, 减少经纱上浆率. 在 100 台织布机上进行试验, 结果平均每台每小时断头根数为 9.94, 标准差为 1.20, 已知经纱断头根数服从正态分布, 试在水平 $\alpha = 0.05$ 下检验新的上浆率能否推广使用 (一般情况下, 上浆率降低, 断头根数应增加)?

10. 8 名学生独立地测定同一物质的比重, 分别测得其值 (单位: g/cm^3) 为

11.49, 11.51, 11.52, 11.53, 11.47, 11.46, 11.55, 11.50.

假定测定值服从正态分布, 试根据这些数据检验该物质的实际比重是否为 $11.53(\alpha = 0.05)$.

11. 进行 5 次试验, 测得锰的熔化点 (单位:℃) 如下:

1260, 1280, 1255, 1254, 1266.

已知锰的熔化点服从正态分布, 是否可以认为锰的熔化点为 $1260℃(\alpha = 0.05)$?

12. 无线电厂生产的某种高频管, 其中一项指标服从正态分布 $N(\mu, \sigma^2)$, 今从一批产品中抽取 8 个高频管, 测得指标数据为

68, 43, 70, 65, 55, 56, 60, 72.

(i) 已知总体数学期望 $\mu = 60$ 时, 检验假设 $H_0 : \sigma^2 = 8^2(\alpha = 0.05)$.

(ii) 总体数学期望 μ 未知时, 检验假设 $H_0 : \sigma^2 = 8^2(\alpha = 0.05)$.

13. 从一台车床加工的一批轴料中取 15 件测量其椭圆度, 计算得椭圆度的样本标准差 $S = 0.025$, 问该批轴料椭圆度的方差与规定的 $\sigma^2 = 0.0004$ 有无显著差别 ($\alpha = 0.05$, 椭圆度服从正态分布)?

14. 用过去的铸造法, 所造的零件的强度平均值是 52.8g/mm^2, 标准差是 1.6g/mm^2. 为了降低成本, 改变了铸造方法, 抽取 9 个样品, 测其强度 (单位: g/mm^2) 为

51.9, 53.0, 52.7, 54.1, 53.2, 52.3 52.5, 51.1, 54.1.

假设强度服从正态分布, 试判断是否没有改变强度的均值和标准差 ($\alpha = 0.05$).

15. 电工器材厂生产一批保险丝, 取 10 根测得其熔化时间 (单位: min) 为

42, 65, 75, 78, 59, 57, 68, 54, 55, 71.

问是否可以认为整批保险丝的熔化时间的方差小于等于 $80(\alpha = 0.05$, 熔化时间为正态变量)?

16. 比较甲、乙两种安眠药的疗效. 将 20 名患者分成两组, 每组 10 人. 其中 10 人服用甲药后延长睡眠的时数分别为

1.9, 0.8, 1.1, 0.1, −0.1, 4.4, 5.5, 1.6, 4.6, 3.4;

另 10 人服用乙药后延长睡眠的时数分别为

$$0.7, \quad -1.6, \quad -0.2, \quad -1.2, \quad -0.1, \quad 3.4, \quad 3.7, \quad 0.8, \quad 0.0, \quad 2.0.$$

若服用两种安眠药后增加的睡眠时数服从方差相同的正态分布. 试问两种安眠药的疗效有无显著性差异 $(\alpha = 0.10)$?

17. 使用了 A(电学法) 与 B(混合法) 两种方法来确定冰的潜热, 样本都是 $-0.72°C$ 的冰. 下列数据是每克冰从 $-0.72°C$ 变为 $0°C$ 水的过程中的热量变化 (单位: cal/g, 1 cal=4.18J):

方法 A: 79.98, 80.04, 80.02, 80.04, 80.03, 80.03, 80.04, 79.97, 80.05, 80.03, 80.02, 80.00, 80.02;

方法 B: 80.02, 79.94, 79.97, 79.98, 79.97, 80.03, 79.95, 79.97.

假定用每种方法测得的数据都具有正态分布, 并且它们的方差相等. 试在 $\alpha = 0.05$ 下检验两种方法的总体均值是否相等.

18. 在平炉上进行一项新法炼钢试验, 试验是在同一只平炉上进行的, 设老法炼钢的得率 $X \sim N(\mu_1, \sigma^2)$, 新法炼钢的得率 $Y \sim N(\mu_2, \sigma^2)$. 用老法与新法各炼 10 炉钢, 得率分别为

老法: 78.1, 72.4, 76.2, 74.3, 77.4, 78.4, 76.0, 75.5, 76.7, 77.3;

新法: 79.1, 81.0, 77.3, 79.1, 80.0, 79.1, 79.1, 77.3, 80.2, 82.1.

试问新法炼钢是否提高了得率 $(\alpha = 0.005)$?

19. 为了比较两种枪弹的速度 (单位: m/s), 在相同的条件下进行速度测定. 算得子样均值和子样标准差如下:

枪弹甲: $n_1 = 110$, $\bar{x} = 2805$, $s_1 = 120.41$;

枪弹乙: $n_2 = 100$, $\bar{x} = 2680$, $s_2 = 105.00$.

设枪弹速度服从正态分布, 在显著水平 $\alpha = 0.05$ 下检验:

(i) 两种枪弹在均匀性方面有无显著差异?

(ii) 甲种枪弹的速度是否较乙种枪弹速度高?

20. 有甲乙两台机床, 加工同样产品, 从这两台机床加工的产品中随机地抽取若干产品, 测得产品直径为 (单位: mm):

甲: 20.5, 19.8, 19.7, 20.4, 20.1, 20.0, 19.6, 19.9;

乙: 19.7, 20.8, 20.5, 19.8, 19.4, 20.6, 19.2.

假定甲, 乙两台机床的产品直径都服从正态分布, 试比较甲, 乙两台机床加工的精度有无显著差异 $(\alpha = 0.05)$.

21. 热处理车间工人为提高振动板的硬度, 对淬火温度进行试验, 在两种淬火温度 A 与 B 中, 测得硬度如下:

温度 A: 85.6, 85.9, 85.9, 85.7, 85.8, 85.7, 86.0, 85.5, 85.4, 85.5;

温度 B: 86.2, 85.7, 86.5, 86.0, 85.7, 85.8, 86.3, 86.0, 86.0, 85.8.

设振动板的硬度服从正态分布, 可否认为改变淬火温度对振动板的硬度有显著影响 $(\alpha = 0.05)$?

22. 十个病人服用两种安眠药后所增加 (或减少) 的睡眠时间 (单位: 小时) 如下表:

病号	1	2	3	4	5	6	7	8	9	10
安眠药 I	1.4	−1.5	4.0	−2.5	4.5	5.5	−2	1.5	0.5	5.5
安眠药 II	1.9	0.8	3.0	−0.5	3.0	2.5	−0.5	2.5	2.0	2.5

假设病人服安眠药后增加 (或减少) 的睡眠时间服从正态分布, 试在 $\alpha = 0.10$ 下检验第二种安眠药是否较第一种效果更稳定?

23. 区间估计与假设检验提法是否相同? 解决问题的途径相通吗? 以未知方差关于期望的区间估计与假设检验为例说明. 置信度 $1 - \alpha$, 即检验水平 α.

24. 设正态总体 X 的方差 σ^2 已知, 均值 μ 只能取 μ_0 或 $\mu_1 (\mu_1 > \mu_0)$ 二者之一. $\overline{X}$ 是总体 X 的容量为 n 的样本的样本均值. 在给定显著性水平 α 下, 检验假设

$$H_0 : \mu = \mu_0, \quad H_1 : \mu = \mu_1 > \mu_0,$$

取拒绝域为 $W = \left\{ (X_1, X_2, \cdots, X_n) : \overline{X} \geqslant k \right\}$.

(i) 求 k 的值;

(ii) 求犯第二类错误的概率 β.

25. 从总体 X 中抽取容量为 80 的样本, 频数分布如下表:

区间	$\left(0, \dfrac{1}{4} \right]$	$\left(\dfrac{1}{4}, \dfrac{1}{2} \right]$	$\left(\dfrac{1}{2}, \dfrac{3}{4} \right]$	$\left(\dfrac{3}{4}, 1 \right]$
频数	6	18	20	36

试问在显著性水平 $\alpha = 0.025$ 下, 总体 X 的概率密度函数为

$$f(x) = \begin{cases} 2x, & 0 < x < 1, \\ 0, & \text{其他} \end{cases}$$

是否可信?

26. 由某矿区的某号孔抽取 200 块岩芯, 测定某种化学元素的含量. 经分组统计如下表:

含量间隔	$5 \sim 15$	$15 \sim 25$	$25 \sim 35$	$35 \sim 45$	$45 \sim 55$	$55 \sim 65$	$65 \sim 75$	$75 \sim 85$
组中值	10	20	30	40	50	60	70	80
频数	5	18	32	52	45	30	14	4

现在检验该元素含量是否服从分布 $N(44, 15.4^2)$, 其中 44 为子样平均数, 15.4 为子样标准差 $(\alpha = 0.005)$.

27. 卢瑟福在 2608 个相等时间间隔 (每次 1/8min) 内, 观察了一放射性物质的粒子数. 下表中的 η_x 是每 1/8min 时间间隔内观察到 x 个粒子的时间间隔数.

x	0	1	2	3	4	5	6	7	8	9	10	11	$\sum$
η_x	57	203	383	525	532	408	273	139	45	27	10	6	2608

试用 χ^2 拟合检验法检验观察数据服从泊松分布这一假设 $(\alpha = 0.05)$.

28. 检查产品质量时, 每次抽取 10 个产品来检查, 共取 100 次, 得到每 10 个产品中次品数的分布如下表:

每次取出的次品数 x_i	0	1	2	3	4	5	6	7	8	9	10
频数 v_i	35	40	18	5	1	1	0	0	0	0	0

利用 χ^2 拟合检验法检验生产过程中出现次品的概率是否可以认为是不变的, 即次品数是否服从二项分布 (取 $\alpha = 0.05$).

29. 为了解吸烟习惯与患慢性气管炎病的关系, 对 339 名 50 岁以上的人做了调查. 详细情况如下表:

吸烟习惯与患慢性气管炎病的关系调查表

人数	患慢性气管炎者	未患慢性气管炎者	合计	患病率/%
吸烟	43	162	205	21
不吸烟	13	121	134	9.7
合计	56	283	339	16.5

试由上表提供的数据判断吸烟者与不吸烟者的慢性气管炎患病率是否有所不同 ($\alpha = 0.01$)?

30. 甲乙两个车间生产同一种产品, 要比较这种产品的某项指标, 测得数据如下表:

甲	1.13	1.26	1.16	1.41	0.86	1.39	1.21	1.22	1.20
乙	1.21	1.31	0.99	1.59	1.41	1.48	1.31	1.12	1.60
甲	0.62	1.18	1.34	1.57	1.30	1.13			
乙	1.38	1.60	1.84	1.95	1.25	1.50			

试用符号检验法检验这两个车间生产的产品的该项指标有无显著差异 ($\alpha = 0.05$)?

31. 在甲乙两台同型梳棉机上, 进行纤维转移率试验, 除机台外其他工艺条件都相同, 经试验得两个容量不同的纤维转移率样本数据如下表:

甲	8.655	10.019	9.880	8.797	9.071	9.071			
乙	8.726	8.371	9.131	8.946	7.436	8.000	7.332	8.907	6.850

用秩和法检验, 对纤维转移率而言, 这两台机器是否存在机台差异 ($\alpha = 0.05$)?

32. 设总体 X 在区间 $(0, \theta)$ 上服从均匀分布, 其中 θ 是未知参数, $\theta > 0, X_1, X_2, \cdots, X_n$ 是总体的样本, 记 $X_{(n)} = \max\{X_1, X_2, \cdots, X_n\}$, 若对检验问题

$$H_0 : \theta \geqslant 2, \quad H_1 : \theta < 2,$$

取拒绝域为

$$W = \{(X_1, X_2, \cdots, X_n) : X_{(n)} \leqslant 1.5\},$$

求犯第一类错误的概率的最大值; 若要使该概率不超过 0.05, 那么样本容量 n 至少应该取多少?

第 8 章　方差分析

在生产实践和科学试验中, 人们常常需要分析哪几个因素对产品的质量有显著影响. 例如, 在农业科学试验中, 为提高农作物的产量, 因地制宜地选择品种, 常常需要比较不同品种的种子, 施肥种类、不同数量的肥料对农作物产量的影响, 并从中找出最适宜于该地区的作物品种、肥料的种类和数量, 以提高单位面积产量.

又如, 在化工生产中, 原料成分、剂量、催化剂、反应温度、压力、时间、设备及操作人员的技术水平等因素对产品质量都可能会产生影响, 我们需要通过对试验数据的分析, 找出在诸多因素中哪些因素对产品质量的影响是显著的, 从而找出产品生产的最佳生产条件, 以提高产品质量.

为解决上述这类问题, 大体需做下面两步工作. 第一步是设计一个试验, 使得这试验一方面能很好地反映出我们所关心的因素的作用, 另一方面, 试验次数要尽可能少, 以节约人力、物力和时间, 这一步工作称为**试验设计**(experiment design). 试验设计是数理统计的一个分支, 有兴趣的读者可查阅有关文献 (见项可风, 吴启光著《试验设计与数据分析》, 上海科学技术出版社, 1989). 第二步是充分利用第一步试验得到的数据信息, 对我们所关心的问题 (因素的影响) 作出合理的统计推断. 这一步工作最常用的统计方法就是本章将要介绍的方差分析.

方差分析是我们在第 6 章已提到过的英国大统计学家费希尔 (Fisher) 在 20 世纪 20 年代创立的. 方差分析法首先被应用于农业试验, 其后被应用于工业、生物学、医学等许多方面, 这在诸多领域的数据分析工作中, 取得了很大的成功.

方差分析法本质上是关于多个具有方差齐性的正态总体, 对其均值作检验与估计的统计方法. 因其统计分析的依据是通过分析离差平方和给出的, 故习惯上称之为**方差分析**.

方差分析法的内容丰富, 本章仅讨论单因素试验、双因素试验的方差分析.

§8.1　单因素试验的方差分析

在统计学中我们把要考察的试验结果称为**指标** (index), 把影响指标取值的可以控制的试验条件称为**因素**(factors) , 因素常用大写的英文字母 A, B, C 等来表示. 每个因素在试验中所处的不同状态称为**水平**(level). 如因素 A 有 r 个水平, 则用 $A_1, A_2, \cdots, A_r$ 表示. 如果在一项试验中只有一个因素在变化, 其他可以控制的试验条件不变, 则称这种试验为**单因素试验**(single factor experiment). 在单因素试验中, 若只有两个水平, 就是第 7 章讲过的两总体均值的比较问题; 超过两个水平时, 就是多个总体均值的比较问题, 这可用本节将要讨论的单因素试验的方差分析法来解决.

8.1.1 数学模型

为建立单因素试验的方差分析的数学模型, 先看一个实际例子.

例 8.1.1 某商店要进一批一号电池, 由甲乙丙三个电池厂提供货源. 为评价其质量, 商店进货员从三个电池厂生产的电池中各随机抽取 4 只, 经试验测试得寿命 (单位: 小时) 数据如表 8.1 所示.

表 8.1 电池寿命数据

试验序号	厂家 A		
	A_1	A_2	A_3
1	74	79	82
2	69	81	85
3	73	75	80
4	67	78	79

试问在显著性水平 $\alpha = 0.05$ 下, 各厂生产的电池的平均寿命有无显著差异?

在这个例子中, 厂家是影响寿命指标 X 的因素, 记作 A, 三个不同的工厂就是该因素 A 的三个不同水平, 分别记为 A_1, A_2, A_3. 可以认为一个水平的电池寿命就是一总体, 记为 X_i, 且假设 $X_i \sim N(\mu_i, \sigma^2), i = 1, 2, 3$, 其中 μ_i, σ^2 未知, 但方差相等. 由题意知, 要检验假设

$$H_0 : \mu_1 = \mu_2 = \mu_3, \quad H_1 : \mu_1, \mu_2, \mu_3 \text{不全相等} \tag{8.1.1}$$

是否成立. 若否定 H_0, 则认为三家工厂的电池寿命有显著差异; 若接受 H_0, 则认为三家工厂的电池寿命没有显著差异, 其差异只是随机因素引起的. 以下我们将会看到, 方差分析法是处理假设检验问题 (8.1.1) 式的有效方法.

单因素试验方差分析问题的一般提法是: 设在单因素试验中所考察的指标为 X, 影响指标的因素 A 有 r 个水平 $A_1, A_2, \cdots, A_r. A_i$ 水平所对应的总体 $X_i \sim N(\mu_i, \sigma^2), i = 1, 2, \cdots, r$, 其中 μ_i, σ^2 均未知. 但这 r 个总体 $X_1, X_2, \cdots, X_r$ 的方差相等, 这是方差分析的前提假设. 从总体 X_i 中抽取容量为 n_i 的样本 $X_{i1}, X_{i2}, \cdots, X_{in_i}, i = 1, 2, \cdots, r$. 并设 r 个样本相互独立. 于是 $X_{ij} \sim N(\mu_i, \sigma^2), j = 1, 2, \cdots, n_i$. X_{ij} 与 μ_i 的差值可看成一个随机误差 ε_{ij}, 它是试验中无法控制的一些因素所引起的, 这样一来 X_{ij} 就有如下数据结构:

$$\begin{cases} X_{ij} = \mu_i + \varepsilon_{ij}, \\ \varepsilon_{ij} \sim N(0, \sigma^2), \end{cases} \tag{8.1.2}$$

这里 $j = 1, 2, \cdots, n_i$; $i = 1, 2, \cdots, r, \varepsilon_{ij}$ 相互独立.

由于因素 A 在不同水平下对我们所关心的指标的影响大小是通过 r 个均值 $\mu_1, \mu_2, \cdots, \mu_r$ 来体现的, 因此考察这种影响的差别是否显著, 需要检验假设

$$H_0 : \mu_1 = \mu_2 = \cdots = \mu_r, \quad H_1 : \mu_1, \mu_2, \cdots, \mu_r 不全相等. \tag{8.1.3}$$

为便于讨论, 记

$$n = \sum_{i=1}^{r} n_i, \quad \mu = \frac{1}{n} \sum_{i=1}^{r} n_i \mu_i,$$

称 n 为**样本总容量**(total sample size), 称 μ 为**总平均**(total average). 又记

$$\alpha_i = \mu_i - \mu, \quad i = 1, 2, \cdots, r,$$

称 α_i 为因素 A 的第 i 个水平 A_i 对试验指标 X 的**效应**(effect). 易见, 这 r 个效应 $\alpha_1, \alpha_2, \cdots, \alpha_r$ 满足

$$\sum_{i=1}^{r} n_i \alpha_i = \sum_{i=1}^{r} n_i (\mu_i - \mu) = 0, \tag{8.1.4}$$

且 (8.1.3) 式等价于

$$H_0 : \alpha_1 = \alpha_2 = \cdots = \alpha_r = 0, \quad H_1 : \alpha_1, \alpha_2, \cdots, \alpha_r 不全为零. \tag{8.1.5}$$

这样模型 (8.1.2) 式就可表示为

$$\begin{cases} X_{ij} = \mu + \alpha_i + \varepsilon_{ij}, \\ \varepsilon_{ij} \sim N(0, \sigma^2), \quad j = 1, 2, \cdots, n_i, \quad i = 1, 2, \cdots, r, \\ \varepsilon_{ij} 相互独立. \end{cases} \tag{8.1.6}$$

8.1.2 统计分析

为导出检验问题 (8.1.5) 式 (或 (8.1.3) 式) 的统计量, 我们首先来分析引起各观测值 X_{ij} 波动 (即有差异) 的原因. 记

$$\overline{X} = \frac{1}{n} \sum_{i=1}^{r} \sum_{j=1}^{n_i} X_{ij}, \tag{8.1.7}$$

$\overline{X}$ 是所有样本 (观测值) 的总平均. 又记

$$S_T = \sum_{i=1}^{r} \sum_{j=1}^{n_i} (X_{ij} - \overline{X})^2, \tag{8.1.8}$$

称 S_T 为 X_{ij} 与 $\overline{X}$ 之间的**总离差平方和**(total sum of squares of deviation), 简称为**总平方和**(total sum of squares). 它反映了全部观测数据之间的差异, 即 X_{ij} 之间的波动程度.

若令

$$X_{i\cdot} = \sum_{j=1}^{n_i} X_{ij}, \quad i = 1, 2, \cdots, r, \tag{8.1.9}$$

$$\overline{X}_{i\cdot} = \frac{1}{n_i} \sum_{j=1}^{n_i} X_{ij}, \tag{8.1.10}$$

则

$$\begin{aligned}
S_T &= \sum_{i=1}^{r} \sum_{j=1}^{n_i} (X_{ij} - \overline{X})^2 \\
&= \sum_{i=1}^{r} \sum_{j=1}^{n_i} [(X_{ij} - \overline{X}_{i\cdot}) - (\overline{X}_{i\cdot} - \overline{X})]^2 \\
&= \sum_{i=1}^{r} \sum_{j=1}^{n_i} (X_{ij} - \overline{X}_{i\cdot})^2 + 2 \sum_{i=1}^{r} \sum_{j=1}^{n_i} [(X_{ij} - \overline{X}_{i\cdot})(\overline{X}_{i\cdot} - \overline{X})] \\
&\quad + \sum_{i=1}^{r} \sum_{j=1}^{n_i} (\overline{X}_{i\cdot} - \overline{X})^2.
\end{aligned}$$

对固定的 i,

$$\sum_{j=1}^{n_i} (X_{ij} - \overline{X}_{i\cdot}) = \sum_{j=1}^{n_i} X_{ij} - n_i \overline{X}_{i\cdot} = 0,$$

因此上式第二项为零. 所以

$$S_T = \sum_{i=1}^{r} \sum_{j=1}^{n_i} (X_{ij} - \overline{X}_{i\cdot})^2 + \sum_{i=1}^{r} n_i (\overline{X}_{i\cdot} - \overline{X})^2.$$

若记

$$S_A = \sum_{i=1}^{r} n_i (\overline{X}_{i\cdot} - \overline{X})^2, \tag{8.1.11}$$

$$S_E = \sum_{i=1}^{r} \sum_{j=1}^{n_i} (X_{ij} - \overline{X}_{i\cdot})^2, \tag{8.1.12}$$

则

$$S_T = S_A + S_E. \tag{8.1.13}$$

称 (8.1.13) 式为**平方和分解公式**(quadratic sum resolution), 这里 S_E 表示随机误差 (因素) 的影响. 因为对固定的 i, 所有的观测值 $X_{i1}, X_{i2}, \cdots, X_{in_i}$ 都是取自同一正态总体 $N(\mu_i, \sigma^2)$ 的样本, 因此它们之间的差异完全由随机误差 $(\varepsilon_{ij} = X_{ij} - \mu_i)$ 所致. 而 $\sum\limits_{j=1}^{n_i} (X_{ij} - \overline{X}_{i\cdot})^2$ 是这 n_i 个数据的变动平方和, 正是它们之间差异大小的度量. 将 r 组这样的变动平方和相加就得到 S_E, 通常称 S_E 为**误差平方和**(sum of the squared errors)或**组内离差平方和**(sum of squares of deviation within classes).

对于 $S_A = \sum\limits_{i=1}^{r} n_i(\overline{X}_{i\cdot} - \overline{X})^2$, 因为 $\overline{X}_{i\cdot}$ 为第 i 个总体的样本均值, 它是第 i 个总体均值 μ_i 的估计, 因此 r 个总体均值 $\mu_1, \mu_2, \cdots, \mu_r$ 之间差异越大, 这些样本均值 $\overline{X}_{1\cdot}, \overline{X}_{2\cdot}, \cdots, \overline{X}_{r\cdot}$ 之间差异也就越大. 平方和 $\sum\limits_{i=1}^{r} n_i(\overline{X}_{i\cdot} - \overline{X})^2$ 正是这种差异大小的度量. 而式中每一项前面的系数 n_i, 则反映了第 i 个总体样本容量的大小在平方和 S_A 中的作用. 通常称 S_A 为**因素 A 的效应平方和**或**组间离差平方和**(sum of squares of deviation between classes). 上述表明平方和分解公式 (8.1.13) 式将总离差平方和 S_T 按其来源分解成了两部分. 一部分是 S_E, 即误差平方和, 是由随机误差引起的. 另一部分是 S_A, 即因素 A 的效应平方和, 是由因素 A 的各水平的差异引起的.

如何构造检验问题 (8.1.5) 式的统计量呢? 我们先来考察 S_A 和 S_E 的数学期望.

$$
\begin{aligned}
E(S_A) &= E\left(\sum_{i=1}^{r} n_i(\overline{X}_{i\cdot} - \overline{X})^2 \right) \\
&= E\left(\sum_{i=1}^{r} n_i \overline{X}_{i\cdot}^2 - n\overline{X}^2 \right) \\
&= \sum_{i=1}^{r} n_i E\overline{X}_{i\cdot}^2 - nE\overline{X}^2 \\
&= \sum_{i=1}^{r} n_i \left(\frac{\sigma^2}{n_i} + \mu_i^2 \right) - n\left(\frac{\sigma^2}{n} + \mu^2 \right) \\
&= (r-1)\sigma^2 + \sum_{i=1}^{r} n_i(\mu_i - \mu)^2 \\
&= (r-1)\sigma^2 + \sum_{i=1}^{r} n_i \alpha_i^2, \qquad\qquad (8.1.14) \\
E(S_E) &= E\left(\sum_{i=1}^{r} \sum_{j=1}^{n_i} (X_{ij} - \overline{X}_{i\cdot})^2 \right)
\end{aligned}
$$

$$=E\left[\sum_{i=1}^{r}\left(\sum_{j=1}^{n_i}X_{ij}^2-n_i\overline{X}_{i\cdot}^2\right)\right]$$

$$=\sum_{i=1}^{r}\left(\sum_{j=1}^{n_i}EX_{ij}^2-n_iE\overline{X}_{i\cdot}^2\right)$$

$$=\sum_{i=1}^{r}\left[n_i(\sigma^2+\mu_i^2)-n_i\left(\frac{\sigma^2}{n_i}+\mu_i^2\right)\right]$$

$$=\sum_{i=1}^{r}(n_i-1)\sigma^2$$

$$=(n-r)\sigma^2. \tag{8.1.15}$$

这表明 $\dfrac{S_E}{n-r}$ 是 σ^2 的一个无偏估计. 又由 (8.1.14) 可得

$$E\left(\frac{S_A}{r-1}\right)=\sigma^2+\frac{1}{r-1}\sum_{i=1}^{r}n_i\alpha_i^2, \tag{8.1.16}$$

从而 H_0 成立 (见 (8.1.5) 式) 时, $\dfrac{S_A}{r-1}$ 是 σ^2 的一个无偏估计. 由 (8.1.16) 式也可看出 $\dfrac{S_A}{r-1}$ 反映了因素 A 的各水平效应的影响. 所以从直观上看, 若 H_0 为真, 则比值 $\dfrac{S_A/(r-1)}{S_E/(n-r)}$ 将接近于 1. 而当 H_0 不成立时, 比值将有变大的趋势. 这就启发我们通过比较 S_A 与 S_E 的大小来检验 H_0. 记

$$F=\frac{S_A/(r-1)}{S_E/(n-r)}=\frac{\overline{S}_A}{\overline{S}_E}, \tag{8.1.17}$$

这里 $\overline{S}_A=\dfrac{S_A}{r-1},\overline{S}_E=\dfrac{S_E}{n-r}$. 下面我们将导出 H_0 成立时统计量 F 的分布.

定理 8.1.1 在单因素试验的方差分析模型 (8.1.6) 式中, $\dfrac{S_E}{\sigma^2}$ 服从自由度为 $n-r$ 的 χ^2 分布, 即

$$\frac{S_E}{\sigma^2}\sim\chi^2(n-r). \tag{8.1.18}$$

证 由于 $X_{ij}\sim N(\mu_i,\sigma^2),j=1,2,\cdots,n_i;\ i=1,2,\cdots,r$, 所以 $X_{i1},X_{i2},\cdots,$ X_{in_i} 相互独立, 故由抽样分布定理 (定理 5.2.7) 得

$$\frac{1}{\sigma^2}\sum_{j=1}^{n_i}(X_{ij}-\overline{X}_{i\cdot})^2\sim\chi^2(n_i-1),\quad i=1,2,\cdots,r.$$

又由 $X_{ij}(j=1,2,\cdots,n_i;\, i=1,2,\cdots,r)$ 的独立性及 χ^2 分布的可加性, 得

$$\frac{S_E}{\sigma^2} = \frac{1}{\sigma^2}\sum_{i=1}^{r}\sum_{j=1}^{n_i}(X_{ij}-\overline{X_{i\cdot}})^2 \sim \chi^2\left(\sum_{i=1}^{r}(n_i-1)\right),$$

故

$$\frac{S_E}{\sigma^2} \sim \chi^2(n-r).$$

$\square$

进一步还可以证明, 当 H_0 为真时,

$$\frac{S_A}{\sigma^2} \sim \chi^2(r-1) \tag{8.1.19}$$

并且 S_A 与 S_E 相互独立. (读者可参阅项可风, 吴启光著《试验设计与数据分析》一书, 上海科学技术出版社, 1989.) 因此, 当 H_0 成立时,

$$F = \frac{S_A/(r-1)}{S_E/(n-r)} \sim F(r-1,n-r). \tag{8.1.20}$$

于是 F 可作为 H_0 的检验统计量. 对给定的显著性水平 α, 由

$$P\{F > F_{1-\alpha}(r-1,n-r)\} = \alpha$$

得到检验的拒绝域为

$$W = \{F > F_{1-\alpha}(r-1,n-r)\}.$$

若 $F > F_{1-\alpha}(r-1,n-r)$, 则拒绝 H_0, 即认为因素 A 的 r 个水平的效应有显著差异; 若 $F \leqslant F_{1-\alpha}(r-1,n-r)$, 则接受原假设 H_0, 即认为因素 A 的 r 个水平的效应没有明显差异. 上述分析结果常总结成表 8.2 的形式, 称为方差分析表.

表 8.2　方差分析表

方差来源	平方和	自由度	均方	F 值	临界值	显著性
因素 A	S_A	$r-1$	$\overline{S}_A = \dfrac{S_A}{r-1}$	$F = \dfrac{\overline{S}_A}{\overline{S}_E}$	$F_{1-\alpha}(r-1,n-r)$	
误差	S_E	$n-r$	$\overline{S}_E = \dfrac{S_E}{n-r}$			
总和	S_T	$n-1$				

当 $F_{0.99}(r-1,n-r) \geqslant F > F_{0.95}(r-1,n-r)$ 时, 称因素 A 的效应显著, 记为 $*$;

当 $F > F_{0.99}(r-1,n-r)$ 时, 称因素 A 的效应高度显著, 记为 $**$.

为了避免计算误差大, 可以利用下列公式计算平方和:

$$S_T = \sum_{i=1}^{r}\sum_{j=1}^{n_i} X_{ij}^2 - \frac{1}{n}\left(\sum_{i=1}^{r}\sum_{j=1}^{n_i} X_{ij}\right)^2; \tag{8.1.21}$$

$$S_A = \sum_{i=1}^{r}\frac{1}{n_i}\left(\sum_{j=1}^{n_i} X_{ij}\right)^2 - \frac{1}{n}\left(\sum_{i=1}^{r}\sum_{j=1}^{n_i} X_{ij}\right)^2; \tag{8.1.22}$$

$$S_E = S_T - S_A. \tag{8.1.23}$$

当 $n_1 = n_2 = \cdots = n_r = s$ 时, 称为等重复试验, 并有

$$S_T = \sum_{i=1}^{r}\sum_{j=1}^{s} X_{ij}^2 - \frac{1}{n}\left(\sum_{i=1}^{r}\sum_{j=1}^{s} X_{ij}\right)^2;$$

$$S_A = \frac{1}{s}\sum_{i=1}^{r}\left(\sum_{j=1}^{s} X_{ij}\right)^2 - \frac{1}{n}\left(\sum_{i=1}^{r}\sum_{j=1}^{s} X_{ij}\right)^2.$$

8.1.3 应用举例

例 8.1.2 某试验室对钢锭模进行选材试验时, 将四种成份的生铁做成试样作热疲劳测定. 其方法是将试样加热到 700℃ 后投入 20℃ 的水中急冷, 这样反复进行直至试样断裂, 最后看试样经受的次数. 显然经受的次数越多, 质量就越好.

试验结果列于表 8.3, 试检验四种生铁的试样的抗疲劳性能是否有显著差异?

表 8.3 四种钢锭模材热疲劳试验数据及方差分析计算表

材料差别\试号	1	2	3	4	5	6	7	8	n_i	$\sum_{j=1}^{n_i} X_{ij}$	$\left(\sum_{j=1}^{n_i} X_{ij}\right)^2$	$\dfrac{\left(\sum_{j=1}^{n_i} X_{ij}\right)^2}{n_i}$	$\sum_{j=1}^{n_i} X_{ij}^2$
材 1	160	161	165	168	170	172	180		7	1176	1382976	197568	197854
料 2	158	164	164	170	175				5	831	690561	138112.2	138281
种 3	146	155	160	162	164	166	174	182	8	1309	1713481	214185.12	215037
类 4	151	152	153	157	160	168			6	941	885481	147580.17	147787
总和									26	4257		697445.49	698959

解 本例是单因素水平为 4 的不等重复试验 $(n_1 = 7, n_2 = 5, n_3 = 8, n_4 = 6)$, $\mu_1, \mu_2, \mu_3, \mu_4$ 分别表示四种成分生铁的抗热疲劳性能 (均值). 我们要检验假设

$$H_0 : \mu_1 = \mu_2 = \mu_3 = \mu_4, \quad H_1 : \mu_1, \mu_2, \mu_3, \mu_4 \text{不全等}.$$

(1) $S_T = \sum_{i=1}^{r} \sum_{j=1}^{n_i} X_{ij}^2 - \frac{1}{n} \left(\sum_{i=1}^{r} \sum_{j=1}^{n_i} X_{ij} \right)^2$

$= 698959 - \frac{1}{26} \cdot 4257^2 = 1957.115.$

$$S_A = \sum_{i=1}^{r} \frac{\left(\sum_{j=1}^{n_i} X_{ij} \right)^2}{n_i} - \frac{1}{n} \left(\sum_{i=1}^{r} \sum_{j=1}^{n_i} X_{ij} \right)^2$$

$= 697445.49 - \frac{1}{26} \cdot 4257^2 = 443.61.$

$$S_E = S_T - S_A = 1513.51.$$

(2) 确定自由度.

S_T 的自由度 $n - 1 = 26 - 1 = 25$,

S_A 的自由度 $r - 1 = 4 - 1 = 3$,

S_E 的自由度 $n - r = 26 - 4 = 22$.

(3) $F = \dfrac{\overline{S}_A}{\overline{S}_E} = \dfrac{147.87}{68.79} = 2.15.$

(4) 由 $\alpha = 0.05$, 查表得 $F_{0.95}(3, 22) = 3.65$.

上述步骤通常用方差分析表列出 (表 8.4).

表 8.4   方差分析表

方差来源	平方和	自由度	均方	F 值	临界值	显著性
因素 A	443.6	3	147.87	2.15	$F_{0.95} = 3.65$	
误差	1513.51	22	68.78			
总和	1957.115	25				

$F < F_{0.95}(3, 22)$, 故接受 H_0, 认为四种生铁试样的热疲劳性能无显著差异.

顺便指出, 在进行平方和计算时, 可通过线性变换

$$X'_{ij} = \frac{X_{ij} - a}{b} \tag{8.1.24}$$

来简化数据, 以减少计算工作量, 其中 a, b 为常数, 且 $b \neq 0$(可以验证用 X'_{ij} 进行方差分析所得 F 值与用 X_{ij} 进行方差分析所得 F 值一样).

以例 8.1.1 为例, 这是一个单因素 3 水平下的等重复试验 ($r = 3, s = n_i = 4, i = 1, 2, 3$). 利用 (8.1.24) 式, 先将每个观测数据减去 77 列出计算表 8.5. 为方便, 变换后的数据仍记为 X_{ij}, 相应平方和仍分别记为 S_T, S_A, S_E.

表 8.5   （例 8.1.1）

X_{ij} (X_{ij}^2) 试验序号 / A 水平	1	2	3	4	$\sum\limits_{j=1}^s X_{ij}$	$\left(\sum\limits_{j=1}^s X_{ij}\right)^2$	$\dfrac{\left(\sum\limits_{j=1}^s X_{ij}\right)^2}{s}$	$\sum\limits_{j=1}^s X_{ij}^2$
A_1	-3	-8	-4	-10	-25	625	156.25	
	(9)	(64)	(16)	(100)				189
A_2	2	4	-2	1	5	25	6.25	
	(4)	(16)	(4)	(1)				25
A_3	5	8	3	2	18	324	81	
	(25)	(64)	(9)	(4)				102
总和	$\sum\limits_{i=1}^r$				-2	974	243.5	316

（厂家种类）

$$S_T = \sum_{i=1}^r \sum_{j=1}^s X_{ij}^2 - \frac{1}{n}\left(\sum_{i=1}^r \sum_{j=1}^s X_{ij}\right)^2$$

$$= 316 - \frac{1}{12}(-2)^2 = 315.67.$$

$$S_A = \frac{1}{s}\sum_{i=1}^r \left(\sum_{j=1}^s X_{ij}\right)^2 - \frac{1}{n}\left(\sum_{i=1}^r \sum_{j=1}^s X_{ij}\right)^2$$

$$= 243.5 - \frac{1}{12}(-2)^2 = 243.17.$$

$$S_E = S_T - S_A = 315.67 - 243.17 = 72.5.$$

S_A 自由度 $r - 1 = 3 - 1 = 2$,

S_E 自由度 $n - r = 12 - 3 = 9$.

$$F = \frac{\overline{S_A}}{\overline{S_E}} = 15.09.$$

列出方差分析表如表 8.6 所示.

其中 $F_{0.95}(2,9) = 4.26$, $F_{0.99}(2,9) = 8.02$. 因 $F > F_{0.99} > F_{0.95}$ 说明三厂生产的电池寿命均值有高度显著差异.

表 8.6　方差分析表 (例 8.1.1)

方差来源	平方和	自由度	均方	F 值	临界值	显著性
因素 A	243.17	2	121.585	15.09	4.26	**
误差	72.5	9	8.055		8.02	
总和	315.67					

§8.2　双因素试验的方差分析

8.1 节介绍了单因素试验的方差分析方法. 然而在许多实际问题中, 还需对多个因素的影响进行分析. 例如, 在制定农业增产的生产规划时, 对种子品种与肥料类型作出最优选择是首先要解决的问题. 实践中常发生这样的情况: 采用并不是最优的种子与肥料类型, 可能由于搭配得当而获得较高的亩产量. 因而不仅需要分别研究不同品种的种子和不同类型的肥料对亩产量的影响, 还需要研究各品种的种子与各类型肥料的不同搭配对亩产量的影响, 这便是双因素试验方差分析所要研究的问题. 更一般地, 对多因素试验的问题还需考虑多因素试验的方差分析. 以下我们仅介绍双因素试验的方差分析方法.

设在某项试验中有两个因素 A, B 在变化. 因素 A 有 r 个不同水平 $A_1, A_2,$ $\cdots, A_r$; 因素 B 有 s 个不同水平 $B_1, B_2, \cdots, B_s$. 在水平组合 (A_i, B_j) 下的试验结果用 X_{ij} 表示. 我们假定 $X_{ij}(i = 1, 2, \cdots, r; j = 1, 2, \cdots, s)$ 相互独立, 且服从正态分布 $N(\mu_{ij}, \sigma^2)$, 也就是说, 我们共有 rs 个独立正态总体 X_{ij}. 此外, 还假定在每个水平组合 (A_i, B_j) 下进行 t 次重复独立试验, 试验结果用 $X_{ijk}(k = 1, 2, \cdots, t)$ 表示, 我们把试验结果 $X_{ijk}, k = 1, 2, \cdots, t$ 看作是取自正态总体 $X_{ij} \sim N(\mu_{ij}, \sigma^2)$ 的容量为 t 的样本. 将这些数据列成表 8.7.

表 8.7　双因素试验方差分析数据

因素 A 各水平 ＼ 因素 B 各水平	B_1	B_2	$\cdots$	B_s
A_1	$X_{111}, X_{112}, \cdots, X_{11t}$	$X_{121}, X_{122}, \cdots, X_{12t}$	$\cdots$	$X_{1s1}, X_{1s2}, \cdots, X_{1st}$
A_2	$X_{211}, X_{212}, \cdots, X_{21t}$	$X_{221}, X_{222}, \cdots, X_{22t}$	$\cdots$	$X_{2s1}, X_{2s2}, \cdots, X_{2st}$
$\vdots$	$\vdots$	$\vdots$		$\vdots$
A_r	$X_{r11}, X_{r12}, \cdots, X_{r1t}$	$X_{r21}, X_{r22}, \cdots, X_{r2t}$	$\cdots$	$X_{rs1}, X_{rs2}, \cdots, X_{rst}$

由于 $X_{ijk}, k = 1, 2, \cdots, t$ 是取自总体 X_{ij} 的样本, 则有

$$X_{ijk} \sim N(\mu_{ij}, \sigma^2) \quad (k = 1, 2, \cdots, t; i = 1, 2, \cdots, r; j = 1, 2, \cdots, s), \qquad (8.2.1)$$

可将 (8.2.1) 式改写成如下形式:

$$\begin{cases} X_{ijk} = \mu_{ij} + \varepsilon_{ijk}, & i = 1, 2, \cdots, r; j = 1, 2, \cdots, s; k = 1, 2, \cdots, t, \\ \varepsilon_{ijk} \sim N(0, \sigma^2), & \text{各} \varepsilon_{ijk} \text{相互独立}. \end{cases} \quad (8.2.2)$$

为进行统计分析, 需将均值 μ_{ij} 作适当分解, 为此令

$$\mu = \frac{1}{rs} \sum_{i=1}^{r} \sum_{j=1}^{s} \mu_{ij},$$

$$\mu_{i\cdot} = \frac{1}{s} \sum_{j=1}^{s} \mu_{ij},$$

$$\mu_{\cdot j} = \frac{1}{r} \sum_{i=1}^{r} \mu_{ij},$$

$$\alpha_i = \mu_{i\cdot} - \mu, \quad i = 1, 2, \cdots, r,$$

$$\beta_j = \mu_{\cdot j} - \mu, \quad j = 1, 2, \cdots, s,$$

$$\gamma_{ij} = \mu_{ij} - \mu_{i\cdot} - \mu_{\cdot j} + \mu, \quad (8.2.3)$$

其中 μ 称为总平均, α_i 称为因素 A 的第 i 个水平 A_i 的效应, β_j 称为因素 B 的第 j 个水平 B_j 的效应. 对于 γ_{ij} 的上述表示式 $\gamma_{ij} = \mu_{ij} - \mu_{i\cdot} - \mu_{\cdot j} + \mu$, 我们可改写为

$$\gamma_{ij} = \mu_{ij} - (\mu_{i\cdot} - \mu) - (\mu_{\cdot j} - \mu) - \mu = (\mu_{ij} - \mu) - \alpha_i - \beta_j, \quad (8.2.4)$$

其中 $\mu_{ij} - \mu$ 反映了水平组合 (A_i, B_j) 对试验指标的总效应. 在许多情况下, 水平组合 (A_i, B_j) 的这种效应并不等于水平 A_i 的效应 α_i 和 B_j 的效应 β_j 的效应 β_j 之和. 我们把效应 $(\mu_{ij} - \mu)$ 减去 A_i 的效应 α_i 和 B_j 的效应 β_j 所得到的差 γ_{ij} 称为 A_i 和 B_j 对试验指标的**交互作用的效应**(interaction effect), 简称**交互效应**. 在多因素试验中, 通常把因素 A 与因素 B 对试验指标的交互效应设想为某一新因素的效应. 这个新因素记作 $A \times B$, 称这个新因素为 A 与 B 的**交互作用**(interaction between two different factors). 易知

$$\sum_{i=1}^{r} \alpha_i = 0, \quad \sum_{j=1}^{s} \beta_j = 0, \quad \sum_{i=1}^{r} \gamma_{ij} = 0, \quad \sum_{j=1}^{s} \gamma_{ij} = 0.$$

(8.2.4) 式可改写为

$$\mu_{ij} = \mu + \alpha_i + \beta_j + \gamma_{ij},$$

于是我们得到双因素试验的方差分析模型:

$$
\begin{cases}
X_{ijk} = \mu + \alpha_i + \beta_j + \gamma_{ij} + \varepsilon_{ijk}, \\
\qquad i = 1, 2, \cdots, r; j = 1, 2, \cdots, s; k = 1, 2, \cdots, t, \\
\varepsilon_{ijk} \sim N(0, \sigma^2), \text{且相互独立.} \\
\sum_{i=1}^{r} \alpha_i = 0, \sum_{j=1}^{s} \beta_j = 0, \sum_{i=1}^{r} \gamma_{ij} = 0, \sum_{j=1}^{s} \gamma_{ij} = 0.
\end{cases}
\tag{8.2.5}
$$

下面分两种情况来讨论双因素试验方差分析模型.

8.2.1   无交互作用的双因素试验方差分析

若因素 A 与因素 B 之间不存在交互作用, 则 $\gamma_{ij} = 0, i = 1, 2, \cdots, r; j = 1, 2, \cdots, s$, 于是

$$
\mu_{ij} = \mu + \alpha_i + \beta_j,
\tag{8.2.6}
$$

即每种水平组合 (A_i, B_j) 下的总体平均值 μ_{ij} 可以看成是总平均 μ 与各因素水平的效应 α_i, β_j 的简单迭加. 这时为研究因素 A, B 对试验指标的影响是否显著, 只需对每种水平组合 (A_i, B_j) 做一次试验, 即 $t = 1$ 的情形. 此时, 模型 (8.2.5) 式可写成如下形式:

$$
\begin{cases}
X_{ij} = \mu + \alpha_i + \beta_j + \varepsilon_{ij}, \\
\qquad i = 1, 2, \cdots, r; j = 1, 2, \cdots, s, \\
\varepsilon_{ij} \sim N(0, \sigma^2), \text{且相互独立,} \\
\sum_{i=1}^{r} \alpha_i = 0, \sum_{j=1}^{s} \beta_j = 0,
\end{cases}
\tag{8.2.7}
$$

上式就是无交互作用的双因素试验方差分析的数学模型.

由 (8.2.3) 式可知, 为判断因素 A 对试验指标的影响是否显著, 即等价于检验假设

$$
H_{0A} : \alpha_1 = \alpha_2 = \cdots = \alpha_r = 0.
\tag{8.2.8}
$$

类似地, 判断因素 B 对试验指标的影响是否显著, 即等价于检验假设

$$
H_{0B} : \beta_1 = \beta_2 = \cdots = \beta_s = 0.
\tag{8.2.9}
$$

为构造检验统计量, 我们仿照单因素方差分析的做法, 记

$$
\overline{X} = \frac{1}{rs} \sum_{i=1}^{r} \sum_{j=1}^{s} X_{ij},
$$

$$
\overline{X}_{i\cdot} = \frac{1}{s} \sum_{j=1}^{s} X_{ij},
$$

$$\overline{X}_{\cdot j} = \frac{1}{r} \sum_{i=1}^{r} X_{ij},$$

$$S_T = \sum_{i=1}^{r} \sum_{j=1}^{s} (X_{ij} - \overline{X})^2,$$

其中 S_T 称为**总离差平方和**, 简称为**总平方和**, 也称为**总变差平方和**(total variation sum of squares). 将 S_T 分解为

$$\begin{aligned}
S_T &= \sum_{i=1}^{r} \sum_{j=1}^{s} (X_{ij} - \overline{X})^2 \\
&= \sum_{i=1}^{r} \sum_{j=1}^{s} [(X_{ij} - \overline{X}_{i\cdot} - \overline{X}_{\cdot j} + \overline{X}) + (\overline{X}_{i\cdot} - \overline{X}) + (\overline{X}_{\cdot j} - \overline{X})]^2 \\
&= \sum_{i=1}^{r} \sum_{j=1}^{s} (X_{ij} - \overline{X}_{i\cdot} - \overline{X}_{\cdot j} + \overline{X})^2 + s \sum_{i=1}^{r} (\overline{X}_{i\cdot} - \overline{X})^2 + r \sum_{j=1}^{s} (\overline{X}_{\cdot j} - \overline{X})^2 \\
&\quad + 2 \sum_{i=1}^{r} \sum_{j=1}^{s} (X_{ij} - \overline{X}_{i\cdot} - \overline{X}_{\cdot j} + \overline{X})(\overline{X}_{i\cdot} - \overline{X}) \\
&\quad + 2 \sum_{i=1}^{r} \sum_{j=1}^{s} (X_{ij} - \overline{X}_{i\cdot} - \overline{X}_{\cdot j} + \overline{X})(\overline{X}_{\cdot j} - \overline{X}) \\
&\quad + 2 \sum_{i=1}^{r} \sum_{j=1}^{s} (\overline{X}_{i\cdot} - \overline{X})(\overline{X}_{\cdot j} - \overline{X}).
\end{aligned}$$

易证, 上述平方和分解中交叉项均为零. 所以

$$S_T = S_E + S_A + S_B, \tag{8.2.10}$$

其中

$$S_E = \sum_{i=1}^{r} \sum_{j=1}^{s} (X_{ij} - \overline{X}_{i\cdot} - \overline{X}_{\cdot j} + \overline{X})^2, \tag{8.2.11}$$

$$S_A = s \sum_{i=1}^{r} (\overline{X}_{i\cdot} - \overline{X})^2, \tag{8.2.12}$$

$$S_B = r \sum_{j=1}^{s} (\overline{X}_{\cdot j} - \overline{X})^2. \tag{8.2.13}$$

由于 $\overline{X}_{i\cdot}$ 是水平 A_i 下的所有观测值的平均, 所以 $\sum_{i=1}^{r} (\overline{X}_{i\cdot} - \overline{X})^2$ 反映了 $\overline{X}_{1\cdot},$ $\overline{X}_{2\cdot}, \cdots, \overline{X}_{r\cdot}$ 之间的差异程度. 这种差异是由于因素 A 的不同水平所引起的, 因此

S_A 称为**因素 A 的效应平方和**(the square sum of the effect of factor A), 简称为**因素 A 的平方和**(the square sum of factor A). 同理, S_B 称为**因素 B 的效应平方和**(the square sum of the effect of factor B), 简称为**因素 B 的平方和**(the square sum of factor B). 又由于

$$S_E = S_T - S_A - S_B, \tag{8.2.14}$$

这表明 S_E 是从总离差平方和 S_T 中扣除因素 A, B 的效应平方和 S_A 和 S_B 之后的残量, 这一残量反映了随机误差因素的影响, 因此 S_E 称为**误差平方和**.

与单因素试验的方差分析的讨论相类似, 可以证明以下结论:

(i) $\dfrac{S_E}{\sigma^2} \sim \chi^2((r-1)(s-1))$;

(ii) 当 H_{0A} 为真时, $\dfrac{S_A}{\sigma^2} \sim \chi^2(r-1)$, 且 S_A 与 S_E 相互独立, 从而

$$F_A = \frac{S_A/(r-1)}{S_E/(r-1)(s-1)} \sim F((r-1), (r-1)(s-1)); \tag{8.2.15}$$

(iii) 当 H_{0B} 为真时, $\dfrac{S_B}{\sigma^2} \sim \chi^2(s-1)$, 且 S_B 与 S_E 相互独立, 从而

$$F_B = \frac{S_B/(s-1)}{S_E/(r-1)(s-1)} \sim F((s-1), (r-1)(s-1)). \tag{8.2.16}$$

为此, 选取 F_A, F_B 分别作为检验假设 H_{0A}, H_{0B} 的统计量. 按照假设检验的程序, 对给定的显著性水平 α, 确定临界值 $F_{1-\alpha}((r-1), (r-1)(s-1))$, $F_{1-\alpha}((s-1), (r-1)(s-1))$.

$$\text{当}\quad F_A > F_{1-\alpha}((r-1), (r-1)(s-1)) \text{时, 拒绝} H_{0A}, \tag{8.2.17}$$

$$\text{当}\quad F_B > F_{1-\alpha}((s-1), (r-1)(s-1)) \text{时, 拒绝} H_{0B}, \tag{8.2.18}$$

为清楚起见, 将上述分析结果汇总成表 8.8, 称表 8.8 为无交互作用的双因素试验方差分析表.

表 8.8　无交互作用双因素试验方差分析表

方差来源	平方和	自由度	均方	F 值	临界值	显著性
因素 A	S_A	$r-1$	$\overline{S}_A = \dfrac{S_A}{r-1}$	F_A	$F_{1-\alpha}((r-1), (r-1)(s-1))$	
因素 B	S_B	$s-1$	$\overline{S}_B = \dfrac{S_B}{s-1}$	F_B	$F_{1-\alpha}((s-1), (r-1)(s-1))$	
误差	S_E	$(r-1)(s-1)$	$\overline{S}_E = \dfrac{S_E}{(r-1)(s-1)}$			
总和	S_T	$rs-1$				

为计算方便, 常采用下列公式计算各偏差平方和:

$$S_T = \sum_{i=1}^{r}\sum_{j=1}^{s} X_{ij}^2 - \frac{T^2}{rs}, \qquad (8.2.19)$$

$$S_A = \frac{1}{s}\sum_{i=1}^{r} T_{i\cdot}^2 - \frac{T^2}{rs}, \qquad (8.2.20)$$

$$S_B = \frac{1}{r}\sum_{j=1}^{s} T_{\cdot j}^2 - \frac{T^2}{rs}, \qquad (8.2.21)$$

$$S_E = S_T - S_A - S_B, \qquad (8.2.22)$$

其中

$$T_{i\cdot} = \sum_{j=1}^{s} X_{ij}, \quad T_{\cdot j} = \sum_{i=1}^{r} X_{ij}, \quad T = \sum_{i=1}^{r}\sum_{j=1}^{s} X_{ij}. \qquad (8.2.23)$$

F_A, F_B 见 (8.2.15), (8.2.16) 式.

例 8.2.1　试验某种钢不同的含铜量在各种温度下的冲击值 (单位: kgm/cm^2), 其实测数据如表 8.9 所示, 试检验差异性是否显著?

表 8.9　某种钢的铜含量与不同温度下的冲击值表

A 试验温度 ＼ B 铜含量	0.2%	0.4%	0.8%	$T_{i\cdot}$	$T_{i\cdot}^2$
20°C	10.6	11.6	14.5	36.7	1346.9
0°C	7.0	11.1	13.3	31.4	985.9
−20°C	4.2	6.8	11.5	22.5	506.3
−40°C	4.2	6.3	8.7	19.2	368.6
$T_{\cdot j}$	26	35.8	48	$T = 109.8$	
$T_{\cdot j}^2$	676	1281.6	2304		

解　本题中 $r = 4, s = 3$.

$$S_T = \sum_{i=1}^{r}\sum_{j=1}^{s} X_{ij}^2 - \frac{T^2}{rs} = (10.6^2 + \cdots + 8.7^2) - \frac{109.8^2}{12} = 130.75,$$

$$S_A = \frac{1}{s}\sum_{i=1}^{r} T_{i\cdot}^2 - \frac{T^2}{rs}$$

$$= \frac{1}{3}(1346.9 + 985.9 + 506.3 + 368.6) - \frac{109.8^2}{12} = 64.56,$$

$$S_B = \frac{1}{r}\sum_{j=1}^{s} T_{\cdot j}^2 - \frac{T^2}{rs}$$

$$= \frac{1}{4}(676 + 1281.6 + 2304) - \frac{109.8^2}{12} = 60.73,$$

$$S_E = S_T - S_A - S_B = 130.75 - 64.56 - 60.73 = 5.46.$$

S_A 自由度 $r - 1 = 3,$

S_B 自由度 $s - 1 = 2,$

S_E 自由度 $(r-1)(s-1) = 6,$

于是

$$F_A = \frac{S_A/3}{S_E/6} = \frac{21.52}{0.91} = 23.65, \quad F_B = \frac{S_B/2}{S_E/6} = \frac{30.37}{0.91} = 33.37.$$

从表 8.10 可以看出 $F_A > F_{0.99}(3,6), F_B > F_{0.99}(2,6)$, 因此钢随着试验温度的升高, 冲击值也越来越大; 同时钢随着含铜量的增加冲击值提高也是显著的.

表 8.10 试验数据方差分析表

误差来源	平方和	自由度	均方	F 值	临界值	显著性
A 温度作用	$S_A = 64.56$	3	21.52	$F_A = 23.65$	$F_{0.99}(3,6) = 9.78$	**
B 铜含量作用	$S_B = 60.73$	2	30.37	$F_B = 33.37$	$F_{0.99}(2,6) = 10.92$	**
误差	$S_E = 5.46$	6	0.91			
总和	$S_T = 130.75$	11				

8.2.2 有交互作用的双因素试验方差分析

在无交互作用时, 对因素 A, B 各水平的每种组合只进行一次试验, 即 $t = 1$. 当要考虑因素间的交互作用 $A \times B$ 时, 在各水平组合下需要做重复试验. 设每种水平组合下试验次数均为 $t(t > 1)$. 此时相对应的数学模型就是前述的 (8.2.5) 式. 对此模型要检验的假设为

$$H_{0A} : \alpha_1 = \alpha_2 = \cdots = \alpha_r = 0, \quad H'_{0A} : 至少有一个 \alpha_i \neq 0.$$

$$H_{0B} : \beta_1 = \beta_2 = \cdots = \beta_s = 0, \quad H'_{0B} : 至少有一个 \beta_j \neq 0.$$

$$H_{A \times B} : \gamma_{ij} = 0, \quad\quad\quad\quad\quad H'_{A \times B} : 至少有一个 \gamma_{ij} \neq 0.$$

$$i = 1, 2, \cdots, r; j = 1, 2, \cdots, s.$$

为构造检验统计量, 我们仍仿照单因素方差分析的做法. 为此引进下列记号:

$$\overline{X} = \frac{1}{rst} \sum_{i=1}^{r} \sum_{j=1}^{s} \sum_{k=1}^{t} X_{ijk};$$

$$\overline{X}_{ij\cdot} = \frac{1}{t} \sum_{k=1}^{t} X_{ijk}, \quad i = 1, 2, \cdots, r, \quad j = 1, 2, \cdots, s,$$

$$\overline{X}_{i\cdot\cdot} = \frac{1}{st}\sum_{j=1}^{s}\sum_{k=1}^{t}X_{ijk}, \quad i = 1, 2, \cdots, r,$$

$$\overline{X}_{\cdot j\cdot} = \frac{1}{rt}\sum_{i=1}^{r}\sum_{k=1}^{t}X_{ijk}, \quad j = 1, 2, \cdots, s.$$

总平方和

$$S_T = \sum_{i=1}^{r}\sum_{j=1}^{s}\sum_{k=1}^{t}(X_{ijk} - \overline{X})^2$$

$$= \sum_{i=1}^{r}\sum_{j=1}^{s}\sum_{k=1}^{t}[(X_{ijk} - \overline{X}_{ij\cdot}) + (\overline{X}_{i\cdot\cdot} - \overline{X}) + (\overline{X}_{\cdot j\cdot} - \overline{X})$$

$$+ (\overline{X}_{ij\cdot} - \overline{X}_{i\cdot\cdot} - \overline{X}_{\cdot j\cdot} + \overline{X})]^2$$

$$= \sum_{i=1}^{r}\sum_{j=1}^{s}\sum_{k=1}^{t}(X_{ijk} - \overline{X}_{ij\cdot})^2 + \sum_{i=1}^{r}st(\overline{X}_{i\cdot\cdot} - \overline{X})^2$$

$$+ \sum_{j=1}^{s}rt(\overline{X}_{\cdot j\cdot} - \overline{X})^2 + \sum_{i=1}^{r}\sum_{j=1}^{s}t(\overline{X}_{ij\cdot} - \overline{X}_{i\cdot\cdot} - \overline{X}_{\cdot j\cdot} + \overline{X})^2$$

$$= S_E + S_A + S_B + S_{A\times B},$$

其中

$$S_E = \sum_{i=1}^{r}\sum_{j=1}^{s}\sum_{k=1}^{t}(X_{ijk} - \overline{X}_{ij\cdot})^2,$$

$$S_A = st\sum_{i=1}^{r}(\overline{X}_{i\cdot\cdot} - \overline{X})^2,$$

$$S_B = rt\sum_{j=1}^{s}(\overline{X}_{\cdot j\cdot} - \overline{X})^2,$$

$$S_{A\times B} = t\sum_{i=1}^{r}\sum_{j=1}^{s}(\overline{X}_{ij\cdot} - \overline{X}_{i\cdot\cdot} - \overline{X}_{\cdot j\cdot} - \overline{X})^2. \tag{8.2.24}$$

可以证明:

(i)

$$S_E \sim \chi^2(rs(t-1)). \tag{8.2.25}$$

(ii) 当 H_{0A} 为真时, $S_A/\sigma^2 \sim \chi^2(r-1)$, 且 S_A 与 S_E 独立,

$$F_A = \frac{rs(t-1)S_A}{(r-1)S_E} \sim F((r-1), rs(t-1)). \tag{8.2.26}$$

(iii) 当 H_{0B} 为真时, $S_B/\sigma^2 \sim \chi^2(s-1)$, 且 S_B 与 S_E 独立,

$$F_B = \frac{rs(t-1)S_B}{(s-1)S_E} \sim F((s-1), rs(t-1)). \qquad (8.2.27)$$

(iv) 当 $H_{A \times B}$ 为真时, $S_{A \times B}/\sigma^2 \sim \chi^2((r-1)(s-1))$, 且 $S_{A \times B}$ 与 S_E 独立,

$$F_{A \times B} = \frac{rs(t-1)S_{A \times B}}{(r-1)(s-1)S_E} \sim F((r-1)(s-1), rs(t-1)). \qquad (8.2.28)$$

$F_A, F_B, F_{A \times B}$ 是分别用来检验假设 $H_{0A}, H_{0B}, H_{A \times B}$ 的统计量, 对给定的显著性水平 α,

当 $F_A > F_{1-\alpha}((r-1), rs(t-1))$时, 否定$H_{0A}$.

当 $F_B > F_{1-\alpha}((s-1), rs(t-1))$时, 否定$H_{0B}$.

当 $F_{A \times B} > F_{1-\alpha}((r-1)(s-1), rs(t-1))$时, 否定$H_{A \times B}$.

具体计算过程可列成一张方差分析表 8.11.

表 8.11

方差来源	平方和	自由度	均方	F 值	临界值	显著性
A	S_A	$r-1$	$\overline{S}_A = \dfrac{S_A}{r-1}$	$F_A = \dfrac{\overline{S}_A}{\overline{S}_E}$	$F_{1-\alpha}(r-1, rs(t-1))$	
B	S_B	$s-1$	$\overline{S}_B = \dfrac{S_B}{s-1}$	$F_B = \dfrac{\overline{S}_B}{\overline{S}_E}$	$F_{1-\alpha}(s-1, rs(t-1))$	
$A \times B$	$S_{A \times B}$	$(r-1)(s-1)$	$\overline{S}_{A \times B} = \dfrac{S_{A \times B}}{(r-1)(s-1)}$	$F_{A \times B} = \dfrac{\overline{S}_{A \times B}}{\overline{S}_E}$	$F_{1-\alpha}((r-1)(s-1), rs(t-1))$	
误差 E	S_E	$rs(t-1)$	$\overline{S}_E = \dfrac{S_E}{rs(t-1)}$			
总和	S_T	$rst-1$				

为计算方便, 下面给出计算各偏差平方和的简化式. 令

$$T_{ij\cdot} = \sum_{k=1}^{t} X_{ijk}, \qquad T_{i\cdot\cdot} = \sum_{j=1}^{s} \sum_{k=1}^{t} X_{ijk},$$

$$T_{\cdot j\cdot} = \sum_{i=1}^{r} \sum_{k=1}^{t} X_{ijk}, \qquad T = \sum_{i=1}^{r} \sum_{j=1}^{s} \sum_{k=1}^{t} X_{ijk}, \quad n = rst.$$

则有

$$S_T = \sum_{i=1}^{r} \sum_{j=1}^{s} \sum_{k=1}^{t} X_{ijk}^2 - \frac{T^2}{n}; \quad S_A = \frac{1}{st} \sum_{i=1}^{r} T_{i\cdot\cdot}^2 - \frac{T^2}{n};$$

$$S_B = \frac{1}{rt} \sum_{j=1}^{s} T_{\cdot j \cdot}^2 - \frac{T^2}{n}; \quad S_E = \sum_{i=1}^{r} \sum_{j=1}^{s} \sum_{k=1}^{t} X_{ijk}^2 - \frac{1}{t} \sum_{i=1}^{r} \sum_{j=1}^{s} T_{ij\cdot}^2;$$

$$S_{A \times B} = S_T - S_A - S_B - S_E.$$

例 8.2.2 四种施肥方案与三种深翻方案配合成 12 种育苗方案, 做杨树苗试验, 获得苗高数据如表 8.12 所示.

表 8.12

深翻＼施肥	第一方案			第二方案			第三方案			第四方案		
第一方案	52	43	39	48	37	29	34	42	38	45	58	42
第二方案	41	47	53	50	41	30	36	39	44	44	46	60
第三方案	49	38	42	36	48	47	37	40	32	43	56	41

在显著性水平 $\alpha = 0.05$ 下, 检验施肥方案之间的差异是否显著? 深翻方案之间的差异是否显著? 交互作用是否显著?

解 设深翻因素为 A, 分三水平 A_1, A_2, A_3; 施肥因素为 B, 分四水平 B_1, B_2, B_3, B_4. 每水平搭配 (A_i, B_j) 各做三次试验, 即 $t = 3$.

为简化计算, 令 $X = Y - 40$, 得新数据表 8.13.

表 8.13

A＼B	B_1			B_2			B_3			B_4			$T_{i\cdot\cdot}$	$T_{i\cdot\cdot}^2$
A_1	12	3	−1	8	−3	−11	−6	2	−2	5	18	2	27	729
A_2	1	7	13	10	1	−10	−4	−1	4	4	6	20	51	2601
A_3	9	−2	2	−4	8	7	−3	0	−8	3	16	1	29	841
$T_{\cdot j\cdot}$	44			6			−18			75			107	
$T_{\cdot j\cdot}^2$	1936			36			324			5625				

为计算 $\sum \sum \sum X_{ijk}^2$, 将表 8.13 中的 (A_i, B_j) 的平方数据列成表 8.14.

表 8.14

因素 A＼因素 B	B_1			B_2			B_3			B_4			$\sum_{j=1}^{4} \sum_{k=1}^{3} X_{ijk}^2$
A_1	144	9	1	64	9	121	36	4	4	25	324	4	745
A_2	1	49	169	100	1	100	16	1	16	16	36	400	905
A_3	81	4	4	16	64	49	9	0	64	9	256	1	557
$\sum_{i=1}^{3} \sum_{k=1}^{3} X_{ijk}^2$	462			524			150			1071			2207

$$\frac{T^2}{n} = \frac{1}{rst}\left(\sum_{i=1}^{r}\sum_{j=1}^{s}\sum_{k=1}^{t}X_{ijk}\right)^2 = \frac{1}{3\times4\times3}(107)^2 = \frac{11449}{36} = 318.03,$$

$$S_T = \sum_{i=1}^{r}\sum_{j=1}^{s}\sum_{k=1}^{t}X_{ijk}^2 - \frac{T^2}{n} = 2207 - 318.03 = 1888.97,$$

$$S_A = \frac{1}{st}\sum_{i=1}^{r}T_{i\cdot\cdot}^2 - \frac{T^2}{n} = \frac{4171}{12} - 318.03 = 29.55,$$

$$S_B = \frac{1}{rt}\sum_{j=1}^{s}T_{\cdot j\cdot}^2 - \frac{T^2}{n} = \frac{7921}{9} - 318.03 = 562.08,$$

$$S_E = \sum_{i=1}^{r}\sum_{j=1}^{s}\sum_{k=1}^{t}X_{ijk}^2 - \frac{1}{t}\sum_{i=1}^{r}\sum_{j=1}^{s}T_{ij\cdot}^2 = 1220.67,$$

$$S_{A\times B} = S_T - S_A - S_B - S_E = 76.67,$$

S_A 自由度, $r-1=2$, S_B 自由度 $s-1=3$,

$S_{A\times B}$ 自由度 $(r-1)(s-1)=6$, S_E 自由度 $rs(t-1)=24$.

所以

$$F_A = \frac{rs(t-1)S_A}{(r-1)S_E} = \frac{\overline{S}_A}{\overline{S}_E} = 0.29,$$

$$F_B = \frac{rs(t-1)S_B}{(s-1)S_E} = \frac{\overline{S}_B}{\overline{S}_E} = 3.68,$$

$$F_{A\times B} = \frac{rs(t-1)S_{A\times B}}{(r-1)(s-1)S_E} = \frac{\overline{S}_{A\times B}}{\overline{S}_E} = 0.25.$$

将以上计算列成方差分析 (表 8.15).

表 8.15

方差来源	平方和	自由度	均方	F 值	临界值	显著性
施肥	562.08	3	187.36	3.68	3.01	*
深翻	29.55	2	14.78	0.29	3.40	
配合	76.67	6	12.78	0.25	2.51	
误差	1220.67	24	50.86			
总和	1888.97	35				

当 $F_A = 0.29 < 3.40$ 时, 接受 H_{0A}.

当 $F_B = 3.68 > 3.01$ 时, 拒绝 H_{0B}.

当 $F_{A\times B} = 0.25 < 2.51$ 时, 接受 $H_{A\times B}$.

习　题　8

1. 把一批同种纱线袜放在不同温度的水中洗涤, 进行收缩率试验. 水温分为 6 个水平, 每个水平下各洗 4 只袜子, 袜子的收缩率以百分数记, 其值如下表试按显著性水平为 0.05 和 0.01 判断不同洗涤水温对袜子的收缩率是否有显著影响?

水温＼试号	1	2	3	4
30°C	4.3	7.8	3.2	6.5
40°C	6.1	7.3	4.2	4.1
50°C	10	4.8	5.4	9.6
60°C	6.5	8.3	8.6	8.2
70°C	9.3	8.7	7.2	10.1
80°C	9.5	8.8	11.4	7.8

2. 设有三台同样规格的机器, 用来生产厚度为 $\frac{1}{4}$cm 的铝板. 今要了解各台机器生产的产品的平均厚度是否相同, 取样测至 1 ‰ cm, 得结果如下表. 试在显著性水平 $\alpha = 0.05$ 下检验差异显著性.

试号＼机号	1	2	3
1	0.236	0.257	0.258
2	0.238	0.253	0.264
3	0.248	0.255	0.259
4	0.245	0.254	0.267
5	0.243	0.261	0.262

3. 用三种不同金属小球测定引力常数, 试验结果如下表. 试在 $\alpha = 0.01$ 下检验不同小球对引力常数的测定有无显著影响.

(单位: 10^{-11}N·m^2/kg^2)

铂	6.661	6.661	6.667	6.667	6.664	
金	6.683	6.681	6.676	6.678	6.679	6.672
玻璃	6.678	6.671	6.675	6.672	6.674	

4. 为研究各种不同的土质对两种钢管的腐蚀, 在土中埋了八年后测得被腐蚀的重量列于下表. 试在显著性水平 $\alpha = 0.10$ 和 0.05 下检验不同土质对钢管腐蚀的差异性; 在水平 $\alpha = 0.05$ 和 0.01 下检验不同钢管腐蚀情况的差异性.

B ⟍ A	涂铅钢管	裸露钢管
细砂土	0.18	1.70
砾砂土	0.08	0.21
淤泥	0.61	1.21
黏土	0.44	0.89
沼泽地	0.77	0.86
碱土	1.27	2.64

5. 一火箭使用了四种燃料、三种推进器做射程试验, 得射程数值如下表. 试在 $\alpha = 0.05$ 下检验燃料之间、推进器之间各有否显著差异.

(单位: km)

推进器 ⟍ 燃料	B_1	B_2	B_3
A_1	58.2	56.2	65.3
A_2	49.1	54.1	51.6
A_3	60.1	70.9	39.2
A_4	75.8	58.2	48.7

6. 一火箭使用了四种燃料和三种推进器做射程试验, 每种搭配试验重复数为 2, 得数值如下表. 试在 $\alpha = 0.05$ 下检验燃料、推进器对射程的影响是否显著; 燃料与推进器的交互作用对射程影响是否显著.

(单位: km)

推进器 ⟍ 燃料	B_1	B_2	B_3
A_1	58.2 52.6	56.2 41.2	65.3 60.8
A_2	49.1 42.8	54.1 50.5	51.9 48.4
A_3	60.1 58.3	70.9 73.2	39.2 40.7
A_4	75.8 71.5	58.2 51.0	48.7 41.4

7. 在合成反应中, 为了解四个水平的反应温度与四种催化剂的交互作用对合成物的产出量有无显著影响而做的试验 (在同一条件下重复试验 2 次), 得数据如下表. 试在 $\alpha = 0.10$ 下检验 A, B 影响的差异; 并在 $\alpha = 0.01$ 下检验交互作用效应的显著性.

（单位：t）

催化剂 A　　　　温度 B	60℃	80℃	100℃	120℃
A_1	2.7 3.3	1.38 1.35	2.35 1.95	2.26 2.13
A_2	1.7 2.14	1.74 1.56	1.67 1.50	3.41 2.56
A_3	1.9 2.0	3.14 2.29	1.63 1.05	3.17 3.18
A_4	2.72 1.85	3.51 3.15	1.39 1.72	2.22 2.19

8. 下表记录了三位操作工分别在不同机器上操作三天的日产量.

机器 A　　　　工人 B	甲	乙	丙
A_1	15, 15, 17	19, 19, 16	16, 18, 21
A_2	17, 17, 17	15, 15, 15	19, 22, 22
A_3	15, 17, 16	18, 17, 16	18, 18, 18
A_4	18, 20, 22	15, 16, 17	17, 17, 17

取显著性水平 $\alpha = 0.05$, 试分析操作工之间、机器之间有无显著差异? 两者之间交互作用效应是否显著?

第9章 回归分析

回归分析是数理统计中的一个常用方法, 用于研究变量与变量之间的相关关系.

在自然科学、社会科学以及工程技术等领域常要研究某些变量之间的关系. 变量之间的关系一般说来可分为两类. 一类是变量之间存在着确定的关系, 这种关系可以用函数形式去表达. 例如, 在电阻为 R 的一段电路里, 加在电路两端的电压 V 与电流强度 I 之间遵循欧姆定律, 即

$$I = \frac{V}{R}.$$

对给定的电压值 V, 电流 I 的对应值由上式完全确定. 变量之间的这种确定性关系就是我们在微积分学中所讨论的函数关系.

另一类是变量之间不存在确定的关系, 即这些变量之间有关系, 但这种关系不能用函数形式表达. 例如, 人的体重与身高有关, 一般而言, 较高的人体重较重, 但同样身高的人体重却不会都相同. 又如, 炼钢厂冶炼某种钢时, 炼钢炉中钢液的含碳量与冶炼时间这两个变量之间, 也不存在确定性关系. 虽然一般情况下, 含碳量低的, 冶炼时间相应的也较长, 但在不同的炉次中, 对于相同的含碳量, 冶炼时间却常常不相同. 我们把上述变量之间的这种关系称为**相关关系** (correlativity). **回归分析** (regression analysia) 便是研究变量间相关关系的一种统计方法. 涉及两个变量的回归分析称为**一元回归分析**(one dimensional regression analysia); 涉及两个以上变量的回归分析称为**多元回归分析**(multiple regression analysia). 本章重点讨论一元回归分析的一些基本问题.

§9.1 一元线性回归

9.1.1 一元线性回归的概念

设随机变量 Y(因变量) 与普通变量 x(自变量) 之间存在相关关系, 这里 x 是可以测量或控制的非随机变量. 这时, 当自变量每取定一个值 x 时, 因变量 Y 有一定的概率分布, 此分布与 x 有关, 所以 Y 的期望与 x 有关, 是 x 的确定函数. Y 的期望 $\mu = \mu(x)$ 称为 Y 对 x 的**回归函数**(regression function). x 取定 n 个不全相同的值 $x_1, x_2, \cdots, x_n$, 分别做独立试验, 得到随机变量 Y 相应的观测值 $y_1, y_2, \cdots, y_n.n$

对数据

$$(x_1, y_1), (x_2, y_2), \cdots, (x_n, y_n)$$

称为一组容量为 n 的样本. 回归分析的基本问题就是: 通过这组样本来估计回归函数; 并利用此估计进行预测与控制, 即对 x 的某个值 x_0, 给出 Y 的预测区间, 以及对 Y 的一个指定范围, 确定 x 的一个区间, 使得限定 x 在此区间取值时, 以一定概率保证 Y 落入指定范围.

例 9.1.1   合成纤维抽丝工段第一导丝盘速度对丝的质量很重要, 今发现它和电流的周波有关系, 由生产记录得到如下 10 对数据 (表 9.1).

表 9.1

周波 x_i	49.2	50.0	49.3	49.0	49.0	49.5	49.8	49.9	50.2	50.2
第一导丝盘速度 y_i	16.7	17.0	16.8	16.6	16.7	16.8	16.9	17.0	17.0	17.1

将每对数据 (x_i, y_i) 在直角坐标系中点出, 得图 9.1, 这种图称为**散点图**(scatter diagram).   散点图可以帮助我们考虑用什么样的函数来估计随机变量 Y 的期望 $\mu = \mu(x)$ 更适宜. 从图 9.1 看出, 第一导丝盘速度与周波大致成线性关系, 因此用 $a + bx$ 来估计回归函数 $\mu(x)$ 是适宜的.

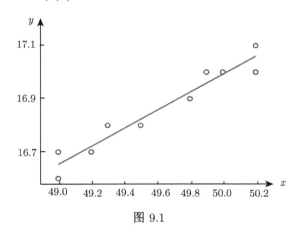

图 9.1

用线性函数 $a + bx$ 来估计回归函数 $\mu(x)$, 即用线性函数 $a + bx$ 来估计 Y 的期望, 称为**一元线性回归问题**(one dimensional regression problem). 这可用数学表达式如下描述.

对于 x 的每一个值, 假定 $EY = a + bx$. 在对某些问题的进一步分析中, 我们还假定对 x 的每一个值, $Y \sim N(a + bx, \sigma^2)$, 这里 Y 的方差假定是不依赖于 x 的常

数 σ^2. 记 $\varepsilon = Y - (a+bx)$, 则对 Y 的上述假设等价于假设

$$\begin{cases} Y = a + bx + \varepsilon, \\ \varepsilon \sim N(0, \sigma^2), \end{cases} \tag{9.1.1}$$

其中 a, b, σ^2 都是不依赖于 x 的未知参数. (9.1.1) 式称为**一元线性回归模型**(one dimensional linear regression model).

下面将讨论如何由样本值

$$(x_1, y_1), (x_2, y_2), \cdots, (x_n, y_n)$$

来估计 a, b. 当我们得到 a, b 的估计 $\widehat{a}, \widehat{b}$ 后, 就得到了 $a + bx$ 的估计 $\widehat{y} = \widehat{a} + \widehat{b}x$, 称为**一元经验线性回归方程**(one dimensional empirical linear regression equation), 有时也简称为**一元线性回归方程**(one dimensional linear regression equation), 它所代表的直线图形称为回归直线.

9.1.2　用最小二乘法估计 a, b

在一元线性回归中, Y 的期望 $\mu = a + bx$, 把 x 作为横坐标, μ 为纵坐标, $\mu = a + bx$ 表示一条直线, n 个样本点 $(x_1, y_1), (x_2, y_2), \cdots, (x_n, y_n)$ 应在直线 $\mu = a + bx$ 附近散布着, a, b 虽然在理论上是确定的, 但是等于多少并不知道, 现在要根据 n 个样本点来估计 a, b, 我们设想 a, b 在变动, 从而直线 $\mu = a + bx$ 的位置在变动, 应该在其中确定一条直线 l, 使它与所有样本点总的说来最为接近, 并把这条直线的 a, b 值作为 a, b 的估计值. 具体做法如下.

对每一个 x_i, 试验所得的样本值为 y_i, 而直线 $\mu = a + bx$ 上的纵坐标值为 $a + bx_i$, 于是 $|y_i - (a + bx_i)|$ 表示样本点 (x_i, y_i) 沿着纵坐标轴方向与直线 $\mu = a + bx$ 的偏差, 所有偏差的平方和记为

$$Q = \sum_{i=1}^{n} \left[y_i - (a + bx_i) \right]^2. \tag{9.1.2}$$

在式 (9.1.2) 中, x_i, y_i 是固定的, Q 与 a, b 有关, 如上所述, 要确定一条与所有样本点总的来说最为接近的直线 l, 就是要确定 a, b 使 Q 达到最小值. 由微积分中多元函数求极值的办法, 分别将 Q 对 a, b 求导, 并令其等于零, 即

$$\begin{cases} \dfrac{\partial Q}{\partial a} = \dfrac{\partial \sum\limits_{i=1}^{n}(y_i - a - bx_i)^2}{\partial a} = 0, \\[4mm] \dfrac{\partial Q}{\partial b} = \dfrac{\partial \sum\limits_{i=1}^{n}(y_i - a - bx_i)^2}{\partial b} = 0. \end{cases} \tag{9.1.3}$$

由 (9.1.3) 式得

$$\begin{cases} \dfrac{\partial Q}{\partial a} = -2 \sum_{i=1}^{n}(y_i - a - bx_i) = 0, \\[2mm] \dfrac{\partial Q}{\partial b} = -2 \sum_{i=1}^{n}(y_i - a - bx_i)x_i = 0. \end{cases}$$

化简为

$$\begin{cases} na + n\overline{x}b = n\overline{y}, \\[2mm] n\overline{x}a + \left(\sum_{i=1}^{n} x_i^2\right) b = \sum_{i=1}^{n} x_i y_i, \end{cases} \tag{9.1.4}$$

其中 $\overline{x} = \dfrac{1}{n}\sum_{i=1}^{n} x_i, \overline{y} = \dfrac{1}{n}\sum_{i=1}^{n} y_i$ $\left(\text{以下皆把} \sum_{i=1}^{n} \text{简写成} \sum\right)$.

方程组 (9.1.3) 称为**正规方程组**(normal equations system), 其系数行列式为

$$\begin{vmatrix} n & n\overline{x} \\ n\overline{x} & \sum x_i^2 \end{vmatrix} = n\left(\sum x_i^2 - n\overline{x}^2\right) = n\sum (x_i - \overline{x})^2,$$

从而得到正规方程组 (9.1.3) 的解

$$\begin{aligned} \widehat{b} &= \frac{\begin{vmatrix} n & n\overline{y} \\ n\overline{x} & \sum x_i y_i \end{vmatrix}}{n\sum (x_i - \overline{x})^2} = \frac{\sum x_i y_i - n\overline{x}\,\overline{y}}{\sum (x_i - \overline{x})^2} \\[3mm] &= \frac{\sum (x_i - \overline{x})(y_i - \overline{y})}{\sum (x_i - \overline{x})^2}, \end{aligned} \tag{9.1.5}$$

$$\widehat{a} = \overline{y} - \widehat{b}\overline{x}. \tag{9.1.6}$$

使偏差平方和 Q 达到最小值的 $\widehat{a}, \widehat{b}$, 称为**参数** a, b **的最小二乘估计**(least squares estimate), 这种方法称为**最小二乘法**(least squares algorithm). 这样我们就用最小二乘法得到经验线性回归方程 (简称线性回归方程)

$$\widehat{y} = \widehat{a} + \widehat{b}x,$$

这里 $\widehat{y}$ 表示对随机变量 Y 的期望 $\mu = a + bx$ 的估计.

显然, $\widehat{a}, \widehat{b}$ 是随样本而变的, 因此 $\widehat{a}, \widehat{b}$ 都是随机变量, $\widehat{b}$ 是回归直线的斜率, 称为**回归系数**(regression coefficient).

根据 (9.1.6) 式, 线性回归方程 $\widehat{y} = \widehat{a} + \widehat{b}x$ 又可以写为 $\widehat{y} = \overline{y} + \widehat{b}(x - \overline{x})$, 可见线性回归方程通过点 $(\overline{x}, \overline{y})$.

通常记

$$l_{xx} = \sum (x_i - \overline{x})^2 = \sum x_i^2 - \frac{1}{n} \left(\sum x_i \right)^2, \tag{9.1.7}$$

$$l_{xy} = \sum (x_i - \overline{x})(y_i - \overline{y}) = \sum x_i y_i - \frac{1}{n} \left(\sum x_i \right) \left(\sum y_i \right), \tag{9.1.8}$$

$$l_{yy} = \sum (y_i - \overline{y})^2 = \sum y_i^2 - \frac{1}{n} \left(\sum y_i \right)^2, \tag{9.1.9}$$

于是

$$\widehat{b} = \frac{l_{xy}}{l_{xx}}. \tag{9.1.10}$$

例 9.1.2　根据例 9.1.1 中所给的电流周波与第一导丝盘速度的 10 对数据, 求线性回归方程.

解　先算出

$$\sum x_i = 496.1, \quad \sum y_i = 168.6, \quad \sum x_i^2 = 24613.51, \quad \sum x_i y_i = 8364.92,$$

由 (9.1.7), (9.1.8) 得

$$l_{xx} = \sum x_i^2 - \frac{1}{n} \left(\sum x_i \right)^2 = 24613.51 - \frac{1}{10} \times (496.1)^2 = 1.989,$$

$$l_{xy} = \sum x_i y_i - \frac{1}{n} \left(\sum x_i \right) \left(\sum y_i \right)$$

$$= 8364.92 - \frac{1}{10} \times (496.1)(168.6)$$

$$= 0.674,$$

于是

$$\widehat{b} = \frac{l_{xy}}{l_{xx}} = \frac{0.674}{1.989} = 0.339,$$

$$\widehat{a} = \overline{y} - \widehat{b}\overline{x} = 16.86 - 0.339 \times 49.61 = 0.04,$$

所求线性回归方程为

$$\widehat{y} = 0.04 + 0.339x.$$

9.1.3　相关系数

从上一段用最小二乘法配回归直线的计算方法可看出, 即使 Y 的期望 $\mu = \mu(x)$ 不是 x 的线性函数, 甚至两个变量 Y 与 x 没有相关关系, 散点图杂乱无章, 也可以通过最小二乘法求出一条回归直线 $\widehat{y} = \widehat{a} + \widehat{b}x$, 然而这条回归直线没有任何用处. 实际上, 只有当两个变量的线性关系较为明显, 样本点大致成一条直线分布时, 所配回归直线才有实用价值. 这固然可以从散点图上观察判断, 但这只是一个直观的

初步的判断, 下面将引进一个数量性指标, 叫做**相关系数**(correlation coefficient), 用来描述两个变量的线性关系的明显程度.

先考虑 $l_{yy} = \sum\limits_{i=1}^{n}(y_i - \overline{y})^2$, 它表示变量 Y 的 n 个观测值 $y_1, y_2, \cdots, y_n$ 相对于其均值 $\overline{y}$ 的总的偏差平方和, 对它可以做如下分解.

记 $\widehat{y}_i = \widehat{a} + \widehat{b}x_i$, 即 $\widehat{y}_i$ 是回归直线 $\widehat{y} = \widehat{a} + \widehat{b}x$ 上 x_i 处的纵坐标值, 于是

$$
\begin{aligned}
l_{yy} &= \sum_{i=1}^{n}(y_i - \overline{y})^2 = \sum_{i=1}^{n}\left[(y_i - \widehat{y}_i) + (\widehat{y}_i - \overline{y})\right]^2 \\
&= \sum(y_i - \widehat{y}_i)^2 + \sum(\widehat{y}_i - \overline{y})^2 + 2\sum(y_i - \widehat{y}_i)(\widehat{y}_i - \overline{y}),
\end{aligned}
$$

其中 (注意 $\widehat{a} = \overline{y} - \widehat{b}\overline{x}$)

$$
\begin{aligned}
\sum(y_i - \widehat{y}_i)(\widehat{y}_i - \overline{y}) &= \sum(y_i - \widehat{a} - \widehat{b}x_i)(\widehat{a} + \widehat{b}x_i - \overline{y}) \\
&= \sum(y_i - \overline{y} + \widehat{b}\overline{x} - \widehat{b}x_i)(\widehat{b}x_i - \widehat{b}\overline{x}) \\
&= \sum\left[(y_i - \overline{y}) - \widehat{b}(x_i - \overline{x})\right]\left[\widehat{b}(x_i - \overline{x})\right] \\
&= \widehat{b}\sum(x_i - \overline{x})(y_i - \overline{y}) - \widehat{b}^2\sum(x_i - \overline{x})^2 \\
&= \widehat{b}\left(l_{xy} - \widehat{b}l_{xx}\right) = \widehat{b}\left(l_{xy} - \frac{l_{xy}}{l_{xx}} \cdot l_{xx}\right) = 0,
\end{aligned}
$$

因此得

$$
\sum(y_i - \overline{y})^2 = \sum(y_i - \widehat{y}_i)^2 + \sum(\widehat{y}_i - \overline{y})^2. \tag{9.1.11}
$$

记

$$
Q = \sum(y_i - \widehat{y}_i)^2, \quad U = \sum(\widehat{y}_i - \overline{y})^2,
$$

即有

$$
l_{yy} = Q + U. \tag{9.1.12}
$$

(9.1.12) 式或 (9.1.11) 式称为**平方和分解公式**(quadratic sum of decomposition) .

$$
\begin{aligned}
U = \sum(\widehat{y}_i - \overline{y})^2 &= \sum(\widehat{a} + \widehat{b}x_i - \overline{y})^2 \\
&= \sum(\widehat{b}x_i - \widehat{b}\overline{x})^2 = \widehat{b}^2\sum(x_i - \overline{x})^2, \tag{9.1.13}
\end{aligned}
$$

它表示 n 个数 $\widehat{y}_1, \widehat{y}_2, \cdots, \widehat{y}_n$ 的偏差平方和, 这 n 个数是回归直线 $\widehat{y} = \widehat{a} + \widehat{b}x$ 上相应于 $x_1, x_2, \cdots, x_n$ 的纵坐标值. $\widehat{y}_1, \widehat{y}_2, \cdots, \widehat{y}_n$ 的分散性依赖于 $x_1, x_2, \cdots, x_n$ 的分散性, 而且与回归直线的斜率 $\widehat{b}$ 有关. 称 U 为**回归平方和**(sum of squares of regression), 它反映了 x 对 Y 的线性影响.

$Q = \sum(y_i - \widehat{y_i})^2$ 表示变量 Y 的观测值 y_i 与回归直线上的 $\widehat{y_i}$ 的偏差平方和, 它是扣除 x 对 Y 的线性影响后, 其他剩余因素 (包括试验误差) 对 $y_1, y_2, \cdots, y_n$ 的分散性的作用, 称 Q 为剩余平方和或残差平方和(sum of squares of residual).

在总的偏差平方和 l_{yy} 中, 回归平方和 U 所占比例越大, 从而残差平方和 Q 所占的比例越小, 就说明所配回归直线与样本点拟合得越好, 两个变量之间的线性关系越明显, 或说线性回归越显著.

令

$$r^2 = \frac{U}{l_{yy}} = \frac{l_{yy} - Q}{l_{yy}},\tag{9.1.14}$$

显然 $0 \leqslant r^2 \leqslant 1$. r^2 越小, U 在 l_{yy} 中所占的比例就越小, 说明两个变量的线性关系越不明显; r^2 越大, U 在 l_{yy} 中所占的比例就越大, 说明两个变量的线性关系越明显. 当 $r^2 = 1$ 时, $Q = 0$, 于是 $y_i = \widehat{y_i}, i = 1, 2, \cdots, n$, 此时所有样本点 (x_i, y_i) 都在回归直线 $\widehat{y} = \widehat{a} + \widehat{b}x$ 上面, y_i 与 x_i 有完全的线性关系.

由 (9.1.14) 及 (9.1.13) 式, 有

$$\begin{aligned}
r^2 &= \frac{U}{l_{yy}} = \frac{\widehat{b}^2 \sum(x_i - \overline{x})^2}{l_{yy}} = \frac{\left(\frac{l_{xy}}{l_{xx}}\right)^2 l_{xx}}{l_{yy}} \\
&= \frac{(l_{xy})^2}{l_{xx}l_{yy}} = \frac{\left[\sum(x_i - \overline{x})(y_i - \overline{y})\right]^2}{\left[\sum(x_i - \overline{x})^2\right]\left[\sum(y_i - \overline{y})^2\right]}.
\end{aligned}$$

定义 9.1.1

$$r = \frac{l_{xy}}{\sqrt{l_{xx}}\sqrt{l_{yy}}} = \frac{\sum(x_i - \overline{x})(y_i - \overline{y})}{\sqrt{\sum(x_i - \overline{x})^2}\sqrt{\sum(y_i - \overline{y})^2}}\tag{9.1.15}$$

称为**经验相关系数** (empirical correlation coefficient), 简称**相关系数**.

$-1 \leqslant r \leqslant 1, r^2$ 越大, 相当于 $|r|$ 越大, 说明两个变量的线性关系越明显. 而且由 (9.1.15) 知

$$r = \frac{l_{xy}}{l_{xx}}\sqrt{\frac{l_{xx}}{l_{yy}}} = \widehat{b}\sqrt{\frac{l_{xx}}{l_{yy}}},\tag{9.1.16}$$

可见 r 与回归系数 $\widehat{b}$ 同号.

对于例 9.1.2, 已有 $l_{xy} = 0.674, l_{xx} = 1.989$, 再算出

$$l_{yy} = \sum y_i^2 - \frac{1}{n}\left(\sum y_i\right)^2 = 2842.84 - \frac{1}{10} \times (168.6)^2 = 0.244,$$

得

$$r = \frac{l_{xy}}{\sqrt{l_{xx}}\sqrt{l_{yy}}} = \frac{0.674}{\sqrt{1.989}\sqrt{0.244}} = 0.967,$$

很接近 1, 说明变量 Y 与 x 的线性关系是很明显的, 所配回归直线是有意义的.

下面用散点图具体说明当 r 取各种不同数值时, 散点 $(x_1, y_1), (x_2, y_2)$, $\cdots, (x_n, y_n)$ 的分布情况.

(1) $r = 0$, 此时 $\hat{b} = 0$, 即根据最小二乘法配的回归直线平行于 x 轴, 说明 Y 的变化与 x 无关, Y 与 x 毫无线性关系, 在通常情况下, 散点的分布是完全不规则的, 如图 9.2(1).

(2) $0 < |r| < 1$, 这时 Y 与 x 之间存在一定的线性关系. $0 < r < 1$ 时 (图 9.2(2)), $\hat{b} > 0, y_i$ 有随 x_i 的增加而增加的趋势, 此时称 Y 与 x 正相关; $-1 < r < 0$ 时 (图 9.2(3)), $\hat{b} < 0, y_i$ 有随 x_i 的增加而减小的趋势, 此时称 Y 与 x 负相关. 当 r 的绝对值较小时, 散点离回归直线较远; 而当 r 的绝对值较大时 (即较接近 1 时), 散点离回归直线较近.

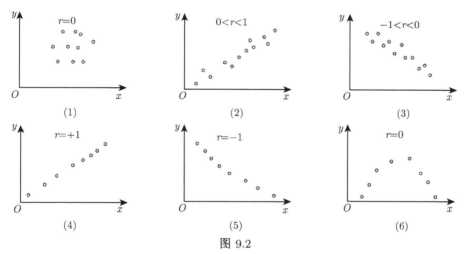

图 9.2

(3) $|r| = 1$, 此时 $Q = 0$, 所有样本点 (x_i, y_i) 都在回归直线上, y_i 与 x_i 有完全的线性关系, 如图 9.2(4), (5) 所示.

从上面讨论可知, 相关系数 r 确实可以描述两个变量 Y 与 x 线性关系的明显程度. $|r|$ 越接近 0, 两个变量的线性关系程度越小; $|r|$ 越接近 1, 两个变量的线性关系程度越显著. 必须指出, 相关系数 r 只表示两个变量线性关系的明显程度, 当 $|r|$ 很小, 甚至为 0 时, 也可能两变量 Y 与 x 存在着其他关系, 只不过是没什么线性关系而已, 如图 9.2(6) 所示.

9.1.4   线性回归的显著性检验

在上一段中已说明, 根据平方和分解公式 (9.1.12),

$$l_{yy} = U + Q,$$

回归平方和 U 在 l_{yy} 中所占的比例越大, 就说明两个变量之间的线性关系越明显, 或说线性回归越显著. 因为 $|r|^2 = \dfrac{U}{l_{yy}}$, 所以可以用相关系数 r 来检验线性回归的显著性, 这在后面再讲. 现在先把这个统计检验问题的数学表达明确一下.

在一元线性回归问题中, 我们假定 Y 的期望 $\mu = a + bx$ 是 x 的线性函数, 若 $|b|$ 越大, 则 Y 随 x 的变化而变化的趋势越明显, 若 $|b|$ 越小, 则这个趋势越不明显, 特别当 $b = 0$ 时, Y 几乎不随 x 而变, 说明 Y 与 x 没有线性相关性. 当散点图像图 9.2(1), (6) 所示的情况时, Y 与 x 是没有什么线性关系的, 如果我们也假定 Y 的期望 $\mu = a + bx$(当然这种假定是不符合实际情况的), 也作为一元线性回归问题来处理, 这时 b 也是等于 0 的. 因此在一元线性回归中, $b = 0$ 意味着 Y 与 x 没什么线性关系. 线性回归的显著性检验可以表达为检验

$$H_0 : b = 0, \quad H_1 : b \neq 0.$$

根据样本观测值 $(x_1, y_1), (x_2, y_2), \cdots, (x_n, y_n)$ 进行检验, 如果拒绝 H_0, 从而接受 H_1, 则判定 Y 与 x 的线性关系是显著的, 说明由最小二乘法求得的回归直线 $\hat{y} = \hat{a} + \hat{b}x$ 对表示 Y 与 x 的关系有实用价值. 如果接受 H_0, 则判定 Y 与 x 的线性关系不显著, 由最小二乘法所得的回归直线就没有应用价值.

对上述统计假设有多种检验法. 我们先给出 F **检验法**(F test).

在对每一个 x 值, $Y \sim N(a + bx, \sigma^2)$ 的假定下, 可以证明 (证明略):

$$\frac{Q}{\sigma^2} = \frac{1}{\sigma^2} \sum_{i=1}^{n} (y_i - \widehat{y_i})^2 \sim \chi^2(n-2),$$

在 H_0 为真 (即 $b = 0$) 时,

$$\frac{U}{\sigma^2} = \frac{1}{\sigma^2} \sum_{i=1}^{n} (\widehat{y_i} - \overline{y_i})^2 \sim \chi^2(1),$$

并且 U 与 Q 独立. 于是

$$F = \frac{U/\sigma^2}{\dfrac{Q}{\sigma^2}/(n-2)} = (n-2)\frac{U}{Q} \sim F(1, n-2).$$

在 H_0 不真时, Y 与 x 的线性关系显著, U 在 l_{yy} 中所占比例较大, $F = (n-2)\dfrac{U}{Q}$ 有偏大的趋势, 因此, 对给定的显著性水平 α, 由

$$P\{F > F_{1-\alpha}(1, n-2)\} = \alpha,$$

得 H_0 的拒绝域为

$$W = \{F > F_{1-\alpha}(1, n-2)\}. \tag{9.1.17}$$

例 9.1.3 (续例 9.1.2) 在水平 $\alpha = 0.05$ 下, 对第一导丝盘速度与电流周波的线性回归方程作线性回归显著性检验.

解 在例 9.1.2 中已算出 $l_{xx} = 1.989, \widehat{b} = 0.339$, 于是由 (9.1.13) 式, 有

$$U = \widehat{b}^2 l_{xx} = (0.339)^2 \times 1.989 = 0.229.$$

又在上一段已算出 $l_{yy} = 0.244$, 于是

$$Q = l_{yy} - U = 0.244 - 0.229 = 0.015.$$

所以

$$F = (n-2)\frac{U}{Q} = 8 \times \frac{0.229}{0.015} = 122.13.$$

$\alpha = 0.05$ 时,

$$F_{1-\alpha}(1, n-2) = F_{0.95}(1, 8) = 5.32.$$

因为 $F > F_{0.95}(1, 8)$, 所以拒绝 H_0, 从而接受 $H_1 : b \neq 0$. 这说明 Y 与 x 的线性关系是显著的. 因此例 9.1.2 中所求得的线性回归方程有实用价值.

例 9.1.4 在摸索高产经验的过程中, 为总结出根据小麦基本苗数, 推算成熟期有效穗数的方法, 在五块田上进行了试验, 在同样的肥料和管理水平下, 取得表 9.2 中的数据. 求基本苗数与有效穗数之间的线性回归方程, 并作线性回归的显著性检验 ($\alpha = 0.05$).

表 9.2

编号	基本苗数 x_i 万株 / 亩	有效穗数 y_i 万株 / 亩[①]
1	15	39.4
2	25.8	42.9
3	30	41.0
4	36.6	43.1
5	44.4	49.2

1 亩 ≈ 666.67 平方米.

解 基本苗数作自变量 x, 有效穗数作因变量 Y. 散点图如图 9.3 所示, 从散点图上还难以看出 Y 与 x 是否有明显的线性关系. 按题意, 先求出线性回归方程, 并作线性回归的显著性检验.

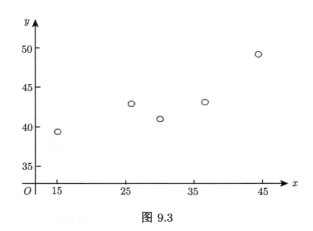

图 9.3

$$\sum x_i = 151.8, \qquad \sum y_i = 215.6,$$

$$\sum x_i^2 = 5101.56, \quad \sum x_i y_i = 6689.76,$$

$$l_{xx} = \sum x_i^2 - \frac{1}{n}\left(\sum x_i\right)^2 = 5101.56 - \frac{1}{5} \times (151.8)^2 = 492.912,$$

$$l_{xy} = \sum x_i y_i - \frac{1}{n}\left(\sum x_i\right)\left(\sum y_i\right)$$
$$= 6689.76 - \frac{1}{5}(151.8)(215.6)$$
$$= 144.144,$$

于是

$$\widehat{b} = \frac{l_{xy}}{l_{xx}} = \frac{144.144}{492.912} = 0.292,$$
$$\widehat{a} = \overline{y} - \widehat{b}\,\overline{x} = 43.12 - 0.292 \times 30.36 = 34.3.$$

所求线性回归方程为

$$\widehat{y} = 34.3 + 0.292x.$$

下面再对线性回归作显著性检验. 由 (9.1.13) 式, 有

$$U = \widehat{b}^2 l_{xx} = (0.292)^2 \times 492.912 = 42.03,$$

又

$$\sum y_i^2 = 9352.02,$$

$$l_{yy} = \sum y_i^2 - \frac{1}{n}\left(\sum y_i\right)^2 = 9352.02 - \frac{1}{5}(215.6)^2 = 55.35,$$
$$Q = l_{yy} - U = 55.35 - 42.03 = 13.32,$$

于是

$$F = (n-2)\frac{U}{Q} = 3 \times \frac{42.03}{13.32} = 9.47.$$

在水平 $\alpha = 0.05$ 下,

$$F_{1-\alpha}(1, n-2) = F_{0.95}(1,3) = 10.1,$$

因为 $F = 9.47 < 10.1$, 所以接受 $H_0 : b = 0$, 即线性回归并不显著, Y 与 x 的线性关系不明显.

最后我们再由上述的 F 检验法导出 r 检验法. 由 (9.1.14) 式, 有

$$r^2 = \frac{U}{l_{yy}} = \frac{U}{U+Q},$$

可得 $\dfrac{U}{Q} = \dfrac{r^2}{1-r^2}$, 因为

$$F = (n-2)\frac{U}{Q} = (n-2)\frac{r^2}{1-r^2}, \tag{9.1.18}$$

H_0 的拒绝域

$$F > F_{1-\alpha}(1, n-2)$$

等价于

$$(n-2)\frac{r^2}{1-r^2} > F_{1-\alpha}(1, n-2),$$

即等价于

$$|r| > \sqrt{\frac{F_{1-\alpha}(1, n-2)}{n-2+F_{1-\alpha}(1, n-2)}}. \tag{9.1.19}$$

当我们用相关系数 r 作线性回归的显著性检验时, (9.1.19) 式就是 H_0 的拒绝域. 这就是 r **检验法**(r test).

如对于例 9.1.4,

$$r = \frac{l_{xy}}{\sqrt{l_{xx}}\sqrt{l_{yy}}} = \frac{144.144}{\sqrt{492.912}\sqrt{55.35}} = 0.873,$$

而

$$\sqrt{\frac{F_{0.95}(1,3)}{3+F_{0.95}(1,3)}} = \sqrt{\frac{10.1}{3+10.1}} = 0.878,$$

可见不能拒绝 H_0.

需要指出, (9.1.19) 式右边的临界值 $\sqrt{\dfrac{F_{1-\alpha}(1,n-2)}{n-2+F_{1-\alpha}(1,n-2)}}$ 是与 n 有关的, 当 n 较小时, 此临界值较大. 在例 9.1.4 中, $n=5$ 较小, 我们算出相关系数 $r=0.873$, 已经比较接近 1, 似乎可以认为两个变量之间有线性关系了, 但是在水平 $\alpha=0.05$ 下, $|r|$ 仍未超过临界值 0.878, 所以不能认为两变量有明显的线性关系. 其实, 当 n 较小时, 相关系数的绝对值容易接近 1, 我们必须按照 (9.1.19) 式, 与临界值加以比较, 才能判定两变量间是否有明显的线性关系. 特别地, 当 $n=2$ 时, 只有两个样本点, 因为两点决定一条直线, 所以此时相关系数的绝对值必为 1, 但这对两个变量之间的关系不能说明什么问题.

9.1.5 预测与控制

我们已经介绍了建立线性回归方程的方法, 以及如何作线性回归的显著性检验. 如果经检验两变量间的线性关系是明显的, 所建立的线性回归方程对表示两变量间的关系就有实用价值. 可以用它来进行预测与控制.

先讨论预测问题. 对变量 x 取定的某个值 x_0, 由回归方程可得 $\widehat{y_0}=\widehat{a}+\widehat{b}x_0,\widehat{y_0}$ 是 $x=x_0$ 时 Y 的期望 $a+bx_0$ 的估计值. 在 $x=x_0$ 条件下的随机变量 Y 我们记为 Y_0, 所谓预测, 就是对给定的置信水平 $1-\alpha$, 确定一个区间 $(\widehat{y_0}-\delta,\widehat{y_0}+\delta)$ 使得

$$P\{\widehat{y_0}-\delta<Y_0<\widehat{y_0}+\delta\}=1-\alpha,$$

即

$$P\{|Y_0-\widehat{y_0}|<\delta\}=1-\alpha.$$

在假定 $Y\sim N(a+bx,\sigma^2)$ 时, 可以证明 (证明略)

$$Y_0-\widehat{y_0}\sim N\left(0,\sigma^2\left[1+\frac{1}{n}+\frac{(x_0-\overline{x})^2}{\sum\limits_{i=1}^{n}(x_i-\overline{x})^2}\right]\right),$$

于是

$$\frac{Y_0-\widehat{y_0}}{\sigma\sqrt{1+\dfrac{1}{n}+\dfrac{(x_0-\overline{x})^2}{\sum(x_i-\overline{x})^2}}}\sim N(0,1),$$

而且 $\dfrac{Q}{\sigma^2} = \dfrac{1}{\sigma^2}\sum(y_i - \widehat{y_i})^2 \sim \chi^2(n-2)$, Q 与 $(Y_0 - \widehat{y_0})$ 独立. 从而

$$T = \frac{Y_0 - \widehat{y_0}}{\sigma\sqrt{1 + \dfrac{1}{n} + \dfrac{(x_0 - \overline{x})^2}{\sum(x_i - \overline{x})^2}}} \bigg/ \sqrt{\frac{Q}{\sigma^2}\bigg/(n-2)}$$

$$= \frac{(Y_0 - \widehat{y_0})\sqrt{n-2}}{\sqrt{Q\left[1 + \dfrac{1}{n} + \dfrac{(x_0 - \overline{x})^2}{\sum(x_i - \overline{x})^2}\right]}} \sim t(n-2),$$

于是

$$P\left\{\left|\frac{(Y_0 - \widehat{y_0})\sqrt{n-2}}{\sqrt{Q\left[1 + \dfrac{1}{n} + \dfrac{(x_0 - \overline{x})^2}{\sum(x_i - \overline{x})^2}\right]}}\right| < t_{1-\alpha/2}(n-2)\right\} = 1 - \alpha,$$

即

$$P\{\widehat{y_0} - \delta < Y_0 < \widehat{y_0} + \delta\} = 1 - \alpha,$$

其中

$$\delta = t_{1-\alpha/2}(n-2)\sqrt{\frac{Q}{n-2}\left[1 + \frac{1}{n} + \frac{(x_0 - \overline{x})^2}{\sum(x_i - \overline{x})^2}\right]}. \qquad (9.1.20)$$

$(\widehat{y_0} - \delta, \widehat{y_0} + \delta)$ 就是 Y_0 的置信水平为 $1 - \alpha$ 的预测区间, 由 (9.1.20) 式可知, 当置信水平 $1 - \alpha$ 与样本观测值 $(x_i, y_i), i = 1, 2, \cdots, n$ 给定时, δ 仍与 x_0 有关, x_0 越靠近 $\overline{x}$, δ 就越小, 预测就越精密.

把 x_0 一般地写为 x 时, 预测区间 $(\widehat{y_0} - \delta, \widehat{y_0} + \delta)$ 就写为 $(\widehat{y} - \delta(x), \widehat{y} + \delta(x))$, 这里 $\widehat{y} = \widehat{a} + \widehat{b}x$,

$$\delta(x) = t_{1-\alpha/2}(n-2)\sqrt{\frac{Q}{n-2}\left[1 + \frac{1}{n} + \frac{(x - \overline{x})^2}{\sum(x_i - \overline{x})^2}\right]}. \qquad (9.1.21)$$

作曲线 $y = \widehat{y} - \delta(x)$ 与 $y = \widehat{y} + \delta(x)$, 这两条曲线形成一个含回归直线 $\widehat{y} = \widehat{a} + \widehat{b}x$ 在中间的成喇叭形的带域, 且在 $x = \overline{x}$ 处最窄, 如图 9.4 所示.

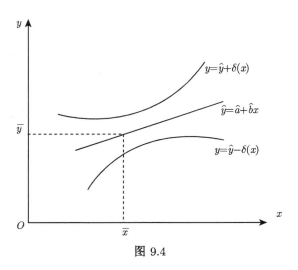

图 9.4

例 9.1.5 (续例 9.1.2 与例 9.1.3)　对周波 $x = 49.6$, 求第一导丝盘速度 Y 的 95% 预测区间.

解　根据回归方程

$$\widehat{y} = 0.04 + 0.399x,$$

当 $x = 49.6$ 时, $\widehat{y} = 16.85$.

在例 9.1.2 与例 9.1.3 中已经算出

$$\overline{x} = 49.61, \quad l_{xx} = \sum (x_i - \overline{x})^2 = 1.989, \quad Q = 0.015,$$

查表知 $t_{1-\alpha/2}(n-2) = t_{0.975}(8) = 2.306$, 于是由 (9.1.21) 式, 有

$$\delta = 2.306 \sqrt{\frac{0.015}{8} \left[1 + \frac{1}{10} + \frac{(49.6 - 49.61)^2}{1.989} \right]} = 0.10,$$

所求预测区间为

$$(16.85 - 0.10, 16.85 + 0.10) = (16.75, 16.95).$$

控制问题是预测的反问题. 若要求 Y 落在某个范围 $y_1 < Y < y_2$. 问应控制自变量 x 在何处取值. 我们只要确定这样两个数 x_1, x_2, 使得

$$\widehat{y} - \delta(x_1) \geqslant y_1, \quad \widehat{y} + \delta(x_2) \leqslant y_2,$$

则当 $x_1 < x < x_2$ 时, 就以至少 $1 - \alpha$ 的概率保证 x 所相应的 Y 落在 (y_1, y_2) 内.

在实际应用回归方程进行预测与控制时, 由于 δ 的计算公式过于复杂, 常作一些简化. 当 x 离 $\overline{x}$ 不太远, 而且 n 较大时, 有

$$\sqrt{1 + \frac{1}{n} + \frac{(x-\overline{x})^2}{\sum(x_i - \overline{x})^2}} \approx 1,$$

$$t_{1-\alpha/2}(n-2) \approx u_{1-\alpha/2},$$

其中 $u_{1-\alpha/2}$ 是 $N(0,1)$ 的分位点. 记 $s = \sqrt{\dfrac{Q}{n-2}}$, 则

$$\delta \approx u_{1-\alpha/2} \cdot s. \qquad (9.1.22)$$

例如当置信水平 $1-\alpha = 95.45\%$ 时, $1 - \dfrac{\alpha}{2} = 0.97725$, 因此 $u_{1-\alpha/2} = 2$, 由 (9.1.22) 式, 有 $\delta \approx 2s$.

在平面上, 作两条平行于回归直线的直线 $y = \widehat{a} + \widehat{b}x - 2s$ 及 $y = \widehat{a} + \widehat{b}x + 2s$, 如图 9.5 和图 9.6 所示.

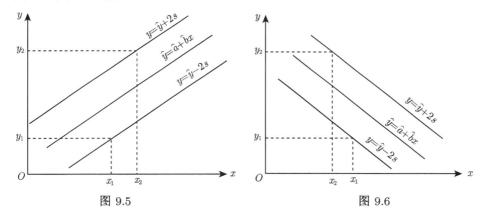

图 9.5　　　　　　　　　　图 9.6

当 n 较大时, 在离 $\overline{x}$ 不太远的 x 处, 我们就能以 95.45% 的概率预测 Y 的取值落在这两条直线所夹的带形区域内. 反过来, 若要求 Y 落在范围 (y_1, y_2), 也只要通过方程

$$\widehat{a} + \widehat{b}x_1 - 2s = y_1,$$

$$\widehat{a} + \widehat{b}x_2 + 2s = y_2,$$

分别解出 x_1, x_2, 从而确定 x 取值的控制范围, 如图 9.5 和图 9.6 所示.

§9.2　一元非线性回归

在两个变量的回归问题中, 不属于线性关系的情形也很多, 如果从专业知识知道两个变量存在某种非线性关系, 或者根据样本观测值通过检验判定两个变量的线

性关系不明显, 从散点图上看出两个变量有某种曲线关系, 就应考虑用曲线来拟合, 作非线性回归 (或说曲线回归), 即假定回归函数是某种非线性函数.

　　非线性回归的方法有多种, 我们仅介绍通过变量转换把曲线回归化为线性回归的方法.

　　例 9.2.1　　混凝土的抗压强度随着养护时间的延长而增加, 现将一批混凝土做成 12 个试块, 表 9.3 记录了养护时间与抗压强度的数据.

表 9.3

养护时间 x_i/d	2	3	4	5	7	9	12	14	17	21	28	56
抗压强度 y_i/(kg/cm^2)	35	42	47	53	59	65	68	73	76	82	86	99

试求抗压强度与养护时间的回归方程.

　　解　　作散点图 (图 9.7), 从图上看这 12 个样本点不是在一条直线附近分布着, 而呈一条曲线, 曲线形状像对数函数曲线, 所以我们假定回归函数为

$$y = a + b\ln x.$$

　　作变量转换, 令 $x' = \ln x$, 则

$$y = a + bx'.$$

这就变成了一元线性回归问题.

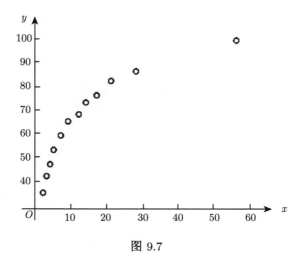

图 9.7

　　由表 9.4 算得

$$\overline{x'} = 2.274, \quad \overline{y} = 65.417,$$

$$\widehat{b} = \frac{\sum x_i' y_i - n\overline{x'}\,\overline{y}}{\sum x_i'^2 - n\overline{x'}^2} = 19.53,$$

$$\widehat{a} = \overline{y} - \widehat{b}\,\overline{x'} = 21.0.$$

于是得抗压强度与养护时间的非线性回归方程

$$\widehat{y} = 21.0 + 19.53\ln x.$$

表 9.4

$x_i' = \ln x_i$	0.693	1.099	1.386	1.609	1.946	2.197	2.485	2.639	2.833	3.045	3.332	4.025
y_i	35	42	47	53	59	65	68	73	76	82	86	99

在曲线回归中, 正确选择曲线类型是变量转换的前提. 如果无专业方面的结论, 一般可通过观察分析散点图, 与常见的函数曲线对比, 确定哪种曲线类型比较适合. 图 9.8~图 9.13 是一些常见的可由变量转换线性化的函数曲线类型, 供应用时参考.

(1) 双曲线函数: $\dfrac{1}{y} = a + b\dfrac{1}{x}$.

转换关系: $y' = \dfrac{1}{y}, x' = \dfrac{1}{x}$, 则 $y' = a + bx'$.

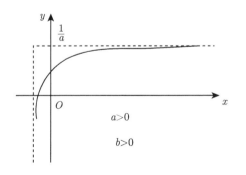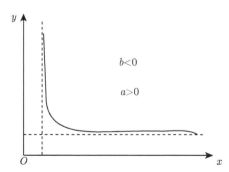

$$\frac{1}{y} = a + b\frac{1}{x}$$

图 9.8

(2) **幂函数**: $y = dx^b$.

转换关系: $y' = \ln y, x' = \ln x, a = \ln d$, 则 $y' = a + bx'$.

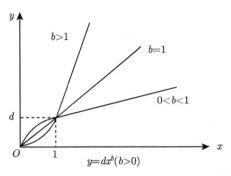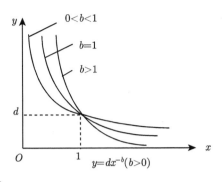

图 9.9

(3) **指数函数**：$y = d\mathrm{e}^{bx}$.

转换关系：$y' = \ln y, a = \ln d$, 则 $y' = a + bx$.

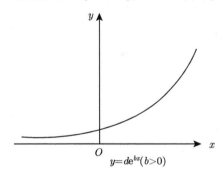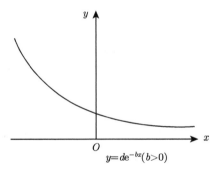

图 9.10

(4) **负指数函数**：$y = d\mathrm{e}^{\frac{b}{x}}$.

转换关系：$y' = \ln y, x' = \dfrac{1}{x}, a = \ln d$ 则 $y' = a + bx'$.

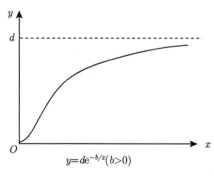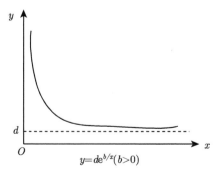

图 9.11

(5) **对数函数**：$y = a + b\log x$.

转换关系: $x' = \log x$, 则 $y = a + bx'$.

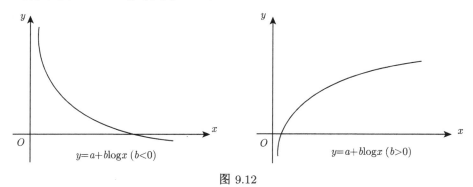

$y = a + b\log x \ (b<0)$ $y = a + b\log x \ (b>0)$

图 9.12

(6) S 型曲线: $y = \dfrac{1}{a + be^{-x}}$.

转换关系: $y' = \dfrac{1}{y}$ $x' = e^{-x}$, 则 $y' = a + bx'$.

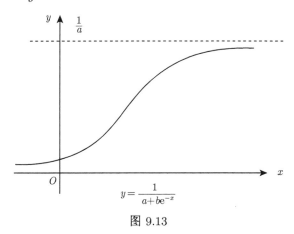

$y = \dfrac{1}{a + be^{-x}}$

图 9.13

在一元线性回归中, 我们知道可用相关系数的绝对值 $|r|$(或用 r^2) 的大小来检验回归直线与样本点拟合的好坏, 而

$$r^2 = \frac{U}{l_{xy}} = 1 - \frac{Q}{l_{xy}} = 1 - \frac{\sum (y_i - \widehat{y_i})^2}{\sum (y_i - \overline{y})^2}. \tag{9.2.1}$$

在曲线回归中, 我们用类似于 (9.2.1) 式中最右边的量来衡量回归曲线与样本点拟合的好坏. 定义

$$R^2 = 1 - \frac{\sum (y_i - \widehat{y_i})^2}{\sum (y_i - \overline{y})^2} \tag{9.2.2}$$

并称 R^2 为**相关指数**(correlation index). R^2 越接近 1, 所配曲线拟合得越好. 但要注意, (9.2.2) 式中的 y_i 都是原变量的值, $\widehat{y_i}$ 是回归曲线上的值. R^2 是原变量 x, y 之间的指标, 与转换后的变量 x', y' 的相关系数的平方 r^2 一般是不同的.

现对例 9.2.1 所配的回归曲线

$$\widehat{y} = 21.0 + 19.53 \ln x,$$

计算抗压强度与养护时间的相关指数. 先求出

$$\widehat{y_i} = 21.0 + 19.53 \ln x_i,$$

再求出

$$\sum (y_i - \widehat{y_i})^2 = 8.48,$$

又

$$\sum (y_i - \overline{y})^2 = \sum y_i^2 - n\overline{y}^2 = 55363 - 12 \times (65.417)^2 = 4010.393,$$

于是得相关指数

$$R^2 = 1 - \frac{8.48}{4010.393} = 0.9979.$$

在一元非线性回归中, 有时我们不知道回归函数属于哪种类型的函数, 从散点图上也不能肯定用哪种类型的曲线来拟和最适宜, 这时可以用几个不同类型的曲线来拟合, 分别求出回归曲线, 然后比较哪个类型的回归曲线使相关指数最大, 择出其中最好的.

§9.3　多元线性回归

前面讨论的是仅涉及两个变量的线性回归问题, 其因变量 Y 只与一个自变量 x 有关. 但在许多实际问题中, 影响因变量的因素 (即自变量) 往往不止一个 (这时因变量仍只有一个), 称这类实际问题相应的线性回归问题为多元线性回归.

设影响因变量 Y 的因素为 $x_1, x_2, \cdots, x_p$. 假设它们之间满足下式:

$$\begin{cases} Y = b_0 + b_1 x_1 + \cdots + b_p x_p + \varepsilon, \\ \varepsilon \sim N(0, \sigma^2), \end{cases} \tag{9.3.1}$$

其中 $b_0, b_1, \cdots, b_p, \sigma^2$ 都是与 $x_1, x_2, \cdots, x_p$ 无关的未知参数. (9.3.1) 式称为**多元线性回归模型**.

9.3.1 最小二乘估计

设有 n 组样本观测值

$$(x_{i1}, x_{i2}, \cdots, x_{ip}, y_i), \quad i = 1, 2, \cdots, n,$$

和一元线性回归分析情形一样, 我们仍用最小二乘法估计未知参数 $b_0, b_1, \cdots, b_p$. 令

$$Q = \sum_{i=1}^{n} (y_i - b_0 - b_1 x_{i1} - \cdots - b_p x_{ip})^2, \tag{9.3.2}$$

称使 Q 达到最小的 $\widehat{b_0}, \widehat{b_1}, \cdots, \widehat{b_p}$ 为 $b_0, b_1, \cdots, b_p$ 的**最小二乘估计**(least squares estimate).

求 Q 关于 $b_0, b_1, \cdots, b_p$ 的偏导数, 并令其为零得

$$\begin{cases} \dfrac{\partial Q}{\partial b_0} = -2 \sum_{i=1}^{n} (y_i - b_0 - b_1 x_{i1} - \cdots - b_p x_{ip}) = 0, \\ \dfrac{\partial Q}{\partial b_j} = -2 \sum_{i=1}^{n} (y_i - b_0 - b_1 x_{i1} - \cdots - b_p x_{ip}) x_{ij} = 0, \quad j = 1, 2, \cdots, p. \end{cases} \tag{9.3.3}$$

整理该方程组 $\left(\text{以下把} \sum\limits_{i=1}^{n} \text{简记为} \sum \right)$ 得

$$\begin{cases} n b_0 + \left(\sum x_{i1} \right) b_1 + \cdots + \left(\sum x_{ip} \right) b_p = \sum y_i, \\ \left(\sum x_{i1} \right) b_0 + \left(\sum x_{i1}^2 \right) b_1 + \cdots + \left(\sum x_{i1} x_{ip} \right) b_p = \sum x_{i1} y_i, \\ \quad\quad\quad\quad\quad\quad \cdots\cdots \\ \left(\sum x_{ip} \right) b_0 + \left(\sum x_{ip} x_{i1} \right) b_1 + \cdots + \left(\sum x_{ip}^2 \right) b_p = \sum x_{ip} y_i. \end{cases} \tag{9.3.4}$$

(9.3.4) 式称为正规方程组. 为求解方便, 将 (9.3.4) 式写成矩阵形式:

$$X^{\mathrm{T}} X B = X^{\mathrm{T}} Y, \tag{9.3.5}$$

其中

$$X = \begin{pmatrix} 1 & x_{11} & x_{12} & \cdots & x_{1p} \\ 1 & x_{21} & x_{22} & \cdots & x_{2p} \\ \vdots & \vdots & \vdots & & \vdots \\ 1 & x_{n1} & x_{n2} & \cdots & x_{np} \end{pmatrix}, \quad Y = \begin{pmatrix} y_1 \\ y_2 \\ \vdots \\ y_n \end{pmatrix}, \quad B = \begin{pmatrix} b_0 \\ b_1 \\ \vdots \\ b_p \end{pmatrix},$$

X^{T} 是 X 的转置矩阵. 一般地, 在回归分析问题中 $X^{\mathrm{T}} X$ 的逆矩阵总是存在的, 因此正规方程组 (9.3.4) 式有唯一解

$$\widehat{B} = (\widehat{b_0}, \widehat{b_1}, \cdots, \widehat{b_p})^{\mathrm{T}} = (X^{\mathrm{T}} X)^{-1} X^{\mathrm{T}} Y, \tag{9.3.6}$$

称 $\widehat{b_0}, \widehat{b_1}, \cdots, \widehat{b_p}$ 为参数 $b_0, b_1, \cdots, b_p$ 的最小二乘估计. 称

$$\widehat{Y} = \widehat{b_0} + \widehat{b_1}x_1 + \cdots + \widehat{b_p}x_p \tag{9.3.7}$$

为 p 元经验线性回归方程(p dimensional empirical linear regression equation), 简称为 p 元线性回归方程(p dimensional linear regression equation).

例 9.3.1 某种水泥在凝固时放出的热量 Y(单位: cal/g) 与水泥中下列四种化学成分有关

$$x_1 : 3\mathrm{CaO} \cdot \mathrm{Al_2O_3}的成分 (\%),$$

$$x_2 : 3\mathrm{CaO} \cdot \mathrm{SiO_2}的成分 (\%),$$

$$x_3 : 4\mathrm{CaO} \cdot \mathrm{Al_2O_3} \cdot \mathrm{Fe_2O_3}的成分 (\%),$$

$$x_4 : 2\mathrm{CaO} \cdot \mathrm{SiO_2}的成分 (\%),$$

现记录了 13 组观测数据, 列在表 9.5 中, 试求 Y 对这些自变量 x_1, x_2, x_3, x_4 的线性回归方程

$$\widehat{y} = \widehat{b_0} + \widehat{b_1}x_1 + \widehat{b_2}x_2 + \widehat{b_3}x_3 + \widehat{b_4}x_4.$$

应用最小二乘法, 算得最小二乘估计

$$\widehat{b_0} = 62.4052, \quad \widehat{b_1} = 1.5511, \quad \widehat{b_2} = 0.5101,$$
$$\widehat{b_3} = 0.1019, \quad \widehat{b_4} = -0.1441.$$

所求经验回归方程为

$$\widehat{Y} = 62.4025 + 1.5511x_1 + 0.5101x_2 + 0.1019x_3 - 0.1441x_4.$$

表 9.5　Hald 水泥数据

编号	x_1	x_2	x_3	x_4	Y
1	7	26	6	60	78.5
2	1	29	15	52	74.3
3	11	56	8	20	104.3
4	11	31	8	47	87.6
5	7	52	6	33	95.9
6	11	55	9	22	109.2
7	3	71	17	6	102.7
8	1	31	22	44	72.5
9	2	54	18	22	93.1
10	21	47	4	26	115.9
11	1	40	23	34	83.8
12	11	66	9	12	113.3
13	10	68	8	12	109.4

9.3.2 回归方程的显著性检验

与一元线性回归情形类似, 对给定的观测值 $(x_{i1}, x_{i2}, \cdots, x_{ip}, y_i), i = 1, 2, \cdots, n$, 总可按最小二乘原理配一个线性回归方程, 但这样配置的线性回归方程是否有意义, 还必须进行统计检验. 进行回归方程的显著性检验, 即检验全体回归系数 (常数项 b_0 除外) 是否同时为零, 相应的假设是

$$H_0 : b_1 = b_2 = \cdots = b_p = 0. \tag{9.3.8}$$

同一元线性回归的情形一样, 可以证明

(i) 总离差平方和 $L_{YY} = \sum_{i=1}^{n} (y_i - \bar{y})^2$ 可分解为 Q 和 U 两部分

$$L_{YY} = Q + U,$$

其中 $U = \sum_{i=1}^{n} (\widehat{y_i} - \bar{y})^2, Q = \sum_{i=1}^{n} (y_i - \widehat{y_i})^2.$

(ii) 在原假设 $H_0 : b_1 = b_2 = \cdots = b_p = 0$ 成立时, L_{YY}, U, Q 分别是自由度为 $n - 1, p, n - p - 1$ 的 χ^2 变量, 即

$$L_{YY} \sim \chi^2(n-1), \quad U \sim \chi^2(p), \quad Q \sim \chi^2(n-p-1),$$

并且 Q 与 U 相互独立.

(iii) 在原假设 H_0 成立时, 统计量

$$F = \frac{U/p}{Q/(n-p-1)} \sim F(p, n-p-1).$$

我们可按下述步骤进行检验:

(i) 按方差分析表 9.6 进行计算.

表 9.6

方差来源	平方和	自由度	均方	F 值
回归	$U = \sum_{i=1}^{n} (\widehat{y_i} - \bar{y})^2$	p	U/p	$F = \dfrac{U/p}{Q/(n-p-1)}$
残差	$Q = \sum_{i=1}^{n} (y_i - \widehat{y_i})^2 = L_{YY} - U$	$n-p-1$	$Q/(n-p-1)$	
总和	$L_{YY} = \sum_{i=1}^{n} (y_i - \bar{y})^2$	$n-1$		

(ii) 对给定的显著性水平 α, 查 F 分布表得临界值 $F_{1-\alpha}(p, n-p-1)$. 若 $F > F_{1-\alpha}(p, n-p-1)$, 则拒绝 H_0, 即认为 Y 与 $x_1, x_2, \cdots, x_p$ 之间存在线性关系; 若

$F \leqslant F_{1-\alpha}(p, n-p-1)$, 则接受原假设 H_0, 即认为 Y 与 $x_1, x_2, \cdots, x_p$ 之间不存在线性关系.

例 9.3.2 (例 9.3.1 续)   对例 9.3.1 的 Hald 水泥数据, 计算出各平方和:

$$U = 2667.90, \quad Q = 47.86, \quad L_{YY} = 2715.76.$$

把水泥数据方差分析列表如表 9.7 所示 ($\alpha = 0.05$).

表 9.7   水泥数据方差分析表

方差来源	平方和	自由度	均方	F 值
回归	$U = 2667.90$	4	666.975	$F = 111.497$
残差	$Q = 47.86$	8	5.982	
总和	$L_{YY} = 2715.76$	12		

查 F 分布表得 $F_{1-\alpha}(p, n-p-1) = F_{0.95}(4, 8) = 3.84$, 因 $F > F_{1-\alpha}(p, n-p-1)$, 故拒绝原假设 H_0, 认为 Y 与 x_1, x_2, x_3, x_4 之间存在线性关系 (也即 Y 与 x_1, x_2, x_3, x_4 之间在水平 $\alpha = 0.05$ 下认为线性关系明显).

9.3.3 回归系数的检验

对多元线性回归模型来说, 回归方程的显著性检验被通过 (即 (9.3.8) 式 H_0 被拒绝) 只能说明 p 个自变量在整体上对 Y 是有影响的, 即因变量 Y 线性地依赖于自变量 $x_1, x_2, \cdots, x_p$ 这 p 个回归自变量的整体. 但并不排除 Y 并不依赖于其中的某个 (些) 自变量, 即某些 b_i 可能等于零. 于是在回归方程的显著性检验原假设 H_0 被拒绝后, 还需对每个自变量逐一作显著性检验. 即对固定的 $i, 1 \leqslant i \leqslant p$, 作如下检验:

$$H_0 : b_i = 0, \tag{9.3.9}$$

如果在给定的显著性水平 α 下不能拒绝该 H_0, 这说明 x_i 对 Y 的影响并不显著, 可考虑在回归方程中去掉 x_i 项.

可以证明在原假设 H_0((9.3.9) 式) 成立的条件下, 统计量

$$T_j = \frac{\widehat{b}_j / \sqrt{l_{jj}}}{\sqrt{Q/(n-p-1)}} \sim t(n-p-1), \quad j = 1, 2, \cdots, p, \tag{9.3.10}$$

这里 $\widehat{b}_j$ 是 b_j 的最小二乘估计, l_{jj} 是 $(X^{\mathrm{T}}X)^{-1}$ 主对角线上的第 j 个元素.

对给定的显著性水平 α, 查 t 分布表得临界值 $t_{1-\alpha/2}(n-p-1)$, 从而得到检验的拒绝域

$$W = \{|t_j| > t_{1-\alpha/2}(n-p-1)\}. \tag{9.3.11}$$

在实际问题中, 若有多个回归系数经检验认为是零, 则不能同时将相应的自变量在回归方程中删除, 而只能先将 $|t_j|$ 值最小的一个自变量删除, 再对剩余的自变量重新建立回归方程, 并进行回归系数的显著性检验, 如此直至剩余的所有的自变量经检验都认为对 Y 有显著影响为止.

9.3.4 多元线性回归模型的预测

假设经过回归方程和回归系数的显著性检验后最终得到多元线性回归方程是

$$\widehat{Y} = \widehat{b}_0 + \widehat{b}_1 x_1 + \cdots + \widehat{b}_p x_p,$$

对任意给定的一组自变量的值 $(x_{01}, x_{02}, \cdots, x_{0p})$, 令 Y_0 为

$$Y_0 = b_0 + b_1 x_{01} + \cdots + b_p x_{0p} + \varepsilon,$$

则

$$\widehat{Y}_0 = \widehat{b}_0 + \widehat{b}_1 x_{01} + \cdots + \widehat{b}_p x_{0p} \tag{9.3.12}$$

是 $E(Y_0)$ 的无偏估计.

给定 $\alpha(0 < \alpha < 1)$, $E(Y_0)$ 的置信水平为 $1 - \alpha$ 的置信区间为

$$\left[\widehat{Y}_0 - \delta_0 \widehat{\sigma} t_{1-\alpha/2}(n-p-1), \widehat{Y}_0 + \delta_0 \widehat{\sigma} t_{1-\alpha/2}(n-p-1) \right], \tag{9.3.13}$$

其中

$$\delta_0 = \sqrt{\frac{1}{n} \sum_{k=1}^{n} \sum_{j=1}^{n} l_{kj}(x_{0k} - \overline{x}_k)(x_{0j} - \overline{x}_j)}, \quad \overline{x}_j = \frac{1}{n} \sum_{i=1}^{n} x_{ij},$$

$\widehat{\sigma} = \sqrt{\dfrac{Q}{n-p-1}}$ 是 σ 的估计. 而 l_{kj} 是矩阵 $(X^{\mathrm{T}}X)^{-1}$ 的第 k 行第 j 列元素, $k, j = 1, 2, \cdots, p$.

对给定的 $\alpha(0 < \alpha < 1)$, 利用

$$\frac{Y_0 - \widehat{Y}_0}{\delta \widehat{\sigma}} \sim t(n-p-1), \tag{9.3.14}$$

其中

$$\delta = \sqrt{1 + \frac{1}{n} + \sum_{k=1}^{n} \sum_{j=1}^{n} l_{kj}(x_{0k} - \overline{x}_k)(x_{0j} - \overline{x}_j)},$$

可得 Y_0 的概率为 $1 - \alpha$ 的预测区间是

$$\left[\widehat{Y}_0 - \delta \widehat{\sigma} t_{1-\alpha/2}(n-p-1), \widehat{Y}_0 + \delta \widehat{\sigma} t_{1-\alpha/2}(n-p-1) \right]. \tag{9.3.15}$$

如果样本容量 n 充分大, 而且给定的自变量的值 $(x_{01}, x_{02}, \cdots, x_{0p})$ 非常接近于样本的中间位置 $(\overline{x}_1, \overline{x}_2, \cdots, \overline{x}_p)$, 则 Y_0 的 $1 - \alpha$ 的预测区间可近似地表示为

$$\left[\widehat{Y}_0 - \widehat{\sigma} u_{1-\alpha/2}, \widehat{Y}_0 + \widehat{\sigma} u_{1-\alpha/2} \right]. \tag{9.3.16}$$

习　题　9

1. 在铜线含碳量对于电阻的效应的研究中, 得到如下一批数据:

碳含量 x_i/%	0.10	0.30	0.40	0.55	0.70	0.80	0.95
电阻 y_i/20℃, μΩ	15	18	19	21	22.6	23.8	26

求线性回归方程 $\widehat{y} = \widehat{a} + \widehat{b}x$.

2. 炼铝厂测得所产铸模用的铝的硬度 x 与抗张强度 y 数据如下表:

x_i	68	53	70	84	60	72	51	83	70	64
y_i	288	293	349	343	290	354	283	324	340	286

(i) 求线性回归方程 $\widehat{y} = \widehat{a} + \widehat{b}x$;

(ii) 在 $\alpha = 0.05$ 时检验所得线性回归方程的显著性;

(iii) 当铝的硬度 $x = 65$ 时, 求抗张强度的 95% 预测区间.

3. 某炼钢厂所用的盛钢桶, 在使用过程中由于钢液及溶渣侵蚀, 其容积不断增大. 经过试验, 盛钢桶的容量与相应使用次数 (寿命) 的关系如下表:

使用次数 x_i	2	3	4	5	6	7	8	9	10
容量 y_it	106.42	108.20	109.58	109.50	109.70	109.90	109.93	109.99	110.49
使用次数 x_i	11	12	13	14	15	16	18	19	
容量 y_it	110.59	110.60	110.80	110.60	110.90	110.76	111.00	111.20	

设回归函数类型为 $\dfrac{1}{y} = a + \dfrac{b}{x}$, 试估计 a, b.

4. 某种化工产品的得率 Y 与反应温度 x_1, 及反应时间 x_2 及某种反应物浓度 x_3 有关. 今测得试验结果如下表所示, 其中 x_1, x_2, x_3 均为二水平且均以编码形式表达.

x_1	-1	-1	-1	-1	1	1	1	1
x_2	-1	-1	1	1	-1	-1	1	1
x_3	-1	1	-1	1	-1	1	-1	1
得率	7.6	10.3	9.2	10.2	8.4	11.1	9.8	12.6

(i) 设 $EY = \mu(x_1, x_2, x_3) = b_0 + b_1x_1 + b_2x_2 + b_3x_3$, 求 Y 的多元线性回归方程;

(ii) 若认为反应时间不影响得率, 即认为 $\mu(x_1, x_2, x_3) = c_0 + c_1x_1 + c_3x_3$, 求 Y 的多元线性回归方程.

习 题 答 案

习 题 1

1. (i) $A \cup B \cup C$;   (ii) $A\overline{B}\,\overline{C}$;   (iii) $AB\overline{C} \cup A\overline{B}C \cup \overline{A}BC$;   (iv) $AB \cup BC \cup AC$;

    (v) $\overline{A} \cup \overline{B} \cup \overline{C}$;   (vi) $\overline{A}\,\overline{B} \cup \overline{B}\,\overline{C} \cup \overline{A}\,\overline{C}$.

2. $A \cup B = \{1,2,3,4,6\}$; $AB = \{2,4\}$; $B - A = \{6\}, BC = \varnothing,$

    $\overline{B \cup C} = \varnothing, (A \cup B)C = \{1,3\}$.

3. $\dfrac{5}{8}$.

4. (i) $\dfrac{1}{12}$;   (ii) $\dfrac{1}{20}$.

5. (i) $\dfrac{C_{1200}^{80} C_{300}^{20}}{C_{1500}^{100}}$;   (ii) $1 - \left(\dfrac{C_{1200}^{100}}{C_{1500}^{100}} + \dfrac{C_{300}^{1} C_{1200}^{19}}{C_{1500}^{100}} \right)$.

6. (i) $\dfrac{1}{10}$;   (ii) $\dfrac{7}{10}$;   (iii) $\dfrac{3}{10}$;   (iv) $\dfrac{1}{60}$.

7. (i) $\dfrac{P_N^n}{N^n}$;   (ii) $\dfrac{(N-2)^n}{N^n}$;   (iii) $\dfrac{K^n}{N^n}$;   (iv) $\dfrac{K^n - (K-1)^n}{N^n}$.

8. $\dfrac{13}{21}$.

9. (i) $1 - \left(\dfrac{364}{365} \right)^{500}$;   (ii) $1 - \dfrac{P_{12}^5}{12^5}$.

10. $1 - \dfrac{C_{9995}^{10}}{C_{10000}^{10}}$.

11. (i) $\dfrac{2}{105}$;   (ii) $\dfrac{2}{5}$.

12. $P_{48}^{r-1} C_4^1 / P_{52}^r$; $P_{48}^{r-2} C_{r-1}^1 C_4^1 C_3^1 / P_{52}^r$

13. (i) $\dfrac{25}{91}$;   (ii) $\dfrac{6}{91}$.

14. $\dfrac{2}{9}$.

15. $\dfrac{(5P_9^3 - 4P_8^2)}{P_{10}^4}$.

16. $\dfrac{5}{9}$.

17. 0.121

18. $\dfrac{1}{3} + \dfrac{2}{9} \ln 2$.

19. $\dfrac{1}{3}$.

20. $\dfrac{2}{3}$.

21. $\dfrac{1}{4}$.

22. 略.

23. 略.

24. $\dfrac{n}{n+m} \cdot \dfrac{N+1}{N+M+1} + \dfrac{m}{n+m} \cdot \dfrac{N}{N+M+1}$.

25. $\dfrac{7}{8}, \dfrac{7}{15}$.

26. 0.022, 0.818.

27. 0.1371.

28. "·".

29. $p^3 + \dfrac{3}{2}p^3(1-p)$.

30. (i) $\dfrac{b}{b+r} \cdot \dfrac{b+c}{b+r+c} \cdot \dfrac{r}{b+r+2c}$;   (ii) $\dfrac{r+2c}{b+r+2c}$.

31. 0.458.

32. $2p^2 + 2p^3 - 5p^4 + 2p^5$.

33. 略.

34. (i) $\dfrac{2}{5}$;   (ii) $1-p$;   (iii) $\dfrac{1}{6}$;   (iv) $1 - \dfrac{5^n + 8^n - 4^n}{9^n}$;   (v) 0.75;   (vi) 2.

35. (i) C;   (ii) A;   (iii) B;   (iv) B;   (v) D.

习 题 2

1.

X	0	1	2	3
P_X	$\dfrac{2}{10}$	$\dfrac{3}{10}$	$\dfrac{4}{10}$	$\dfrac{1}{10}$

$$F(x) = \begin{cases} 0, & x < 0, \\ \dfrac{1}{5}, & 0 \leqslant x < 1, \\ \dfrac{1}{2}, & 1 \leqslant x < 2, \\ \dfrac{9}{10}, & 2 \leqslant x < 3, \\ 1, & x \geqslant 3. \end{cases}$$

2. $a = \dfrac{2}{n(n+1)}$.

3.

X	3	4	5
P_X	0.1	0.3	0.6

4.

X	0	1	2	3
P_X	$\dfrac{3}{25}$	$\dfrac{2}{5}$	$\dfrac{28}{75}$	$\dfrac{8}{75}$

Y	0	1	2	3
P_Y	$\dfrac{8}{75}$	$\dfrac{28}{75}$	$\dfrac{2}{5}$	$\dfrac{3}{25}$

5. $P\{X=k\}=\left(\dfrac{1}{4}\right)^{k-1}\cdot\dfrac{3}{4}, k=1,2,\cdots; \quad \displaystyle\sum_{n=1}^{\infty}P\{X=2n-1\}=\dfrac{4}{5}.$

6. (i) $a=(\mathrm{e}^{\lambda}-1)^{-1};$ (ii) $a=1.$

7. $\displaystyle\sum_{i=k}^{n}\mathrm{C}_n^i p^i(1-p)^{n-i}.$

8. 当 $(n+1)p$ 是整数时, $k=(n+1)p-1$ 或 $k=(n+1)p;$

   当 $(n+1)p$ 不是整数时, $k=[(n+1)p]([x]$ 表示不超过 x 的最大整数).

9. (i) 0.59049;   (ii) 0.91854;   (iii) 0.0729;   (iv) 0.0729;   (v) $0.59049^9.$

10. 17.

11. 0.5372;   3 或 2.

12. 0.994.

13. $\dfrac{1}{l!}(\lambda p)^l\mathrm{e}^{-\lambda p}.$

14. $\dfrac{2}{3}\mathrm{e}^{-2}.$

15. (i) 0.029771;   (ii) 0.002840.

16. 8 件.

17. (i) 0.9596;   (ii) 0.6160;   (iii) 8 件.

18.

X	2	4	6
P_X	$\dfrac{1}{8}$	$\dfrac{1}{4}$	$\dfrac{5}{8}$

$\dfrac{7}{8},\dfrac{1}{4},\dfrac{3}{8}.$

19. 0.99884.

20. (i) $A=\dfrac{1}{2}, B=\dfrac{1}{\pi};$ (ii) $\dfrac{1}{3};$ (iii) $f(x)=\dfrac{1}{\pi\sqrt{a^2-x^2}}, |x|\leqslant a.$

21. $c=\dfrac{6}{29}, F(x)=\begin{cases} 0, & x<1, \\ \dfrac{2}{29}(x^3-1), & 1\leqslant x<2, \\ \dfrac{1}{29}(3x^2+2), & 2\leqslant x<3, \\ 1, & x\geqslant 3. \end{cases}$

22. $F(x) = \begin{cases} 0, & x < 0, \\ \dfrac{x^2}{2}, & 0 \leqslant x < 1, \\ 1 - \dfrac{1}{2x^2}, & x \geqslant 1. \end{cases}$

23. $F(x) = \begin{cases} \dfrac{1}{2}\mathrm{e}^x, & x < 0, \\ 1 - \dfrac{1}{2}\mathrm{e}^{-x}, & x \geqslant 0; \end{cases}$ $\quad 1 - \mathrm{e}^{-1}.$

24. (i) $P\{Y = k\} = \mathrm{C}_4^k (\mathrm{e}^{-2})^{4-k}(1 - \mathrm{e}^{-2})^k, k = 0, 1, 2, 3, 4$; (ii) $4\mathrm{e}^{-6} - 3\mathrm{e}^{-8}$.

25. $\dfrac{1}{3}$.

26. (i) 1.645;　(ii) $\sigma^2 \leqslant 27.03$;　(iii) $a = 2$.

27. 0.0455.

28. (i) $c = 2$;　(ii) $P\{X \geqslant 1\} = 0.3679$;　(iii) $P\{X \geqslant 2 | X \geqslant 1\} = \mathrm{e}^{-3} = 0.0498$.

29. $P\{Y = k\} = \mathrm{C}_5^k \mathrm{e}^{-2k}(1 - \mathrm{e}^{-2})^{5-k}, k = 0, 1, \cdots, s$; $P\{Y \geqslant 1\} = 0.5167$.

30. $\dfrac{4}{7}$.

31.

Y \ X	3	4	5
1	$\dfrac{1}{10}$	$\dfrac{2}{10}$	$\dfrac{3}{10}$
2	0	$\dfrac{1}{10}$	$\dfrac{2}{10}$
3	0	0	$\dfrac{1}{10}$

$P\{X - Y > 2\} = \dfrac{7}{10}$.

32.

V \ U	1	2	3
1	$\dfrac{1}{9}$	$\dfrac{2}{9}$	$\dfrac{2}{9}$
2	0	$\dfrac{1}{9}$	$\dfrac{2}{9}$
3	0	0	$\dfrac{1}{9}$

33.

Y \ X	0	1
0	$1 - \mathrm{e}^{-1}$	$\mathrm{e}^{-1} - \mathrm{e}^{-2}$
1	0	e^{-2}

34.

Y \ X	2	3	$P_{\cdot j}$
0	0.18	0.108	0.288
1	0.24	0.216	0.456
2	0.08	0.144	0.224
3	0	0.032	0.032
$P_{i\cdot}$	0.5	0.5	

35. $k = 1$; $\quad P\{X + Y \geqslant 1\} = \dfrac{65}{72}$.

36. (i) $k = 12$; (ii) $F(x, y) = \begin{cases} (1 - \mathrm{e}^{-3x})(1 - \mathrm{e}^{-4y}), & x > 0, y > 0, \\ 0, & \text{其他}; \end{cases}$

(iii) $P\{0 < x \leqslant 1, 1 < y < 2\} = \mathrm{e}^{-4} - \mathrm{e}^{-7} - \mathrm{e}^{-8} + \mathrm{e}^{11}$.

37. (i) $F_X(x) = \begin{cases} 1 - \mathrm{e}^{-x}, & x > 0, \\ 0, & x \leqslant 0, \end{cases}$ $F_Y(y) = \begin{cases} 1 - \mathrm{e}^{-y} - y\mathrm{e}^{-y}, & y > 0, \\ 0, & y \leqslant 0; \end{cases}$

(ii) $f(x, y) = \begin{cases} \mathrm{e}^{-y}, & y \geqslant x > 0, \\ 0, & \text{其他}. \end{cases}$

38. $f(x, y) = \begin{cases} 6, & (x, y) \in G, \\ 0, & \text{其他}; \end{cases}$

$f_X(x) = \begin{cases} 6(x - x^2), & 0 \leqslant x \leqslant 1, \\ 0, & \text{其他}; \end{cases}$ $f_Y(y) = \begin{cases} 6(\sqrt{y} - y), & 0 \leqslant y \leqslant 1, \\ 0, & \text{其他}. \end{cases}$

39. $f_X(x) = \begin{cases} x^2, & 0 \leqslant x \leqslant 1, \\ 2x - x^2, & 1 < x < 2, \\ 0, & \text{其他}, \end{cases}$ $f_Y(y) = \begin{cases} y + \dfrac{1}{2}, & 0 \leqslant y \leqslant 1, \\ 0, & \text{其他}. \end{cases}$

40. (i) $P\{X = n\} = \dfrac{14^n \mathrm{e}^{-14}}{n!}, n = 0, 1, 2, \cdots,$

$P\{Y = m\} = \dfrac{(7.14)^m \mathrm{e}^{-7.14}}{m!}, m = 0, 1, 2, \cdots;$

(ii) $P\{X = n | Y = m\} = \dfrac{6.86^{n-m} \mathrm{e}^{-6.86}}{(n-m)!}, n = m, m+1, \cdots,$

$P\{Y = m | X = n\} = \mathrm{C}_m^n (0.51)^m (0.49)^{n-m}, m = 0, 1, \cdots, n.$

41. $f_X(x) = \begin{cases} \dfrac{2}{\pi R^2} \sqrt{R^2 - x^2}, & -R \leqslant x \leqslant R, \\ 0, & \text{其他}, \end{cases}$

$f_Y(y) = \begin{cases} \dfrac{2}{\pi R^2} \sqrt{R^2 - y^2}, & -R \leqslant y \leqslant R, \\ 0, & \text{其他}. \end{cases}$

当 $|x| < R$ 时, $f_Y(y|x) = \begin{cases} \dfrac{1}{2\sqrt{R^2 - x^2}}, & -\sqrt{R^2 - x^2} \leqslant y \leqslant \sqrt{R^2 - x^2}, \\ 0, & \text{其他}. \end{cases}$

当 $|x| \geqslant R$ 时, $f_Y(y|x)$ 不存在.

42. $f(x,y) = \dfrac{1}{2.4\pi}\exp\left\{-\dfrac{1}{0.72}\left(x^2 - 0.8x(y-3) + \dfrac{(y-3)^2}{4}\right)\right\}.$

43. $f_X(x) = \begin{cases} \dfrac{\ln x}{x^2}, & x > 1, \\ 0, & x \leqslant 1, \end{cases}$　　$f_Y(y) = \begin{cases} \dfrac{1}{2}, & 0 < y \leqslant 1, \\ \dfrac{1}{2y^2}, & y > 1, \\ 0, & y \leqslant 0; \end{cases}$

当 $0 < y \leqslant 1$ 时, $f_X(x|y) = \begin{cases} \dfrac{1}{x^2 y}, & x > \dfrac{1}{y}, \\ 0, & x \leqslant \dfrac{1}{y}; \end{cases}$

当 $y > 1$ 时, $f_X(x|y) = \begin{cases} \dfrac{y}{x^2}, & x > y, \\ 0, & x \leqslant y; \end{cases}$

当 $x > 1$ 时, $f_Y(y|x) = \begin{cases} \dfrac{1}{2y\ln x}, & \dfrac{1}{x} < y < x, \\ 0, & \text{其他}. \end{cases}$

44. (i) 独立;　(ii) e^{-100}.

45. 略.

46. $P\{X < Y\} = \dfrac{1}{3}.$

47. (i) $f(x,y) = \begin{cases} 25\mathrm{e}^{-5y}, & 0 < x < 0.2, y > 0, \\ 0, & \text{其他}; \end{cases}$　　(ii) $P\{Y \leqslant X\} = \mathrm{e}^{-1}.$

48.

Y	0	1	4	9
P_Y	$\dfrac{6}{30}$	$\dfrac{7}{30}$	$\dfrac{6}{30}$	$\dfrac{11}{30}$

49. $\psi(y) = \begin{cases} \dfrac{4\sqrt{2y}}{m^{3/2}a^3\sqrt{\pi}}\mathrm{e}^{-\frac{2y}{ma^2}}, & y > 0, \\ 0, & y \leqslant 0. \end{cases}$

50. (i) $\psi(y) = \begin{cases} \dfrac{1}{\sqrt{2\pi y}}\mathrm{e}^{-\frac{y}{2}}, & y > 0, \\ 0, & y \leqslant 0; \end{cases}$　　(ii) $\psi(y) = \begin{cases} \dfrac{1}{y\sqrt{2\pi}}\mathrm{e}^{-\frac{(\ln y)^2}{2}}, & y > 0, \\ 0, & y \leqslant 0. \end{cases}$

(iii) $\psi(y) = \begin{cases} \dfrac{4y}{\sqrt{2\pi}}\mathrm{e}^{-\frac{y^4}{2}}, & y > 0, \\ 0, & y \leqslant 0. \end{cases}$

51. $\psi(y) = \begin{cases} \dfrac{3(y+1)}{8\sqrt{y}}, & 0 < y < 1, \\ 0, & \text{其他}. \end{cases}$

52. $\psi(y) = \dfrac{1}{3\pi[1 + (1-y)^{2/3}](1-y)^{2/3}}, -\infty < y < \infty.$

53. 略.

54. $\psi(y) = \begin{cases} \dfrac{2}{3\pi\sqrt{1-y^2}}, & -1 < y \leqslant 0, \\ \dfrac{4}{3\pi\sqrt{1-y^2}}, & 0 < y < 1, \\ 0, & \text{其他}. \end{cases}$

55. (i) $f_Z(z) = \begin{cases} 1 - \mathrm{e}^{-z}, & 0 \leqslant z \leqslant 1, \\ (\mathrm{e}-1)\mathrm{e}^{-z}, & z > 1, \\ 0, & \text{其他}; \end{cases}$

(ii) $f_Z(z) = \begin{cases} \dfrac{z+2}{4}, & -2 < z \leqslant 0, \\ -\dfrac{z-2}{4}, & 0 < z \leqslant 2, \\ 0, & \text{其他}; \end{cases}$

(iii) $f_Z(z) = \begin{cases} 0, & z \leqslant 0, \\ 2\mathrm{e}^{-z}[\mathrm{e}^z(z-1)+1], & 0 < z \leqslant 1, \\ 2\mathrm{e}^{-z}, & z > 1; \end{cases}$

(iv) $f_Z(z) = \begin{cases} \dfrac{1}{15000}(600z - 60z^2 + z^3), & 0 \leqslant z \leqslant 10, \\ \dfrac{1}{15000}(8000z - 1200z + 60z^2 - z^3), & 10 < z \leqslant 20, \\ 0, & \text{其他}. \end{cases}$

56. 略.

57. $f_Z(z) = \begin{cases} \dfrac{1}{24}(z+5), & -5 \leqslant z < -1, \\ \dfrac{1}{6}, & -1 \leqslant z < 1, \\ \dfrac{1}{24}(5-z), & 1 \leqslant z < 5, \\ 0, & \text{其他}. \end{cases}$

58. $F_Z(z) = \begin{cases} 0, & z \leqslant 0, \\ \dfrac{1}{4}\left[z - 2\left(1 - \mathrm{e}^{-\frac{z}{2}}\right) \right], & 0 < z \leqslant 4, \\ \dfrac{1}{4}[4 - 2(\mathrm{e}^2 - 1)\mathrm{e}^{-\frac{z}{2}}], & z > 4. \end{cases}$

59. (i)

Z	0	1	2	3	4
P_Z	$\dfrac{1}{36}$	$\dfrac{4}{36}$	$\dfrac{10}{36}$	$\dfrac{12}{36}$	$\dfrac{9}{36}$

(ii)

M	0	1	2
P_M	$\dfrac{1}{36}$	$\dfrac{8}{36}$	$\dfrac{27}{36}$

(iii)

N	0	1	2
P_N	$\dfrac{11}{36}$	$\dfrac{16}{36}$	$\dfrac{9}{36}$

60. $F_Y(y) = \begin{cases} 0, & y < 0, \\ 1 - \mathrm{e}^{-y}, & 0 \leqslant y < 2, \\ 1, & y \geqslant 2. \end{cases}$

61. (i)

Y	0	1	2
P_Y	$(1-p)^2$	$2p(1-p)$	p^2

即 $Y \sim B(2,p)$;

(ii) $P\{Z=k\} = \mathrm{C}_3^k p^k (1-p)^{3-k}, k=0,1,2,3$, 即 $Z \sim B(3,p)$.

62. 略.

63. $\psi(s) = \begin{cases} \dfrac{1}{2}(\ln 2 - \ln s), & 0 < s < 2, \\ 0, & \text{其他.} \end{cases}$

64. $f_Z(z) = \begin{cases} \dfrac{\mathrm{e}^2}{2z}\left[(z+1)\mathrm{e}^{-\frac{1}{2}} - (z+3)\mathrm{e}^{-\frac{3}{z}}\right], & 0 < z \leqslant \dfrac{1}{2}, \\ \dfrac{3}{2} - \dfrac{\mathrm{e}^2}{2z}(z+3)\mathrm{e}^{-\frac{3}{z}}, & \dfrac{1}{2} < z \leqslant \dfrac{3}{2}, \\ 0, & \text{其他.} \end{cases}$

65. $\mathrm{e}^{-2.5}$.

66. (i) $P\{X+Y=n\} = (n+1)p^2 q^n, n=0,1,2,\cdots$

(ii) $P\{X=k|Z=n\} = \dfrac{1}{n+1}, k=0,1,\cdots,n$;

(iii) $P\{M=n\} = pq^n(2-q^n-q^{n+1}), n=0,1,2,\cdots$,

$P\{N=k\} = pq^{2k}(1+q), k=0,1,2,\cdots$

67. $f(x) = f_1(x)\displaystyle\int_x^\infty f_2(t)\mathrm{d}t \int_x^\infty f_3(t)\mathrm{d}t + f_2(x)\int_x^\infty f_1(t)\mathrm{d}t \int_x^\infty f_3(t)\mathrm{d}t$

$+ f_3(x)\displaystyle\int_x^\infty f_1(t)\mathrm{d}t \int_x^\infty f_2(t)\mathrm{d}t, x \geqslant 0.$

68. $f(x) = \begin{cases} \dfrac{\lambda^3 x^2}{2}\mathrm{e}^{-\lambda x}, & x > 0, \\ 0, & x \leqslant 0. \end{cases}$

69. 当 $\lambda_1 - \lambda_2 + \mu \neq 0$ 时,

$$F(x) = \begin{cases} 1 - \mathrm{e}^{-\lambda_1 x} - \dfrac{\lambda_1}{\lambda_1 - \lambda_2 + \mu}(\mathrm{e}^{-\lambda_2 x} - \mathrm{e}^{-(\lambda_1+\mu)x}), & x > 0, \\ 0, & x \leqslant 0. \end{cases}$$

当 $\lambda_1 - \lambda_2 + \mu = 0$ 时,

$$F(x) = \begin{cases} 1 - \mathrm{e}^{-\lambda_1 x} - \lambda_1 x \mathrm{e}^{-\lambda_2 x}, & x > 0, \\ 0, & x \leqslant 0. \end{cases}$$

70. (i)

X	-1	1	3
P	0.4	0.4	0.2

(ii) $\mu = 4$;　(iii) $P\{X < 0\} = 0.2$;

(iv) $\dfrac{5}{7}$;　(v) $\dfrac{1}{4}$;

(vi) $\dfrac{13}{48}$;　(vii) $\mathrm{C}_n^2(0.01)^2(0.99)^{n-2}$;　(viii) $F_X(x) = \begin{cases} 0, & x < 0, \\ x, & 0 \leqslant x < 1, \\ 1, & x \geqslant 1. \end{cases}$

71. (i) C;　(ii) A;　(iii) B;　(iv) A;　(v) A;　(vi) B;　(vii) A;　(viii) C;
(ix) A;　(x) B;　(xi) B.

习　题　3

1. 9.6.

2. 5.8125 ≈ 6.

3. $\dfrac{3}{10}$.

4. 5.185.

5. (i) 0.012;　(ii) 83.4 年.

6. 略.

7. (i) −0.1;　(ii) 7.1;　(iii) 0.69.

8. 5492.2 元.

9. 5.

10. $\dfrac{2(2^{n+1}-1)}{(n+1)(n+2)}$.

11. (i) $a=\dfrac{3}{5},b=\dfrac{6}{5}$;　(ii) $\dfrac{2}{25}$.

12. (i) $a=\dfrac{1}{2},b=\dfrac{1}{\pi}$;　(ii) $EX=0$;　(iii) $DX=\dfrac{1}{2}$.

13. $\dfrac{4}{3}$.

14. 303.95^2.

15. 略.

16. (i) $EX=\dfrac{2a}{\sqrt{\pi}},DX=\left(\dfrac{3}{2}-\dfrac{4}{\pi}\right)a^2$;　(ii) $\dfrac{3ma^2}{4}$.

17. $\psi(y)=\begin{cases}\dfrac{1}{6}(\sqrt{6}-|y|),&-\sqrt{6}<y<\sqrt{6},\\0,&\text{其他}.\end{cases}$

18. 21 件.

19. n 为奇数时 $E(X^n)=0$, n 为偶数时 $E(X^n)=\sigma^n(n-1)!!$.

20. 18.

21. $k=2,E(XY)=\dfrac{1}{4}$.

22. $EX=M\left[1-\left(1-\dfrac{1}{M}\right)^n\right]$.

23. $EX=1,DX=1$.

24. $\dfrac{na}{a+b}$.

25. $EX=\displaystyle\sum_{i=1}^{n}p_i,DX=\sum_{i=1}^{n}(p_i-p_i^2)$.

26. 39 袋.

27. $EX=\dfrac{4}{5},EY=\dfrac{8}{15},\text{cov}(X,Y)=\dfrac{4}{225}$.

28. (i)3; (ii)$D(X+Y)=85,D(X-Y)=37$.

29. (i) $\dfrac{a^2 - b^2}{a^2 + b^2}$;   (ii) 略.

30. 略.

31. $\dfrac{2}{p} q(p - q^2)$.

32. (i)X 与 Y 不相关;   (ii)X 与 Y 不独立.

33. 略.

34. $P(X = 2|Y = 1) = \dfrac{3}{4}, P(X = 3|Y = 1) = \dfrac{1}{4}, P(X = 1|Y = 2) = \dfrac{1}{2},$

$P(X = 2|Y = 2) = \dfrac{1}{2}, P(X = 0|Y = 3) = \dfrac{1}{4}, P(X = 1|Y = 3) = \dfrac{3}{4},$

$P(X = 0|Y = 4) = 1.$

35. $f_Y(y) = \begin{cases} 12y(1 - y)^2, & 0 < y < 1, \\ 0, & \text{其他}. \end{cases}$

$f_X(x|y) = \begin{cases} \dfrac{2(1 - x - y)}{(1 - y)^2}, & 0 < x < 1 - y, \\ 0, & \text{其他}. \end{cases}$

36. $4333\dfrac{1}{3}$.

37. (i) $EX = 1, DX = \dfrac{1}{2}$;   (ii) $\dfrac{8}{9}$;   (iii) 0.9;   (iv) e^{-1};

(v) $f_Z(z) = \dfrac{1}{3\sqrt{2\pi}} \mathrm{e}^{-\frac{(z-5)^2}{18}}, -\infty < z < +\infty$;   (vi) 0.7.

38. (i) B;   (ii) D;   (iii) A;   (iv) C;   (v) D.

习　题　4

1. 0.2193.

2. 540.3.

3. 0.0228.

4. $n \geqslant 250$ 次; $n \geqslant 68$ 次.

5. (i) 0.9584;   (ii) 0.

6. 0.8764.

7. 至少需装 14 条.

8. 0.348.

9. 0.1814.

10. 0.0062.

11. 35.

12. 147.

13. 不可靠.

14~16. 略.

17. (i) $\dfrac{1}{2}$;   (ii) $\dfrac{1}{12}$;   (iii) $\dfrac{1}{2}$.

18. (i) C;   (ii) C.

习　题　5

1. 略.

2. 0.8293.

3. 0.1336.

4. 0.1.

5. 0.6716.

6. (i) $F(10,5)$;　(ii) $t(9)$;　(iii) $a=\dfrac{1}{20}, b=\dfrac{1}{100}$, 自由度为 2.

7. (i) B.　(ii) D.　(iii) D.　(iv) D.　(v) C.　(vi) C.

8. 略.

9. (i)0.895;　(ii) 0.985.

10. $D(\overline{X})=\dfrac{\lambda}{n}, E(S^2)=\lambda$.

11. 略.

12. 略.

13. $\sigma=\dfrac{6}{\sqrt{\ln 3}}$.

习　题　6

1. (i) $\hat{\theta}=\dfrac{\overline{X}}{1-\overline{X}}$;　(ii) $\hat{p}=\dfrac{\overline{X}}{m}$;　(iii) $\displaystyle\sum_{i=1}^{k} c_i=1$;

　(iv) $L=2\dfrac{S}{\sqrt{n}}t_{1-n/2}(n-1), E(L^2)=\dfrac{4\sigma^2}{n}t_{1-\alpha/2}^2(n-1)$;　(v) $k=-1$.

2. (i) B;　(ii) D;　(iii) C.

3. θ 的矩估计值为 $\hat{\theta}=\dfrac{5}{6}$; θ 的极大似然估计值为 $\hat{\theta}=\dfrac{5}{6}$.

4. $\hat{p}=0.499$.

5. (i) $\hat{\theta}=-\dfrac{n}{\displaystyle\sum_{i=1}^{n}\ln X_i}$;　(ii) $\hat{\theta}=\dfrac{n}{\displaystyle\sum_{i=1}^{n}X_i^{\alpha}}$;　(iii) $\hat{\theta}=\dfrac{1}{n}\displaystyle\sum_{i=1}^{n}X_i$.

6. (i) $\hat{\beta}=\max(X_1,X_2,\cdots,X_n)$;　(ii) $\hat{\mu}=\dfrac{1}{2}\max(X_1,X_2,\cdots,X_n)$;

　(iii) $\hat{\sigma}^2=\dfrac{1}{12}[\max(X_1,X_2,\cdots,X_n)]^2$.

7. $\hat{p}=\dfrac{1}{mn}\displaystyle\sum_{i=1}^{n}X_i$.

8. $\hat{\theta}=\dfrac{1}{\dfrac{1}{n}\displaystyle\sum_{i=1}^{n}\ln X_i^{-1}}-1, \hat{\theta}_{矩}=\dfrac{1}{1-\dfrac{1}{n}\displaystyle\sum_{i=1}^{n}X_i}-2$.

9. $k=\dfrac{1}{2(n-1)}$.

10. 略.

11. 略.

12. $\hat{\sigma}^2 = \dfrac{1}{n}\sum\limits_{i=1}^{n}(X_i-\mu)^2$.

13. 略.

14. $a = \dfrac{n_1}{n_1+n_2}, b = \dfrac{n_2}{n_1+n_2}$.

15. S_1^2 较 S_2^2 更有效.

16. (i) $[2.121, 2.129]$;　(ii) $[2.1175, 2.1325]$.

17. $[2.690, 2.720]$.

18. $n \geqslant \left(\dfrac{2\sigma^2}{L}U_{1-\alpha/2}\right)^2$.

19. $[-0.002, 0.006]$.

20. $[7.4, 21.1]$.

21. (i) $[5.107, 5.313]$;　(ii) $[0.168, 0.322]$.

22. $[6.118, 16.240]$.

23. $[1244.2, 1273.8]$.

24. $[313, 493]$.

25. $[0.222, 3.601]$.

26. $[0.53, 8.56]$.

27. $\hat{A} = 1.645\hat{\sigma} + \hat{\mu}, \hat{\theta} = 1 - \Phi\left(\dfrac{2-\hat{\mu}}{\hat{\sigma}}\right)$, 其中 $\hat{\mu} = \overline{X}, \hat{\sigma}^2 = \sqrt{\dfrac{1}{n}\sum\limits_{i=1}^{n}(x_i-\overline{X})^2}$.

28. 记 $\dfrac{1}{\sigma_0^2} = \sum\limits_{i=1}^{k}\dfrac{1}{\sigma_i^2}, a_i = \dfrac{\sigma_0^2}{\sigma_i^2}, i = 1, 2, \cdots, k$.

习　题　7

1. $T = \dfrac{\overline{X}}{Q}\sqrt{n(n-1)}$.

2. A.

3. α 应取大些.

4. 拒绝 H_0, 认为铁水含碳量的均值有显著变化.

5. 接受 H_0: 认为钢索质量无显著提高.

6. 拒绝 $H_0, \mu \geqslant 19$, 认为处理后的废水合格.

7. $C = 1.176$.

8. 接受 $H_0 : \mu = 10620$.

9. 拒绝 H_0, 认为新上浆率使平均断头根数增加了, 故不能推广使用.

10. 拒绝 H_0, 认为这种物质比重不是 11.53.

11. 接受 H_0, 可以认为锰的熔化点为 $1260℃$.

12. (i) 接受 H_0;　(ii) 接受 H_0.

13. 接受 $H_0 : \sigma^2 = 0.0004$.

14. (i) 接受 $H_0 : \mu = 52.8$;　(ii) 接受 $H_0' : \sigma^2 = 1.6^2$.

15. 接受 $H_0 : \sigma^2 \leqslant 80$.

16. 拒绝 H_0, 认为两种药疗效有显著差异.

17. 拒绝 H_0, 认为 $\mu_1 \neq \mu_2$.

18. 拒绝 H_0, 认为新法炼钢提高了得率.

19. (i) 接受 H_0, 认为两种枪弹速度在均匀性方面无显著差异; (ii) 拒绝 H_0, 认为甲种较乙种枪弹速度高.

20. 接受 H_0, 加工精度无显著差异.

21. (i) 接受 H_0, 认为两种淬火温度下振动板硬度的方差相等; (ii) 拒绝 H_0', 认为改变淬火温度对振动板硬度有显著影响.

22. 拒绝 H_0, 认为第二种安眠药较第一种效果更稳定.

23. 略.

24. (i)$k = \dfrac{\sigma}{\sqrt{n}}u_{1-\alpha} + \mu_0$; (ii) $\Phi\left(u_{1-\alpha} - \dfrac{\mu_1 - \mu_0}{\sigma/\sqrt{n}}\right)$.

25. 可信.

26. 该元素含量服从正态分布 $N(44, 15.4^2)$.

27. 服从参数为 $\lambda = 3.87$ 的泊松分布.

28. 次品数服从 $B(10, 0.1)$.

29. 拒绝 H_0, 认为慢性气管炎的患病率与吸烟有关.

30. 有显著差异.

31. 存在机台差异.

32. $(0.75)^n$, n 至少应取 11.

习 题 8

1. 有显著影响.

2. 有高度显著差异.

3. 有高度显著影响.

4. 因素 A 有一定影响, 因素 B 的影响是显著的.

5. 燃料之间、推进器之间均无显著差异.

6. 因素 A 影响显著, 因素 B 影响高度显著, 交互作用效应高度显著.

7. 因素 A 影响不显著, B 影响高度显著, 交互作用效应高度显著.

8. 机器间无显著差异, 操作工之间有显著差异. 两者交互作用效应显著.

习 题 9

1. $\hat{y} = 13.96 + 12.55x$.

2. (i) $\hat{y} = 188.99 + 1.87x$; (ii) 显著; (iii) $[255.99, 365.09]$.

3. $\hat{a} = 0.00897, \hat{b} = 0.000829$.

4. (i)$\hat{y} = 9.9 + 0.575x_1 + 0.55x_2 + 1.15x_3$; (ii) $\hat{y} = 9.9 + 0.575x_1 + 1.15x_3$.

参 考 文 献

[1] 王梓坤. 概率论基础及其应用. 北京：科学出版社, 1976.

[2] 复旦大学. 概率论. 北京：人民教育出版社, 1979.

[3] 宋占杰, 等. 应用概率统计 (普及类). 5 版. 天津：天津大学出版社, 2015.

[4] 费勒 W. 概率论及其应用. 北京：科学出版社, 1980.

[5] 钱敏平, 等. 随机数学. 北京：高等教育出版社, 2000.

[6] 茆诗松, 等. 概率论与数理统计. 2 版. 北京：中国统计出版社, 2000.

[7] 盛骤, 等. 概率论与数理统计. 3 版. 北京：高等教育出版社, 2001.

[8] 帕普力斯 A. 概率、随机变量与随机过程. 北京：高等教育出版社, 1983.

[9] 钟开莱. 初等概率论附随机过程. 北京：人民教育出版社, 1979.

[10] Bharucha-Reid A. 马尔可夫过程论初步及其应用. 上海：上海科学技术出版社, 1979.

[11] Ross S. A First Course in Probability. New York: Macmillan, 1976.

[12] Ang A H-S, Tang W. Probability Concepts in Engineering Planning and Design. New York: John Wiley & Sons, 1984.

[13] Bhat U N. Elements of Applied Stochastic Processes. 2nd ed. New York: John Wiley & Sons, 1984.

[14] Ross S. Stochastic Processes. New York: John Wiley & Sons, 1983.

[15] 项可风, 等. 试验设计与数据分析. 上海：上海科学技术出版社, 1989.

[16] 陈希孺. 数理统计引论. 北京：科学出版社, 1981.

附　　表

附表 1　常用分布表

分布名称	分布率或概率密度	数学期望	方差	参数范围
单点分布	$P\{X=C\}=1$ (C为常数)	C	0	
(0–1) 分布	$P\{X=k\}=p^k(1-p)^{1-k}$ ($k=0,1$)	p	pq	$0<p<1$ $q=1-p$
二项分布 $B(n,p)$	$P\{X=k\}=C_n^k p^k q^{n-k}$ ($k=0,1,\cdots,n$)	np	npq	$0<p<1$ $q=1-p$ n为自然数
泊松 (Poisson) 分布$P(\lambda)$	$P\{X=k\}=\dfrac{\lambda^k}{k!}\mathrm{e}^{-\lambda}$ ($k=0,1,2,\cdots$)	λ	λ	$\lambda>0$
超几何分布	$P\{X=k\}=\dfrac{C_M^k C_{N-M}^{n-k}}{C_N^n}$ $k=0,1,2,\cdots,\min(M,n)$	$\dfrac{nM}{N}$	$\dfrac{n(N-n)(N-M)M}{N^2(N-1)}$	n,M,N 为自然数 $n\leqslant N, M\leqslant N$
几何分布	$P\{X=k\}=q^{k-1}p$ $k=1,2,\cdots$	$\dfrac{1}{p}$	$\dfrac{q}{p^2}$	$0<p<1$ $q=1-p$
负二项分布	$P\{X=k\}=C_{k-1}^{r-1}p^r q^{k-r}$ $k=r,r+1,\cdots$	$\dfrac{r}{p}$	$\dfrac{rq}{p^2}$	$0<p<1$ $q=1-p$ r为自然数
均匀分布	$f(x)=\begin{cases}\dfrac{1}{b-a}, & a\leqslant x\leqslant b,\\ 0, & 其他.\end{cases}$	$\dfrac{a+b}{2}$	$\dfrac{(b-a)^2}{12}$	$b>a$
指数分布	$f(x)=\begin{cases}\lambda\mathrm{e}^{-\lambda x}, & x>0,\\ 0, & x\leqslant 0.\end{cases}$	$\dfrac{1}{\lambda}$	$\dfrac{1}{\lambda^2}$	$\lambda>0$
正态分布 $N(\mu,\sigma^2)$	$f(x)=\dfrac{1}{\sqrt{2\pi}\sigma}\mathrm{e}^{-\frac{(x-\mu)^2}{2\sigma^2}}$ $-\infty<x<+\infty$	μ	σ^2	μ任意 $\sigma>0$
伽马 (Gamma) 分布$\Gamma(\alpha,\beta)$	$f(x)=\begin{cases}\dfrac{\beta^\alpha}{\Gamma(\alpha)}x^{\alpha-1}\mathrm{e}^{-\beta x}, & x>0\\ 0, & x\leqslant 0\end{cases}$	$\dfrac{\alpha}{\beta}$	$\dfrac{\alpha}{\beta^2}$	$\alpha>0$ $\beta>0$
贝塔 (Beta) 分布$B(\alpha,\beta)$	$f(x)=\begin{cases}\dfrac{\Gamma(\alpha+\beta)}{\Gamma(\alpha)\Gamma(\beta)}x^{\alpha-1}(1-x)^{\beta-1},\\ \qquad 0<x<1\\ 0, \qquad 其他\end{cases}$	$\dfrac{\alpha}{\alpha+\beta}$	$\dfrac{\alpha\beta}{(\alpha+\beta+1)(\alpha+\beta)^2}$	$\alpha>0$ $\beta>0$
对数正态 分布	$f(x)=\begin{cases}\dfrac{1}{\sqrt{2\pi}\sigma x}\mathrm{e}^{-\frac{(\ln x-\mu)^2}{2\sigma^2}},\\ \qquad x>0\\ 0, \qquad x\leqslant 0\end{cases}$	$\mathrm{e}^{\mu+\frac{1}{2}\sigma^2}$	$\mathrm{e}^{2\mu+\sigma^2}(\mathrm{e}^{\sigma^2}-1)$	μ任意 $\sigma>0$
(Weibull) 韦布尔分布	$f(x)=\begin{cases}\dfrac{\beta}{\eta}\left(\dfrac{x}{\eta}\right)^{\beta-1}\mathrm{e}^{-(\frac{x}{\eta})^\beta},\\ \qquad x>0\\ 0, \qquad 其他\end{cases}$	$\eta\Gamma\left(\dfrac{1}{\beta}+1\right)$	$\eta^2\Gamma(\frac{2}{\beta}+1)-$ $\eta^2\left[\Gamma(\frac{1}{\beta}+1)\right]^2$	$\beta>0$ $\eta>0$
(Cauchy) 柯西分布	$f(x)=\dfrac{1}{\pi}\left[\dfrac{\lambda}{\lambda^2+(x-\mu)^2}\right]$ $-\infty<x<+\infty$	不存在	不存在	$\lambda>0$ μ任意

附表 2　泊松分布表

$$P\{X \geqslant x\} = \sum_{k=x}^{\infty} \frac{e^{-\lambda}\lambda^k}{k!}, \text{其中 } X \sim P(\lambda)$$

x	$\lambda = 0.1$	$\lambda = 0.2$	$\lambda = 0.3$	$\lambda = 0.4$	$\lambda = 0.5$	$\lambda = 0.6$	$\lambda = 0.7$
0	1.0000000	1.0000000	1.0000000	1.0000000	1.000000	1.000000	1.000000
1	0.0951626	0.1812692	0.2591818	0.3296800	0.393469	0.451188	0.503415
2	0.0046788	0.0175231	0.0369363	0.0615519	0.090204	0.121901	0.155805
3	0.0001547	0.0011485	0.0035995	0.0079263	0.014388	0.023115	0.034142
4	0.0000038	0.0000568	0.0002658	0.0007763	0.001752	0.003358	0.005753
5		0.0000023	0.0000158	0.0000612	0.000172	0.000394	0.000786
6		0.0000001	0.0000008	0.0000040	0.000014	0.000039	0.000090
7				0.0000002	0.000001	0.000003	0.000009
8							0.000001

x	$\lambda = 0.8$	$\lambda = 0.9$	$\lambda = 1.0$	$\lambda = 1.2$	$\lambda = 1.4$	$\lambda = 1.6$	$\lambda = 1.8$
0	1.000000	1.000000	1.000000	1.000000	1.000000	1.000000	1.000000
1	0.550671	0.593430	0.632121	0.698806	0.753403	0.798103	0.834701
2	0.191208	0.227518	0.264241	0.337373	0.408167	0.475069	0.537163
3	0.047423	0.062857	0.080301	0.120513	0.166502	0.216642	0.269379
4	0.009080	0.013459	0.018988	0.033769	0.053725	0.078813	0.108708
5	0.001411	0.002344	0.003660	0.007746	0.014253	0.023682	0.036407
6	0.000184	0.000343	0.000594	0.001500	0.003201	0.006040	0.010378
7	0.000021	0.000043	0.000083	0.000251	0.000622	0.001336	0.002569
8	0.000002	0.000005	0.000010	0.000037	0.000107	0.000260	0.000562
9			0.000001	0.000005	0.000016	0.000045	0.000110
10				0.000001	0.000002	0.000007	0.000019
11						0.000001	0.000003

x	$\lambda = 2.0$	$\lambda = 2.5$	$\lambda = 3.0$	$\lambda = 3.5$	$\lambda = 4.0$	$\lambda = 4.5$	$\lambda = 5.0$
0	1.000000	1.000000	1.000000	1.000000	1.000000	1.000000	1.000000
1	0.864665	0.917915	0.950213	0.969803	0.981684	0.988891	0.993262
2	0.593994	0.712703	0.800852	0.864112	0.908422	0.938901	0.959572
3	0.323323	0.456187	0.576810	0.679153	0.761897	0.826422	0.875348
4	0.142876	0.242424	0.352768	0.463367	0.566530	0.657704	0.734974
5	0.052652	0.108822	0.184737	0.274555	0.371163	0.467896	0.559507
6	0.016563	0.042021	0.083918	0.142386	0.214870	0.297070	0.384039
7	0.004533	0.014187	0.033509	0.065288	0.110674	0.168949	0.327817
8	0.001096	0.004247	0.011905	0.026739	0.051134	0.086586	0.133372
9	0.000237	0.001140	0.003803	0.009874	0.021363	0.040257	0.068094
10	0.000046	0.000277	0.001102	0.003315	0.008132	0.017093	0.034828
11	0.000008	0.000062	0.000292	0.001019	0.002840	0.006669	0.013695
12		0.000013	0.000071	0.000289	0.000915	0.002404	0.005453
13		0.000002	0.000016	0.000076	0.000274	0.000805	0.002019
14			0.000003	0.000019	0.000076	0.000252	0.000698
15			0.000001	0.000004	0.000020	0.000074	0.000226
16				0.000001	0.000005	0.000020	0.000069
17					0.000001	0.000005	0.000020
18						0.000001	0.000005
19							0.000001

附表 3　标准正态分布函数表

$$\Phi(u) = \frac{1}{\sqrt{2\pi}} \int_{-\infty}^{u} e^{-\frac{x^2}{2}} dx \, (u \geqslant 0)$$

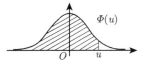

u	0.00	0.01	0.02	0.03	0.04	0.05	0.06	0.07	0.08	0.09	u
0.0	0.5000	0.5040	0.5080	0.5120	0.5160	0.5199	0.5239	0.5279	0.5319	0.5359	0.0
0.1	0.5398	0.5438	0.5478	0.5517	0.5557	0.5596	0.5636	0.5675	0.5714	0.5753	0.1
0.2	0.5793	0.5832	0.5871	0.5910	0.5948	0.5987	0.6026	0.6064	0.6103	0.6141	0.2
0.3	0.6179	0.6217	0.6255	0.6293	0.6331	0.6368	0.6406	0.6443	0.6480	0.6517	0.3
0.4	0.6554	0.6591	0.6628	0.6664	0.6700	0.6736	0.6772	0.6808	0.6844	0.6879	0.4
0.5	0.6915	0.6950	0.6985	0.7019	0.7054	0.7088	0.7123	0.7157	0.7190	0.7224	0.5
0.6	0.7257	0.7291	0.7324	0.7357	0.7389	0.7422	0.7454	0.7486	0.7517	0.7549	0.6
0.7	0.7580	0.7611	0.7642	0.7673	0.7703	0.7734	0.7764	0.7794	0.7823	0.7852	0.7
0.8	0.7881	0.7910	0.7939	0.7967	0.7995	0.8023	0.8051	0.8078	0.8106	0.8133	0.8
0.9	0.8159	0.8186	0.8212	0.8238	0.8264	0.8289	0.8315	0.8340	0.8365	0.8389	0.9
1.0	0.8413	0.8438	0.8461	0.8485	0.8508	0.8531	0.8554	0.8577	0.8599	0.8621	1.0
1.1	0.8643	0.8665	0.8686	0.8708	0.8729	0.8749	0.8770	0.8790	0.8810	0.8830	1.1
1.2	0.8849	0.8869	0.8888	0.8907	0.8925	0.8944	0.8962	0.8980	0.8997	$0.9^2 0174$	1.2
1.3	$0.9^2 0320$	$0.9^2 0490$	$0.9^2 0658$	$0.9^2 0824$	$0.9^2 0988$	0.91149	0.91309	0.91466	0.91621	0.91774	1.3
1.4	0.91924	0.92073	0.92220	0.92364	0.92507	0.92647	0.92785	0.92922	0.93056	0.93189	1.4
1.5	0.93319	0.93448	0.93574	0.93699	0.93822	0.93943	0.94062	0.94179	0.94295	0.94408	1.5
1.6	0.94520	0.94630	0.94738	0.94845	0.94950	0.95053	0.95154	0.95254	0.95352	0.95449	1.6
1.7	0.95543	0.95637	0.95728	0.95818	0.95907	0.95994	0.96080	0.96164	0.96246	0.96327	1.7
1.8	0.96407	0.96485	0.96562	0.96638	0.96712	0.96784	0.96856	0.96926	0.96995	0.97062	1.8
1.9	0.97128	0.97193	0.97257	0.97320	0.97381	0.97441	0.97500	0.97558	0.97615	0.97670	1.9
2.0	0.97725	0.97778	0.97831	0.97882	0.97932	0.97982	0.98030	0.98077	0.98124	0.98169	2.0
2.1	0.98214	0.98257	0.98300	0.98341	0.98382	0.98422	0.98461	0.98500	0.98537	0.98574	2.1
2.2	0.98610	0.98645	0.98679	0.98713	0.98745	0.98778	0.98809	0.98840	0.98870	0.98899	2.2
2.3	0.98928	0.98956	0.98983	$0.9^2 0097$	$0.9^2 0358$	$0.9^2 0613$	$0.9^2 0863$	$0.9^2 1106$	$0.9^2 1344$	$0.9^2 1576$	2.3
2.4	$0.9^2 1820$	$0.9^2 2024$	$0.9^2 2240$	$0.9^2 2451$	$0.9^2 2656$	$0.9^2 2857$	$0.9^2 3053$	$0.9^2 3244$	$0.9^2 3431$	$0.9^2 3613$	2.4
2.5	$0.9^2 3790$	$0.9^2 3963$	$0.9^2 4132$	$0.9^2 4297$	$0.9^2 4457$	$0.9^2 4614$	$0.9^2 4766$	$0.9^2 4915$	$0.9^2 5060$	$0.9^2 5201$	2.5
2.6	$0.9^2 5339$	$0.9^2 5473$	$0.9^2 5604$	$0.9^2 5731$	$0.9^2 5855$	$0.9^2 5975$	$0.9^2 6093$	$0.9^2 6207$	$0.9^2 6319$	$0.9^2 6427$	2.6
2.7	$0.9^2 6533$	$0.9^2 6636$	$0.9^2 6736$	$0.9^2 6833$	$0.9^2 6928$	$0.9^2 7020$	$0.9^2 7110$	$0.9^2 7197$	$0.9^2 7282$	$0.9^2 7365$	2.7
2.8	$0.9^2 7445$	$0.9^2 7523$	$0.9^2 7599$	$0.9^2 7673$	$0.9^2 7744$	$0.9^2 7814$	$0.9^2 7882$	$0.9^2 7948$	$0.9^2 8012$	$0.9^2 8074$	2.8
2.9	$0.9^2 8134$	$0.9^2 8193$	$0.9^2 8250$	$0.9^2 8305$	$0.9^2 8359$	$0.9^2 8411$	$0.9^2 8462$	$0.9^2 8511$	$0.9^2 8559$	$0.9^2 8605$	2.9
3.0	$0.9^2 8650$	$0.9^2 8694$	$0.9^2 8793$	$0.9^2 8777$	$0.9^2 8817$	$0.9^2 8856$	$0.9^2 8893$	$0.9^2 8930$	$0.9^2 8965$	$0.9^2 8999$	3.0
3.1	$0.9^3 0324$	$0.9^3 0646$	$0.9^3 0957$	$0.9^3 1260$	$0.9^3 1553$	$0.9^3 1836$	$0.9^3 2112$	$0.9^3 2378$	$0.9^3 2636$	$0.9^3 2886$	3.1
3.2	$0.9^3 3129$	$0.9^3 3363$	$0.9^3 3590$	$0.9^3 3810$	$0.9^3 4024$	$0.9^3 4230$	$0.9^3 4429$	$0.9^3 4623$	$0.9^3 4810$	$0.9^3 4991$	3.2
3.3	$0.9^3 5166$	$0.9^3 5335$	$0.9^3 5658$	$0.9^3 5811$	$0.9^3 5959$	$0.9^3 6103$	$0.9^3 6242$	$0.9^3 6376$	$0.9^3 6505$	3.3	
3.4	$0.9^3 6631$	$0.9^3 6752$	$0.9^3 6869$	$0.9^3 6982$	$0.9^3 7091$	$0.9^3 7197$	$0.9^3 7299$	$0.9^3 7398$	$0.9^3 7493$	$0.9^3 7585$	3.4
3.5	$0.9^3 7674$	$0.9^3 7759$	$0.9^3 7842$	$0.9^3 7922$	$0.9^3 7999$	$0.9^3 8074$	$0.9^3 8146$	$0.9^3 8215$	$0.9^3 8282$	$0.9^3 8347$	3.5
3.6	$0.9^3 8409$	$0.9^3 8469$	$0.9^3 8527$	$0.9^3 8583$	$0.9^3 8637$	$0.9^3 8689$	$0.9^3 8739$	$0.9^3 8787$	$0.9^3 8834$	$0.9^3 8879$	3.6
3.7	$0.9^3 8922$	$0.9^3 8964$	$0.9^4 0039$	$0.9^4 0426$	$0.9^4 0799$	$0.9^4 1158$	$0.9^4 1504$	$0.9^4 1838$	$0.9^4 2159$	$0.9^4 2468$	3.7
3.8	$0.9^4 2765$	$0.9^4 3052$	$0.9^4 3327$	$0.9^4 3593$	$0.9^4 3848$	$0.9^4 4094$	$0.9^4 4331$	$0.9^4 4558$	$0.9^4 4777$	$0.9^4 4988$	3.8
3.9	$0.9^4 5190$	$0.9^4 5385$	$0.9^4 5573$	$0.9^4 5753$	$0.9^4 5926$	$0.9^4 6092$	$0.9^4 6253$	$0.9^4 6406$	$0.9^4 6554$	$0.9^4 6696$	3.9
4.0	$0.9^4 6833$	$0.9^4 6964$	$0.9^4 7090$	$0.9^4 7211$	$0.9^4 7327$	$0.9^4 7439$	$0.9^4 7546$	$0.9^4 7649$	$0.9^4 7748$	$0.9^4 7843$	4.0
4.1	$0.9^4 7934$	$0.9^4 8022$	$0.9^4 8106$	$0.9^4 8186$	$0.9^4 8263$	$0.9^4 8338$	$0.9^4 8409$	$0.9^4 8477$	$0.9^4 8542$	$0.9^4 8605$	4.1
4.2	$0.9^4 8665$	$0.9^4 8723$	$0.9^4 8778$	$0.9^4 8832$	$0.9^4 8882$	$0.9^4 8931$	$0.9^4 8978$	$0.9^5 0226$	$0.9^5 0655$	$0.9^5 1066$	4.2
4.3	$0.9^5 1460$	$0.9^5 1837$	$0.9^5 2199$	$0.9^5 2545$	$0.9^5 2876$	$0.9^5 3193$	$0.9^5 3497$	$0.9^5 3788$	$0.9^5 4066$	$0.9^5 4332$	4.3
4.4	$0.9^5 4587$	$0.9^5 4831$	$0.9^5 5065$	$0.9^5 5288$	$0.9^5 5502$	$0.9^5 5706$	$0.9^5 5902$	$0.9^5 6089$	$0.9^5 6268$	$0.9^5 6439$	4.4
4.5	$0.9^5 6602$	$0.9^5 6759$	$0.9^5 6908$	$0.9^5 7051$	$0.9^5 7187$	$0.9^5 7318$	$0.9^5 7442$	$0.9^5 7561$	$0.9^5 7675$	$0.9^5 7784$	4.5
4.6	$0.9^5 7888$	$0.9^5 7987$	$0.9^5 8081$	$0.9^5 8172$	$0.9^5 8258$	$0.9^5 8340$	$0.9^5 8419$	$0.9^5 8494$	$0.9^5 8566$	$0.9^5 8634$	4.6
4.7	$0.9^5 8699$	$0.9^5 8761$	$0.9^5 8821$	$0.9^5 8877$	$0.9^5 8931$	$0.9^5 8983$	$0.9^6 0320$	$0.9^6 0789$	$0.9^6 1235$	$0.9^6 1661$	4.7
4.8	$0.9^6 2067$	$0.9^6 2453$	$0.9^6 2822$	$0.9^6 3173$	$0.9^6 3508$	$0.9^6 3827$	$0.9^6 4131$	$0.9^6 4420$	$0.9^6 4696$	$0.9^6 4958$	4.8
4.9	$0.9^6 5208$	$0.9^6 5446$	$0.9^6 5673$	$0.9^6 5889$	$0.9^6 6094$	$0.9^6 6289$	$0.9^6 6475$	$0.9^6 6652$	$0.9^6 6821$	$0.9^6 6981$	4.9

附表 4　χ² 分布分位点表

$$P\{\chi^2(n) < \chi_p^2(n)\} = p$$

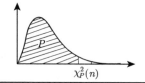

n	$p=0.005$	0.01	0.025	0.05	0.10	0.25	0.75	0.9	0.95	0.975	0.99	0.995
1	—	—	0.001	0.004	0.016	0.102	1.323	2.706	3.841	5.024	6.635	7.879
2	0.010	0.020	0.051	0.103	0.211	0.575	2.773	4.605	5.991	7.378	9.210	10.597
3	0.072	0.115	0.216	0.352	0.584	1.213	4.108	6.251	7.815	9.348	11.345	12.838
4	0.207	0.297	0.484	0.711	1.064	1.923	5.385	7.779	9.488	11.143	13.277	14.860
5	0.412	0.554	0.831	1.145	1.610	2.675	6.626	9.236	11.071	12.833	15.086	16.750
6	0.676	0.872	1.237	1.635	2.204	3.455	7.841	10.645	12.592	14.449	16.812	18.548
7	0.989	1.239	1.690	2.167	2.833	4.255	9.037	12.017	14.067	16.013	18.475	20.278
8	1.344	1.646	2.180	2.733	3.490	5.071	10.219	13.362	15.507	17.535	20.090	21.955
9	1.735	2.088	2.700	3.325	4.168	5.899	11.389	14.684	16.919	19.023	21.666	23.589
10	2.156	2.558	3.247	3.940	4.865	6.737	12.549	15.987	18.307	20.483	23.209	25.188
11	2.603	3.053	3.816	4.575	5.578	7.584	13.701	17.275	19.675	21.920	24.725	26.757
12	3.074	3.571	4.404	5.226	6.304	8.438	14.845	18.549	21.026	23.337	26.217	28.299
13	3.565	4.107	5.009	5.892	7.042	9.299	15.984	19.812	22.362	24.736	27.688	29.819
14	4.075	4.660	5.629	6.571	7.790	10.165	17.117	21.064	23.685	26.119	29.141	31.319
15	4.601	5.229	6.262	7.261	8.547	11.037	18.245	22.307	24.996	27.488	30.578	32.801
16	5.142	5.812	6.908	7.962	9.312	11.912	19.369	23.542	26.296	28.845	32.000	34.267
17	5.697	6.408	7.564	8.672	10.085	12.792	20.489	24.769	27.587	30.191	33.409	35.718
18	6.265	7.015	8.231	9.390	10.865	13.675	21.605	25.989	28.869	31.526	34.805	37.156
19	6.844	7.633	8.907	10.117	11.651	14.562	22.718	27.204	30.144	32.852	36.191	38.582
20	7.434	8.260	9.591	10.851	12.443	15.452	23.828	28.412	31.410	34.170	37.566	39.997
21	8.034	8.897	10.283	11.591	13.240	16.344	24.935	29.615	32.671	36.479	38.932	41.401
22	8.643	9.542	10.982	12.388	14.042	17.240	26.039	30.813	33.924	36.781	40.289	42.796
23	9.260	10.196	11.689	13.091	14.848	18.137	27.141	32.007	35.172	38.076	41.638	44.181
24	9.886	10.856	12.401	13.848	15.659	19.037	28.241	33.196	36.415	39.304	42.980	45.559
25	10.520	11.524	13.120	14.611	16.473	19.939	29.339	34.382	37.652	40.646	44.314	46.928
26	11.160	12.198	13.844	15.379	17.292	20.843	30.435	35.563	38.885	41.923	45.642	48.290
27	11.808	12.879	14.573	16.151	18.114	21.749	31.528	36.741	40.113	43.194	46.963	49.645
28	12.461	13.565	15.308	16.928	18.939	22.657	32.620	37.916	41.337	44.461	48.278	50.993
29	13.121	14.257	16.047	17.708	19.768	23.567	33.711	39.087	42.557	45.722	49.588	52.336
30	13.787	14.954	16.791	18.493	20.599	24.478	34.800	40.256	43.773	46.979	50.892	53.672
31	14.458	15.655	17.539	19.281	21.434	25.390	35.887	41.422	44.985	48.232	52.191	55.003
32	15.134	16.362	18.291	20.072	22.271	26.304	36.973	42.585	46.194	49.480	53.486	56.328
33	15.815	17.074	19.047	20.867	23.110	27.219	38.058	43.745	47.400	50.725	54.776	57.648
34	16.501	17.789	19.806	21.664	23.952	28.136	39.141	44.903	48.602	51.966	56.061	58.964
35	17.192	18.509	20.569	22.465	24.797	29.054	40.223	46.059	49.802	53.203	57.342	60.275
36	17.887	19.233	21.336	23.269	25.643	29.973	41.304	47.212	50.998	54.437	58.619	61.581
37	18.586	19.960	22.106	24.075	26.492	30.893	42.383	48.363	52.192	55.688	59.892	62.883
38	19.289	20.691	22.878	24.884	27.343	31.815	43.462	49.513	53.384	56.896	61.162	64.181
39	19.996	21.426	23.654	25.695	28.196	32.737	44.539	50.600	54.572	58.120	62.428	65.476

附表 5　　t 分布分位点表

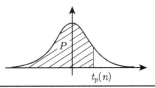

$$P\{t(n) < t_p(n)\} = p$$

n	$p=0.75$	$p=0.90$	$p=0.95$	$p=0.975$	$p=0.99$	$p=0.995$
1	1.0000	3.0777	6.3138	12.7062	31.8207	63.6574
2	0.8165	1.8856	2.9200	4.3027	6.9646	9.9248
3	0.7649	1.6377	2.3534	3.1824	4.5407	5.8409
4	0.7407	1.5332	2.1318	2.7764	3.7469	4.6041
5	0.7267	1.4759	2.0150	2.5706	3.3649	4.0322
6	0.7176	1.4398	1.9432	2.4469	3.1427	3.7074
7	0.7111	1.4149	1.8946	2.3646	2.9980	3.4995
8	0.7064	1.3968	1.8595	2.3060	2.8965	3.3554
9	0.7027	1.3830	1.8331	2.2622	2.8214	3.2498
10	0.6998	1.3722	1.8125	2.2281	2.7638	3.1693
11	0.6974	1.3634	1.7959	2.2010	2.7181	3.1058
12	0.6955	1.3562	1.7823	2.1788	2.6810	3.0545
13	0.6938	1.3502	1.7709	2.1604	2.6503	3.0123
14	0.6924	1.3450	1.7613	2.1448	2.6245	2.9768
15	0.6912	1.3406	1.7531	2.1315	2.6025	2.9467
16	0.6901	1.3368	1.7459	2.1199	2.5835	2.9208
17	0.6892	1.3334	1.7396	2.1098	2.5669	2.8982
18	0.6884	1.3304	1.7341	2.1009	2.5524	2.8784
19	0.6876	1.3277	1.7291	2.0930	2.5395	2.8609
20	0.6870	1.3253	1.7247	2.0860	2.5280	2.8453
21	0.6864	1.3232	1.7207	2.0796	2.5177	2.8314
22	0.6858	1.3212	1.7171	2.0739	2.5083	2.8188
23	0.6853	1.3195	1.7139	2.0687	2.4999	2.8073
24	0.6848	1.3178	1.7109	2.0639	2.4922	2.7969
25	0.6844	1.3163	1.7081	2.0595	2.4851	2.7874
26	0.6840	1.3150	1.7056	2.0555	2.4786	2.7787
27	0.6837	1.3137	1.7033	2.0518	2.4727	2.7707
28	0.6834	1.3125	1.7011	2.0484	2.4671	2.7633
29	0.6830	1.3114	1.6991	2.0452	2.4620	2.7564
30	0.6828	1.3104	1.6973	2.0423	2.4573	2.7500
31	0.6825	1.3095	1.6955	2.0395	2.4528	2.7440
32	0.6822	1.3086	1.6939	2.0369	2.4487	2.7385
33	0.6820	1.3077	1.6924	2.0345	2.4448	2.7333
34	0.6818	1.3070	1.6909	2.0322	2.4411	2.7284
35	0.6816	1.3062	1.6896	2.0301	2.4377	2.7238
36	0.6814	1.3055	1.6883	2.0281	2.4345	2.7195
37	0.6812	1.3049	1.6871	2.0262	2.4314	2.7154
38	0.6810	1.3042	1.6860	2.0244	2.4286	2.7116
39	0.6808	1.3036	1.6849	2.0227	2.4258	2.7079
40	0.6807	1.3031	1.6839	2.0211	2.4233	2.7045

附表 6　F 分布分位点表

$$P\{F < F_p\} = p$$
$$F_p = F_p(n_1, n_2)$$

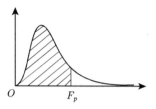

p = 0.75

n_2 \ n_1	1	2	3	4	5	6	7	8	9	10	12	15	20	24	30	40	60	120	∞	n_2
1	5.83	7.50	8.20	8.58	8.82	8.98	9.10	9.19	9.26	9.32	9.41	9.49	9.58	9.63	9.67	9.71	9.76	9.80	9.85	1
2	2.57	3.00	3.15	3.23	3.28	3.31	3.34	3.35	3.37	3.38	3.39	3.41	3.43	3.43	3.44	3.45	3.46	3.47	3.48	2
3	2.02	2.28	2.36	2.39	2.41	2.42	2.43	2.44	2.44	2.44	2.45	2.46	2.46	2.46	2.47	2.47	2.47	2.47	2.47	3
4	1.81	2.00	2.05	2.06	2.07	2.08	2.08	2.08	2.08	2.08	2.08	2.08	2.08	2.08	2.08	2.08	2.08	2.08	2.08	4
5	1.69	1.85	1.88	1.89	1.89	1.89	1.89	1.89	1.89	1.89	1.89	1.89	1.88	1.88	1.88	1.88	1.87	1.87	1.87	5
6	1.62	1.76	1.78	1.79	1.79	1.78	1.78	1.78	1.77	1.77	1.77	1.76	1.76	1.75	1.75	1.75	1.74	1.74	1.74	6
7	1.57	1.70	1.72	1.72	1.71	1.71	1.70	1.70	1.69	1.69	1.68	1.68	1.67	1.67	1.66	1.66	1.65	1.65	1.65	7
8	1.54	1.66	1.67	1.66	1.66	1.65	1.64	1.64	1.63	1.63	1.62	1.62	1.61	1.60	1.60	1.59	1.59	1.58	1.58	8
9	1.51	1.62	1.63	1.63	1.62	1.61	1.60	1.60	1.59	1.59	1.58	1.57	1.56	1.56	1.55	1.54	1.54	1.53	1.53	9
10	1.49	1.60	1.60	1.59	1.59	1.58	1.57	1.56	1.56	1.55	1.54	1.53	1.52	1.52	1.51	1.51	1.50	1.49	1.48	10
11	1.47	1.58	1.58	1.57	1.56	1.55	1.54	1.53	1.53	1.52	1.51	1.50	1.49	1.49	1.48	1.47	1.47	1.46	1.45	11
12	1.46	1.56	1.56	1.55	1.54	1.53	1.52	1.51	1.51	1.50	1.49	1.48	1.47	1.46	1.45	1.45	1.44	1.43	1.42	12
13	1.45	1.55	1.55	1.53	1.52	1.51	1.50	1.49	1.49	1.48	1.47	1.46	1.45	1.44	1.43	1.42	1.42	1.41	1.40	13
14	1.44	1.53	1.53	1.52	1.51	1.50	1.49	1.48	1.47	1.46	1.45	1.44	1.43	1.42	1.41	1.41	1.40	1.39	1.38	14
15	1.43	1.52	1.52	1.51	1.49	1.48	1.47	1.46	1.46	1.45	1.44	1.43	1.41	1.41	1.40	1.39	1.38	1.37	1.36	15
16	1.42	1.51	1.51	1.50	1.48	1.47	1.46	1.45	1.44	1.44	1.43	1.41	1.40	1.39	1.38	1.37	1.36	1.35	1.34	16
17	1.42	1.51	1.50	1.49	1.47	1.46	1.45	1.44	1.43	1.43	1.41	1.40	1.39	1.38	1.37	1.36	1.35	1.34	1.33	17
18	1.41	1.50	1.49	1.48	1.46	1.45	1.44	1.43	1.42	1.42	1.40	1.39	1.38	1.37	1.36	1.35	1.34	1.33	1.32	18
19	1.41	1.49	1.49	1.47	1.46	1.44	1.43	1.42	1.41	1.41	1.40	1.38	1.37	1.36	1.35	1.34	1.33	1.32	1.30	19
20	1.40	1.49	1.48	1.47	1.45	1.44	1.43	1.42	1.41	1.40	1.39	1.37	1.36	1.35	1.34	1.33	1.32	1.31	1.29	20
21	1.40	1.48	1.48	1.46	1.44	1.43	1.42	1.41	1.40	1.39	1.38	1.37	1.35	1.34	1.33	1.32	1.31	1.30	1.28	21
22	1.40	1.48	1.47	1.45	1.44	1.42	1.41	1.40	1.39	1.39	1.37	1.36	1.34	1.33	1.32	1.31	1.30	1.29	1.28	22
23	1.39	1.47	1.47	1.45	1.43	1.42	1.41	1.40	1.39	1.38	1.37	1.35	1.34	1.33	1.32	1.31	1.30	1.28	1.27	23
24	1.39	1.47	1.46	1.44	1.43	1.41	1.40	1.39	1.38	1.38	1.36	1.35	1.33	1.32	1.31	1.30	1.29	1.28	1.26	24
25	1.39	1.47	1.46	1.44	1.42	1.41	1.40	1.39	1.38	1.37	1.36	1.34	1.33	1.32	1.31	1.29	1.28	1.27	1.25	25
26	1.38	1.46	1.45	1.44	1.42	1.41	1.39	1.38	1.37	1.37	1.35	1.34	1.32	1.31	1.30	1.29	1.28	1.26	1.25	26
27	1.38	1.46	1.45	1.43	1.42	1.40	1.39	1.38	1.37	1.36	1.35	1.33	1.32	1.31	1.30	1.28	1.27	1.26	1.24	27
28	1.38	1.46	1.45	1.43	1.41	1.40	1.39	1.38	1.37	1.36	1.34	1.33	1.31	1.30	1.29	1.28	1.27	1.25	1.24	28
29	1.38	1.45	1.45	1.43	1.41	1.40	1.38	1.37	1.36	1.35	1.34	1.32	1.31	1.30	1.29	1.27	1.26	1.25	1.23	29
30	1.38	1.45	1.44	1.42	1.41	1.39	1.38	1.37	1.36	1.35	1.34	1.32	1.30	1.29	1.28	1.27	1.26	1.24	1.23	30
40	1.36	1.44	1.42	1.40	1.39	1.37	1.36	1.35	1.34	1.33	1.31	1.30	1.28	1.26	1.25	1.24	1.22	1.21	1.19	40
60	1.35	1.42	1.41	1.38	1.37	1.35	1.33	1.32	1.31	1.30	1.29	1.27	1.25	1.24	1.22	1.21	1.19	1.17	1.15	60
120	1.34	1.40	1.39	1.37	1.35	1.33	1.31	1.30	1.29	1.28	1.26	1.24	1.22	1.21	1.19	1.18	1.16	1.13	1.10	120
∞	1.32	1.39	1.37	1.35	1.33	1.31	1.29	1.28	1.27	1.25	1.24	1.22	1.19	1.18	1.16	1.14	1.12	1.08	1.00	∞

$p = 0.90$

n_2 \ n_1	1	2	3	4	5	6	7	8	9	10	15	20	30	50	100	200	500	∞	n_2
1	39.9	49.5	53.6	55.8	57.2	58.2	58.9	59.4	59.9	60.2	61.2	61.7	62.3	62.7	63.0	63.2	63.3	63.3	1
2	8.53	9.00	9.16	9.24	9.29	9.33	9.35	9.37	9.38	9.39	9.42	9.44	9.46	9.47	9.48	9.49	9.49	9.49	2
3	5.54	5.46	5.39	5.34	5.31	5.28	5.27	5.25	5.24	5.23	5.20	5.18	5.17	5.15	5.14	5.14	5.14	5.13	3
4	4.54	4.32	4.19	4.11	4.05	4.01	3.98	3.95	3.94	3.92	3.87	3.84	3.82	3.80	3.78	3.77	3.76	3.76	4
5	4.06	3.78	3.62	3.52	3.45	3.40	3.37	3.34	3.32	3.30	3.34	3.21	3.17	3.15	3.13	3.12	3.11	3.10	5
6	3.78	3.46	3.29	3.18	3.11	3.05	3.01	2.98	2.96	2.94	2.87	2.84	2.80	2.77	2.75	2.73	2.73	2.72	6
7	3.59	3.26	3.07	2.96	2.88	2.83	2.78	2.75	2.72	2.70	2.63	2.59	2.56	2.52	2.50	2.48	2.48	2.47	7
8	3.46	3.11	2.92	2.81	2.73	2.67	2.62	2.59	2.56	2.54	2.46	2.42	2.38	2.35	2.32	2.31	2.30	2.29	8
9	3.36	3.01	2.81	2.69	2.61	2.55	2.51	2.47	2.44	2.42	2.34	2.30	2.25	2.22	2.19	2.17	2.17	2.16	9
10	3.28	2.92	2.73	2.61	2.52	2.46	2.41	2.38	2.53	2.32	2.24	2.20	2.16	2.12	2.09	2.07	2.06	2.06	10
11	3.23	2.86	2.66	2.54	2.45	2.39	2.34	2.30	2.27	2.25	2.17	2.12	2.08	2.04	2.00	1.99	1.98	1.97	11
12	3.18	2.81	2.61	2.48	2.39	2.33	2.28	2.24	2.21	2.19	2.10	2.06	2.01	1.97	1.94	1.92	1.91	1.90	12
13	3.14	2.76	2.56	2.43	2.35	2.28	2.23	2.20	2.16	2.14	2.05	2.01	1.96	1.92	1.88	1.86	1.85	1.85	13
14	3.10	2.73	2.52	2.39	2.31	2.24	2.19	2.15	2.12	2.10	2.01	1.96	1.91	1.87	1.83	1.82	1.80	1.80	14
15	3.07	2.70	2.49	2.36	2.27	2.21	2.16	2.12	2.09	2.06	1.97	1.92	1.87	1.83	1.79	1.77	1.76	1.76	15
16	3.05	2.67	2.46	2.33	2.24	2.18	2.13	2.09	2.06	2.03	1.94	1.89	1.84	1.79	1.76	1.74	1.73	1.72	16
17	3.03	2.64	2.44	2.31	2.22	2.15	2.10	2.06	2.03	2.00	1.91	1.86	1.81	1.76	1.73	1.71	1.69	1.69	17
18	3.01	2.62	2.42	2.29	2.20	2.13	2.08	2.04	2.00	1.98	1.89	1.84	1.78	1.74	1.70	1.68	1.67	1.66	18
19	2.99	2.61	2.40	2.27	2.18	2.11	2.06	2.02	1.98	1.96	1.86	1.81	1.76	1.71	1.67	1.65	1.64	1.63	19
20	2.97	2.59	2.38	2.25	2.16	2.09	2.04	2.00	1.96	1.94	1.84	1.79	1.74	1.69	1.65	1.63	1.62	1.61	20
22	2.95	2.56	2.35	2.22	2.13	2.06	2.01	1.97	1.93	1.00	1.81	1.76	1.70	1.65	1.61	1.59	1.58	1.57	22
24	2.93	2.54	2.33	2.19	2.10	2.04	1.98	1.94	1.91	1.88	1.78	1.73	1.67	1.62	1.58	1.56	1.54	1.53	24
26	2.91	2.52	2.31	2.17	2.08	2.01	1.96	1.92	1.88	1.86	1.76	1.71	1.65	1.59	1.55	1.53	1.51	1.50	26
28	2.89	2.50	2.29	2.16	2.06	2.00	1.94	1.90	1.87	1.84	1.74	1.69	1.63	1.57	1.53	1.50	1.49	1.48	28
30	2.88	2.49	2.28	2.14	2.05	1.98	1.93	1.88	1.85	1.82	1.72	1.67	1.61	1.55	1.51	1.48	1.47	1.46	30
40	2.84	2.44	2.23	2.09	2.00	1.93	1.87	1.83	1.79	1.76	1.66	1.61	1.54	1.48	1.43	1.41	1.39	1.38	40
50	2.81	2.41	2.20	2.06	1.97	1.90	1.84	1.80	1.76	1.73	1.63	1.57	1.50	1.44	1.39	1.36	1.34	1.33	50
60	2.79	2.39	2.18	2.04	1.95	1.87	1.82	1.77	1.74	1.71	1.60	1.54	1.48	1.41	1.36	1.33	1.31	1.29	60
80	2.77	2.37	2.15	2.02	1.92	1.85	1.79	1.75	1.71	1.68	1.57	1.51	1.44	1.38	1.32	1.28	1.26	1.24	80
100	2.76	2.36	2.14	2.00	1.91	1.83	1.78	1.73	1.70	1.66	1.56	1.49	1.42	1.35	1.29	1.26	1.23	1.21	100
200	2.73	2.33	2.11	1.97	1.88	1.80	1.75	1.70	1.66	1.63	1.52	1.46	1.38	1.31	1.24	1.20	1.17	1.14	200
500	2.72	2.31	2.10	1.96	1.86	1.79	1.73	1.68	1.64	1.61	1.50	1.44	1.36	1.28	1.21	1.16	1.12	1.09	500
∞	2.71	2.30	2.08	1.94	1.85	1.77	1.72	1.67	1.63	1.60	1.49	1.42	1.34	1.26	1.18	1.13	1.08	1.00	∞

$p = 0.95$ 续表

n_2＼n_1	1	2	3	4	5	6	7	8	9	10	12	14	16	18	20	n_2
1	161	200	216	225	230	234	237	239	241	242	244	245	246	247	248	1
2	18.5	19.0	19.2	19.2	19.3	19.3	19.4	19.4	19.4	19.4	19.4	19.4	19.4	19.4	19.4	2
3	10.1	9.55	9.28	9.12	9.01	8.94	8.89	8.85	8.81	8.79	8.74	8.71	8.69	8.67	8.66	3
4	7.71	6.94	6.59	6.39	6.26	6.16	6.09	6.04	6.00	5.96	5.91	5.87	5.84	5.82	5.80	4
5	6.61	5.79	5.41	5.19	5.05	4.95	4.88	4.82	4.77	4.74	4.68	4.64	4.60	4.58	4.56	5
6	5.99	5.14	4.76	4.53	4.39	4.28	4.21	4.15	4.10	4.06	4.00	3.96	3.92	3.90	3.87	6
7	5.59	4.74	4.35	4.12	3.97	3.87	3.79	3.73	3.68	3.64	3.57	3.53	3.49	3.47	3.44	7
8	5.32	4.46	4.07	3.84	3.69	3.58	3.50	3.44	3.39	3.35	3.28	3.24	3.20	3.17	3.15	8
9	5.12	4.26	3.86	3.63	3.48	3.37	3.29	3.23	3.18	3.14	3.07	3.03	2.99	2.96	2.96	9
10	4.96	4.10	3.71	3.48	3.33	3.22	3.14	3.07	3.02	2.98	2.91	2.86	2.83	2.80	2.77	10
11	4.84	3.98	3.59	3.36	3.20	3.09	3.01	2.95	2.90	2.85	2.79	2.74	2.70	2.67	2.65	11
12	4.75	3.89	3.49	3.26	3.11	3.00	2.91	2.85	2.80	2.75	2.69	2.64	2.60	2.57	2.54	12
13	4.67	3.81	3.41	3.18	3.03	2.92	2.83	2.77	2.71	2.67	2.60	2.55	2.51	2.48	1.46	13
14	4.60	3.74	3.34	3.11	2.96	2.85	2.76	2.70	2.65	2.60	2.53	2.48	2.44	2.41	2.39	14
15	4.54	3.68	3.29	3.06	2.90	2.79	2.71	2.64	2.59	2.54	2.48	2.42	2.38	2.35	2.33	15
16	4.49	3.63	3.24	3.01	2.85	2.74	2.66	2.59	2.54	2.49	2.42	2.37	2.33	2.30	2.28	16
17	4.45	3.59	3.20	2.96	2.81	2.70	2.61	2.55	2.49	2.45	2.38	2.33	2.29	2.26	2.23	17
18	4.41	3.55	3.16	2.93	2.77	2.66	2.58	2.51	2.46	2.41	2.34	2.29	2.25	2.22	2.19	18
19	4.38	3.52	3.13	2.90	2.74	2.63	2.54	2.48	2.42	2.38	2.31	2.26	2.21	2.18	2.16	19
20	4.35	3.49	3.10	2.87	2.71	2.60	2.51	2.45	2.39	2.35	2.28	2.22	2.18	2.15	2.12	20
21	4.32	3.47	3.07	2.84	2.68	2.57	2.49	2.42	2.37	2.32	2.25	2.20	2.16	2.12	2.10	21
22	4.30	3.44	3.05	2.82	2.66	2.55	2.46	2.40	2.34	2.30	2.23	2.17	2.13	2.10	2.07	22
23	4.28	3.42	3.03	2.80	2.64	2.53	2.44	2.37	2.32	2.27	2.20	2.15	2.11	2.07	2.05	23
24	4.26	3.40	3.01	2.78	2.62	2.51	2.42	2.36	2.30	2.25	2.18	2.13	2.09	2.05	2.03	24
25	4.24	3.39	2.99	2.76	2.60	2.49	2.40	2.34	2.28	2.24	2.16	2.11	2.07	2.04	2.01	25
26	4.23	3.37	2.98	2.74	2.59	2.47	2.39	2.32	2.27	2.22	2.15	2.09	2.05	2.02	1.99	26
27	4.21	3.35	2.96	2.73	2.57	2.46	2.37	2.31	2.25	2.20	2.13	2.08	2.04	2.00	1.97	27
28	4.20	3.34	2.95	2.71	2.56	2.45	2.36	2.29	2.24	2.19	2.12	2.06	2.02	1.99	1.96	27
29	4.18	3.33	2.93	2.70	2.55	2.43	2.35	2.28	2.22	2.18	2.10	2.05	2.01	1.97	1.94	29
30	4.17	3.32	2.92	2.69	2.53	2.42	2.33	2.27	2.21	2.16	2.09	2.04	1.99	1.96	1.93	30
32	4.15	3.29	2.90	2.67	2.51	2.40	2.31	2.24	2.19	2.14	2.07	2.01	1.97	1.94	1.91	32
34	4.13	3.28	2.88	2.65	2.49	2.38	2.29	2.23	2.17	2.12	2.05	1.99	1.95	1.92	1.89	34
36	4.11	3.26	2.87	2.63	2.48	2.36	2.28	2.21	2.15	2.11	2.03	1.98	1.93	1.90	1.87	36
38	4.10	3.24	2.85	2.62	2.46	2.35	2.26	2.19	2.14	2.09	2.02	1.96	1.92	1.88	1.85	38
40	4.08	3.23	2.84	2.61	2.45	2.34	2.25	2.18	2.12	2.08	2.00	1.95	1.90	1.87	1.84	40
42	4.07	3.22	2.83	2.59	2.44	2.32	2.24	2.17	2.11	2.06	1.99	1.93	1.89	1.86	1.83	42
44	4.06	3.21	2.82	2.58	2.43	2.31	2.23	2.16	2.10	2.05	1.98	1.92	1.88	1.84	1.81	44
46	4.05	3.20	2.81	2.57	2.42	2.30	2.22	2.15	2.09	2.04	1.97	1.91	1.87	1.83	1.80	46
48	4.04	3.19	2.80	2.57	2.41	2.29	2.21	2.14	2.08	2.03	1.96	1.90	1.86	1.82	1.79	48
50	4.03	3.18	2.79	2.56	2.40	2.29	2.20	2.13	2.07	2.03	1.95	1.89	1.85	1.81	1.78	50
60	4.00	3.15	2.76	2.53	2.37	2.25	2.17	2.10	2.04	1.99	1.92	1.86	1.82	1.78	1.75	60
80	3.96	3.11	2.72	2.49	2.33	2.21	2.13	2.06	2.00	1.95	1.88	1.82	1.77	1.73	1.70	80
100	3.94	3.09	2.70	2.46	2.31	2.19	2.10	2.03	1.97	1.93	1.85	1.79	1.75	1.71	1.68	100
125	3.92	3.07	2.68	2.44	2.29	2.17	2.08	2.01	1.96	1.91	1.83	1.77	1.72	1.69	1.65	125
150	3.90	3.06	2.66	2.43	2.27	2.16	2.07	2.00	1.94	1.89	1.82	1.76	1.71	1.67	1.64	150
200	3.89	3.04	2.65	2.42	2.26	2.14	2.06	1.98	1.93	1.88	1.80	1.74	1.69	1.66	1.62	200
300	3.87	3.03	2.63	2.40	2.24	2.13	2.04	1.97	1.91	1.86	1.78	1.72	1.68	1.64	1.61	300
500	3.86	3.01	2.62	2.39	2.23	2.12	2.03	1.96	1.90	1.85	1.77	1.71	1.66	1.62	1.59	500
1000	3.85	3.00	2.61	2.38	2.22	2.11	2.02	1.95	1.89	1.84	1.76	1.70	1.65	1.61	1.58	1000
∞	3.84	3.00	2.60	2.37	2.21	2.10	2.01	1.94	1.88	1.83	1.75	1.69	1.64	1.60	1.57	∞

$p = 0.95$　　　　　　　　　　　　　　　　　　　　　　　　　　　　　　　　续表

n_2 \ n_1	22	24	26	28	30	35	40	45	50	60	80	100	200	500	∞	n_2
1	249	249	249	250	250	251	251	251	252	252	252	253	254	254	254	1
2	19.5	19.5	19.5	19.5	19.5	19.5	19.5	19.5	19.5	19.5	19.5	19.5	19.5	19.5	19.5	2
3	8.65	8.64	8.63	8.62	8.62	8.60	8.59	8.59	8.58	8.57	8.56	8.55	8.54	8.53	8.53	3
4	5.79	5.77	5.76	5.75	5.75	5.73	5.72	5.71	5.70	5.69	5.67	5.66	5.65	5.64	5.63	4
5	4.54	4.53	4.52	4.50	4.50	4.48	4.46	4.45	4.44	4.43	4.41	4.41	4.39	4.37	4.37	5
6	3.86	3.84	3.83	3.82	3.81	3.79	3.77	3.76	3.75	3.74	3.72	3.71	3.69	3.68	3.67	6
7	3.43	3.41	3.40	3.39	3.38	3.36	3.34	3.33	3.32	3.30	3.29	3.27	3.25	3.24	3.23	7
8	3.13	3.12	3.10	3.09	3.08	3.06	3.04	3.03	3.02	3.01	2.99	2.97	2.95	2.94	2.93	8
9	2.92	2.90	2.89	2.87	2.86	2.84	2.83	2.81	2.80	2.79	2.77	2.76	2.73	2.72	2.71	9
10	2.75	2.74	2.72	2.71	2.70	2.68	2.66	2.65	2.64	2.62	2.60	2.59	2.56	2.55	2.54	10
11	2.63	2.61	2.59	2.58	2.57	2.55	2.53	2.52	2.51	2.49	2.47	2.46	2.43	2.42	2.40	11
12	2.52	2.51	2.49	2.48	2.47	2.44	2.43	2.41	2.40	2.38	2.36	2.35	2.32	2.31	2.30	12
13	2.44	2.42	2.41	2.39	2.38	2.36	2.34	2.33	2.31	2.30	2.27	2.26	2.23	2.22	2.21	13
14	3.37	3.35	3.33	3.32	3.31	2.28	2.27	2.25	2.24	2.22	2.20	2.19	2.16	2.14	2.13	14
15	2.31	2.29	2.27	2.26	2.25	2.22	2.20	2.19	2.18	2.16	2.14	2.12	2.10	2.08	2.07	15
16	2.25	2.24	2.22	2.21	2.19	2.17	2.15	2.14	2.12	2.11	2.08	2.07	2.04	2.02	2.01	16
17	2.21	2.19	2.17	2.16	2.15	2.12	2.10	2.09	2.08	2.06	2.03	2.02	1.99	1.97	1.96	17
18	2.17	2.15	2.13	2.12	2.11	2.08	2.06	2.05	2.04	2.02	1.99	1.98	1.95	1.93	1.92	18
19	2.13	2.11	2.10	2.08	2.07	2.05	2.03	2.01	2.00	1.98	1.96	1.94	1.91	1.89	1.88	19
20	2.10	2.08	2.07	2.05	2.04	2.01	1.99	1.98	1.97	1.95	1.92	1.91	1.88	1.86	1.84	20
21	2.07	2.05	2.04	2.02	2.01	1.98	1.96	1.95	1.94	1.92	1.89	1.88	1.84	1.82	1.81	21
22	2.05	2.03	2.01	2.00	1.98	1.96	1.94	1.92	1.91	1.89	1.86	1.85	1.82	1.80	1.78	22
23	2.02	2.00	1.99	1.97	1.96	1.93	1.91	1.90	1.88	1.86	1.84	1.82	1.79	1.77	1.76	23
24	2.00	1.98	1.97	1.95	1.94	1.91	1.89	1.88	1.86	1.84	1.82	1.80	1.77	1.75	1.73	24
25	1.98	1.96	1.95	1.93	1.92	1.89	1.87	1.86	1.84	1.82	1.80	1.78	1.75	1.73	1.71	25
26	1.97	1.95	1.93	1.91	1.90	1.87	1.85	1.84	1.82	1.80	1.78	1.76	1.73	1.71	1.69	26
27	1.95	1.93	1.91	1.90	1.88	1.86	1.84	1.82	1.81	1.79	1.76	1.74	1.71	1.69	1.67	27
28	1.93	1.91	1.90	1.88	1.87	1.84	1.82	1.80	1.79	1.77	1.74	1.73	1.69	1.67	1.65	28
29	1.92	1.90	1.88	1.87	1.85	1.83	1.81	1.79	1.77	1.75	1.73	1.71	1.67	1.65	1.64	29
30	1.91	1.89	1.87	1.85	1.84	1.81	1.79	1.77	1.76	1.74	1.71	1.70	1.66	1.64	1.62	30
32	1.88	1.86	1.85	1.83	1.82	1.79	1.77	1.75	1.74	1.71	1.69	1.67	1.63	1.61	1.59	32
34	1.86	1.84	1.82	1.80	1.80	1.77	1.75	1.73	1.71	1.69	1.66	1.65	1.61	1.59	1.57	34
35	1.85	1.82	1.81	1.79	1.78	1.75	1.73	1.71	1.69	1.67	1.64	1.62	1.59	1.56	1.55	36
38	1.83	1.81	1.79	1.77	1.76	1.73	1.71	1.69	1.68	1.65	1.62	1.61	1.57	1.54	1.53	38
40	1.81	1.79	1.77	1.76	1.74	1.72	1.69	1.67	1.66	1.64	1.61	1.59	1.55	1.53	1.51	40
42	1.80	1.78	1.76	1.74	1.73	1.70	1.68	1.66	1.65	1.62	1.59	1.57	1.53	1.51	1.49	42
44	1.79	1.77	1.75	1.73	1.72	1.69	1.67	1.65	1.63	1.61	1.58	1.56	1.52	1.49	1.48	44
46	1.78	1.76	1.74	1.72	1.71	1.68	1.65	1.64	1.62	1.60	1.57	1.55	1.51	1.48	1.46	46
48	1.77	1.75	1.73	1.71	1.70	1.67	1.64	1.62	1.61	1.59	1.56	1.54	1.49	1.47	1.45	48
50	1.76	1.74	1.72	1.70	1.69	1.66	1.63	1.61	1.60	1.58	1.54	1.52	1.48	1.46	1.44	50
60	1.72	1.70	1.68	1.66	1.65	1.62	1.59	1.57	1.56	1.53	1.50	1.48	1.44	1.41	1.39	60
80	1.68	1.65	1.63	1.62	1.60	1.57	1.54	1.52	1.51	1.48	1.45	1.43	1.38	1.35	1.32	80
100	1.65	1.63	1.61	1.59	1.57	1.54	1.52	1.49	1.48	1.45	1.41	1.39	1.34	1.31	1.28	100
125	1.63	1.60	1.58	1.57	1.55	1.52	1.49	1.47	1.45	1.42	1.39	1.36	1.31	1.27	1.25	125
150	1.61	1.59	1.57	1.55	1.53	1.50	1.48	1.45	1.44	1.41	1.37	1.34	1.29	1.25	1.22	150
200	1.60	1.57	1.55	1.53	1.52	1.48	1.46	1.43	1.41	1.39	1.35	1.32	1.26	1.22	1.19	200
300	1.58	1.55	1.53	1.51	1.50	1.46	1.43	1.41	1.39	1.36	1.32	1.30	1.23	1.19	1.15	300
500	1.56	1.54	1.52	1.50	1.48	1.45	1.42	1.40	1.38	1.34	1.30	1.28	1.21	1.16	1.11	500
1000	1.55	1.53	1.51	1.49	1.47	1.44	1.41	1.38	1.36	1.33	1.29	1.26	1.19	1.13	1.08	1000
∞	1.54	1.52	1.50	1.48	1.46	1.42	1.39	1.37	1.35	1.32	1.27	1.24	1.17	1.11	1.00	∞

$p = 0.975$　　　　　　　　　　　　　　　　　　　　　　　　　　　　　　　　　续表

n_1 / n_2	1	2	3	4	5	6	7	8	9	n_1 / n_2
1	647.8	799.5	864.2	899.6	921.8	937.1	948.2	956.7	963.3	1
2	36.51	39.00	39.17	39.25	39.30	39.33	39.36	39.37	39.39	2
3	17.44	16.04	15.44	15.10	14.88	14.73	14.62	14.54	14.47	3
4	12.22	10.65	9.98	9.60	9.36	9.20	9.07	8.98	8.90	4
5	10.01	8.43	7.76	7.39	7.15	6.98	6.85	6.76	6.68	5
6	8.81	7.26	6.60	6.23	5.99	5.82	5.70	5.60	5.52	6
7	8.07	6.54	5.89	5.52	5.29	5.12	4.99	4.90	4.82	7
8	7.57	6.06	5.42	5.05	4.82	4.65	4.53	4.43	4.36	8
9	7.21	5.71	5.03	4.72	4.48	4.32	4.20	4.10	4.03	9
10	6.94	5.46	4.83	4.47	4.24	4.07	3.95	3.85	3.78	10
11	6.72	5.26	4.63	4.28	4.04	3.88	3.76	3.66	3.59	11
12	6.55	5.10	4.42	4.12	3.89	3.73	3.61	3.51	3.44	12
13	6.41	4.97	4.35	4.00	3.77	3.60	3.48	3.39	3.31	13
14	6.30	4.86	4.24	3.89	3.66	3.50	3.38	3.29	3.21	14
15	6.20	4.77	4.15	3.80	3.58	3.41	3.29	3.20	3.12	15
16	6.12	4.69	4.08	3.73	3.50	3.34	3.22	3.12	3.05	16
17	6.01	4.62	4.01	3.66	3.44	3.28	3.16	3.06	2.98	17
18	5.98	4.56	3.95	3.61	3.38	3.22	3.10	3.01	2.93	18
19	5.92	4.51	3.90	3.56	3.33	3.17	3.05	2.96	2.88	19
20	5.87	4.46	3.89	3.51	3.29	3.13	3.01	2.91	2.84	20
21	5.83	4.42	3.82	3.48	3.25	3.09	2.97	2.87	2.80	21
22	5.79	4.38	3.78	3.44	3.22	3.05	2.93	2.84	2.76	22
23	5.75	4.35	3.75	3.41	3.18	3.02	2.90	2.81	2.73	23
24	5.72	4.32	3.72	3.38	3.15	2.99	2.87	2.78	2.70	24
25	5.69	4.29	3.69	3.35	3.13	2.97	2.85	2.75	2.68	25
26	5.66	4.27	3.67	3.33	3.10	2.94	2.82	2.73	2.65	26
27	5.63	4.24	3.65	3.31	3.08	2.92	2.80	2.71	2.63	27
28	5.61	4.22	3.63	3.29	3.06	2.90	2.78	2.69	2.61	28
29	5.59	4.20	3.61	3.27	3.04	2.88	2.76	2.67	2.59	29
30	5.57	4.18	3.59	3.25	3.03	2.87	2.75	2.65	2.57	30
40	5.42	4.05	3.46	3.13	2.90	2.74	2.62	2.53	2.45	40
60	5.29	3.93	3.34	3.01	2.79	2.63	2.51	2.41	2.33	60
120	5.15	3.80	3.23	2.89	2.67	2.52	2.39	2.30	2.22	120
∞	5.02	3.69	3.12	2.79	2.57	2.41	2.29	2.19	2.11	∞

$p = 0.975$　　　　　　　　　　　　　　　　　　　　　　　　　　　　　续表

n_1 n_2	10	12	15	20	24	30	40	60	120	∞	n_1 n_2
1	968.6	976.7	984.9	993.1	997.2	1001	1006	1010	1014	1018	1
2	39.40	39.41	39.43	39.45	39.46	39.46	39.47	39.48	39.49	39.50	2
3	14.42	14.34	14.25	14.17	14.12	14.08	14.04	13.99	13.95	13.90	3
4	8.84	8.75	8.66	8.56	8.51	8.46	8.41	8.36	8.31	8.26	4
5	6.62	6.52	6.43	6.33	6.28	6.23	6.18	6.12	6.07	6.02	5
6	5.46	5.37	5.27	5.17	5.12	5.07	5.01	4.96	4.90	4.85	6
7	4.76	4.67	4.57	4.47	4.42	4.36	4.31	4.25	4.20	4.14	7
8	4.30	4.20	4.10	4.00	3.95	3.89	3.84	3.78	3.73	3.67	8
9	3.96	3.87	3.77	3.67	3.61	3.56	3.51	3.45	3.39	3.33	9
10	3.72	3.62	3.52	3.42	3.37	3.31	3.26	3.20	3.14	3.08	10
11	3.53	3.43	3.33	3.23	3.17	3.12	3.06	3.00	2.94	2.88	11
12	3.37	3.28	3.18	3.07	3.02	2.96	2.91	2.85	2.79	2.72	12
13	3.25	3.15	3.05	2.95	2.89	2.84	2.78	2.72	2.66	2.60	13
14	3.15	3.05	2.95	2.84	2.79	2.73	2.67	2.61	2.55	2.49	14
15	3.06	2.96	2.86	2.76	2.70	2.64	2.59	2.52	2.46	2.40	15
16	2.99	2.89	2.79	2.68	2.63	2.57	2.51	2.45	2.38	2.32	16
17	2.92	2.82	2.72	2.62	2.56	2.50	2.44	2.38	2.32	2.25	17
18	2.87	2.77	2.67	2.56	2.50	2.44	2.38	2.32	2.26	2.19	18
19	2.82	2.72	2.62	2.51	2.45	2.39	2.33	2.27	2.20	2.13	19
20	2.77	2.68	2.57	2.46	2.41	2.35	2.29	2.22	2.16	2.09	20
21	2.73	2.64	2.53	2.42	2.37	2.31	2.25	2.18	2.11	2.04	21
22	2.70	2.60	2.50	2.39	2.33	2.27	2.21	2.14	2.08	2.00	22
23	2.67	2.57	2.47	2.36	2.30	2.24	2.18	2.11	2.04	1.97	23
24	2.64	2.54	2.44	2.33	2.27	2.21	2.15	2.08	2.01	1.94	24
25	2.61	2.51	2.41	2.30	2.24	2.18	2.12	2.05	1.98	1.91	25
26	2.59	2.49	2.39	2.28	2.22	2.16	2.09	2.03	1.95	1.88	26
27	2.57	2.47	2.36	2.25	2.19	2.13	2.07	2.00	1.93	1.85	27
28	2.55	2.45	2.34	2.23	2.17	2.11	2.05	1.98	1.91	1.83	28
29	2.53	2.43	2.32	2.21	2.15	2.09	2.03	1.96	1.89	1.81	29
30	2.51	2.41	2.31	2.20	2.14	2.07	2.01	1.94	1.87	1.79	30
40	2.39	2.29	2.18	2.07	2.01	1.94	1.88	1.80	1.72	1.64	40
60	2.27	2.17	2.06	1.94	1.88	1.82	1.74	1.67	1.58	1.48	60
120	2.16	2.05	1.94	1.82	1.76	1.69	1.61	1.53	1.43	1.31	120
∞	2.05	1.94	1.83	1.71	1.64	1.57	1.48	1.39	1.27	1.00	∞

$p = 0.99$ 续表

n_2 \ n_1	1	2	3	4	5	6	7	8	9	10	12	14	16	18	20	n_1 / n_2
1	405	500	540	563	576	586	593	598	602	606	611	614	617	619	621	1
2	98.5	99.0	99.2	99.2	99.3	99.3	99.4	99.4	99.4	99.4	99.4	99.4	99.4	99.4	99.4	2
3	34.1	30.8	29.5	28.7	28.2	27.9	27.7	27.5	27.3	27.2	27.1	26.9	26.8	26.8	26.7	3
4	21.2	18.0	16.7	16.0	15.5	15.2	15.0	14.8	14.7	14.5	14.4	14.2	14.2	14.1	14.0	4
5	16.3	13.3	12.1	11.4	11.0	10.7	10.5	10.3	10.2	10.1	9.89	9.77	9.68	9.61	9.55	5
6	13.7	10.9	9.78	9.15	8.75	8.47	8.26	8.10	7.98	7.87	7.72	7.60	7.52	7.45	7.40	6
7	12.2	9.55	8.45	7.85	7.46	7.19	6.99	6.84	6.72	6.62	6.47	6.36	6.27	6.21	6.16	7
8	11.3	8.65	7.59	7.01	6.63	6.37	6.18	6.03	5.91	5.81	5.67	5.56	5.48	5.41	5.36	8
9	10.6	8.02	6.99	6.42	6.06	5.80	5.61	5.47	5.35	5.26	5.11	5.00	4.92	4.86	4.81	9
10	10.0	7.56	6.55	5.99	5.64	5.39	5.20	5.06	4.94	4.85	4.71	4.60	4.52	4.46	4.41	10
11	9.65	7.21	6.22	5.67	5.32	5.07	4.89	4.74	4.63	4.54	4.40	4.29	4.21	4.15	4.10	11
12	9.33	6.93	5.95	5.41	5.06	4.82	4.64	4.50	4.39	4.30	4.16	4.05	3.97	3.91	3.86	12
13	9.07	6.70	5.74	5.21	4.86	4.62	4.44	4.30	4.19	4.10	3.96	3.86	3.78	3.71	3.66	13
14	8.86	6.51	5.56	5.04	4.70	4.46	4.28	4.14	4.03	3.94	3.80	3.70	3.62	3.56	3.51	14
15	8.68	6.36	5.42	4.89	4.56	4.32	4.14	4.00	3.89	3.80	3.67	3.56	3.49	3.42	3.37	15
16	8.53	6.23	5.29	4.77	4.44	4.20	4.03	3.89	3.78	3.69	3.55	3.45	3.37	3.31	3.26	16
17	8.40	6.11	5.18	4.67	4.34	4.10	3.93	3.79	3.68	3.59	3.46	3.35	3.27	3.21	3.16	17
18	8.29	6.01	5.09	4.58	4.25	4.01	3.84	3.71	3.60	3.51	3.37	3.27	3.19	3.13	3.08	18
19	8.18	5.93	5.01	4.50	4.17	3.94	3.77	3.63	3.52	3.43	3.30	3.19	3.12	3.05	3.00	19
20	8.10	5.85	4.94	4.43	4.10	3.87	3.70	3.56	3.46	3.37	3.23	3.13	3.05	2.99	2.94	20
21	8.02	5.78	4.87	4.37	4.04	3.81	3.64	3.51	3.40	3.31	3.17	3.07	2.99	2.93	2.88	21
22	7.95	5.72	4.82	4.31	3.99	3.76	3.59	3.45	3.35	3.26	3.12	3.02	2.94	2.88	2.83	22
23	7.88	5.66	4.76	4.26	3.94	3.71	3.54	3.41	3.30	3.21	3.07	2.97	2.89	2.83	2.78	23
24	7.82	5.61	4.72	4.22	3.90	3.67	3.50	3.36	3.26	3.17	3.03	2.93	2.85	2.79	2.74	24
25	7.77	5.57	4.68	4.18	3.86	3.63	3.46	3.32	3.22	3.13	2.99	2.89	2.81	2.75	2.50	25
26	7.72	5.53	4.64	4.14	3.82	3.59	3.42	3.29	3.18	3.09	2.96	2.86	2.78	2.72	2.66	26
27	7.68	5.49	4.60	4.11	3.78	3.56	3.39	3.26	3.15	3.06	2.93	2.82	2.75	2.68	2.63	27
28	7.64	5.45	4.57	4.07	3.75	3.53	3.36	3.23	3.12	3.03	2.90	2.79	2.72	2.65	2.60	28
29	7.60	5.42	4.54	4.04	3.73	3.50	3.33	3.20	3.09	3.00	2.87	2.77	2.69	2.62	2.57	29
30	7.56	5.39	4.51	4.02	3.70	3.47	3.30	3.17	3.07	2.98	2.84	2.74	2.66	2.60	2.55	30
32	7.50	5.34	4.46	3.97	3.65	3.43	3.26	3.13	3.02	2.93	2.80	2.70	2.62	2.55	2.50	32
34	7.44	5.29	4.42	3.93	3.61	3.36	3.22	3.09	2.98	2.89	2.76	2.66	2.58	2.51	2.46	34
36	7.40	5.25	4.38	3.89	3.57	3.35	3.18	3.05	2.95	2.86	2.72	2.62	2.54	2.48	2.43	36
38	7.35	5.21	4.34	3.86	3.54	3.32	3.15	3.02	2.92	2.83	2.69	2.59	2.51	2.45	2.40	38
40	7.31	5.18	4.31	3.83	3.51	3.29	3.12	2.99	2.89	2.80	2.66	2.56	2.48	2.42	2.37	40
42	7.28	5.15	4.29	3.80	3.49	3.27	3.10	2.97	2.86	2.78	2.64	2.54	2.46	2.40	2.34	42
44	7.25	5.12	4.26	3.78	2.47	3.24	3.08	2.95	2.84	2.75	2.62	2.52	2.44	2.37	2.32	44
46	7.22	5.10	4.24	3.76	3.44	3.22	3.06	2.93	2.82	2.73	2.60	2.50	2.42	2.35	2.30	46
48	7.20	5.08	4.22	3.74	3.43	3.20	3.04	2.91	2.80	2.72	2.58	2.48	2.40	2.33	2.28	48
50	7.17	5.06	4.20	3.72	3.41	3.19	3.02	2.89	2.79	2.70	2.56	2.46	2.38	2.32	2.27	50
60	7.08	4.98	4.13	3.65	3.34	3.12	2.95	2.82	2.72	2.63	2.50	2.39	2.31	2.25	2.20	60
80	6.96	4.88	4.04	3.56	3.26	3.04	2.87	2.74	2.64	2.55	2.42	2.31	2.23	2.17	2.12	80
100	6.90	4.82	3.98	3.51	3.21	2.99	2.82	2.69	2.59	2.50	2.37	2.26	2.19	2.12	2.07	100
125	6.84	4.78	3.94	3.47	3.17	2.95	2.79	2.66	2.55	2.47	2.33	2.23	2.15	2.08	2.03	125
150	6.81	4.75	3.92	3.45	3.14	2.92	2.76	2.63	2.53	2.44	2.31	2.20	2.12	2.06	2.00	150
200	6.76	4.71	3.88	3.41	3.11	2.89	2.73	2.60	2.50	2.41	2.27	2.17	2.09	2.02	1.97	200
300	6.72	4.68	3.85	3.38	3.08	2.86	2.70	2.57	2.47	2.38	2.24	2.14	2.06	1.99	1.94	300
500	6.69	4.65	3.82	3.36	3.05	2.84	2.68	2.55	2.44	2.36	2.22	2.12	2.04	1.97	1.92	500
1000	6.66	4.63	3.80	3.34	3.04	2.82	2.66	2.53	2.43	2.34	2.20	2.10	2.02	1.95	1.90	1000
∞	6.63	4.61	3.78	3.32	3.02	2.80	2.64	2.51	2.41	2.32	2.18	2.08	2.00	1.93	1.88	∞

$p = 0.99$ 续表

n_2 \ n_1	22	24	26	28	30	35	40	45	50	60	80	100	200	500	∞	n_2
1	622	623	624	625	626	628	629	630	630	631	633	633	635	636	637	1
2	99.5	99.5	99.5	99.5	99.5	99.5	99.5	99.5	99.5	99.5	99.5	99.5	99.5	99.5	99.5	2
3	26.6	26.6	26.6	26.5	26.5	26.5	26.4	26.4	26.4	26.3	26.3	26.2	26.2	26.1	26.1	3
4	14.0	13.9	13.9	13.9	13.8	13.8	13.7	13.7	13.7	13.7	13.6	13.6	13.5	13.5	13.5	4
5	9.51	9.47	9.43	9.40	9.38	9.33	9.29	9.26	9.24	9.20	9.16	9.13	9.08	9.04	9.02	5
6	7.35	7.31	7.28	7.25	7.23	7.18	7.14	7.11	7.09	7.06	7.01	6.99	6.93	6.90	6.88	6
7	6.11	6.07	6.04	6.02	5.99	5.94	5.91	5.88	5.86	5.82	5.78	5.75	5.70	5.67	5.65	7
8	5.32	5.28	5.25	5.22	5.20	5.15	5.12	5.10	5.07	5.03	4.99	4.96	4.91	4.88	4.86	8
9	4.77	4.73	4.70	4.67	4.65	4.60	4.57	4.54	4.52	4.48	4.44	4.42	4.36	4.33	4.31	9
10	4.36	4.33	4.30	4.27	4.25	4.20	4.17	4.14	4.12	4.08	4.04	4.01	3.96	3.93	3.91	10
11	4.06	4.02	3.99	3.96	3.94	3.89	3.86	3.83	3.81	3.78	3.73	3.71	3.66	3.62	3.60	11
12	3.82	3.78	3.75	3.72	3.70	3.65	3.62	3.59	3.57	3.54	3.49	3.47	3.41	3.38	3.36	12
13	3.62	3.59	3.56	3.53	3.51	3.46	3.43	3.40	3.38	3.34	3.30	3.27	3.22	3.19	3.17	13
14	3.46	3.43	3.40	3.37	3.35	3.30	3.27	3.24	3.22	3.18	3.14	3.11	3.06	3.03	3.00	14
15	3.33	3.29	3.26	3.24	3.21	3.17	3.13	3.10	3.08	3.05	3.00	2.98	2.92	2.89	2.87	15
16	3.22	3.18	3.15	3.12	3.10	3.05	3.02	2.99	2.97	2.93	2.89	2.86	2.81	2.78	2.75	16
17	3.12	3.08	3.05	3.03	3.00	2.96	2.92	2.89	2.87	2.83	2.79	2.76	2.71	2.68	2.65	17
18	3.03	3.00	2.97	2.94	2.92	2.87	2.84	2.81	2.78	2.75	2.70	2.68	2.62	2.59	2.57	18
19	2.96	2.92	2.89	2.87	2.84	2.80	2.76	2.73	2.71	2.67	2.63	2.60	2.55	2.51	2.49	19
20	2.90	2.86	2.83	2.80	2.78	2.73	2.69	2.67	2.64	2.61	2.56	2.54	2.48	2.44	2.42	20
21	2.84	2.80	2.77	2.74	2.72	2.67	2.64	2.61	2.58	2.55	2.50	2.48	2.42	2.38	2.36	21
22	2.78	2.75	2.72	2.69	2.67	2.62	2.58	2.55	2.53	2.50	2.45	2.42	2.36	2.33	2.31	22
23	2.74	2.70	2.67	2.64	2.62	2.57	2.54	2.51	2.48	2.45	2.40	2.37	2.32	2.28	2.26	23
24	2.70	2.66	2.63	2.60	2.58	2.53	2.49	2.46	2.44	2.40	2.36	2.33	2.27	2.24	2.21	24
25	2.66	2.62	2.59	2.56	2.54	2.49	2.45	2.42	2.40	2.36	2.32	2.29	2.23	2.19	2.17	25
26	2.62	2.58	2.55	2.53	2.50	2.45	2.42	2.39	2.36	2.33	2.28	2.25	2.19	2.16	2.13	26
27	2.59	2.55	2.52	2.49	2.47	2.42	2.38	2.35	2.33	2.29	2.25	2.22	2.16	2.12	2.10	27
28	2.56	2.52	2.49	2.46	2.44	2.39	2.35	2.32	2.30	2.26	2.22	2.19	2.13	2.09	2.06	28
29	2.53	2.49	2.46	2.44	2.41	2.36	2.33	2.30	2.27	2.23	2.19	2.16	2.10	2.06	2.03	29
30	2.51	2.47	2.44	2.41	2.39	2.34	2.30	2.27	2.25	2.21	2.16	2.13	2.07	2.03	2.01	30
32	2.46	2.42	2.39	2.36	2.34	2.29	2.25	2.22	2.20	2.16	2.11	2.08	2.02	1.98	1.96	32
34	2.42	2.38	2.35	2.32	2.30	2.25	2.21	2.18	2.16	2.12	2.07	2.04	1.98	1.94	1.91	34
36	2.38	2.35	2.32	2.29	2.26	2.21	2.17	2.14	2.12	2.08	2.03	2.00	1.94	1.90	1.87	36
38	2.35	2.32	2.28	2.26	2.23	2.18	2.14	2.11	2.09	2.05	2.00	1.97	1.90	1.86	1.84	38
40	2.33	2.29	2.26	2.23	2.20	2.15	2.11	2.08	2.06	2.02	1.97	1.94	1.87	1.83	1.80	40
42	2.30	2.26	2.23	2.20	2.18	2.13	2.09	2.06	2.03	1.99	1.94	1.91	1.85	1.80	1.78	42
44	2.28	2.24	2.21	2.18	2.15	2.10	2.06	2.03	2.01	1.97	1.92	1.89	1.82	1.78	1.75	44
46	2.26	2.22	2.19	2.16	2.13	2.08	2.04	2.01	1.99	1.95	1.90	1.86	1.80	1.75	1.73	46
48	2.24	2.20	2.17	2.14	2.12	2.06	2.02	1.99	1.97	1.93	1.88	1.84	1.78	1.73	1.70	48
50	2.22	2.18	2.15	2.12	2.10	2.05	2.01	1.97	1.95	1.91	1.86	1.82	1.76	1.71	1.68	50
60	2.15	2.12	2.08	2.05	2.03	1.98	1.94	1.90	1.88	1.84	1.78	1.75	1.68	1.63	1.60	60
80	2.07	2.03	2.00	1.97	1.94	1.89	1.85	1.81	1.79	1.75	1.69	1.66	1.58	1.53	1.49	80
100	2.02	1.98	1.94	1.92	1.89	1.84	1.80	1.76	1.73	1.69	1.63	1.60	1.52	1.47	1.43	100
125	1.98	1.94	1.91	1.88	1.85	1.80	1.76	1.72	1.69	1.65	1.59	1.55	1.47	1.41	1.37	125
150	1.96	1.92	1.88	1.85	1.83	1.77	1.73	1.69	1.66	1.62	1.56	1.52	1.43	1.38	1.33	150
200	1.93	1.89	1.85	1.82	1.79	1.74	1.69	1.66	1.63	1.58	1.52	1.48	1.39	1.33	1.28	200
300	1.89	1.85	1.82	1.79	1.76	1.71	1.66	1.62	1.59	1.55	1.48	1.44	1.35	1.28	1.22	300
500	1.87	1.83	1.79	1.76	1.74	1.68	1.63	1.60	1.56	1.52	1.45	1.41	1.31	1.23	1.16	500
1000	1.85	1.81	1.77	1.74	1.72	1.66	1.61	1.57	1.54	1.50	1.43	1.38	1.28	1.19	1.11	1000
∞	1.83	1.79	1.76	1.72	1.70	1.64	1.59	1.55	1.52	1.47	1.40	1.36	1.25	1.15	1.00	∞

$p = 0.995$　　　　　　　　　　　　　　　　　　　　　　　　　　　　　　续表

n_2 \ n_1	1	2	3	4	5	6	7	8	9	n_1 \ n_2
1	16211	20000	21615	22500	23056	23437	23715	23925	24091	1
2	198.5	199.0	199.2	199.2	199.3	199.3	199.4	199.4	199.4	2
3	55.55	49.80	47.47	46.19	45.39	44.84	44.43	44.13	43.88	3
4	31.33	26.28	24.26	23.15	22.46	21.97	21.62	21.35	21.14	4
5	22.78	18.31	16.53	15.56	14.94	14.51	14.20	13.96	13.77	5
6	18.63	14.54	12.92	12.03	11.46	11.07	10.79	10.57	10.39	6
7	16.24	12.40	10.88	10.05	9.52	9.16	8.89	8.68	8.51	7
8	14.69	11.04	9.60	8.81	8.30	7.95	7.69	7.50	7.34	8
9	13.61	10.11	8.72	7.96	7.47	7.13	6.88	6.69	6.54	9
10	12.83	9.43	8.08	7.34	6.87	6.54	6.30	6.12	5.97	10
11	12.23	8.91	7.60	6.88	6.42	6.10	5.86	5.68	5.54	11
12	11.75	8.51	7.23	6.52	6.07	5.76	5.52	5.35	5.20	12
13	11.37	8.19	6.93	6.23	5.79	5.48	5.25	5.08	4.94	13
14	11.06	7.92	6.68	6.00	5.56	5.26	5.03	4.86	4.72	14
15	10.80	7.70	6.48	5.80	5.37	5.07	4.85	4.67	4.54	15
16	10.58	7.51	6.30	5.64	5.21	4.91	4.69	4.52	4.38	16
17	10.38	7.35	6.16	5.50	5.07	4.78	4.56	4.39	4.25	17
18	10.22	7.21	6.03	5.37	4.96	4.66	4.44	4.28	4.14	18
19	10.07	7.09	5.92	5.27	4.85	4.56	4.34	4.13	4.04	19
20	9.94	6.99	5.82	5.17	4.76	4.47	4.26	4.09	3.96	20
21	9.83	6.89	5.73	5.09	4.68	4.39	4.18	4.01	3.88	21
22	9.73	6.81	5.65	5.02	4.61	4.32	4.11	3.94	3.81	22
23	9.63	6.73	5.58	4.95	4.54	4.26	4.05	3.88	3.75	23
24	9.55	6.66	5.52	4.89	4.49	4.20	3.99	3.83	3.69	24
25	9.48	6.60	5.46	4.84	4.43	4.15	3.94	3.78	3.64	25
26	9.41	6.54	5.41	4.79	4.38	4.10	3.89	3.73	3.60	26
27	9.34	6.49	5.36	4.74	4.34	4.06	3.85	3.69	3.56	27
28	9.28	6.44	5.32	4.70	4.30	4.02	3.81	3.65	3.52	28
29	9.23	6.40	5.28	4.66	4.26	3.98	3.77	3.61	3.48	29
30	9.18	6.35	5.24	4.62	4.23	3.95	3.74	3.58	3.45	30
40	8.83	6.07	4.98	4.37	3.99	3.71	3.51	3.35	3.22	40
60	8.49	5.79	4.73	4.14	3.76	3.49	3.29	3.13	3.01	60
120	8.18	5.54	4.50	3.92	3.55	3.28	3.09	2.93	2.81	120
∞	7.88	5.30	4.28	3.72	3.35	3.09	2.90	2.74	2.62	∞

$p = 0.975$　　　　　　　　　　　　　　　　　　　　续表

n_2＼n_1	10	12	15	20	24	30	40	60	120	∞	n_2
1	968.6	976.7	984.9	993.1	997.2	1001	1006	1010	1014	1018	1
2	39.40	39.41	39.43	39.45	39.46	39.46	39.47	39.48	39.49	39.50	2
3	14.42	14.34	14.25	14.17	14.12	14.08	14.04	13.99	13.95	13.90	3
4	8.84	8.75	8.66	8.56	8.51	8.46	8.41	8.36	8.31	8.26	4
5	6.62	6.52	6.43	6.33	6.28	6.23	6.18	6.12	6.07	6.02	5
6	5.46	5.37	5.27	5.17	5.12	5.07	5.01	4.96	4.90	4.85	6
7	4.76	4.67	4.57	4.47	4.42	4.36	4.31	4.25	4.20	4.14	7
8	4.30	4.20	4.10	4.00	3.95	3.89	3.84	3.78	3.73	3.67	8
9	3.96	3.87	3.77	3.67	3.61	3.56	3.51	3.45	3.39	3.33	9
10	3.72	3.62	3.52	3.42	3.37	3.31	3.26	3.20	3.14	3.08	10
11	3.53	3.43	3.33	3.23	3.17	3.12	3.06	3.00	2.94	2.88	11
12	3.37	3.28	3.18	3.07	3.02	2.96	2.91	2.85	2.79	2.72	12
13	3.25	3.15	3.05	2.95	2.89	2.84	2.78	2.72	2.66	2.60	13
14	3.15	3.05	2.95	2.84	2.79	2.73	2.67	2.61	2.55	2.49	14
15	3.06	2.96	2.86	2.76	2.70	2.64	2.59	2.52	2.46	2.40	15
16	2.99	2.89	2.79	2.68	2.63	2.57	2.51	2.45	2.38	2.32	16
17	2.92	2.82	2.72	2.62	2.56	2.50	2.44	2.38	2.32	2.25	17
18	2.87	2.77	2.67	2.56	2.50	2.44	2.38	2.32	2.26	2.19	18
19	2.82	2.72	2.62	2.51	2.45	2.39	2.33	2.27	2.20	2.13	19
20	2.77	2.68	2.57	2.46	2.41	2.35	2.29	2.22	2.16	2.09	20
21	2.73	2.64	2.53	2.42	2.37	2.31	2.25	2.18	2.11	2.04	21
22	2.70	2.60	2.50	2.39	2.33	2.27	2.21	2.14	2.08	2.00	22
23	2.67	2.57	2.47	2.36	2.30	2.24	2.18	2.11	2.04	1.97	23
24	2.64	2.54	2.44	2.33	2.27	2.21	2.15	2.08	2.01	1.94	24
25	2.61	2.51	2.41	2.30	2.24	2.18	2.12	2.05	1.98	1.91	25
26	2.59	2.49	2.39	2.28	2.22	2.16	2.09	2.03	1.95	1.88	26
27	2.57	2.47	2.36	2.25	2.19	2.13	2.07	2.00	1.93	1.85	27
28	2.55	2.45	2.34	2.23	2.17	2.11	2.05	1.98	1.91	1.83	28
29	2.53	2.43	2.32	2.21	2.15	2.09	2.03	1.96	1.89	1.81	29
30	2.51	2.41	2.31	2.20	2.14	2.07	2.01	1.94	1.87	1.79	30
40	2.39	2.29	2.18	2.07	2.01	1.94	1.88	1.80	1.72	1.64	40
60	2.27	2.17	2.06	1.94	1.88	1.82	1.74	1.67	1.58	1.48	60
120	2.16	2.05	1.94	1.82	1.76	1.69	1.61	1.53	1.43	1.31	120
∞	2.05	1.94	1.83	1.71	1.64	1.57	1.48	1.39	1.27	1.00	∞

附表 7　符号检验表
$$P(S \leqslant S_\alpha) = \alpha$$

n	α 0.05	α 0.10	n	α 0.05	α 0.10	n	α 0.05	α 0.10	n	α 0.05	α 0.10	n	α 0.05	α 0.10
1	—	—	19	4	5	37	12	13	55	19	20	73	27	28
2	—	—	20	5	5	38	12	13	56	20	21	74	28	29
3	—	—	21	5	6	39	12	13	57	20	21	75	28	29
4	—	—	22	5	6	40	13	14	58	21	22	76	28	30
5	—	0	23	6	7	41	13	14	59	21	22	77	29	30
6	0	0	24	6	7	42	14	15	60	21	23	78	29	31
7	0	0	25	7	7	43	14	15	61	22	23	79	30	31
8	0	1	26	7	8	44	15	16	62	22	24	80	30	32
9	1	1	27	7	8	45	15	16	63	23	24	81	31	32
10	1	1	28	8	9	46	15	16	64	23	24	82	31	33
11	1	2	29	8	9	47	16	17	65	24	25	83	32	33
12	2	2	30	9	10	48	16	17	66	24	25	84	32	33
13	2	3	31	9	10	49	17	18	67	25	26	85	32	34
14	2	3	32	9	10	50	17	18	68	25	26	86	33	34
15	3	3	33	10	11	51	18	19	69	25	27	87	33	35
16	3	4	34	10	11	52	18	19	70	26	27	88	34	35
17	4	4	35	11	12	53	18	20	71	26	28	89	34	36
18	4	5	36	11	12	54	19	20	72	27	28	90	35	36

附表 8　秩和检验表
$$P(T_1 < T < T_2) = 1 - \alpha$$

n_1	n_2	$\alpha=0.025$ T_1	$\alpha=0.025$ T_2	$\alpha=0.05$ T_1	$\alpha=0.05$ T_2	n_1	n_2	$\alpha=0.025$ T_1	$\alpha=0.025$ T_2	$\alpha=0.05$ T_1	$\alpha=0.05$ T_2
2	4			3	11	5	5	18	37	19	36
	5			3	13		6	19	41	20	40
	6	3	15	4	14		7	20	45	22	43
	7	3	17	4	16		8	21	49	23	47
	8	3	19	4	18		9	22	53	25	50
	9	3	21	4	20		10	24	56	26	54
	10	4	22	5	21	6	6	26	52	28	50
3	3			6	15		7	28	56	30	54
	4	6	18	7	17		8	29	61	32	58
	5	6	21	7	20		9	31	65	33	63
	6	7	23	8	22		10	33	69	35	67
	7	8	25	9	24	7	7	37	68	39	66
	8	8	28	9	27		8	39	73	41	71
	9	9	30	10	29		9	41	78	43	76
	10	9	33	11	31		10	43	83	46	80
4	4	11	25	12	24	8	8	49	87	52	84
	5	12	28	13	27		9	51	93	54	90
	6	12	32	14	30		10	54	98	57	95
	7	13	35	15	38	9	9	63	108	66	105
	8	14	38	16	36		10	66	114	69	111
	9	15	41	17	39	10	10	79	131	83	127
	10	16	44	18	42						